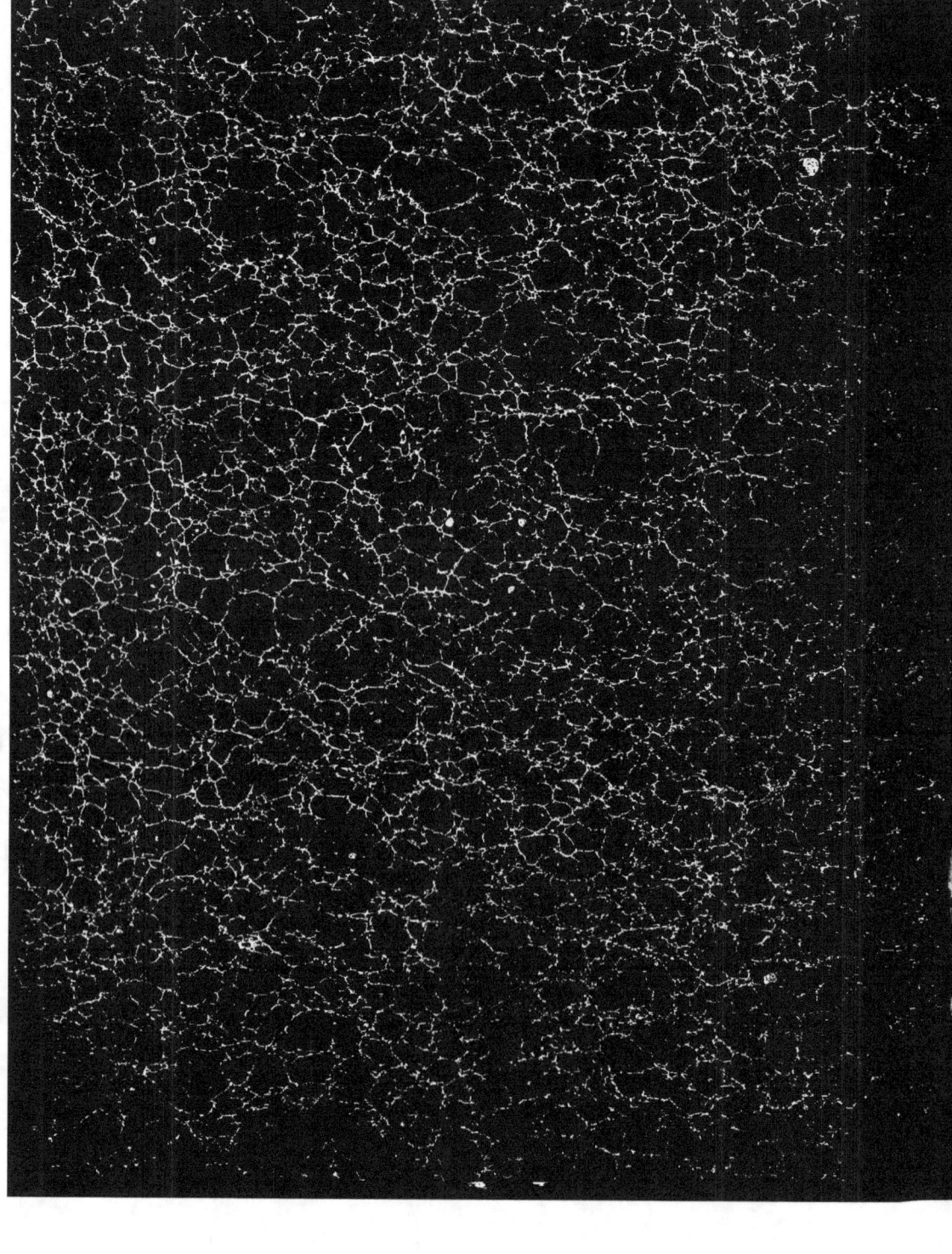

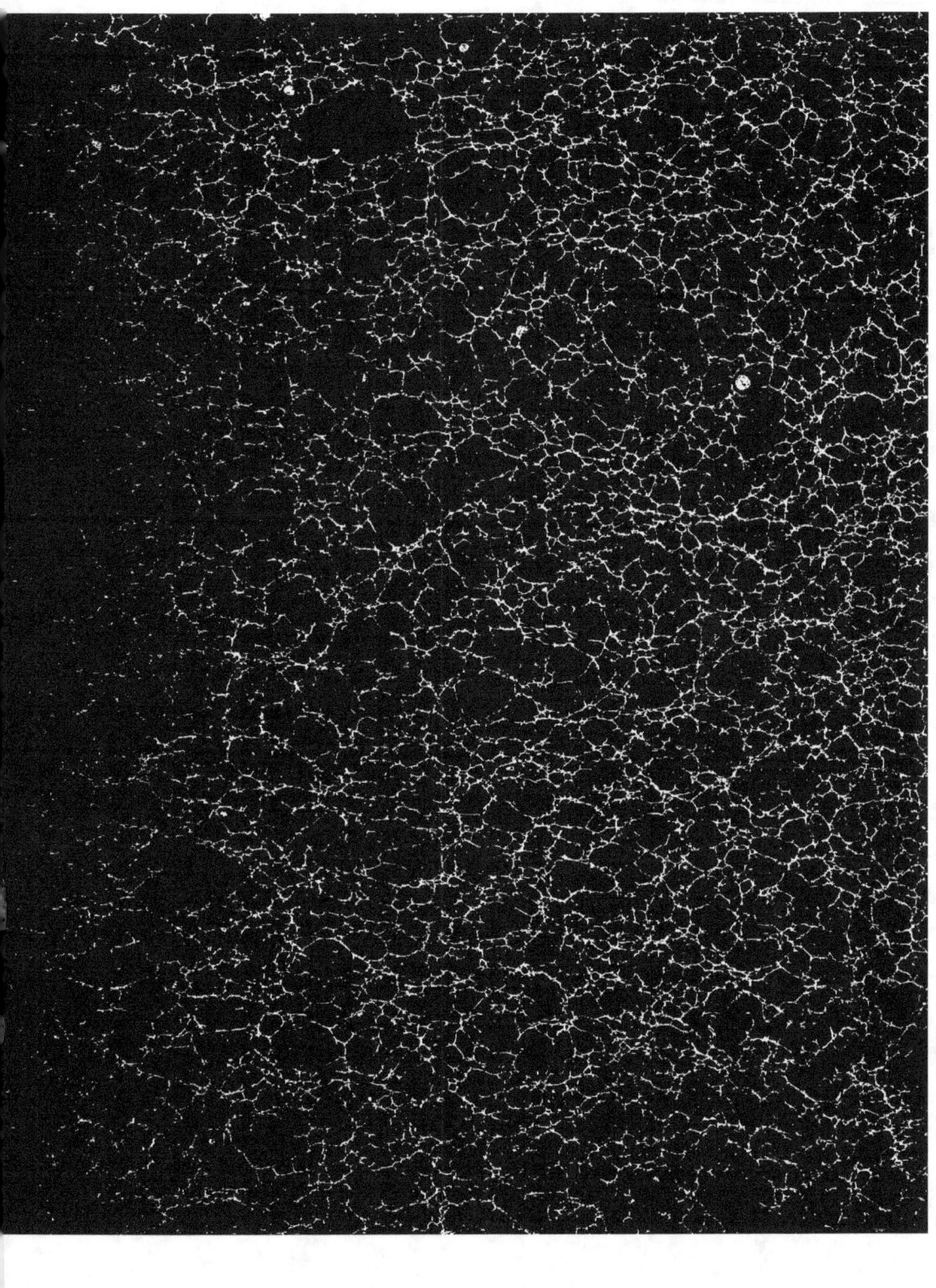

COURS

DE

GÉOMÉTRIE DESCRIPTIVE.

PARIS.—IMPRIMERIE DE PAIN ET THUNOT,
IMPRIMEURS DE L'UNIVERSITÉ ROYALE DE FRANCE,
Rue Racine, 28, près de l'Odéon.

COURS

DE

GÉOMÉTRIE DESCRIPTIVE.

DEUXIÈME PARTIE.

DES COURBES ET DES SURFACES COURBES

ET EN PARTICULIER

DES SECTIONS CONIQUES ET DES SURFACES DU SECOND ORDRE.

Par M. THÉODORE OLIVIER,

ANCIEN ÉLÈVE DE L'ÉCOLE POLYTECHNIQUE ET ANCIEN OFFICIER D'ARTILLERIE; DOCTEUR ÈS SCIENCES DE LA FACULTÉ DE PARIS;
PROFESSEUR DE GÉOMÉTRIE DESCRIPTIVE AU CONSERVATOIRE ROYAL DES ARTS ET MÉTIERS;
PROFESSEUR-FONDATEUR DE L'ÉCOLE CENTRALE DES ARTS ET MANUFACTURES; RÉPÉTITEUR A L'ÉCOLE POLYTECHNIQUE;
MEMBRE DE LA SOCIÉTÉ PHILOMATIQUE DE PARIS ET DU COMITÉ DES ARTS MÉCANIQUES DE LA SOCIÉTÉ D'ENCOURAGEMENT POUR L'INDUSTRIE NATIONALE;
MEMBRE ÉTRANGER DES DEUX ACADÉMIES ROYALES DES SCIENCES ET DES SCIENCES MILITAIRES DE STOCKHOLM;
DES ACADÉMIES DE METZ, DIJON ET LYON;
CHEVALIER DE LA LÉGION D'HONNEUR ET DE L'ORDRE ROYAL DE L'ÉTOILE POLAIRE DE SUÈDE.

PARIS.

CARILIAN-GŒURY ET Vᵒᵃ DALMONT, ÉDITEURS,

LIBRAIRES DES CORPS ROYAUX DES PONTS ET CHAUSSÉES ET DES MINES,

Quai des Augustins, nᵒˢ 39 et 41.

1844.
1845

AVANT-PROPOS.

Dans la première partie de ce Cours (du point, de la droite et du plan),
j'ai exposé en détail la méthode des projections, et j'ai en même temps donné
complétement (dans les planches) la solution graphique des diverses questions; en sorte que cette première partie est un traité complet de *géométrie
descriptive* théorique et graphique. Dans la seconde partie, j'applique la méthode des projections à la recherche des propriétés générales dont jouissent les
courbes et les surfaces, en vertu de leurs divers modes de génération, et je me
suis surtout proposé de rechercher et de démontrer par la seule méthode des
projections, ou, en d'autres termes, par la géométrie descriptive, les diverses
propriétés dont jouissent les *sections coniques* et les *surfaces du second ordre*.

J'ai indiqué toutes les méthodes graphiques qui peuvent servir, suivant les
données particulières de la question, à déterminer les projections des courbes
intersections des surfaces entre elles; mais je n'ai jamais dans l'*épure* construit

qu'un seul point de chaque courbe : car, dans ma pensée, autre chose est de faire un *Cours* en décrivant *point à point* et *ligne à ligne* une *épure* de *géométrie descriptive*, autre chose est d'exposer les *méthodes* de solution, et de faire voir dans quels cas et pour quelles causes telle méthode graphique doit être préférée aux diverses autres méthodes que l'on pourrait employer, et qui seraient vraies et exactes *géométriquement* parlant, et ainsi, en les considérant seulement du point de *vue théorique*, sans songer aux applications à l'art de l'ingénieur.

Pour moi, il y a deux choses distinctes dans un cours de géométrie descriptive : aussitôt que les *préliminaires*, c'est-à-dire tout ce qui est relatif *au point*, *à la droite et au plan*, se trouvent exposés, il y a la partie *théorique* et la partie *graphique*.

La partie *théorique* n'exige comme dessins que des *croquis*. Ces croquis servent à aider le lecteur ou l'auditeur à mieux voir dans l'espace et à se placer de suite au point de vue de l'auteur ou du professeur.

La partie *graphique* consiste en la construction complète de la solution du problème proposé, et ainsi en une *épure* complète.

Un cours de géométrie descriptive doit donc être divisé en deux enseignements différents entre eux.

Le premier enseignement est *oral*, et ainsi dans les leçons on explique la *théorie*.

Le second enseignement est *manuel*, et ainsi, dans la salle de dessin, on fait exécuter les *épures*.

A la leçon, l'élève doit prendre des *croquis*.

Dans le salle de dessin, l'élève doit exécuter complétement une *épure*.

Je considère donc l'enseignement de la géométrie descriptive comme devant être établi ainsi qu'est établi celui de la chimie, et ainsi comme devant être composé, pour être complet, de *leçons orales* et de *manipulations*.

Dès lors : 1° exposition de la *théorie* dans les *leçons*, et 2° construction de l'*épure* (ou *manipulation graphique*) dans la salle de dessin.

Et par suite : 1° autant de leçons orales qu'il est nécessaire pour exposer complétement les diverses *théories* relatives à la *science* de l'espace figuré; et 2°, nombre limité de manipulations ou d'*épures*, puisque l'on n'a en vue, par le *travail graphique*, que d'apprendre à l'élève : *premièrement* à dessiner exactement, et en maniant avec habileté sa règle, son équerre, son compas et son tire-ligne; et *secondement* à exécuter complétement et dans tous ses détails la solution graphique d'une question, afin de le mettre par là à même d'exécuter avec intelligence les *épures* nécessaires à la rédaction d'un *projet* ou d'un *lever*, lorsque plus tard il sera *ingénieur*.

TABLE DES MATIÈRES.

DEUXIÈME PARTIE.

Des courbes et des surfaces courbes, et en particulier des sections coniques et des surfaces du second ordre.

2e PARTIE.

CHAPITRE II.

CHAPITRE III.

CHAPITRE IV.

CHAPITRE V.

Si deux polygones plans situés dans un même plan ou dans des plans parallèles, ou si deux polygones gauches, ont leurs côtés parallèles et proportionnels, les droites qui unissent leurs som-

CHAPITRE VI.

CHAPITRE VII.

CHAPITRE VIII.

CHAPITRE IX.

DES SURFACES TANGENTES ; APPLICATION AUX OMBRES ET A LA PERSPECTIVE. . . . 172

CHAPITRE X.

CHAPITRE XI.

CHAPITRE XII.

DES SURFACES ENGENDRÉES PAR DES SECTIONS CONIQUES ET QUI JOUISSENT DE LA PROPRIÉTÉ D'ÊTRE COUPÉES PAR UN PLAN, ET QUELLE QUE SOIT SA DIRECTION, SUIVANT UNE SECTION CONIQUE. 304

FIN DE LA TABLE DE LA DEUXIÈME PARTIE.

ERRATA

DE LA DEUXIÈME PARTIE.

Page   3 , ligne 12 (à la fin de la ligne), au lieu de : ou ne , *lisez* : ou une.

—   4 , ligne 8, au lieu de : $\overline{m'm'''}$, *lisez* : $\overline{m'm''}$.

—   87 , ligne 33, au lieu de : droite D , *lisez* : droite B.

—   88 , ligne 2, au lieu de : révolution A , *lisez* : révolution $\Delta_{\text{,}}$.

—   88 , ligne 10, au lieu de : parallèle au plan Y, *lisez* : parallèle au plan Y passant par les
droites mf et mg.

—   88 , ligne 26, au lieu de : $\overgroup{mf,\ mf}$, *lisez* : $mf,\ mf_{\text{,}}$.

—   110 , avant-dernière ligne , au lieu de : sent , *lisez* : sont.

—   122 , ligne 6 (en remontant), au lieu de : *fig.* 220 *a*, *lisez* : *fig.* 220 *x*.

—   125 , signe 7 (en remontant), au lieu de : *fig.* 255 , *lisez* : *fig.* 254.

—   126 , ligne 18 , au lieu de : 345 *ter* : soit donnée une ellipse, *lisez* : 345 *ter* : soit donnée
(*fig.* 220 sex.) une ellipse.

—   127 , ligne 2 (en remontant), au lieu de : étant donné le centre, *lisez* : étant donné
(*fig.* 220 sept.) le centre.

—   157 , ligne 15 , au lieu de : au chapitre IX , *lisez* : au chapitre X.

—   187 , ligne 7 (en remontant) , au lieu de : *fig.* 260 *bis* , *lisez* : *fig.* 240 *bis*.

NOTA.

A partir de la page 225 , toutes les figures doivent, dans le texte, porter un astérisque (*). Il y a eu
erreur de numérotage dans le texte pour les figures ; ainsi , la *fig.* 225, Pl. 81ᵉ devrait être la *fig.* 255.

Pour obvier à l'inconvénient qui pourrait résulter de cette faute , on a laissé dans les planches
l'erreur de numérotage, mais on a placé l'astérisque (*) après le *numéro* de chaque figure.

Ainsi , dans le texte (et à partir de la page 255), au lieu de : *fig.* 225, *lisez* : *fig.* 225 *, etc. , jusqu'à la
fin de l'ouvrage.

SUITE A L'ERRATA DE LA PREMIÈRE PARTIE.

Page 16 , ligne   1 , au lieu de : et perpendiculaire , *lisez* : est perpendiculaire.
— 20 , ligne 13 , au lieu de : ou projection m^v, *lisez* : ou projection m^v.
— 20 , ligne   7 (en remontant), au lieu de : rabattue à droite , *lisez* : rabattue à gauche.
— 22 , ligne 12 (en remontant), au lieu de : $i'n^h = n^v n = b'^h m^h$, *lisez* : $i'n^h = n^v n = a^h m^h$.
— 23 , ligne   8 (en remontant), au lieu de : $a^v D^{h'} - aa^v$, *lisez* : $a^v D^{h'} = a^v D^{h'} = aa^v$.
— 35 , ligne 19 , au lieu de : abaissons $A^{h''}p$, *lisez* : $A^{h''}e$.
— 35 , ligne 13 (en remontant), au lieu de : verticale R', *lisez* : verticale K'.
— 59 , ligne 14 , au lieu de : l'angle $\widehat{am'b}$ des deux droites est plus que l'angle, *lisez* : .... est plus petit que l'angle.
— 81 , ligne   6 , au lieu de : car il doit se trouver, *lisez* : et comme *vérification* il doit se trouver.
— 93 , ligne   6 (en remontant), au lieu de : 1 et 10', *lisez* : 1 et 10.
— 94 ,   , au lieu de : (*fig.* 143), *lisez :* (*fig.* 148).
— 97 , ligne   2 , au lieu de : (*fig.* 146), *lisez :* (*fig.* 147).

COURS

DE

GÉOMÉTRIE DESCRIPTIVE.

SECONDE PARTIE.

Des courbes et des surfaces courbes, et en particulier des sections coniques et des surfaces du second ordre.

CHAPITRE PREMIER.

DES COURBES ET DES SURFACES EN GÉNÉRAL.

193. Une *ligne* est en général engendrée par un point se mouvant d'une manière continue, suivant une loi donnée, et laissant dans l'espace les traces de ses diverses positions successives. On peut aussi engendrer une courbe par le mouvement d'une droite dont les positions successives se coupent deux à deux, de sorte que la série des points d'intersection forme une *ligne*. Enfin on peut à la droite substituer un plan mobile, dont les positions successives se coupent successivement deux à deux suivant des droites qui, elles-mêmes se coupent deux à deux en des points dont l'ensemble forme en général une *ligne*. Il est évident que ces trois modes de génération rentrent l'un dans l'autre, et qu'en réalité, c'est toujours par le mouvement d'un point qu'une *ligne* est engendrée.

La *ligne* engendrée par le mouvement d'un point est dite le *lieu géométrique* des positions successives occupées par le point mobile. Lorsqu'elle est engendrée par le mouvement d'une droite ou d'un plan, on dit qu'elle est l'*enveloppe* des positions successivement occupées par cette droite ou par ce plan. Il est bien évident que toute ligne et toute surface pourraient engendrer une ligne, qui serait également l'enveloppe de leurs positions successives, et cette ligne ou cette surface génératrice prend le nom d'*enveloppée*. On ne considère presque jamais les lignes comme engendrées par le mouvement des surfaces, mais très-souvent comme provenant de l'intersection de deux surfaces.

194. On distingue deux sortes de courbes : les *courbes planes* et les *courbes gauches*; tous les points des premières se trouvent dans un même plan, que l'on obtient en le faisant passer par trois quelconques d'entre eux ; tous les points des dernières ne peuvent jamais se trouver dans un même plan. On les nomme aussi respectivement *courbes à simple courbure* et *courbes à double courbure*. Pour entendre ces dernières dénominations, considérons une droite D (*fig.* 170), supposons qu'on la brise en un point m' et que la partie à droite de ce point vienne en D', qu'on brise encore cette droite en m'' pour faire prendre à la partie de droite la position D'' sans qu'elle sorte du plan déterminé par les fragments de droite D et D' et ainsi de suite, la ligne D cesse d'être droite et acquiert une seule courbure, tous les brisements étant faits suivant une même loi ; mais si maintenant on supposait que la partie $m'm''m'''\ldots\ldots m'^x$ tournât autour de D' pour venir prendre une position voisine, qu'ensuite la partie $m''m'''\ldots\ldots m'^x$ tournât autour de D'', que $m'''m'^v\ldots\ldots m'^x$ tournât autour de D''', et ainsi de suite, la courbe C acquerrait une seconde courbure résultant des brisements successifs de son plan le long des droites D', D'', D''', etc.

195. Lorsqu'un point se meut et décrit une courbe C, trois positions successives du point ne sont pas généralement en ligne droite, mais deux le sont toujours de sorte que chaque point forme avec celui qui le suit immédiatement une droite infiniment petite, composée de deux points *juxta-posés* ou *successifs*, c'est-à-dire tels qu'entre deux de ces points considérés comme étant successifs et infiniment voisins on ne peut pas placer un troisième point, en vertu de la même loi de mouvement, ou du même mode de génération qui sert à déterminer ou à engendrer la courbe C considérée. Quelquefois il se rencontre plus de deux points successifs en ligne droite, mais alors la courbe offre des *affections* (*) particulières. Cela posé, on peut évidemment considérer une courbe comme un polygone formé d'un nombre infini de côtés infiniment petits. Deux points juxtaposés forment la plus petite ligne que l'on puisse concevoir, et que, par cette rai-

---

(*) *Voyez* dans le chapitre VII de l'ouvrage qui a pour titre : *Développements de géométrie descriptive*, et que j'ai publié en 1843, les paragraphes dans lesquels on traite *De la manière d'envisager les infiniments petits en géométrie descriptive.*

son, nous nommerons *élément rectiligne*, ou *infiniment petit rectiligne* ou enfin *point ligne*. Il est évident que les éléments rectilignes ne sont pas égaux dans les diverses courbes, ni même dans une même courbe, et qu'ainsi une même courbe peut être remplacée par divers polygones infinitésimaux, chacun d'eux répondant à un mode particulier de génération de la courbe.

Si l'on considère trois points successifs, non en ligne droite, ils forment le plus petit arc de cercle que l'on puisse concevoir, et que nous nommerons *élément* ou *infiniment petit circulaire*. C'est en même temps l'élément de toutes les courbes, quoique l'on pût pousser cette distinction aussi loin qu'on le désirerait, nous le nommerons donc *élément curviligne*. Les éléments curvilignes diffèrent entre eux comme les éléments rectilignes.

196. Cela posé, si par un point m d'une courbe C on conduit une droite ou une autre courbe qui ne contienne pas le point m' de la courbe C successif du point m, ces deux lignes sont dites *sécantes* au point m; mais si elle passe en même temps par le point m' successif de m, ces deux lignes sont dites *tangentes* au point m. La droite tangente ou simplement la tangente à une courbe est donc le prolongement d'un élément rectiligne de la courbe.

La tangente peut avoir deux positions distinctes à l'égard de la courbe :

1° Elle peut laisser la courbe d'un même côté de part et d'autre du point de contact;

2° Les portions de courbes situées de part et d'autre du point de contact peuvent se trouver l'une d'un côté, l'autre de l'autre côté de la tangente; dans ce dernier cas le point de contact est ce que l'on nomme un *point d'inflexion*. Enfin dans les deux cas la tangente en un point m, peut couper la courbe en un point n situé à distance finie, elle est alors tangente en m et sécante en n; elle pourrait être tangente en plusieurs points (*).

Lorsqu'une courbe a des branches infinies, la tangente au point situé à l'infini prend le nom d'*asymptote*; mais cette tangente n'existe pas toujours, ou plutôt elle est quelquefois rejetée tout entière à l'infini; de là, la distinction des branches infinies des courbes, en branches avec asymptotes et branches sans asymptotes, ou en *branches hyperboliques* et *branches paraboliques*. Nous verrons plus loin le motif de ces dernières dénominations.

197. Une droite ne peut pas être assujettie à passer par plus de deux points,

_____

(*) *Voyez* dans le chapitre VII de l'ouvrage qui a pour titre : *Développements de géométrie descriptive*, les paragraphes dans lesquels on traite *Des diverses espèces de points singuliers qu'une courbe plane peut présenter dans son cours.*

mais il n'en est pas de même d'une courbe, il faut au moins trois points pour la déterminer ; on peut donc assujettir une courbe à avoir trois, quatre, etc. points communs avec une autre courbe suivant sa nature ; on peut donc avoir des courbes qui aient entre elles des contacts plus ou moins intimes. Cela posé, on dit que deux lignes ont un contact de *premier ordre* lorsqu'elles ont deux points successifs m et m' communs, ou un élément rectiligne $\overline{mm'}$ commun ; qu'elles ont un contact de *deuxième ordre* lorsqu'elles ont trois points successifs m, m', m'' communs ou deux éléments rectilignes $\overline{mm'}$, $\overline{m''m'''}$ communs, et ainsi de suite ; l'ordre du contact de deux lignes étant toujours déterminé par le nombre de leurs éléments rectilignes successifs communs. Le contact du second ordre prend le nom d'*osculation*, et les courbes qui ont un pareil contact sont dites *osculatrices*. Deux courbes qui ont un contact d'un ordre plus élevé sont aussi osculatrices entre elles, de là, plusieurs ordres d'osculation.

198. Par une tangente à une courbe, on peut faire passer une infinité de plans qui sont tous dits *plans tangents* à la courbe, mais un plan assujetti à contenir deux tangentes successives ou trois points successifs de la courbe est déterminé de position dans l'espace, et prend alors le nom de *plan osculateur*. Il est évident que, lorsque la courbe est plane, tous les plans osculateurs se confondent avec le plan de la courbe, mais dans les courbes gauches deux plans osculateurs successifs font entre eux un angle infiniment petit que l'on désigne par le nom d'angle de *flexion*.

199. Concevons une courbe C (*fig.* 170) engendrée par le mouvement d'une droite D, deux positions successives D et D′ de la droite mobile seront telles qu'on ne pourrait placer entre elles une troisième droite en vertu de la même loi de mouvement de la droite D, ou du même mode de génération de la courbe C ; si donc on les coupait par une transversale quelconque, les points de section seraient deux points successifs ; il est évident que la droite D dans toutes ses positions est tangente à la courbe C, dont elle est l'enveloppée (n° 193) ; D et D′ sont deux tangentes successives de cette courbe, elles font entre elles un angle qu'on nomme *angle de contingence*. Cet angle infiniment petit n'est pas le même dans toutes les courbes, ni en tous les points d'une même courbe, et comme il mesure la quantité dont la ligne a tourné pour cesser d'être droite et acquérir une courbure, il était naturel de le prendre pour la mesure de la courbure de la courbe. Mais la construction de cet angle est graphiquement impossible, il était donc essentiel de trouver un autre moyen de mesurer la courbure d'une courbe ; or, si par le milieu de l'élément rectiligne $\overline{mm'}$ on élève une perpendiculaire N, à la droite D, et par le milieu de l'élément rectiligne $\overline{m'm''}$ successif de l'élément $\overline{mm'}$, on élève une perpendiculaire N_1' à la droite D′ ; ces

droites N, et N,' se couperont en un point o_i et feront entre elles un angle égal à l'angle de contingence. Ce nouvel angle ne serait pas plus facile à construire que celui formé par deux tangentes successives ; mais remarquons que le point o_i peut être pris pour le centre d'un cercle δ passant par les trois points successifs m, m', m'', ou ayant avec la courbe C les deux éléments rectilignes $\overline{m\,m'}$ et $\overline{m'\,m''}$ communs, de sorte que la courbure de la courbe C au point m est la même que celle de ce cercle δ; mais il est évident que la courbure d'un cercle est la même en tous ses points, et que les courbures de divers cercles sont en raison inverse de leurs rayons, donc les courbures des courbes en chacun de leurs points sont en raison inverse des rayons de leurs cercles osculateurs en ces points (n° 197). C'est à cause de cette propriété que le cercle osculateur en un point d'une courbe, son centre et son rayon sont nommés *cercle de courbure*, *centre de courbure* et *rayon de courbure*.

La détermination graphique du rayon de courbure ne serait pas plus facile que celle de l'angle de contingence.

Si au lieu d'élever les perpendiculaires N_t et $N,'$ sur les milieux des éléments rectilignes $\overline{mm'}$ et $\overline{m'm''}$, on élève au point m une perpendiculaire N à la droite D et au point m' une perpendiculaire N' à la droite D', ces deux droites N et N' se couperont en un point o, et si l'on élève au point m' une perpendiculaire à D et au point m'' une perpendiculaire à D', ces deux droites N, et N,' se couperont en un point o_i, et les trois points o, o_i, o_i peuvent être pris l'un pour l'autre, car les trois perpendiculaires N, N$_t$, N, à la droite D peuvent être considérées comme n'étant qu'une seule et même droite, et il en est de même des trois perpendiculaires N', N,', N,' à la droite D'.

Cela posé, si en chaque point d'une courbe donnée C on conçoit une perpendiculaire à la tangente correspondante, deux perpendiculaires successives se couperont en un point qui sera le centre d'un cercle osculateur ; trois perpendiculaires successives donneront évidemment deux centres successifs formant l'élément rectiligne d'une courbe S, lieu des centres des cercles osculateurs et qui sera l'*enveloppe* des perpendiculaires à toutes les tangentes de la courbe C.

Cette courbe S peut se construire approximativement, en menant des perpendiculaires à des tangentes voisines, mais non successives, de la courbe C, ou en d'autres termes en menant en divers points de la courbe C, ces points étant situés à distance finie les uns des autres, des *normales* à cette courbe C, et inscrivant une courbe S au polygone fini déterminé par les intersections de ces normales prises successivement deux à deux.

200. La perpendiculaire N à la tangente D (*fig.* 170) est dite *normale* à la courbe C au point m, l'on ne peut pas dans le plan de la courbe et par le point m

mener une seconde normale, mais il y en a une infinité d'autres situées hors de ce plan; elles sont toutes sur un même plan perpendiculaire à la tangente D, et que l'on nomme *plan normal*. Quand on parle d'une normale menée à un point d'une courbe C, sans la désigner particulièrement, on entend toujours la normale située dans le plan de la courbe, si la courbe est plane ou située dans le plan osculateur de la courbe au point considéré, si cette courbe est gauche.

201. L'enveloppe des normales à une courbe plane C (n° 199) est une courbe C', qui a reçu le nom de *développée* de C; et C est dite alors la *développante* de C'. Les normales à la développante sont tangentes à la développée, ce qui permet de construire l'une d'elles quand on connaît l'autre. Ainsi quand on donne la développante, on en conclut la développée par une série de normales très-rapprochées; et si l'on donne la développée, en lui menant une série de tangentes voisines les unes des autres, la développante devra les couper à angle droit.

Si l'on conçoit un fil enroulé sur la développée et tendu de manière que son prolongement soit tangent à cette courbe, et que l'on prenne sur ce fil le point où dans sa première position il va rencontrer la développante, et qu'on déroule le fil en le tendant toujours de manière qu'il reste tangent à la développée, ce point décrira évidemment la développante qui pourra être considérée comme formée par une série d'arcs de cercles infiniment petits, ayant successivement leurs centres situés sur la développée (n° 199).

Tout autre point de la tangente décrirait de la même manière une développante de la courbe proposée, donc *une développée plane a une infinité de développantes dans son plan*, et deux développantes de la même développée sont partout également distantes, leur distance constante est celle des deux points générateurs de la tangente primitive. Au contraire la développée d'une courbe plane étant déterminée par les intersections des normales successives de cette courbe, il est évident qu'*une développante plane n'a qu'une seule développée dans son plan*.

Il résulte de là que si l'on mène plusieurs tangentes à la développée, et qu'on les prolonge jusqu'à leur rencontre avec la développante, les longueurs de ces droites diffèrent entre elles d'une quantité égale à l'arc de développée compris entre les deux points de contact. Et si la développante va couper la développée, sous un angle droit en un point a, si l'on mène en un point quelconque m de la développée une tangente et qu'on la prolonge jusqu'à sa rencontre au point n avec la développante, on aura toujours $mn =$ l'arc an rectifié. C'est d'après cette considération que l'on peut construire par points une développante d'une courbe donnée.

Enfin nous ajouterons que toutes les développantes d'une même courbe plane ne sont pas (*) généralement des courbes de même nature et de même forme géométrique, excepté les développantes d'un cercle, qui sont toutes des courbes identiques ou superposables.

202. Toute ligne qui se meut dans l'espace en y laissant les traces de ses positions successives, engendre une surface; sous le rapport de cette génération, on distingue les surfaces en plusieurs classes;

1° Les *surfaces réglées*, ou qui peuvent être engendrées par une droite, et 2° les *surfaces courbes* proprement dites, qui n'admettent pas de génératrices rectilignes;

Parmi les surfaces *réglées* on doit remarquer les surfaces *développables*, et parmi les surfaces *courbes* on doit remarquer les surfaces de *révolution*, qui sont engendrées par une ligne quelconque tournant autour d'un axe.

203. Par un point d'une surface et sur cette surface on peut toujours faire passer une infinité de courbes; si une droite menée par ce même point est tangente à quelqu'une de ces courbes, elle est dite *tangente à la surface*, dans le cas contraire, elle est dite *sécante*.

Nous allons démontrer le théorème suivant qui est fondamental en géométrie descriptive, *les tangentes à toutes les courbes situées sur la surface et passant par un point* m *de cette surface sont contenues dans un même plan, que l'on nomme* PLAN TANGENT *à la surface en ce point* m, *qu'on dit point de* CONTACT.

Si toutes les tangentes laissent chacune la courbe à laquelle elle est tangente d'un même côté et de part et d'autre du point de contact, le plan tangent laissera la surface tout entière d'un même côté. Une telle surface est dite *convexe* tout autour du point de contact; mais elle pourrait cesser d'être telle à une certaine distance de ce point. Si quelqu'une des tangentes laissait au point de contact la courbe, qui lui correspond, partie d'un côté, partie de l'autre, le plan tangent laisserait aussi la surface partie d'un côté, partie de l'autre, et il serait en même temps tangent et sécant. De là la distinction des surfaces en deux classes relativement au plan tangent, et il faut démontrer le théorème énoncé pour chacune de ces deux espèces de surfaces.

_____

(*) Lorsque nous disons que deux courbes ne sont pas de même nature géométrique, nous entendons dire par là que les équations de ces courbes ne sont pas du même degré et qu'ainsi toutes les développantes d'une même développée ne seront pas coupées par une droite en le même nombre de points; et lorsque nous disons que deux courbes n'ont pas la même forme géométrique, nous entendons que les unes peuvent présenter des points singuliers, que les autres ne peuvent offrir. Ainsi, prenant la développée de l'ellipse, parmi toutes les développantes de cette développée, l'ellipse est la seule qui soit du second degré, et plusieurs de ces développantes présentent des points de rebroussement.

204. 1° *Pour les surfaces convexes;* supposons que l'on coupe une pareille surface par un plan suivant une courbe C (*fig.* 171), qu'en un point *m* de cette
courbe C on lui mène la tangente T, et concevons d'autres courbes K, K',.......
tracées sur la surface et passant par le point *m*, elles iront couper la courbe C en
des points *n*, *p*,...... et les cordes *mn*, *mp*....... seront toutes dans un même plan
avec la tangente T. Si l'on fait tourner le plan sécant autour de la tangente T de
manière que les points d'intersection avec les courbes K, K'........ se rapprochent
du point *m* et viennent par exemple en *n'*, *p'*....... la tangente T et les sécantes
mn', *mp'*,...... seront toujours dans un même plan, et cette condition sera toujours
remplie lorsque le plan sécant coupera la surface successivement suivant les
courbes C', C'', C''',........ Donc à la limite, lorsque les points *n*, *p*,...... seront devenus les successifs de *m* et que par conséquent les sécantes *mn*, *mp*...... seront
devenues des tangentes aux courbes K, K'...... elles seront encore toutes contenues
dans un même plan, ce qu'il fallait démontrer.

2° Dans les surfaces non convexes, on peut toujours trouver en un point quelconque une tangente telle que tous les plans sécants menés par cette tangente
coupent la surface suivant des courbes telles que C (*fig.* 172). Si par le point de
contact *m* on fait passer d'autres courbes K, K',..... elles couperont C en des
points *n*, *p*,...... et les sécantes *mn*, *mp*,...... seront toutes avec T dans un même
plan. Si l'on suppose que le plan tourne autour de T de manière que les points
n, *p*...... se rapprochent de *m*, les sécantes *mn*, *mp*,...... et la tangente T pour
chaque position du plan sécant seront toujours dans un même plan, il en sera
donc encore de même lorsque ces points seront devenus les successifs de *m*, et
que par conséquent les sécantes seront devenues des tangentes aux courbes K,
K'...... ce qu'il fallait démontrer.

205. Il suit naturellement de là que pour mener le plan tangent en un point
d'une surface, il faudra faire passer par ce point et sur la surface deux courbes,
mener les tangentes à ces deux courbes, puis le plan de ces deux tangentes. On
doit, dans chaque cas, choisir les courbes les plus faciles à construire, ou celles
auxquelles on sait mener les tangentes rigoureusement; par exemple des cercles,
quand la nature de la surface le permet, ou bien des droites parce qu'elles sont à
elles-mêmes leur propre tangente. Le plan tangent en un point d'une surface réglée
contient donc toujours la génératrice droite qui passe par le point de contact. Et
ces surfaces se distinguent en deux classes suivant la manière d'être du plan tangent à leur égard. Dans les unes le plan tangent en un point d'une génératrice droite
est tangent en tous les autres points de la même génératrice, dans les autres le
plan tangent en un point d'une génératrice droite n'est tangent en aucun autre
point de cette même génératrice.

206. En effet, 1° construisons un plan T (*fig.* 173) et dans ce plan trois droites G, *mt*, *nt'* non parallèles, puis en dehors du plan T deux courbes C et C' qui aient pour tangentes les droites *mt*, *nt'* aux points *m* et *n* où elles rencontrent G, enfin supposons qu'une surface réglée Σ ait pour génératrices des droites G, G₁, G₂, G₃, ... s'appuyant sur les deux courbes C et C'; le plan T contenant la génératrice G et la tangente *mt* à C est dès lors tangent à la surface Σ au point *m*; de même ce plan contenant la génératrice G et la tangente *nt'* à C' est aussi tangent à la surface Σ au point *n*; je dis que dès lors le plan T est tangent à la surface Σ en tous les autres points de la même génératrice G.

Pour le démontrer, menons la génératrice G' successive de G ; elle rencontrera les courbes C et C' en des points *m'* et *n'* successifs de *m* et *n*, et par conséquent appartenant aux tangentes *mt* et *nt'*, et par suite au plan tangent T, donc G et G' sont dans ce même plan T ; coupons maintenant la surface Σ par un plan quelconque déterminant la courbe K, qui rencontre G et G' aux points successifs *p* et *p'* qui sont dans le plan T, la tangente *pθ* à la courbe K est donc dans le plan T ; donc enfin le plan T est tangent à la surface Σ au point *p* arbitrairement pris sur la génératrice G, et par conséquent en tout autre point de cette génératrice.

Deux génératrices droites successives de ces sortes de surfaces étant dans un même plan, déterminent une petite surface plane, qui est l'*élément* de la surface, infiniment petit dans le sens de la largeur, mais indéfini dans le sens de sa longueur. Si l'on fait tourner l'un de ces éléments autour d'une génératrice droite pour le ramener dans le plan de l'élément suivant, puis si ces deux éléments réunis tournant autour de la génératrice suivante pour les ramener dans le plan du troisième élément, et ainsi de suite, la surface sera tout entière déroulée sur un plan *sans déchirure ni duplicature ;* cette propriété les a fait nommer *surfaces développables.*

2° Ayant comme ci-dessus un plan T, et dans ce plan, trois droites G, *mt*, *ns*, nous construirons hors du plan deux courbes, l'une C ayant *mt* pour tangente au point *m*, l'autre C' à laquelle *ns* sera sécante au point *n*, de sorte que la tangente *nt'* à C' sera située en dehors du plan T.

Cela posé, si l'on conçoit une surface réglée Σ ayant pour génératrices des droites G, C₁, G₂, G₃, ... qui s'appuient sur les deux courbes C et C', le plan T contenant la génératrice G et la tangente *mt* à la courbe C sera tangent à la surface Σ au point *m*; mais au point *n* ce plan ne contenant pas la tangente *nt'* à la courbe C' ne sera pas tangent à cette surface Σ. Je dis que dès lors le plan T n'est tangent à la surface Σ en aucun autre point de la génératrice G. En effet, la génératrice G' successive de G, rencontrera C au point *m'* successif de *m*, et par conséquent appartenant à la tangente *mt* et aussi au plan T ; de même G' rencontre C' au point *n'* successif de *n*, appartenant par conséquent à la tangente *nt'*, et par suite situé hors du plan T, donc la génératrice G' n'a que le point m' sur le plan T; cela posé, si l'on coupe la surface par un plan suivant une courbe K, rencontrant G et G' aux points successifs p et p', le point p appartiendra au plan T et le point p' sera hors de ce plan; donc le plan T ne contient pas la tangente $p9$ à la courbe K; donc il n'est pas tangent à la surface au point p.

L'élément superficiel compris entre deux génératrices successives G et G' n'est plus *plan*, de sorte que la surface ne peut plus se dérouler sur un plan; on nomme ces surfaces, des *surfaces gauches*. Remarquons que les génératrices successives G et G' ne sont pas dans un même plan, et cependant il est impossible d'en placer entre elles une troisième, circonstance difficile à admettre *à priori*, et sur laquelle la démonstration précédente ne peut laisser aucun doute.

207. Il résulte de ces démonstrations que dans une surface réglée : 1° si le plan tangent en un point d'une génératrice droite, est tangent en tous les autres points de la même génératrice, deux génératrices successives sont dans un même plan;

2° Si le plan tangent en un point d'une génératrice droite n'est tangent en aucun autre point de la même génératrice, les deux génératrices successives ne sont pas dans un même plan.

208. Les réciproques de ces propositions sont également vraies, c'est-à-dire que dans une surface réglée, 1° si les génératrices successives sont dans un même plan, le plan tangent en un point d'une génératrice est tangent en tous les points de la même génératrice; 2° si les génératrices successives ne sont pas dans un même plan, le plan tangent en un point d'une génératrice n'est tangent en aucun autre point de cette génératrice.

En effet, 1° si nous considérons la série des tangentes G, G', G'', ... (fig. 174) à une courbe gauche C, elles formeront une surface, et deux génératrices successives de cette surface seront dans un même plan osculateur de la courbe C. Considérons une génératrice quelconque G, et menons les plans tangents à la surface en deux points n et p; pour cela sur la surface et par le point n nous ferons passer une courbe K qui rencontrera G' en un point n' successif de n, et l'élément nn' prolongé donnera la tangente T à la courbe K, le plan tangent en n déterminé par les droites G et T contiendra les trois points n, m', n', donc il contient les deux génératrices successives G et G'; de même sur la surface et par le point p faisons passer une courbe X, elle coupera G' en un point p' successif de p, et l'élément pp' prolongé donnera la tangente Θ à la courbe X, le plan tangent en p déterminé par les droites G et Θ, contiendra les trois points p, m', p'; donc il contient les deux génératrices successives G et G'. Les deux plans tangents en n et p se confondent donc, et il en est évidemment de même des plans tangents en tous les autres points de la génératrice G.

2° Soient G et G' (*fig.* 173) deux génératrices successives d'une surface réglée et non situées dans un même plan, prenant deux points quelconques *m* et *n* sur l'une d'elles G , par ces deux points et sur la surface menons deux courbes C et C' coupant G' aux points *m'* et *n'* successifs de *m* et *n*, de sorte que les éléments $\overline{mm'}$ et $\overline{nn'}$ prolongés donneront les tangentes *mt* et *nt'* aux courbes C et C'; le plan tangent en *m* est déterminé par les droites G et *mt*; il contient le point *m'* de G'; mais le point *n'* est en dehors de ce plan, donc *nt'* n'est pas dans ce plan tangent ; mais cette droite est dans le plan tangent au point *n*, donc ces deux plans tangents sont distincts l'un de l'autre.

209. On déduit de tout ce qui précède les deux caractères distinctifs des deux espèces de surfaces réglées, savoir :

1° Toute surface réglée dont deux génératrices successives sont dans un même plan, est *développable ;* toute surface réglée dont deux génératrices successives ne sont pas dans un même plan est *gauche.*

2° Toute surface réglée, pour laquelle le plan tangent en un point d'une génératrice, est tangent en tout autre point de la même génératrice, est *développable ;* toute surface réglée pour laquelle le plan tangent en un point d'une génératrice, n'est tangent en aucun autre point de la même génératrice, est une surface *gauche.*

On doit aussi se rappeler que réciproquement :

3° Dans toute surface développable, deux génératrices successives sont dans un même plan, et le plan tangent en un point d'une génératrice est tangent en tous les points de la même génératrice ;

4° Dans toute surface gauche, deux génératrices successives ne sont pas dans un même plan, et le plan tangent en un point d'une génératrice n'est tangent en aucun autre point de la même génératrice.

Nous avons répété ici ces principes, qu'il faut bien se graver dans la mémoire, parce qu'ils sont d'un usage continuel dans la théorie des surfaces réglées ; nous ajouterons encore que plusieurs surfaces sont gauches, suivant certaines génératrices, et développables suivant d'autres génératrices, c'est ce que nous reconnaîtrons plus facilement en ayant recours au second caractère, quoique le premier soit celui que l'on adopte pour définir les deux espèces de surfaces réglées.

210. Tout plan conduit suivant une génératrice droite G d'une surface gauche est un plan tangent, car il coupe la surface suivant une courbe C, dont il contient la tangente au point *m* (en lequel la courbe C coupe la génératrice G) en même temps que cette génératrice G. On peut donc se proposer sur les surfaces gauches les deux questions réciproques suivantes :

1° Par un point d'une surface gauche faire passer un plan tangent ; ce plan est déterminé par la génératrice et la tangente à une courbe quelconque tracée sur la surface et passant par ce point ;

2° Étant donné un plan P passant par une génératrice G, trouver son point de contact ; c'est celui où la courbe d'intersection C de la surface par le plan P coupe la génératrice G.

211. Une surface développable peut être engendrée de bien des manières différentes, parmi lesquelles nous distinguerons les suivantes :

1° Par un plan roulant sur deux courbes, c'est-à-dire restant toujours tangent à l'une et à l'autre ;

2° Par un plan roulant sur une courbe et sur une surface ;

3° Par un plan roulant sur deux surfaces ;

4° Par un plan assujetti à se mouvoir en restant toujours normal à une courbe ;

5° Par un plan tangent à une courbe et restant toujours perpendiculaire au plan osculateur ;

6° Par un plan se mouvant sur une courbe en lui restant toujours osculateur.

Ces six modes de générations peuvent se comprendre sous ce seul énoncé : *Tout plan se mouvant suivant une loi déterminée engendre, par ses intersections successives, une surface développable.* Il ne faut donc pas que le plan se meuve parallèlement à lui-même.

7° Enfin, par une droite mobile demeurant toujours tangente à une courbe à double courbure.

Lorsque la surface est engendrée par le mouvement d'un plan, on dit qu'elle est l'*enveloppe* des positions successives du plan, qui prend le nom d'*enveloppée*. En général, une surface mobile, qui en engendre une autre, prend le nom de *surface enveloppée*, et celle qu'elle engendre et qui lui est tangente dans toutes ses positions a reçu le nom d'*enveloppe*.

Lorsqu'une surface est engendrée par le mouvement d'une droite, on dit qu'elle est le lieu des positions successives occupées dans l'espace par cette génératrice droite. Les six premiers modes de génération rentrent, au reste, dans ce dernier, car les plans mobiles se coupent suivant des droites, qui sont précisément les génératrices de la surface et celles-ci se coupent en des points dont la série forme une courbe à laquelle les génératrices droites sont toutes tangentes.

212. Le lieu des intersections successives des génératrices droites d'une surface développable est une courbe à double courbure, à laquelle Monge a donné le nom d'*arête de rebroussement*. La courbe à laquelle la génératrice droite reste toujours tangente dans le septième mode de génération (n° 211) est précisément l'arête de rebroussement de la surface engendrée par cette droite.

Toute surface développable est séparée par l'arête de rebroussement en deux parties ou *nappes*, qui vont en s'évasant à mesure qu'elles s'éloignent de cette courbe, de sorte que la surface éprouve un rétrécissement le long de l'arête de rebroussement. Mais pour que la courbe, le long de laquelle une surface est ainsi rétrécie, soit une arête de rebroussement, il faut qu'elle soit produite par les intersections des génératrices successives, lors même que ces génératrices ne seraient pas droites. On doit donc définir d'une manière générale l'arête de rebroussement d'une surface, *la courbe enveloppe des génératrices de la surface*. Toute autre ligne, suivant laquelle une surface éprouve un pareil rétrécissement, se nomme *ligne de gorge*.

On a aussi des rétrécissements produits par les intersections de génératrices, situées à distance finie les unes par rapport aux autres, ou plus généralement, par l'intersection de deux nappes de la surface, on les nomme alors *lignes de striction*.

213 *bis*. Nous allons démontrer deux théorèmes relatifs aux surfaces développables et dont nous aurons besoin plus tard.

Théorème 1. *Étant donnée une surface développable* Σ *par son arête de rebroussement* C, *si toutes les tangentes* T *à la courbe* C *s'appuient sur une droite* B, *la surface développable* Σ *est un plan, et la courbe* C *est dès lors une courbe plane.*

En effet :

Prenons trois éléments rectilignes successifs $\overline{mm'}$ et $\overline{m'm''}$ et $\overline{m''m'''}$ de la courbe C, ces éléments prolongés donneront les tangentes successives T, T', T'' de la courbe C, et ces tangentes seront des *caractéristiques* ou génératrices droites successives de la surface Σ.

Les deux droites T et T' déterminent un plan Θ ; traçons dans ce plan une droite B ; les deux droites T' et T'' déterminent un plan Θ' ; si la droite T'' s'appuie sur la droite B, les trois droites T', T'' et B seront dans le même plan Θ' ; mais la droite B est déjà tout entière dans le plan Θ, il faut donc que les deux plans Θ et Θ' se confondent ; il faut donc que les trois éléments rectilignes de la courbe C soient dans un même plan. On démontre donc de cette manière que si toutes les tangentes à la courbe C s'appuient sur la droite B, elles sont toutes situées dans un même plan, et que dès lors tous les éléments rectilignes de la courbe C sont situés dans un même plan ; la courbe C est donc plane.

Théorème 2. *Lorsqu'on fait rouler un plan* P *sur deux courbes* C *et* C', *l'enveloppe de l'espace parcouru par le plan* P *est une surface développable* Σ, *et qui évidemment n'est pas plane; si toutes les génératrices droites de la surface* Σ *s'appuient sur une même droite* B, *elles doivent nécessairement toutes la couper en un même point* b.

En effet : soient les positions successives P, P', P'', P''', etc., de l'enveloppée P ; P coupe P' suivant la génératrice droite G ; P' coupe P'' suivant G' ; P'' coupe P''' suivant G'', etc. Les droites G, G', G'', etc. sont des génératrices successives et infiniment voisines de la surface Σ ; dès lors, G coupe G' en un point m, G' coupe G'' en un point m', etc., et les points m, m', etc., sont des points successifs et infiniment voisins qui déterminent la courbe C, *arête de rebroussement* de la surface Σ, et $\overline{mm'}$ en est l'élément rectiligne.

Supposons maintenant que toutes les droites G, G', G'', etc., s'appuient sur une droite B.

G coupera B en un point *b*, G' coupera B en un point *b'*, G'' coupera B en un point *b''*, etc.

Or, G, G' et B seront dans un même plan P'; G', G'' et B seront dans un même plan P'', etc.

Il est donc évident qu'il faut, pour que les plans P' et P'' ne se confondent pas (ce qui ne peut être, puisque la surface Σ ne peut être un *plan* en vertu de son mode de génération), et que cependant ce qui vient d'être établi subsiste, il faut, dis-je, que les points *b*, *b'*, *b''*, etc., se confondent en un seul point *b*.

Ou, en d'autres termes, il faut que la surface développable Σ soit une surface conique dont *b* est le sommet.

Parmi les surfaces développables, nous étudierons d'une manière spéciale les surfaces *coniques* et *cylindriques*.

213. Une surface conique est engendrée par le mouvement d'une droite assujettie à passer constamment par un point fixe qu'on nomme le *sommet* (point qui dans certains cas est le *centre* de la surface), et à s'appuyer constamment sur une courbe donnée que l'on nomme la *directrice* de la surface. L'*arête de rebroussement* de cette surface se réduit à un seul point, qui est le sommet, lequel divise la surface en deux *nappes*. Ce point joue en même temps le rôle de ligne de *striction* et de ligne de *gorge*.

Une surface cylindrique est engendrée par le mouvement d'une droite s'appuyant constamment sur une courbe donnée, qui est la *directrice courbe* de la surface, et restant toujours parallèle à une même droite, qui prend aussi le nom de *directrice droite* de la surface.

On pourrait remplacer la directrice courbe des surfaces coniques et cylindriques par une surface à laquelle la génératrice devrait rester tangente; mais ces données ne diffèrent pas des précédentes (sous le point de vue théorique), car on peut, à la surface directrice, substituer la courbe, lieu des points de contact de toutes les génératrices avec cette surface.

214. Il résulte de là que les surfaces projetant horizontalement et verticalement une courbe (n° 25) sont des surfaces cylindriques; il en serait de même de la surface qui la projetterait obliquement (n° 158); c'est pourquoi les deux systèmes de projections, orthogonale et oblique, ont reçu le nom de projections cylindriques (n° 159).

Dans le système des projections orthogonales qui est le plus usité, une courbe

est donc toujours l'intersection de deux surfaces cylindriques dont les génératrices sont perpendiculaires pour l'une au plan horizontal et pour l'autre au plan
vertical de projection. En général, une courbe est l'intersection de deux surfaces,
et au lieu des deux surfaces cylindriques projetantes, on pourrait donner deux
autres surfaces quelconques se coupant suivant cette même courbe, qui serait
également déterminée, mais on se la représenterait plus difficilement. Toutefois
une courbe plane ne peut être définie d'une manière exacte qu'en choisissant son
plan pour l'une des surfaces, car on pourra toujours alors retrouver la seconde
projection, tandis que deux courbes arbitrairement tracées sur les deux plans de
projection sont rarement les projections d'une courbe plane de l'espace.

Deux cylindres se coupent ordinairement suivant plusieurs courbes ; pour savoir
par conséquent quelle est celle dont on a les projections, il ne suffit pas de
donner ces projections, il faut encore fixer quels sont les points de la projection
verticale qui correspondent aux divers points de la projection horizontale, lorsque
la même perpendiculaire à la ligne de terre rencontre les deux projections chacune en plus d'un point. Lorsque l'on ne fixe pas cette correspondance, le problème de trouver la courbe dont on a les projections, admet plusieurs solutions,
quelquefois on peut et l'on doit même les adopter toutes, d'autres fois on reconnaît facilement celles d'entre elles, qui doivent être rejetées.

215. Dans la théorie de la perspective ou des projections polaires (n° 159) la
surface qui projette une courbe sur le tableau est une surface conique ayant son
sommet au point de vue, c'est ce qui nous a fait donner à ces projections le nom
de projections coniques ; mais la projection sur le *géométral* étant toujours orthogonale, et par conséquent cylindrique, la courbe est dans ce cas l'intersection
d'une surface conique avec une surface cylindrique. Ici encore, ces deux surfaces
se coupent généralement suivant plusieurs courbes, de sorte que le problème
admet plusieurs solutions lorsque les données ou la nature de la question ne
font pas connaître celle de ces courbes qu'il faut seule conserver.

216. Les courbes, projections d'une courbe de l'espace, peuvent comme
telles se terminer en des points, au delà desquels elles se prolongeraient si on
les considérait dans leur plan et indépendamment des courbes projetées. On dit
alors que ces courbes *reçoivent* les projections des courbes de l'espace, lesquelles
projections semblent se terminer brusquement en certains points par des motifs
que nous aurons l'occasion d'étudier plus tard.

217. *Les projections des tangentes à une courbe sont tangentes aux projections de la
courbe.* En effet, soit une courbe C et sa tangente T au point m ; les points successifs m et m' appartiennent à la fois à C et à T (195) donc m^h et m'^h se trouvent
en même temps sur C^h et sur T^h ; mais il est évident que m^h et m'^h sont deux points

successifs (194), car si l'on pouvait placer un troisième point entre eux, en élevant par ce point une verticale, elle serait placée entre les verticales élevées des points m^h et m'^h, et irait couper la courbe C en un point placé entre les points m et m', qui par conséquent ne seraient pas des points successifs, contrairement à notre hypothèse. Donc T^h est tangente à C^h au point m^h, projection du point de contact m de T et C. On montrerait de même que T^v est tangente à C^v au point m^v.

La réciproque est évidente, car si T^h est tangente à C^h en m^h, et T^v tangente à C^v en m^v, les points successifs m et m' seront communs à T et C; donc T sera tangente à C au point m (*).

218. Supposons un fil enroulé sur une courbe C à double courbure et que l'on tienne ce fil tendu (afin qu'il reste toujours tangent à la courbe) en le déroulant, il engendrera par ses positions successives une surface développable (n° 211, 7°) et un point quelconque de ce fil engendrera une courbe, qui sera une développante de la courbe proposée C. Donc une développée à double courbure a une infinité de développantes situées sur la surface développable, dont cette développée est l'arête de rebroussement (n° 211).

219. Si par tous les points d'une courbe plane C (*fig.* 175) on mène à cette courbe et dans son plan des normales, elles déterminent par leurs intersections successives la seule développée plane C′ que puisse fournir la courbe C (n°201). Mais considérons la série des plans normaux à la courbe C; par leurs intersections successives, ils forment une surface cylindrique Δ (n° 213), car tous les plans normaux étant perpendiculaires au plan de la courbe C, leurs intersections sont perpendiculaires à ce même plan, et par conséquent parallèles entre elles.

Cela posé, concevons par le point m de la courbe C, une normale N non située dans le plan de cette courbe, elle sera sur le plan R normal à la courbe C au point m et rencontrera les génératrices droites successives G et G′ de la surface cylindrique Δ aux points m'' et n''; si l'on joint nn'', cette normale N′ successive de la normale N sera située dans le plan normal R′ successif du plan R et rencontrera la génératrice G″ du cylindre Δ en un point p''; si l'on joint encore pp'', cette normale sera dans le troisième plan normal, et rencontrera la génératrice G‴ de la surface cylindrique en q'' et ainsi de suite; la série des points m'', n'', p'', ... forme une courbe C″ à laquelle les normales de la courbe C sont tangentes, C″ est donc

_____

(*) Ce théorème n'est vrai qu'autant que la tangente T, au point m de la courbe C, n'est pas perpendiculaire au plan de projection. Lorsque la tangente T est perpendiculaire au plan de projection horizontale, par exemple, alors T^h est un point qui se confond avec m^h. Dans ce cas particulier, la courbe C^h offre au point m^h un *point de rebroussement*, et sa tangente, au point m^h, est la projection sur le plan horizontal de la normale au point m de la courbe C, située dans le plan osculateur en m à cette courbe C.

une développée de la courbe C (n° 201). On en conclut qu'une courbe plane ou développante plane, a une infinité de développées à double courbure situées sur le cylindre enveloppe des plans normaux à cette développante.

220. Toutes les développées à double courbure d'une développante plane C, sont des hélices ayant la développée plane pour projection commune sur le plan de la courbe C. La dernière partie de la proposition est évidente, puisque toutes les génératrices du cylindre sont perpendiculaires au plan de la développante. Quant à la première partie, on nomme *hélice* une courbe tracée sur une surface cylindrique, et telle que tous ses éléments ou toutes ses tangentes font le même angle avec les génératrices du cylindre.

Cela posé, soit une normale de direction arbitraire dans l'espace (*fig.* 175) et menée au premier point m de la courbe plane C, elle rencontre les génératrices successives G et G' sous un certain angle ε, et aux points m'' et n''; joignant nn'', je dis que cette seconde normale coupe les génératrices successives G' et G'' sous le même angle, etc. En effet, la courbe C' étant la développée plane de C, l'arc mn est un élément circulaire ayant son centre en n', donc $mn' = nn'$ et les triangles rectangles $mn''n'$ et $nn''n'$ sont donc aussi égaux; par conséquent on a : $\widehat{mn''n'} = \widehat{nn''n'}$; on démontrera de même que $\widehat{np''p'} = \widehat{p''p'p'}$, et ainsi de suite. Donc, etc.

221. A l'égard d'une développante à double courbure C, l'enveloppe de ses plans normaux n'est plus une surface cylindrique, mais elle est toujours une surface développable Σ; si l'on mène une normale N de direction quelconque dans l'espace et au point m de la courbe C, elle est située dans le plan normal en ce point, et rencontre par conséquent en un point n la génératrice G de la surface développable Σ; si l'on joint nm' cette seconde normale N' coupera G' en un point n', joignant encore $n'm''$, cette troisième normale N'' coupera G'' en n'', et ainsi de suite, les normales N, N', N'', etc...... par leurs intersections successives déterminent une courbe C' à laquelle elles sont tangentes, et qui est par conséquent une développée de la courbe C. Donc *une développante à double courbure a une infinité de développées à double courbure situées sur la surface développable, enveloppe des plans normaux à la courbure* C.

Chacune de ces développées est l'arête de rebroussement d'autant de surfaces développables contenant la développante à double courbure proposée (n°217). Donc une courbe à double courbure peut toujours être placée sur une infinité de surfaces développables. Il en est évidemment de même d'une courbe plane.

Remarquons que pour les courbes planes, le lieu des centres des cercles osculateurs aux divers points de la courbe est précisément sa développée plane : dans les courbes à double courbure le lieu des centres forme encore une courbe, mais elle n'est plus une développée de la courbe proposée, car les normales à la courbe à double courbure ou gauche donnée C, qui sont respectivement situées dans les plans osculateurs de cette courbe forment une surface gauche (*).

CHAPITRE II.

PLANS TANGENTS AUX SURFACES CONIQUES ET CYLINDRIQUES.

222. Une surface conique est engendrée par une droite assujettie à passer toujours par le *sommet* et à s'appuyer sur la *directrice* (n° 213). Si on la coupe par une série de plans parallèles on obtient des courbes de grandeurs différentes, que l'on peut considérer comme des génératrices de la surface. Une surface conique admet donc une seule génératrice constante de forme, qui est la ligne droite, et une infinité de génératrices courbes dont la forme ou la grandeur varie dans chacune de leurs positions.

Il est évident que l'on peut prendre pour directrice une courbe quelconque, tracée sur la surface et rencontrant toutes les génératrices droites ; si parmi toutes ces directrices, il en est une qui soit un cercle, et si dans ce cas le sommet et le centre du cercle sont sur une même droite perpendiculaire au plan du cercle, le cône prend le nom de *cône droit*, et la droite menée du sommet au centre du cercle est dite *axe* du cône. Remarquons que les anciens géomètres donnent à cette droite le nom d'axe, même quand elle n'est pas perpendiculaire au plan du cercle (**).

223. Une surface conique est déterminée par son sommet s et sa directrice C, c'est-à-dire que ces données suffisent pour fixer complétement un point m, de la surface conique dont on donne une projection, par exemple, m^h ; en effet par ce

---

(*) A ce sujet , *voyez* les dernières pages du *Traité de géométrie descriptive* de MONGE.

(**) Abaissant du sommet S d'un cône oblique une perpendiculaire Y sur le plan du cercle C , base de ce cône, et unissant le sommet S avec le centre o du cercle C par une droite A (dite axe) , les anciens géomètres appelaient le plan (Y, A) *plan de l'axe*.

point m passe une génératrice droite G, dont la projection G^h passe par s^h et m^h, elle rencontre la courbe C^h en un point n^h que l'on projette verticalement sur C^v en n^v; unissant n^v et s^v on aura G^v qui contient m^v.

On pourrait se donner le point n^v et chercher à déterminer n^h de manière à ce que le point n fût situé sur la surface conique; pour déterminer n^h, on unirait les points s^v et n^v par une droite G_1^v laquelle couperait la courbe C^v en un point q^v; on déterminerait q^h sur la courbe C^h et l'on aurait la droite G_1^h en unissant les points q^h et s^h, le point n^h serait sur la droite G_1^h.

Ainsi l'on voit que les constructions à effectuer pour trouver le point m^v, s'étant donné m^h, ou le point n^h, s'étant donné n^v, les points m et n devant être situés sur la surface conique, surface qui est écrite graphiquement au moyen des projections de son sommet et des projections de la courbe directrice du mouvement de ses génératrices droites, que les constructions, dis-je, n'exigent pas autre chose que ces projections, en se rappelant toutefois que toutes les génératrices droites d'une surface conique passent par le sommet du cône et s'appuient sur la directrice courbe, ou, en d'autres termes, en se conformant, dans les constructions à exécuter, au mode de génération qui définit la surface considérée.

Lorsque l'on considérera une surface quelle qu'elle soit, il y aura deux choses à considérer : 1° le mode de génération de cette surface, mode qui la définit, et 2° la représentation graphique de cette surface, représentation qui sera dite complète au moyen des projections de certains points et de certaines lignes appartenant à la surface, lorsque l'on pourra résoudre graphiquement le problème suivant, *étant donné un point* m^h *ou un point* n^v *déterminer la position que le point* m^v *ou le point* n^h *doit avoir pour que les points* m *et* n *de l'espace soient en effet situés sur la surface considérée*, et il faudra que la détermination ou construction de ces points m^v et n^h puisse s'effectuer au moyen de *tracés* ou constructions graphiques n'exigeant pas autre chose que la connaissance des projections des points et des lignes dites, seules nécessaires pour la représentation ou définition graphique complète de la surface, et en se conformant d'ailleurs dans ces constructions au mode de génération indiqué comme étant celui qui appartient à la surface.

Lors donc que par la suite nous examinerons une surface, nous commencerons par l'écrire graphiquement et par vérifier au moyen de la solution du problème précédent si en effet la surface donnée est bien complétement écrite : cela fait, nous pourrons nous livrer à la recherche de la solution des divers problèmes que l'on pourra se proposer par rapport à cette surface.

224. Problème 1. *Mener un plan tangent à une surface conique par un point pris sur la surface.* Le point ne peut être donné que par l'une de ses projections, par exemple m^h; on détermine sa projection verticale comme ci-dessus, (n° 222).

La surface conique étant développable, le plan tangent au point *m*, est tangent en tous les points de la génératrice droite G (n° 209, 3°) qui passe par ce point, et par conséquent au point *n* où elle rencontre la directrice C; il doit donc contenir cette génératrice G et la tangente T au point *n* à la courbe C. Le plan tangent est complétement déterminé par ces deux droites.

Si la directrice C était la trace horizontale de la surface, c'est-à-dire son intersection par le plan horizontal (et alors la courbe C peut être dite *base horizontale* du cône) la tangente T ne serait autre que la trace H' du plan tangent; on trouverait facilement la trace verticale V', puisqu'on connaît deux droites H' et G situées sur ce plan T.

Si la directrice C était une courbe plane donnée par l'une de ses projections C^h et par son plan (n° 214), on aurait θ^h tangente à C^h et l'on en conclurait θ^v par la condition que la tangente θ soit dans le plan de la directrice, et en outre θ^v devrait passer par la projection *n*^v du point de contact.

Dans tous les cas, on est conduit à mener une tangente en un point d'une courbe donnée par son *tracé*, la nature géométrique de cette courbe étant inconnue ; ce problème présente de très-grandes difficultés et ne peut se résoudre qu'à un degré d'approximation très-loin d'être satisfaisant. Je suis parvenu à résoudre ce problème d'une manière générale pour un point simple ou multiple d'une courbe dont on ne connaît pas l'équation (*); Hachette l'avait déjà résolu pour un point simple ; mais les méthodes que nous employons reposent sur des considérations très-élevées et conduisent à des constructions très-compliquées et ne donnent en définitive qu'une solution approximative ; de sorte qu'une semblable recherche est plus curieuse sous le point de vue géométrique, en ce sens qu'elle sert à démontrer que la géométrie descriptive a comme science une puissance qui lui est propre, qu'elle n'est réellement utile.

Lorsque pour la solution graphique d'un problème on sera conduit à construire la tangente en un point d'une courbe C^h ou d'une courbe D^v, on devra dire que le problème est résolu sous le point de vue géométrique, mais non sous le point de vue graphique, si la courbe C^h ou la courbe D^v est telle qu'on ne sache pas construire rigoureusement la tangente en un de ses points ; et lorsque l'on ignore la construction de cette tangente, on devra chercher à modifier la solution de manière à la faire dépendre de la construction d'une tangente à la courbe C^h ou à la courbe D^v, menée par un point extérieur à cette courbe ; car alors il n'y aura que très-

(*) *Voyez* dans l'ouvrage qui a pour titre : *Complément de géométrie descriptive*, le mémoire qui a pour titre : *Construction de la tangente en un point d'une courbe plane dont l'équation est inconnue*. Ce mémoire a été publié pour la première fois dans le 21e cahier du Journal de l'École polytechnique.

peu d'incertitude sur la position exacte du point de contact (la tangente étant menée à vue et au moyen de la règle), tandis que dans le premier cas, la tangente étant menée à vue et au moyen de la règle, il existe une très-grande incertitude sur sa véritable direction ; en sorte que si l'on doit employer pour la suite des constructions un point assez éloigné du point de contact et situé sur la tangente, ce point pourrait avoir une position très-différente de celle qu'il devrait occuper réellement sur le dessin.

Ainsi nous admettrons à l'avenir comme solution graphique suffisamment approximative, toute solution dépendant de la construction d'une tangente menée par un point extérieur à une courbe inconnue et seulement donnée par son tracé. Mais nous rejetterons comme ne pouvant avoir une approximation suffisante toute solution graphique dépendant de la tangente en un point d'une courbe donnée par son tracé, et dont on ignore la nature géométrique et par suite la construction rigoureuse et géométrique de la tangente.

225. PROBLÈME 2. *Mener un plan tangent à une surface conique par un point situé hors de la surface.* Soient une surface conique donnée par son sommet s et sa directrice C, et un point m de la surface, le plan tangent T devant contenir une génératrice, passera par le sommet s ; donc la droite D, qui unit les points s et m, y sera contenue tout entière ; mais le plan T contient en outre la tangente Θ à la directrice C, au point où elle est coupée par la génératrice de contact G, les droites D et Θ se coupent, donc la droite D coupe la surface développable, lieu des tangentes à la courbe C ; cherchant ce point d'intersection n et menant par n la tangente Θ à C, puis la génératrice passant par le point de contact x, nous aurons trois droites D, Θ, G situées dans le plan T, il sera donc déterminé.

226. Pour obtenir le point n, il faut par la droite D faire passer un plan auxiliaire quelconque X, chercher son intersection I avec la surface développable formée par les tangentes à la courbe C ; elle contiendra évidemment le point n, qui est par conséquent à la rencontre de cette intersection I avec la droite D. Mais cette construction se simplifie beaucoup, lorsque la courbe C est une courbe plane, car alors la surface lieu des tangentes à cette autre courbe n'est autre chose que son plan P, et l'on a à trouver l'intersection de la droite D et du plan P (n°s 111 à 113).

227. Dans le cas d'une directrice gauche ou à double courbure C, il est plus simple de couper la surface conique par un plan quelconque déterminant une courbe K que l'on substitue à la courbe C et pour plus de simplicité, on peut chercher la base sur le plan horizontal ou vertical de projection de la surface conique, lorsque cette base ou trace se trouve dans les limites du dessin. Cette construction s'effectue facilement et sans erreur sensible, car les génératrices droites de la surface conique peuvent toujours s'obtenir exactement ; il n'en est pas de même des tangentes à la courbe C, ainsi qu'on l'a dit ci-dessus (224).

228. Problème 3. *Mener un plan tangent à une surface conique parallèlement à une droite donnée.* Le plan tangent devant contenir une génératrice droite passera par le sommet *s* de la surface conique ; cela posé, si par un point quelconque d'un plan parallèle à une droite, l'on mène une parallèle à la droite, elle est tout entière dans le plan ; donc si par le sommet *s* on mène une parallèle D à la droite donnée B, on sera conduit à construire le plan tangent par la droite D, ce qui est précisément le problème 2 précédent.

229. Problème 4. *Mener un plan tangent commun à deux surfaces coniques ayant même sommet.* Si les deux surfaces coniques sont données par des directrices à double courbure, ou par des directrices planes, mais non situées dans le même plan, on les coupera par un même plan P, et l'on considérera les courbes C et C' d'intersection comme les directrices des deux surfaces. Cela posé, le plan tangent doit contenir une génératrice droite de chaque surface et les tangentes aux courbes C et C' aux points où elles sont rencontrées par les génératrices de contact, mais ces deux tangentes étant l'une et l'autre dans le plan P et dans le plan tangent se confondent en une seule droite intersection de ces deux plans. Il faut donc mener une tangente commune Θ aux courbes C et C', puis les génératrices G et G', qui passent par les points de contact, et le plan tangent devra contenir ces trois droites.

Si l'on prend les bases ou traces horizontales des surfaces coniques, leur tangente commune sera la trace horizontale du plan tangent.

Si les deux courbes C et C' sont extérieures l'une à l'autre, ou si elles présentent des parties saillantes et des parties rentrantes, il sera généralement possible de leur mener plusieurs tangentes communes, qui détermineront autant de plans tangents communs. Mais si les deux courbes C et C' sont convexes et que l'une d'elles soit intérieure à l'autre, il sera impossible de leur mener une tangente commune, et par suite les deux surfaces coniques proposées n'auront pas de plans tangents communs.

Remarquons en passant que si l'on coupe les deux surfaces coniques par un plan quelconque, les courbes d'intersection présenteront toujours les mêmes circonstances, ce qui est évident.

230. *Les plans tangents à un cône droit font tous le même angle avec un plan perpendiculaire à l'axe du cône.* En effet, soient *so* (*fig.* 176) l'axe d'un cône droit, perpendiculaire au plan horizontal, et C sa base sur ce plan ; le plan tangent T le long de la génératrice *sa* coupe le plan horizontal suivant la tangente Θ au cercle C, mais le rayon *oa* étant perpendiculaire à Θ, l'oblique *sa* est aussi perpendiculaire à Θ, donc l'angle dièdre formé par le plan T avec le plan horizontal

est mesuré par l'angle $\overset{\frown}{sao}$ formé par la génératrice de contact sa avec le rayon ao, ou avec le plan du cercle C, mais toutes les génératrices font le même angle avec le plan du cercle C, donc aussi tous les plans tangents font le même angle avec ce plan perpendiculaire à l'axe.

231. PROBLÈME 5. *Mener à une surface conique un plan tangent faisant un angle donné avec un plan donné.*

Soient s (*fig.* 177) le sommet et B la base ou trace horizontale de la surface conique Σ proposée, cherchons 1° *un plan tangent faisant avec le plan horizontal un angle* α. Considérons un cône droit Δ ayant son sommet en s, son axe A vertical, et dont les génératrices droites fassent avec le plan horizontal l'angle α; la projection verticale Γ^v de la génératrice Γ du cône Δ qui sera parallèle au plan vertical fera, avec la ligne de terre, l'angle α, et elle rencontrera le plan horizontal en un point a déterminant le rayon $s^h a$ de la base circulaire ou trace horizontale C du cône Δ. Tout plan mené par le point s et faisant avec le plan horizontal l'angle α sera tangent à ce cône droit Δ, donc le plan demandé doit être tangent à la fois à la surface conique proposée Σ ou (s, B) et au cône droit Δ ou (s, C); sa trace H^r sera donc tangente à la fois aux deux bases B et C, qu'elle touche aux points p et q, d'où l'on conclut les génératrices de contact G et Γ; la trace verticale V^r devra passer par le point t, intersection de H^r et de LT, et par les traces verticales des deux génératrices de contact; lorsque ces points sont hors des limites du dessin, on trouve un point b de V^r par une horizontale K du plan T, menée par le sommet s, ou par tout autre point de G ou Γ; ou encore par une droite quelconque s'appuyant à la fois sur deux des trois droites H^r, G et Γ déjà connues dans le plan T. Dans la figure 177, outre le plan T construit, il en existe trois autres, car les deux bases B et C ont quatre tangentes communes; nous n'en construisons qu'une pour ne pas embarrasser la figure.

2° *Un plan tangent faisant avec le plan vertical un angle* β. On devra considérer un cône droit ayant son sommet en s, son axe perpendiculaire au plan vertical et dont les génératrices feront, avec le plan vertical, l'angle β; puis mener un plan tangent commun à ce cône droit et à la surface conique proposée.

3° *Un plan tangent faisant un angle* γ *avec un plan donné* P. On devra considérer un cône droit ayant son sommet en s, son axe perpendiculaire au plan P et dont les génératrices feront avec le plan P l'angle γ, puis mener un plan tangent commun à ce cône droit et à la surface conique proposée.

232. Si l'on coupe une surface cylindrique (n° 213) par une série de plans parallèles, les courbes ainsi obtenues sont toutes égales entre elles, et l'on peut concevoir que l'une d'elles engendre la surface en glissant parallèlement à elle-même, de sorte que la surface cylindrique a une infinité de génératrices courbes toutes constantes de forme et de grandeur.

233. Une surface cylindrique est déterminée par ses deux directrices, c'est-à-dire que ces données suffisent pour fixer complétement un point m de la surface, dont on donne une des projections, par exemple, m^v. En effet, par ce point m passe une génératrice droite G de la surface, sa projection verticale G^v passe donc par m^v et est parallèle à la projection verticale D^v de la directrice droite D de la surface; elle coupe la projection verticale C^v de la directrice courbe en un point n^v, projection verticale du point n d'intersection de C et G; on en conclut la projection horizontale n^h sur C^h, puis G^h menée par n^h parallèlement à D^h, et la projection horizontale m^h doit être sur G^h.

On voit par là qu'un point m^v du plan vertical ne peut être la projection verticale d'un point de la surface cylindrique, qu'autant qu'il satisfait aux conditions suivantes :

1° Qu'une droite G^v menée par ce point parallèlement à D^v rencontre C^v en un point n^v; 2° que la perpendiculaire abaissée du point n^v sur la ligne de terre rencontre C^h. Quand ces conditions sont remplies, il y a généralement plusieurs points qui ont la même projection verticale. Il en serait de même si l'on se donnait d'abord la projection horizontale m^h, et que l'on se proposât de déterminer m^v de manière à ce que le point m de l'espace fût réellement situé sur la face cylindrique.

D'après ce qui précède, on voit qu'une surface cylindrique est écrite graphiquement et d'une manière complète, lorsqu'on se donne les projections de la directrice courbe et de la droite à laquelle toutes les génératrices droites doivent être parallèles (n° 224).

234. PROBLÈME 6. *Mener un plan tangent à une surface cylindrique par un point pris sur la surface.* Le point ne peut être donné que par l'une de ses projections m^h, on trouve l'autre projection m^v, comme ci-dessus (n° 233). La surface cylindrique étant développable, le plan tangent au point m est tangent en tous les points de la génératrice droite G qui passe par ce point, et par conséquent au point n où G rencontre la directrice courbe C; le plan tangent doit donc contenir cette génératrice G et la tangente T au point n à la courbe C. Le plan tangent est déterminé par ces deux droites.

Si la directrice courbe C était la base ou trace horizontale de la surface cylindrique, la tangente T à cette base ne serait autre que la trace H^T du plan tangent.

235. PROBLÈME. 7. *Mener un plan tangent à une surface cylindrique par un point situé hors de la surface.*

Soient une surface cylindrique donnée par ses deux directrices C et D, et un point m situé hors de la surface; le plan tangent devant contenir une génératrice droite G, si par le point m on mène une parallèle A à cette génératrice G, elle sera tout entière dans le plan tangent T, mais ce plan T contient en outre la tangente Θ à la directrice courbe C, au point où elle est coupée par la génératrice de contact G; les droites A et Θ situées dans un même plan se coupent, donc la droite A rencontre la surface développable lieu des tangentes à la courbe C; cherchant ce point d'intersection n, et menant par n la tangente Θ à C, puis la génératrice G passant par le point de contact x, nous aurons trois droites A, Θ, G, situées dans le plan tangent T.

Lorsque la courbe C est plane, le lieu de ses tangentes n'est autre que son plan P, et le point n est alors l'intersection de la droite A et du plan P. Mais si la courbe C est à double courbure, la détermination du point n serait très-compliquée. Dans ce cas, on peut couper la surface cylindrique par un plan quelconque P, on obtient ainsi une courbe plane K, que l'on peut prendre pour directrice courbe de la surface; et plus simplement encore on cherche la trace horizontale ou base de la surface, alors le point n est la trace horizontale de la droite A, et la tangente Θ devient la trace horizontale H^τ du plan tangent T.

236. Problème 8. *Mener un plan tangent à une surface cylindrique parallèlement à une droite donnée.*

Si la surface cylindrique est donnée par une directrice à double courbure, on la coupera par un plan P suivant une courbe plane C, que l'on prendra pour directrice de la surface; ou mieux, si les limites de la feuille de dessin le permettent, on construira la base ou trace horizontale de la surface cylindrique donnée. Cela fait, si par un point m quelconque de la droite donnée A, on conduit une droite B parallèle aux génératrices droites du cylindre, le plan Q de ces deux droites A et B sera parallèle au plan tangent T demandé, car il contiendra deux droites parallèles à ce plan et non parallèles entre elles; donc son intersection I avec le plan P sera parallèle à l'intersection des plans P et T; or, cette dernière doit évidemment être tangente à la directrice C, donc menant à la courbe C une tangente Θ parallèle à I, puis la génératrice droite G appartenant au cylindre, laquelle passe par le point de contact, ces deux droites Θ et G détermineront le plan tangent demandé T.

237. Problème 9. *Mener un plan tangent commun à deux surfaces cylindriques ayant une même directrice droite.* Si les surfaces cylindriques sont données par des directrices courbes à double courbure, ou par des directrices courbes planes non situées dans le même plan, on les coupera par un plan P suivant des courbes C et C' que l'on prendra pour les directrices courbes des deux surfaces; ce plan P

coupera le plan tangent T , suivant une tangente commune aux deux courbes C et C'; construisant donc cette tangente commune Θ, puis les deux génératrices droites G et G' passant respectivement par les points de contact de Θ avec C et C', on aura trois droites Θ, G et G' situées dans le plan tangent demandé T.

238. PROBLÈME 10. *Construire à une surface cylindrique un plan tangent faisant un angle donné avec un plan donné* P. Soit donnée la surface cylindrique par sa base ou trace horizontale B et par sa directrice droite D; prenons un point *s* quelconque pour sommet d'une surface conique Δ de révolution , dont l'axe soit perpendiculaire au plan P et dont les génératrices fassent avec ce plan l'angle donné *α*; par le sommet *s* menons une droite K parallèle à D, puis par cette droite un plan Q tangent à la surface conique Δ, ce plan, s'il n'est pas tangent à la surface cylindrique, sera parallèle au plan tangent demandé T, donc H^r doit être parallèle à H^q et tangente à B. On voit que le problème sera possible chaque fois que la droite K ne percera pas le plan P en dedans du cercle , base de la surface conique de révolution, et dans ce cas il y aura généralement plusieurs solutions.

239. PROBLÈME 11. *Construire un plan tangent commun à deux surfaces coniques ayant une même directrice et des sommets différents.* Soient C la directrice courbe commune, *s* et *s'* les deux sommets, le plan tangent passera par les deux sommets et par conséquent il contiendra la droite D qui les unit; il contient en outre une tangente Θ à C, dont on trouve le point *n* d'intersection avec D en cherchant l'intersection de D avec la surface développable, lieu des tangentes à la courbe C. Cette construction est très-simple quand la courbe C est plane; dans le cas contraire on peut couper les surfaces coniques par un plan P, suivant des courbes K et K', chercher l'intersection *m* de ce plan et de la droite D, et menant de *m* une tangente à la courbe K, on est assuré qu'elle est en même temps tangente à K'; cette tangente et la droite D déterminent le plan tangent. Il est évident que le problème serait impossible si le point *m* était intérieur à l'une des courbes K ou K'.

240. PROBLÈME 12. *Construire un plan tangent commun à deux surfaces cylindriques ayant une même directrice courbe.* Le plan tangent devant contenir une génératrice droite de chaque surface , si par un point quelconque *m*, on mène des droites A et A' respectivement parallèles aux génératrices droites des deux cylindres donnés, puis le plan P déterminé par ces droites A et A', le plan tangent cherché T, sera parallèle au plan P; on coupera donc les cylindres et le plan P par un plan Q, suivant les courbes K et K' et la droite I, on mènera à K et K' une tangente Θ commune, et comme vérification Θ sera parallèle à I, puis on mènera les généra-

trices droites de contact G et G′, et l'on aura trois droites du plan tangent de-mndé T, savoir G, G′ et Θ.

241. PROBLÈME 13. *Construire un plan tangent commun à une surface conique et à une surface cylindrique ayant même directrice courbe.* Ce plan doit passer par le som-met *s* du cône et contenir une droite D menée par ce sommet parallèlement aux génératrices droites du cylindre, l'on rentre donc dans la construction d'un problème déjà résolu (n° 228).

Il est évident que l'on devrait effectuer les mêmes constructions si l'on donnait deux surfaces coniques, ou deux surfaces cylindriques, ou une surface conique et une surface cylindrique, qui n'auraient pas de directrice courbe commune, mais dans ce cas le problème est généralement impossible, excepté dans des cas parti-culiers, qu'il serait facile de concevoir, d'après ce qu'on vient de dire (n°ˢ 239, 240, 241).

242. PROBLÈME 14. *Mener des plans tangents, parallèles entre eux, à deux surfaces coniques de sommets différents.* Soient *s* et *s*′ les sommets, B et B′ les bases ou traces horizontales des deux surfaces coniques, concevons les plans tangents T et T′ con-struits et supposons que le cône (*s*′, B′) se meuve parallèlement à lui-même jus-qu'à ce que son sommet vienne coïncider avec le sommet *s* du cône (*s*, B), à ce moment les plans T et T′ coïncideront. Si donc nous construisons la base ou trace horizontale B″ du cône (*s*′, B′) dans sa nouvelle position, ce qui se fera fa-cilement en menant par *s* des parallèles aux diverses génératrices de ce cône, il restera à mener un plan tangent T commun aux deux cônes (*s*, B) et (*s*, B″) ayant même sommet (n° 228), puis par le sommet *s*′ un plan T′ parallèle à ce plan T.

On voit qu'il y aura autant de solutions qu'il existe de tangentes communes aux deux bases B et B″; si l'une de ces courbes est enveloppée par l'autre, il sera im-possible de mener des plans tangents, parallèles entre eux, aux deux surfaces coniques (*s*, B) et (*s*′ B′), à moins cependant que les courbes B et B″ ne présentent des parties saillantes et des parties rentrantes, auquel cas elles pourraient encore avoir quelque tangente commune.

243. PROBLÈME 15. *Mener deux plans tangents, parallèles entre eux, à une surface conique et à une surface cylindrique.* Le plan tangent T′ à la surface cylindrique devant contenir une génératrice droite de cette surface, si par le sommet *s* de la surface conique on mène une droite D parallèle aux génératrices de la surface cylindrique, elle doit être entièrement située dans le plan tangent T, on est donc conduit à mener par cette droite D un plan tangent T à la surface co-nique, puis un plan T′ tangent à la surface cylindrique et parallèle au plan T n° 236).

244. Problème 16. *Mener des plans tangents, parallèles entre eux, à deux surfaces cylindriques.* Le plan tangent T à la première surface doit contenir une génératrice droite G de cette surface, le plan tangent T′ à la seconde surface doit contenir une génératrice droite G′ de cette surface; si donc par un point quelconque m on fait passer deux droites D et D′ respectivement parallèles à ces génératrices G et G′ et un plan P par ces deux droites, D et D′, il n'y aura plus qu'à mener des plans tangents aux surfaces proposées qui soient parallèles à ce plan P.

245. Problème 17. *Mener une normale commune à deux surfaces coniques, ou à une surface conique et à une surface cylindrique, ou enfin à deux surfaces cylindriques.* Une normale à une surface en un point m est perpendiculaire au plan tangent à la surface en ce point, une normale commune à deux surfaces en des points m et n est perpendiculaire à la fois aux plans tangents menés aux deux surfaces en ces points m et n, donc ces plans tangents sont parallèles; pour résoudre le problème actuel, il faut donc construire les plans tangents, parallèles entre eux, aux deux surfaces proposées (n°ˢ 242, 243, 244), trouver les génératrices droites de contact, et la droite qui mesure la plus courte distance de ces deux génératrices de contact (n° 137) est la normale commune demandée.

245 *bis.* Lorsque nous considérons le plan tangent T à une surface conique (s, C), dont le point s est le sommet et la courbe C la directrice, et que nous disons le plan T est tangent au cône suivant une génératrice droite G de la surface, nous employons une expression particulière pour abréger le discours; car si nous concevons la droite G, elle coupe la courbe C en un point m, et si en ce point m nous menons la tangente Θ à la courbe C, le plan T est déterminé par les droites G et Θ; or la tangente Θ contient les deux points successifs m et m′ de la courbe C, dès lors le plan T contient les deux génératrices successives G et G′ du cône, la première, passant par le point m, et la seconde par le point m′, de telle sorte qu'en réalité le contact n'est pas une droite G entre le cône et son plan tangent, mais bien deux droites successives G et G′, ou en d'autres termes l'élément superficiel et angulaire compris entre les deux droites successives G et G′.

Il en est évidemment de même pour une surface cylindrique, son plan tangent contient aussi deux de ses génératrices droites successives, mais pour abréger le discours, nous disons *la droite de contact* au lieu de dire *l'élément superficiel commun* au cylindre et à son plan tangent.

Lorsque deux cônes Σ et Σ′ ont une génératrice commune G, et leurs sommets s et s′ situés sur cette droite G, si on les coupe par un plan P on obtient deux courbes C et C′ ayant en commun le point m en lequel la droite G est coupée par le plan P.

Si les deux courbes C et C' se croisent au point m, les deux cônes Σ et Σ' s'entrecoupent suivant la droite G, mais si les deux courbes C et C' ont une tangente commune Θ au point m, alors les deux cônes Σ et Σ' sont tangents l'un à l'autre suivant la droite G, c'est-à-dire qu'ils ont un plan tangent commun T déterminé par les droites G et Θ.

Mais la droite Θ ayant en commun avec les courbes C et C', les deux points successifs m et m', il s'ensuit que le plan T a en commun avec le cône Σ les deux droites successives (s, m) ou G et (s, m'), et que le plan T a en commun avec le cône Σ' les deux droites successives (s', m) ou G et (s', m').

De sorte que l'élément superficiel de contact du cône Σ et de son plan tangent T, n'est pas le même que l'élément superficiel de contact du cône Σ' et de ce même plan T; en d'autres termes, les deux cônes Σ et Σ' n'ont pas en commun deux génératrices droites successives, mais seulement en commun une partie des deux éléments superficiels formant leur contact avec le plan T. Tandis que, lorsque deux cylindres sont en contact suivant une génératrice droite G, ils ont toujours en commun deux génératrices successives G et G'.

On peut rendre compte de ce qui se passe entre deux cônes et deux cylindres tangents entre eux suivant une génératrice droite, de la manière suivante:

1° Un plan peut être engendré par une droite passant par un point fixe, et s'appuyant dans son mouvement sur une droite; dans ce cas le plan a le même mode de génération que le cône.

2° Un plan peut être engendré par une droite se mouvant parallèlement à elle-même en s'appuyant sur une droite; dans ce cas, le plan a le même mode de génération que le cylindre.

Or, lorsque l'on considère un cône et son plan tangent suivant la génératrice G, on peut supposer le plan engendré par la droite G passant par le sommet s du cône, et se mouvant sur la tangente Θ à la directrice courbe C de ce cône; les deux surfaces, cône et plan, ont donc le même mode de génération.

Mais si l'on a deux cônes Σ et Σ' tangents entre eux suivant une droite G, et ayant des sommets différents s et s' situés sur le plan T tangent au cône Σ suivant G, ce plan T devra être considéré comme engendré par la droite G, s'appuyant sur la tangente Θ à la courbe C en passant toujours par le point s, et ce même plan T comme tangent au cône Σ' devra être considéré comme engendré par la même droite G s'appuyant sur la même droite Θ tangente à la courbe C' (puisque les courbes C et C' sont par hypothèse tangentes l'une à l'autre), mais en passant constamment non plus par le sommet s, mais au contraire par le sommet s'.

En sorte que le plan T n'a plus le même mode de génération lorsqu'on le considère comme tangent d'abord au cône Σ et ensuite au cône Σ'.

Les éléments superficiels de contact ne sont identiquement les mêmes que pour deux surfaces ayant identiquement le même mode de génération, ainsi pour deux cônes ayant même sommet ou deux cylindres ayant leurs génératrices droites parallèles (*).

CHAPITRE III.

DES SURFACES ENVELOPPES.

246. Une surface Σ est en général engendrée par le mouvement continu d'une ligne G droite ou courbe (n° 202); elle est alors dite le *lieu géométrique* des positions successives occupées par la ligne mobile G, et cette ligne est dite *génératrice* de la surface Σ. La génératrice, dans son mouvement, quitte l'une de ses positions G pour venir instantanément en occuper une autre G′, de sorte qu'en vertu de la loi de son mouvement ou du mode de génération de la surface Σ, il est impossible de placer sur cette surface une position de la génératrice entre les deux G et G′, ces deux génératrices sont dites, par cette raison, *génératrices successives*, elles comprennent entre elles une portion de la surface Σ qui est infiniment petite dans le sens du mouvement de la génératrice G. La surface se trouverait ainsi décomposée en une infinité d'éléments superficiels infiniment petits dans un sens. Mais en changeant le mode de génération de la surface, ou, ce qui revient au même, la loi du mouvement de sa génératrice, la surface se trouvera décomposée en un autre système d'éléments superficiels également compris par deux positions successives de la génératrice dans ce nouveau mode de génération.

247. Au lieu d'engendrer ainsi la surface par le mouvement d'une ligne géométrique, on peut concevoir une surface S se mouvant également d'une manière

---

(*) *Voyez* dans le chapitre VII de l'ouvrage ayant pour titre : *Développements de géométrie descriptive*, les paragraphes dans lesquels j'ai exposé les divers modes de génération des surfaces.

continue, de sorte que cette surface quittera l'une de ses positions S pour venir instantanément en occuper une autre S', de sorte que S et S' sont deux positions successives de la surface mobile, car en vertu de la loi de son mouvement il n'y a pas de position de cette surface comprise entre les deux S et S'. Si nous considérons S et S', non plus comme deux positions différentes d'une surface mobile, mais bien comme étant deux surfaces distinctes, qui peuvent être ou n'être pas identiques, ces deux surfaces se couperont suivant une ligne C. Considérant une troisième position S'' de la surface mobile, les surfaces S' et S'' se couperont suivant une courbe C'; en continuant de la même manière on déterminera une série de courbes C, C', C''......Je dis que deux de ces courbes C et C' consécutives sont telles qu'on ne peut pas en placer une troisième en vertu de la loi par laquelle elles ont été produites; en effet cette troisième courbe C_1, si elle existait, ne pourrait provenir que de l'intersection de l'une des surfaces S, S', S'' avec une surface comprise entre S et S', ou entre S' et S'', ce qui est impossible, en vertu de la loi du mouvement de la surface S, donc cette courbe C_1 n'existe pas. On voit dès lors que C, C', C''..... peuvent être considérées comme les positions successives d'une courbe C, qui par son mouvement engendre une surface Σ. Cette surface serait le lieu géométrique des positions de la génératrice C, mais comme ce mode de génération n'est obtenu qu'à *posteriori*, et que la surface Σ est réellement engendrée par le mouvement de la surface S, on dit que cette surface Σ est l'*enveloppe* des positions successivement occupées par la surface mobile S, et les surfaces S,S',S''.... qui ne sont que la surface S à divers instants de son mouvement, sont dites les *enveloppées* de la surface Σ. Les enveloppées successives se coupent suivant les courbes C, C', C''...... que l'on nomme *caractéristiques* de la surface enveloppe Σ. Enfin les caractéristiques successives se coupent en des points évidemment successifs en vertu de la loi qui les détermine, et forment, par conséquent, une couche Γ, qui est l'*arête de rebroussement* de la surface Σ (n° 212), et à laquelle toutes les caractéristiques sont tangentes.

248. *L'enveloppe Σ est tangente à une enveloppée quelconque S' en tous les points de la caractéristique C, intersection de cette enveloppée S' et de l'enveloppée précédente S''.* En effet la caractéristique C intersection de S et S', et la caractéristique C' intersection de S' et S'', sont deux courbes situées à la fois sur les deux surfaces Σ et S'; si par un point m quelconque de C, on fait passer un plan sécant P, ce plan coupera C' en un point m' infiniment voisin de m et les deux points m et m' seront deux points successifs communs à la courbe K intersection du plan P et de l'enveloppe Σ, et à la courbe K' intersection du plan P et de l'enveloppée S', de sorte que ces deux courbes K et K' auront même tangente Θ au point m. Cela posé, le plan tangent en m à l'enveloppe Σ est déterminé par les tangentes T et Θ aux courbes tracées

C et K sur cette surface, le plan tangent en m à l'enveloppée S' est déterminé par les tangentes T et Θ aux courbes C et K' tracées sur cette surface; donc le plan de ces deux droites T et Θ est tangent à la fois à l'enveloppe Σ et à l'enveloppée S'; il en serait de même pour tout autre point de la caractéristique C, ce qui démontre le théorème énoncé.

Il résulte de ce théorème que si l'on veut mener un plan tangent à une surface que l'on puisse considérer comme l'enveloppée d'une autre surface à laquelle on sache déjà mener le plan tangent, on remplacera la surface proposée par son enveloppée et l'on mènera le plan tangent à cette dernière surface.

249. L'on peut considérer deux modes principaux de mouvement, soit de la génératrice, soit de l'enveloppée qui engendre la surface Σ.

1° La génératrice courbe G peut conserver identiquement la même forme, et se mouvoir parallèlement à elle-même de manière que l'un de ses points m parcoure une courbe donnée D, que l'on nommera la directrice du mouvement. Par ces mots se mouvoir parallèlement à elle-même on doit entendre que dans un instant infiniment petit, chaque point de la courbe G décrit une ligne droite infiniment petite, les lignes étant toutes égales entre elles et leurs directions parallèles; ainsi le point m décrit l'élément rectiligne infiniment petit $\overline{mm'}$ de la courbe D; il en sera de même de tous les autres points de la courbe génératrice G; en continuant à faire mouvoir cette génératrice, on trouvera que tous ses points décrivent des courbes identiques à la directrice D. En passant de la position G à la position successive G', tous les points de la génératrice G ont décrit des droites égales et parallèles, qui prolongées forment une surface cylindrique; de même en passant de la position G' à la position G", tous les points de la génératrice décrivent des droites égales, qui prolongées forment une seconde surface cylindrique, qui peut n'être pas identique à la précédente, car les éléments $\overline{mm'}$ et $\overline{m'm''}$ de la directrice D peuvent fort bien n'être pas également inclinés sur G et G'; de sorte qu'après avoir superposé ces deux courbes, les génératrices des deux surfaces cylindriques ne coïncideraient pas, mais la surface cylindrique correspondant à une position quelconque G' de la génératrice G sera déterminée par cette courbe G' et la tangente D au point m^r, position actuellement occupée par le point m. Toutes les surfaces cylindriques ainsi formées se coupent successivement suivant les diverses génératrices G', G",...... elles sont les enveloppées de la surface Σ, que l'on pourrait par conséquent engendrer par une surface cylindrique se mouvant de manière à ce que ses génératrices soient parallèles successivement aux tangentes de la directrice D, et que toutes ses caractéristiques soient des courbes identiques et parallèles. Au lieu de considérer ces surfaces cylindriques on pourrait prendre des enveloppées de toute autre nature, pourvu qu'elles satisfassent aux mêmes conditions, mais il est essentiel de remarquer que toute surface ne peut pas être prise comme génératrice d'une surface donnée, tout en lui assignant une loi de mouvement convenable, car il faut que les courbes intersections des enveloppées puissent être placées sur la surface enveloppe.

2° La génératrice G peut rester semblable à elle-même et se mouvoir de manière que deux génératrices successives soient semblablement placées entre elles, un point *m* de la courbe G parcourant une courbe directrice donnée D. Deux génératrices successives G et G′ étant deux courbes semblables et semblablement placées déterminent une surface conique comme nous le verrons plus loin (*Théorie de la similitude*), dont le sommet serait à l'intersection de la tangente menée en *m* à D et de la tangente menée en *n* à une autre courbe D′ décrite par un second point *n* de G. De même G′ et G″ déterminent une autre surface conique ayant son sommet à l'intersection des tangentes en *m*′ et en *n*′ aux courbes D et D′, et ainsi de suite. On voit donc qu'on peut toujours se donner les deux directrices D et D′ servant à diriger le mouvement de la génératrice courbe G , avec la condition que cette courbe génératrice G reste semblable à elle-même et que la surface Σ sera complétement déterminée, si les courbes D et D′ satisfont à la condition de pouvoir être situées sur une même surface cylindrique. Les surfaces coniques que nous venons de considérer sont encore les enveloppées de la surface Σ, et dans ce mode de génération les courbes G, G′, G″,...... en sont les caractéristiques. Dans ce cas encore l'on peut substituer aux surfaces coniques d'autres enveloppées pourvu qu'elles satisfassent à la condition de se couper suivant des courbes que l'on puisse placer sur la surface enveloppe Σ. (*).

(*) *Voyez* dans l'ouvrage qui a pour titre : *Développements de géométrie descriptive*, le chapitre VII et dernier, qui traite *des infiniment petits en géométrie descriptive.*

CHAPITRE IV.

DES SURFACES DE RÉVOLUTION.

Construction du plan tangent.

---

250. *Une surface de révolution* est une surface engendrée par une ligne quelconque à simple ou à double courbure (*plane ou gauche*), tournant autour d'une droite qu'on nomme *axe de rotation* ou *axe de révolution* de la surface.

Dans cette rotation chaque point de la ligne mobile décrit une circonférence de cercle, dont le plan est perpendiculaire à l'axe et dont le centre est sur l'axe même, de sorte que l'on peut considérer comme caractère distinctif des surfaces de révolution d'être coupées suivant des cercles par des plans perpendiculaires à l'axe qui est le lieu des centres de tous ces cercles.

Parmi les surfaces de révolution, il faut remarquer : 1° *la surface conique* engendrée par le mouvement d'une droite qui rencontre l'axe ; 2° *la surface cylindrique* engendrée par une droite parallèle à l'axe ; 3° *la surface sphérique* engendrée par une circonférence de cercle tournant autour d'un de ses diamètres ; 4° enfin nous aurons à étudier avec détail la surface engendrée par une droite tournant autour d'un axe non situé dans un même plan avec elle ; on la désigne sous le nom de *surface gauche de révolution*, ou sous celui d'*hyperboloïde de révolution à une nappe.*

La ligne quelconque, qui par son mouvement autour d'un axe engendre une surface de révolution, est dite *génératrice de la surface.*

Tout plan conduit par l'axe de la surface porte le nom de *plan méridien*, et la courbe intersection de la surface par ce plan est dite *courbe méridienne*. Il est évident que toutes les méridiennes sont égales, car on peut les prendre pour génératrices de la surface, et alors deux méridiennes ne seront que deux positions différentes d'une même génératrice.

Les cercles, intersections d'une surface de révolution par des plans perpendiculaires à l'axe, sont dits les *parallèles de la surface*. Les parallèles d'une surface de révolution ne sont pas égaux entre eux, excepté pour la surface cylindrique. de révolution.

251. Par un point m quelconque d'une surface de révolution Σ passent toujours une *méridienne* et un *parallèle*, si l'on mène des tangentes à ces deux courbes, elles seront dans un même plan, qui est le plan tangent à la surface Σ au point m.

Le plan tangent est perpendiculaire au plan méridien qui passe par le point de contact. En effet soient A (*fig.* 178) l'axe et M la méridienne d'une surface de révolution, considérant un point m de M et le parallèle C qui passe par ce point, le plan tangent en m contiendra la tangente T à la méridienne M et la tangente Θ au parallèle C; les plans du parallèle C et de la méridienne M sont perpendiculaires entre eux, donc la tangente Θ perpendiculaire à leur intersection est aussi perpendiculaire au plan méridien; il en est donc de même du plan tangent.

252. La tangente T étant dans le plan méridien rencontre l'axe A en un point s, et si l'on suppose que cette tangente T tourne autour de l'axe A en même temps que la méridienne M, elle engendra un cône de révolution Δ, ayant avec la surface Σ engendrée par M le parallèle C de commun, je dis que ces deux surfaces Δ et Σ sont tangentes tout le long de ce parallèle. En effet pour un autre point quelconque n de ce parallèle C, le plan tangent à la surface de révolution Σ contiendra la tangente Θ' au parallèle C, et la tangente à la méridienne M'' passant par ce point n, tangente qui ne sera autre que la position T' qu'est venu prendre la droite T, en passant du point m au point n; or, ces deux droites Θ' et T' déterminent aussi le plan tangent à la surface conique pour le point n; les deux surfaces Δ et Σ sont donc tangentes en n, et par suite en tous les points du parallèle C.

253. Si par le point m on mène une normale N à la surface Σ, elle sera dans le plan méridien (n° 247), elle rencontrera donc l'axe A en un point s', qui sera le sommet d'une surface conique de révolution ayant le parallèle C de commun avec la surface engendrée par M; il est évident que toute autre position N' de cette droite N sera encore normale à la surface Σ, l'on dit par cette raison que la surface conique engendrée par la normale N est normale à la surface engendrée par la courbe méridienne M et qu'elle lui est normale en tous les points du parallèle C.

254. Une surface de révolution admet six modes différents de génération, que l'on peut classer en deux séries de la manière suivante : 1° Trois modes par le mouvement continu d'une *ligne*, dont la surface de révolution sera le lieu géométrique, et trois modes par le mouvement continu d'une *surface*, dont la surface de révolution serait l'enveloppe; 2° trois modes par le mouvement de *rotation* d'une courbe ou d'une surface autour de l'axe, et trois modes par le mouvement de *translation* d'une courbe ou d'une surface le long de l'axe.

Premier mode. Une ligne quelconque à simple ou à double courbure tournant autour de l'axe engendre la surface de révolution; on lui donne le nom de génératrice de la surface. Il est évident que pour engendrer une surface donnée, on pourra prendre une courbe quelconque tracée sur cette surface, pourvu toutefois que cette courbe rencontre tous les parallèles de la surface, lesquels doivent être reproduits par la rotation des divers points de la génératrice autour de l'axe.

Deuxième mode. La génératrice peut être une ligne plane située dans un même plan avec l'axe, c'est-à-dire une méridienne de la surface de révolution.

Troisième mode. On peut encore engendrer la surface par sa méridienne, en ne la donnant pas directement comme dans le mode précédent, mais en la faisant naître par l'intersection de deux surfaces. En effet par tous les points d'une méridienne M concevons des perpendiculaires à son plan, elles seront toutes parallèles entre elles et formeront une surface cylindrique Σ, mais chaque génératrice droite G de cette surface cylindrique sera tangente à un parallèle P et au point x de ce parallèle en lequel il est coupé par la méridienne M, donc cette génératrice G passe par le point x' successif de x, les points x et x' appartenant au parallèle P ; mais la série des points x' ainsi obtenus forme évidemment une méridienne M' successive de M, laquelle est également contenue tout entière sur la surface cylindrique Σ. Si maintenant on opère par rapport à la méridienne M' comme on vient de le faire par rapport à la méridienne M, c'est-à-dire, si par tous les points de M' on élève des perpendiculaires à son plan, ces perpendiculaires forment une surface cylindrique Σ' identique à la précédente Σ et sur laquelle seront deux méridiennes successives M' et M'', les deux surfaces cylindriques Σ et Σ' se coupent donc suivant la méridienne M'. En construisant une troisième surface cylindrique Σ'' sur M'', cette nouvelle surface coupera la précédente Σ' suivant la méridienne M'', et ainsi de suite. Or toutes les surfaces cylindriques ainsi construites étant identiques, on voit que si après avoir construit l'une d'elles on la fait tourner autour de l'axe, elle occupera une série de positions telles que deux positions successives se couperont toujours suivant une méridienne de la surface de révolution, et par conséquent cette surface de révolution sera l'enveloppe des positions successives occupées par la surface cylindrique mobile.

Quatrième mode. Si l'on fait mouvoir un cercle de manière que son centre parcoure l'axe, que son plan reste perpendiculaire à cet axe et que son rayon varie comme les ordonnées de la méridienne rapportée à l'axe, dans chacune de ses positions il représentera un parallèle de la surface de révolution et par conséquent ce cercle mobile engendrera la surface de révolution.

Cinquième mode. Au lieu de donner ainsi les divers parallèles on peut les engendrer par des intersections successives de surfaces. Si par exemple en un point m de la méridienne M on mène la tangente T à cette méridienne (*fig.* 178) elle rencontrera l'axe en un point s sommet d'un cône de révolution Δ ayant pour génératrice T, mais cette tangente T contient les deux points successifs m et m' de M, lesquels décriront deux parallèles successifs C et C' communs à la surface de révolution et à la surface conique Δ (la figure ne montre que le parallèle C décrit par le point *m*); si maintenant on mène la tangente T' à M au point *m'*, elle passera aussi par le point suivant *m''* et sera la génératrice droite d'une surface conique Δ' ayant deux parallèles C' et C'' communs avec la surface de révolution; ces deux surfaces coniques Δ et Δ' se coupent précisément suivant le parallèle C' de la surface de révolution; une troisième surface conique Δ'', successive de Δ' et construite de la même manière, couperait la seconde surface conique Δ' suivant le parallèle C'', et ainsi de suite. Donc en faisant mouvoir dans l'espace une surface conique de révolution de telle manière qu'elle ait toujours pour axe la droite A et que l'une de ses génératrices droites soit toujours tangente à la méridienne M, les intersections de ses positions successives engendreront la surface de révolution.

Sixième mode. Si au point *m* de la méridienne M, on mène une normale, elle ira rencontrer l'axe A en un point *s'*, et si de ce point comme centre et avec $\overline{s'm}$ pour rayon, on décrit un cercle K (que nous n'avons pas tracé sur la figure) ce cercle sera situé dans le plan méridien donnant la méridienne M et sera tangent à cette courbe M. Il contiendra par conséquent le point *m* et le point successif *m'* de cette courbe M et en tournant autour de l'axe A, ce cercle K engendrera une sphère Π ayant en commun avec la surface de révolution engendrée par M les deux parallèles C et C' décrits par les points *m* et *m'*. En opérant de même par rapport au point *m'*, c'est-à-dire élevant une normale par ce point *m'* à la courbe M, laquelle normale ira rencontrer l'axe A en un point qui sera le centre d'une seconde sphère Π' ayant en commun avec la surface de révolution les parallèles C' et C'', de sorte que les deux sphères Π et Π' se couperont suivant le parallèle C'; une troisième sphère Π'' construite de la même manière coupera la seconde sphère Π' suivant le parallèle C'', et ainsi de suite; de sorte que la surface de révolution peut être considérée comme le lieu des intersections successives d'une sphère mobile dont le centre parcourt l'axe A et dont le rayon est toujours égal à la normale abaissée des divers points de l'axe sur la méridienne M.

255. Problème 1. *Étant donnée une des deux projections d'un point d'une surface de révolution trouver la seconde projection de ce point.* Par des changements de plans, on peut toujours se ramener au cas où l'axe de la surface est vertical et où le plan vertical de projection est parallèle au plan de la méridienne donnée (lorsque la surface est donnée par une méridienne).

Cela posé :

1° Soit la surface donnée par l'axe vertical A (*fig.* 179) et par la méridienne C située dans le plan méridien M parallèle au plan vertical de projection.

Connaissant la projection *m^h* d'un point *m* de la surface, pour trouver sa projection verticale m^v remarquons que par ce point m passe un parallèle Δ dont le rayon R est donné en véritable grandeur par $A^h m^h$; ce parallèle Δ rencontre la méridienne C en un point n, dont la projection n^h est à l'intersection de Δ^h et de C^h, on en conclut n^v, par suite Δ^v et enfin m^v. Si l'on donnait m^v, on tracerait la droite Δ^v parallèle à LT et rencontrant C^v en n^v, on en déduirait n^h, par suite Δ^h et enfin m^h. Il est évident qu'à la même projection m^h ou m^v peuvent correspondre plusieurs projections m^v ou m^h différentes, car dans la figure 178, par exemple, la perpendiculaire abaissée du point n^h sur LT rencontre C^v en deux points, que l'on peut prendre indifféremment pour n^v; on aurait donc deux droites, représentant l'une ou l'autre Δ^h, et enfin on aurait deux points qui seraient également m^v et il est évident que l'on pourrait avoir sur la surface de révolution un plus grand nombre de points, ayant tous la même projection horizontale m^h. Si l'on donne m^v la droite Δ^v peut rencontrer C^v en plusieurs points qui tous étant projetés sur C^h feront connaître les rayons d'autant de parallèles sur lesquels on peut supposer que le point m se trouve situé; ensuite, ayant, pour chacun de ces parallèles, construit la projection horizontale Δ^h, la perpendiculaire abaissée de m^v sur LT rencontrera cette projection Δ^h en deux points symétriquement placés par rapport à H^v; le plan M étant vertical, il en résulte que les deux points du parallèle Δ qui se projettent au même point m^v sont symétriquement placés par rapport à ce plan méridien; donc le plan méridien parallèle au plan vertical divise la surface de révolution en deux parties symétriques, et comme tout plan méridien peut être amené dans cette position par un changement de plan vertical de projection, nous pouvons énoncer cette propriété générale : *Tout plan méridien d'une surface de révolution divise la surface en deux parties symétriques.*

Il en résulte aussi qu'un plan méridien divise en deux parties égales toutes les cordes de la surface qui lui sont perpendiculaires. Et si l'on remarque que les directions de ces cordes sont aussi perpendiculaires à la direction de l'axe de révolution, on pourra énoncer le théorème précédent de la manière suivante : *les milieux de tout un système de cordes parallèles entre elles et dirigées perpendiculairement à l'axe de révolution, sont sur un plan méridien de la surface de révolution.*

2° Soit la surface donnée par l'axe vertical A (*fig.* 180) et une génératrice quelconque C non située dans un plan méridien.

Connaissant la projection m^h d'un point m de la surface, on en conclura la projection m^v en remarquant que ce point est situé sur un parallèle Δ, rencontrant la courbe C en un point n. Les constructions se lisent facilement sur la figure. On voit de même comment de m^v on conclura m^h.

Dans ce cas, comme dans le précédent, à la même projection horizontale peuvent correspondre plusieurs projections verticales, et réciproquement; c'est-à-dire que plusieurs points de la surface peuvent avoir une même projection horizontale, et que plusieurs points de la surface peuvent avoir aussi même projection verticale ; ainsi les premiers seront situés sur une même perpendiculaire au plan horizontal, et les seconds sur une même perpendiculaire au plan vertical de projection.

256. PROBLÈME 2. *Par un point d'une surface de révolution mener un plan tangent à cette surface.* Le point de contact m étant donné par une de ses projections m^h, on cherchera d'abord la seconde projection m^v (n° 251) (*fig.* 179 et 180), de ce point m en vertu de ce qu'il doit être réellement sur la surface, puis le plan tangent P doit contenir la tangente T à la génératrice C et la tangente Θ au parallèle Δ, ces courbes se croisant au point m; la tangente P s'obtient en menant la tangente T' au point n de C, puis ramenant cette tangente dans la position T où elle passe par le point donné m. La tangente Θ étant horizontale, H' devra être parallèle à Θ^h et passer par la trace horizontale a de T. On aura ensuite V' au moyen de la trace verticale de T et du point où H' coupe la ligne de terre, et si l'un de ces points est hors des limites du dessin, on emploiera une horizontale K de ce plan tangent P et menée par un point quelconque p de T.

Remarquons que H' doit être perpendiculaire à la trace horizontale du plan méridien passant par le point m.

257. PROBLÈME 3. *Par un point pris hors d'une surface de révolution mener à cette surface un plan tangent faisant avec le plan horizontal un angle donné.* Supposons le plan tangent construit ; par le point de contact x on peut mener une tangente à la méridienne C', qui passe par ce point x, sa projection horizontale, se confondant avec la trace horizontale du plan méridien, sera perpendiculaire à la trace horizontale H' du plan tangent T (n° 252), donc cette tangente Θ' sera une ligne de plus grande pente du plan T par rapport au plan horizontal (n° 37) et fera par conséquent avec le plan horizontal le même angle α que le plan T lui-même. Mais cette tangente coupe l'axe A de la surface de révolution en un point s, et si l'on suppose que la méridienne C' tourne autour de l'axe A qui est vertical en entraînant avec elle sa tangente Θ', cette droite Θ' fera toujours avec le plan horizontal l'angle α, et quand elle sera venue dans la position où elle est parallèle au plan vertical, sa projection verticale fera avec la ligne de terre l'angle α donné. La surface de révolution étant donnée par son axe A vertical et par une méridienne plane C parallèle au plan vertical de projection, nous mènerons Θ^v tangente à la courbe C^v et faisant avec LT l'angle donné α, Θ^h se confondra avec C^h, puis considérant Θ comme la génératrice d'une surface conique de révolution Δ ayant pour sommet le point s, intersection des droites Θ et A, et pour axe la droite A, il n'y aura plus qu'à mener par le point donné m un plan tangent à cette surface conique Δ (n° 225), et ce sera le plan tangent demandé (n° 230).

Le point *s* peut se trouver hors des limites du dessin, alors le procédé ordinaire (n° 225) pour mener le plan tangent à un cône, n'est plus applicable, mais on peut prendre un nouveau plan horizontal parallèle à l'ancien et passant par le point *m*, ce point *m* est évidemment alors la trace horizontale de la droite qui unit ce point *m* au sommet *s* et c'est par ce point *m* qu'il faut dès lors, mener une tangente au cercle base du cône Δ sur le nouveau plan horizontal.

257 *bis*. Une surface de révolution Σ, ainsi qu'on l'a dit ci-dessus, peut donc être considérée :

1° Comme l'enveloppe d'une suite de cônes Δ, Δ', Δ'', etc., de révolution ayant l'axe de rotation de la surface Σ pour axe commun de révolution, les *caractéristiques* de cette surface Σ étant dans ce cas ses divers *parallèles*, C, C', C'', etc.

2° Comme l'enveloppe d'une suite de cylindres identiques B, B', B'', les *caractéristiques* de cette surface Σ étant dans ce cas, ses diverses courbes méridiennes M, M', M'', etc., qui sont des courbes identiques.

3° Comme l'enveloppe d'une suite de sphères S, S', S'', etc., ayant leurs centres sur l'axe de révolution de cette surface Σ, et les diverses *caractéristiques* de Σ étant ses divers parallèles C, C', C'', etc.

Cela posé :

Si l'on se donne un point *m* sur la surface de révolution Σ, et que l'on demande de construire le plan T tangent en un point *m* à cette surface Σ, on pourra pour ce point *m* remplacer la surface Σ : 1° par son enveloppée conique Δ qui lui est tangente tout le long du *parallèle* C passant par le point *m*, ou 2° par son enveloppée cylindrique B qui lui est tangente tout le long de la *méridienne* M passant par le point *m*, ou 3° par son enveloppée sphérique S qui lui est tangente tout le long du *parallèle* C passant par le point *m* et le plan tangent en *m* au cône Δ ou au cylindre B ou à la sphère S ne sera autre que le plan T tangent en *m* à la surface Σ.

Ainsi une surface de révolution, quelle que soit sa courbe méridienne peut toujours être remplacée par l'une des trois enveloppées précédentes qui sont des surfaces très-simples ; ainsi sous le point de vue géométrique, la construction du plan tangent en un point d'une surface de révolution n'exige pas autre chose que ce que l'on sait sur la construction du plan tangent en un point d'un cône, ou en un point d'un cylindre, ou en un point d'une sphère.

CHAPITRE V.

THÉORIE GÉNÉRALE DE LA SIMILITUDE.

De la similitude directe et inverse, des polygones et des courbes.

258. Les propriétés de la similitude des triangles étant supposées connues par les éléments de géométrie, nous pourrons établir le théorème suivant :

Si deux polygones plans situés dans un même plan ou dans des plans parallèles ou deux polygones gauches ont leurs côtés parallèles et proportionnels, les droites qui unissent leurs sommets homologues concourent en un même point. Dans deux polygones semblables, on nomme sommets homologues les sommets des angles égaux; côtés homologues, ceux qui unissent des sommets homologues; points homologues, les points dont les distances aux sommets homologues sont proportionnelles; enfin droites homologues, les droites qui unissent des points homologues. Cela posé : les droites *fig.* 181) aa', bb', se coupant au point o, il faut prouver que cc' passe aussi par ce point; or : les triangles semblables abo, $a'b'o$ donnent $ab : a'b' :: bo : b'o$; nommant pour un instant o' le point de concours de bb' et cc', les triangles semblables bco', $b'c'o'$ donnent $bc : b'c' :: bo' : b'o'$; mais on a $ab : a'b' :: bc : b'c'$; donc $bo : b'o :: bo' : b'o'$; d'où $bo - b'o : bo :: bo' - b'o' : bo'$; or : $bo - b'o = bo' - b'o' = bb'$; donc $bo = bo'$; donc les points o et o' coïncident; donc cc' passe par le point o. On démontrera de même que toutes les autres droites dd',...... passent par ce même point o. Les polygones $abcd$ et $a'b'c'd'$ sont donc semblables et semblablement placés, le point o étant leur *centre* ou *pôle commun de similitude.*

Dans cette figure le pôle commun est au delà des deux polygones, si les polygones sont situés sur un même plan et au delà des plans des polygones, si ces polygones sont situés sur des plans parallèles; on dit alors que ces polygones sont *directement semblables* et le point o peut être nommé *pôle externe de similitude.* Les droites oa, ob,...... sont dites *rayons vecteurs* des sommets ou points du polygone $abcd$....., et les droites oa', ob',..... sont dites *rayons vecteurs* des sommets ou points homologues du polygone $a'b'c'd'\ldots$ et l'on voit que dans ce cas les rayons vecteurs *homologues* sont sur une même droite et dirigés du même côté du pôle commun o. Si l'on fait glisser le polygone $a'b'c'd'\ldots$ parallèlement à lui-même de manière que le sommet a' vienne coïncider avec son homologue a, les côtés $a'b'$ et $a'd'$ viendront se placer sur les côtés homologues ab et ad, et en général toute droite partant du point a' viendra se placer sur son homologue, et le point a sera le pôle commun de similitude des deux polygones $abcd\ldots$ et $a''b''c''d''\ldots$ (le polygone $a''b''c''d''\ldots$ étant la nouvelle position du polygone $a'b'c'd'\ldots$)

259. Mais il peut arriver que les droites aa', bb', $cc'\ldots$ (*fig.* 182), qui unissent les points homologues des deux systèmes $abcd\ldots$ $a'b'c'd'\ldots$ se croisent en un point o compris entre les deux polygones et que par cette raison nous pourrons nommer *pôle interne de similitude*, on dit alors que les deux polygones sont *inversement semblables*. Dans ce cas les rayons vecteurs homologues sont encore en ligne droite, mais dirigés de part et d'autre du point o et par conséquent sur le prolongement l'un de l'autre. Si l'on fait glisser le polygone $a'b'c'd'\ldots$ parallèlement à lui-même jusqu'à ce que le sommet a' vienne coïncider avec son homologue a, les côtés a' b' et $a'e'$ viendront se placer sur le prolongement de leurs homologues ab et ae, et en général toute droite menée du point a' viendra se placer sur le prolongement de son homologue; et le point a sera alors le pôle interne de similitude des deux polygones.

260. Deux polygones semblables et semblablement placés n'ont en général qu'un pôle commun de similitude externe ou interne; mais dans quelques cas chaque sommet de l'un des polygones peut être considéré indifféremment comme l'homologue de deux sommets différents de l'autre polygone ; alors les deux polygones ont deux pôles communs de similitude, l'un externe o (*fig.* 183), l'autre interne o'. Mais dans ce cas, la droite $a'b'$ ou $d''e''$ étant indifféremment l'homologue de ab et de de, ces deux côtés sont parallèles; il en est de même de bc et ef, de cd et fa. Donc les angles a et d, b et e, c et f sont égaux. Je dis de plus que les diagonales qui unissent les sommets des angles égaux se coupent en un même point et que ce point divise chacune d'elles en deux parties égales ; en effet ab et ed étant parallèles sont dans un même plan, donc les diagonales homologues $a'd'$ et $b'e'$ ou $a''b''$ et $b''e''$ se coupent en un point p' homologue de p, soit que l'on considère le polygone $a'b'c'd'e'f'$ directement semblable au polygone $abcdef$ ou le polygone $a''b''c''d''e''f''$ inversement semblable au même polygone $abcdef$; on aura donc les rapports égaux

$$ap : pd :: a'p' : p'd' :: a''p' : p'd'' \qquad \text{d'où} \qquad a'p' + a''p' : p'd' + p'd'' :: ap : pd$$

mais $a'p' + a''p' = p'd' + p'd'' = a'd'$, donc $ap = pd$; on démontrera de même que le point p est le milieu de be; puis les côtés bc et ef étant parallèles sont dans un même plan et par suite les diagonales *be* et *cf* se coupent, et comme on verrait en core qu'elles doivent se couper en deux parties égales, elles se couperont au point *p*. Le point *p* est dit le centre du polygone *abcdef* et par la même raison *p'* est le centre de l'autre polygone *a'b'c'd'e'f'*. La démonstration ci-dessus montre encore que les quatre points *p*, *p'*, *o*, *o'* sont sur une même droite, car *p* et *p'* étant deux points homologues des polygones semblables *abcdef* et *a'b'c'd'e'f'*, la droite *pp'* passe par le pôle externe de similitude *o* de ces deux polygones; de même ces points *p* et *p'* étant des points homologues dans les polygones *abcdef* et *a"b"c"d"e"f"*, la droite *pp'* passe par leur pôle interne de similitude *o'*.

261. Par le pôle commun de similitude *o* (*fig.* 181 et 182) de deux polygones semblables et semblablement placés, situés dans un même plan ou dans des plans parallèles, menons une droite quelconque D, joignons un point quelconque *p* de cette droite avec tous les sommets de l'un des polygones *abc*....., menons par le sommet *a'* du second polygone (ce sommet *a'* étant l'homologue du sommet *a* du premier polygone) une droite *a'p'* parallèle à *ap* et coupant dès lors la droite D en un point *p'*; et joignons ce point *p'* aux autres sommets du second polygone; je dis que les droites qui unissent les points *p* et *p'* à deux sommets et en général à deux points homologues, sont parallèles. En effet *ap* et *a'p'* sont parallèles par construction, donc les triangles semblables *aop*, *a'op'* donnent

$$ao : a'o :: po : p'o \quad \text{mais} \quad ao : a'o :: bo : b'o \quad \text{donc} \quad bo : b'o :: po : p'o$$

donc *pb* et *b'p'* sont parallèles; on démontrera de même que *cp* et *c'p'*, *dp* et *d'p'*..... sont parallèles. De plus les distances des points *p* et *p'* aux sommets homologues sont proportionnelles, car les triangles semblables *abp*, *a'b'p'* donnent *ap* : *a'p'* :: *bp* : *b'p'*; de même les triangles semblables *bcp*, *b'c'p'* donnent *bp* : *b'p'* :: *cp* : *c'p'* et ainsi dit suite; donc

$$ap : a'p' :: bp : b'p' :: cp : c'p' :: dp : d'p' :: \ldots\ldots$$

La droite D est dite *axe de similitude* des deux polygones, et les points *p* et *p'* sont des *pôles conjugués de similitude*.

Ces deux pôles sont situés du même côté du point *o*, quand ce point est un pôle de similitude externe (*fig.* 181); ils sont l'un d'un côté et l'autre de l'autre côté, lorsque le point *o* est un pôle de similitude interne. Dans le cas où les deux polygones ont deux pôles communs de similitude (*fig.* 183), toute droite menée par l'un des points *o* ou *o'* est un axe de similitude et les pôles conjugués sont placés sur chacun de ces axes comme dans les cas précédents. La droite *oo'* qui unit les deux pôles est à la fois un axe de similitude externe et un axe de similitude interne, et les deux centres *p* et *p'* sont deux pôles conjugués de similitude, situés,

comme on le voit, du même côté par rapport au pôle externe o, mais de côtés différents par rapport au pôle interne o'. Si l'on prend un point quelconque x, qu'on
l'unisse avec les deux pôles o et o', on aura deux axes de similitude A et A'; si l'on
joint le point x avec tous les sommets de l'un des polygones $abcdef$ par des droites
et que des sommets homologues du polygone $a'b'c'd'e'f'$ on mène des parallèles à ces
droites, elles se couperont toutes en un point y de A et les points x et y seront des
pôles conjugués de similitude des deux polygones; mais si l'on mène les parallèles
des sommets homologues du polygone $a''b''c''d''e''f''$, elles se couperont en un point y'
de A' et x et y' seront aussi des pôles conjugués de similitude des deux polygones
proposés. Donc dans le cas qui nous occupe, à un pôle de l'un des polygones correspondent toujours deux pôles pour l'autre polygone, situés avec le précédent
sur deux droites passant l'une par le pôle commun externe, et l'autre par le pôle
commun interne de similitude des deux polygones.

Toute droite menée par le pôle de similitude sera un axe de similitude, et un
point quelconque étant pris sur cet axe pour pôle de l'un des polygones, on en
conclura un pôle conjugué pour l'autre polygone. Deux pôles conjugués de similitude sont toujours placés sur une même droite passant par le centre, c'est-à-dire
sur un axe de similitude. Enfin sur un même axe D, les pôles conjugués p et p'
sont d'autant plus éloignés l'un de l'autre qu'ils sont plus distants du point o, car
on a toujours

$$pp' : op' :: aa' : oa' \qquad \text{d'où} \qquad \frac{pp'}{op'} = \text{constante}$$

par conséquent pp' croît avec op' et dans le même rapport.

262. Si l'on fait mouvoir la figure $p'a'b'c'\dots$ (*fig.* 181 et 182) parallèlement
à elle-même jusqu'à ce que le point p' coïncide avec le point p, les pôles conjugués p et p' ainsi réunis deviendront un pôle commun de similitude des deux polygones dans leurs nouvelles positions relatives, et ce sera un pôle de même espèce que le pôle o, c'est-à-dire un pôle externe lorsque les deux pôles p et p' sont
du même côté du point o, et un pôle interne lorsque ces deux pôles sont de part
et d'autre du point o.

Si les polygones $abcd\dots$, $a'b'c'd'\dots$ sont plans, les figures $pabcd\dots$, $p'a'b'c'd'\dots$
sont des pyramides semblables et semblablement placées. Dans tous les cas, le
point o peut être considéré comme le sommet d'un angle polyèdre sur le contour
duquel sont tracés les polygones $abcd\dots$, $a'b'c'd'$. Deux polygones semblables ne
peuvent en général être situés que sur le contour d'un angle polyèdre, mais ils
peuvent être situés en même temps sur le contour de deux angles polyèdres
quand ils ont deux pôles communs de similitude, c'est-à-dire quand ils ont un
centre (n° 256).

On conclut de ce qui précède que deux polygones semblables peuvent toujours être placés dans l'espace de telle manière que les droites qui unissent leurs sommets homologues concourent en un même point; mais la réciproque n'est pas vraie, à moins que l'on n'ajoute que les distances des sommets homologues à ce point de concours sont proportionnelles, ou que les côtés homologues des polygones sont proportionnels, ou que les polygones ont leurs angles égaux, etc.

263. Les propositions précédentes sont indépendantes du nombre et de la grandeur des côtés des deux polygones, elles seront donc applicables à deux courbes, puisque une courbe peut être rigoureusement considérée comme un polygone *infinitésimal;* mais il est nécessaire d'ajouter quelque explication; et en effet, comment doit-on entendre que deux courbes ont des côtés parallèles et proportionnels (n° 254)? Puisque la tangente à une courbe n'est que le prolongement d'un élément de cette courbe, on doit entendre par deux courbes qui ont leurs éléments ou côtés parallèles, deux courbes telles que les tangentes de l'une soient parallèles aux tangentes correspondantes de l'autre. Quant à la seconde condition, remarquons que de la proportionnalité et du parallélisme des côtés de deux polygones, il est facile de conclure le parallélisme des diagonales ou de deux droites homologues quelconques, et d'établir que les diagonales homologues sont dans le même rapport que les côtés; or, dans une courbe, tout point peut représenter un sommet du polygone infinitésimal, par lequel on peut remplacer cette courbe; si donc, par deux points homologues des deux courbes, on mène des cordes parallèles entre elles, les cordes parallèles doivent être dans un rapport constant.

Les courbes peuvent être directement semblables et avoir un pôle de similitude externe o (*fig.* 184), ou être inversement semblables et avoir un pôle de similitude interne o (*fig.* 185). Enfin les deux courbes peuvent être telles qu'un point de l'une d'elles soit à la fois l'homologue de deux points de l'autre; elles ont alors deux pôles communs de similitude o et o' (*fig.* 186), l'un externe et l'autre interne. Dans ce dernier cas, les droites *ag, bh, ci,*..... unissant deux points, ayant pour homologues les deux points, *a'* ou *g'', b'* ou *h'', c'* ou *i'',*..... se coupent toutes en un point *p* (n° 256) qui divise chacune d'elles en deux parties égales; les droites homologues dans l'autre courbe se coupent en un point *p'*, et les quatre points o, o', p, p' sont en ligne droite. Les points *p* et *p'* sont les centres des courbes proposées, et ces courbes sont telles que les tangentes menées aux extrémités d'une corde ou *diamètre* passant par leur centre sont parallèles entre elles.

264. Toute droite D menée par un pôle commun de similitude de deux courbes semblables C et C' (*fig.*174 et 185) est un axe de similitude de ces courbes (n° 257); et si l'on prend un point *p* sur cet axe, qu'on l'unisse avec tous les points de la courbe C, qu'ensuite, par les points homologues de la courbe C', on mène des

parallèles à ces droites, elles concourront toutes en un point p' du même axe D, et les points p et p' seront les pôles conjugués des deux courbes. En effet, les droites D et pa déterminent un plan contenant la droite aa' : donc, si du point a' on mène une parallèle à ap, elle sera tout entière dans ce plan, et rencontrera par conséquent D en un point p', mais les droites $a'c'$ et $a'p'$ étant respectivement parallèles à ac et ap, les plans $(p'a'c')$ et (pac) sont parallèles. Donc, si de c' on mène une parallèle à cp, elle sera tout entière dans le plan $(p'a'c')$ et aussi dans le plan $(c'cpp')$, elle rencontrera donc encore la droite D au point p'. On fera voir de même que la parallèle à ep, menée du point e', rencontre D au point p, et ainsi des autres, ce qui démontre le théorème énoncé. Nous remarquerons encore que les pôles conjugués p et p' sont du même côté du point o, si ce point est un pôle externe de similitude, et de côtés différents, si ce point est un pôle interne de similitude. Dans le cas où les deux courbes ont deux pôles communs de similitude (*fig.* 186), la droite oo', qui unit ces pôles, est à la fois un axe de similitude externe et un axe de similitude interne; les centres p et p' des deux courbes sont deux pôles conjugués (n° 257); et un point quelconque x, considéré comme un pôle de l'une des courbes C, aura toujours deux pôles y et y' qui lui correspondront pour l'autre courbe C', et qui seront situés avec x sur deux droites passant, l'une par le pôle externe de similitude o, l'autre par le pôle interne o'. Toute droite menée par un pôle commun de similitude, est un axe de similitude. Enfin, sur un même axe, les pôles conjugués sont d'autant plus éloignés l'un de l'autre qu'ils sont plus distants du pôle commun.

265. Si l'on fait mouvoir la figure (p', C') (*fig.* 184 et 185) parallèlement à elle-même, jusqu'à ce que le point p' soit venu coïncider avec le point p, ce point deviendra un pôle commun de similitude externe ou interne des courbes dans leur nouvelle position, suivant que le point o sera lui-même un pôle commun de similitude externe ou interne.

Si les courbes C et C' ne sont pas situées dans un même plan avec l'axe de similitude D, les figures (p, C) et (p', C') sont deux surfaces coniques, semblables et semblablement placées, en supposant les rayons vecteurs indéfiniment prolongés ; ces deux surfaces seront alors identiques, car après avoir transporté le point p' en p, évidemment elles coïncideront, d'où l'on conclut que deux courbes semblables peuvent toujours être placées sur une infinité de surfaces coniques, puisque le sommet o est entièrement arbitraire.

Mais pour une position donnée des courbes semblables ou semblablement placées C et C', lorsqu'elles sont gauches et dès lors non situées dans un même plan, ou lorsqu'elles sont planes et non situées dans un même plan, les droites qui unissent les points homologues forment une surface conique qui contient à la fois les deux courbes, et qui a son sommet au pôle commun de similitude. Les courbes C et C′ ne peuvent donc en général être situées en même temps que sur une seule surface conique, et les deux courbes se trouvent sur la même nappe, si elles sont directement semblables, et chacune sur des nappes différentes, si elles sont inversement semblables. Mais dans le cas où les courbes ont deux pôles communs de similitude, elles peuvent être situées en même temps sur deux surfaces coniques dont l'une les contient sur la même nappe et l'autre sur des nappes différentes. Il ne faut pas oublier que ce cas a lieu pour des courbes qui possèdent un centre (n° 259), c'est-à-dire un point qui est le milieu de toutes les cordes qui y passent, parce que cette remarque nous sera utile dans la théorie des sections coniques. Ajoutons que, dans le cas des courbes planes, ce centre est évidemment sur le plan de la courbe.

266. Réciproquement, si l'on coupe une surface conique par deux plans parallèles, les sections sont des courbes semblables ; en effet elles ont toutes leurs tangentes homologues, parallèles entre elles, et leurs cordes homologues, parallèles et proportionnelles entre elles, et leur *rapport constant* est celui des distances des plans sécants au sommet du cône.

Si, par le sommet du cône on mène une droite quelconque, elle coupera les deux plans sécants en deux points qui sont des pôles conjugués des deux courbes, car les distances de ces deux points aux points homologues des deux sections sont proportionnelles, et toutes ces droites sont deux à deux parallèles. Si l'on fait mouvoir le plan de l'une des courbes parallèlement à lui-même, son pôle parcourant l'axe de similitude jusqu'à ce qu'il soit venu coïncider avec le pôle de l'autre courbe, ce point sera le pôle commun ou le centre de similitude des deux courbes dans leur nouvelle position.

Si, au lieu de couper un cône par divers plans parallèles, on suppose que le cône se meuve parallèlement à lui-même, les intersections de ce cône avec un plan fixe seront des courbes semblables et semblablement placées, ayant pour pôle commun de similitude la trace sur le plan fixe de la droite parcourue par le sommet du cône.

267. Il résulte de ce qui précède un moyen très-simple de construire par points une courbe semblable à une courbe donnée.

1° Soient donnés la courbe C (*fig.* 184 et 186) et deux points a′ et b′ homologues des points a et b, de sorte que a′b′ soit parallèle à ab, en joignant aa′ et bb′ par des droites qui se croisent au point o, ce point sera le pôle commun de similitude des deux courbes ; on mènera donc les rayons vecteurs oc, od, oe,.... de la courbe donnée C ; puis les cordes ac, ad, ae,..... et les parallèles a′c′,a′d′,a′e′,.....

à ces cordes; les points a', b', c', d', e',..... appartiendront à la courbe cherchée C′ qui sera directement ou inversement semblable à C, suivant que le point o se trouvera situé au delà des points homologues a et a', ou situé entre ces deux points.

2° Si l'on ne donne que le point a', on mènera la droite aa', et si le pôle commun de similitude n'est pas fixé, on le placera en un point quelconque de cette droite aa'; et, par les mêmes constructions (que ci-dessus), on obtiendra une infinité de courbes semblables à C et passant toutes par le même point a', et dont les unes seront directement et les autres inversement semblables à cette courbe C.

3° Si l'on donne le pôle o et le rapport des rayons vecteurs, on en conclura le point a', tel que oa et oa' soient dans le rapport donné. Mais si l'on donnait simplement le pôle commun o, on pourrait choisir le point a' arbitrairement, et, par conséquent, on aurait une infinité de courbes semblables et semblablement placées entre elles, ayant toutes le point o pour pôle commun de similitude. Dans tous les cas, on peut prendre le point a' du même côté que le point a par rapport au point o, ou du côté opposé, et l'on obtient ainsi des courbes directement ou inversement semblables à la courbe proposée.

268. *Les projections de deux courbes semblables sur un même plan sont des courbes semblables.* En effet, les sections parallèles de la surface cylindrique projetant l'une des courbes sont des courbes identiques (n° 232), de sorte que si le plan de projection ne passe pas par le pôle commun de similitude o des courbes proposées C et C′, on pourra par ce point lui mener un plan parallèle, et les projections des courbes sur ce nouveau plan, que nous supposerons horizontal pour fixer les idées, seront identiques aux projections de ces courbes sur le plan primitif.

Cela posé, si l'on considère une série de points a, b, c,.... de la courbe C, et leurs homologues a', b', c',.... de la courbe C′, les perpendiculaires abaissées des points homologues sur le plan horizontal seront dans un même plan vertical passant par le point o, de sorte que a^h et a'^h, b^h et b'^h, c^h et c'^h,.... sont sur des droites concourant au point o: de plus les triangles semblables aa^ho et $a'a'^ho$, bb^ho et $b'b'^ho$, cc^ho et $c'c'^ho$,..... donnent les séries de proportions

$$ ao : a'o :: a^ho : a'^ho, \quad bo : b'o :: b^ho : b'^ho, \quad co : c'o :: c^ho : c'^ho,...... $$

mais les courbes C et C′ étant semblables et ayant pour pôle commun de similitude le point o, on a la suite de rapports égaux $oa : oa' :: ob : ob' :: oc : oc' ::.....$ donc aussi $oa^h : oa'^h :: ob^h : ob'^h :: oc^h : oc'^h ::.....$ et, par conséquent, les courbes C^h et C'^h sont semblables et ont pour pôle commun de similitude le point o. Si l'on reporte cette construction sur l'ancien plan de projection, le pôle commun de similitude des projections C^h et C'^h sera alors la projection o^h du pôle commun de similitude o des courbes C et C′.

On voit facilement que le point o^h sera un pôle commun de similitude externe ou interne des courbes C^h et C'^h, selon que le point o sera lui-même un pôle commun de similitude externe ou interne des courbes projetées C et C'.

269. Deux courbes C', C'' (*fig.* 183), semblables à la même courbe C, sont semblables entre elles, et leur pôle commun de similitude o'' est sur la droite D, qui unit les pôles communs de similitude o et o' des courbes C et C', C et C''. En effet :

1° Les points a' et a'' étant les homologues du même point a et les points b', b'' étant les homologues du même point b, les cordes $a'b'$ et $a''b''$ sont parallèles entre elles; il en est de même des cordes $a'c'$ et $a''c''$, $b'c'$ et $b''c''$ et de toutes les autres, donc les courbes C' et C'' sont semblables et semblablement placées (n° 254).

2° Les droites oa, $o'a$, qui se croisent au point a sont dans un même plan qui contient la droite D et la droite $a'a''$; de même les droites ob et $o'b$ sont dans un même plan contenant encore la droite D et la droite $b'b''$: donc les droites $a'a''$ et $b'b''$ sont dans deux plans ayant pour intersection commune la droite D, et comme elles se coupent au point o'' pôle commun de similitude des courbes C' et C'', ce pôle o'' ne peut être que sur la droite D.

Cette démonstration suppose que les courbes C, C', C'' ne sont pas planes, mais si elles étaient planes on pourrait concevoir une courbe à double courbure C_i dont C serait la projection, et considérant le cône qui aurait cette courbe C_i pour directrice et son sommet en o, les verticales élevées des points a', b', c',.... de C' seraient parallèles aux verticales élevées par les points a, b, c,.... de C, et couperaient les génératrices du cône en des points qui formeraient une courbe à double courbure C_i' ayant pour projection C', et qui serait semblable à la courbe C_i dont C est la projection, le point o étant leur pôle commun de similitude. De même les courbes C et C'' seraient les projections de deux courbes semblables ayant o' pour pôle commun de similitude, et, par suite, C' et C'' seraient les projections de deux courbes semblables, ayant leur pôle commun de similitude o'' situé sur la droite D; les deux courbes C' et C'' seraient aussi semblables (n° 264) et auraient pour pôle commun de similitude ce même point o'' de la droite D laquelle passe par les centres de similitude o et o' des courbes C et C', C et C''. La droite D est un *axe commun de similitude* des trois courbes, et c'est le seul qu'elles aient, tant que ces courbes n'ont deux à deux qu'un pôle commun de similitude.

Si l'on pose :

$$\frac{oa}{oa'} = p, \quad \frac{o'a}{o'a''} = q,$$

on aura :

$$\frac{o''a'}{o''a''} = \frac{q}{p}$$

En effet, on a les proportions :

$$oa' : oa :: a'b' : ab :: 1 : p, \qquad o'a : o'a'' :: ab : a''b'' :: q : 1$$

d'où, en multipliant terme à terme ,

$$oa' \times o'a : oa \times o'a'' :: a'b' : a''b'' :: q : p, \quad \text{mais} \quad o''a' : o''a'' :: a'b' :' : a''b'', \quad \text{donc} \quad o''a' : o''a'' :: p : q$$

d'où

$$\frac{o''a'}{o''a''} = \frac{q}{p}$$

270. Il est facile de reconnaître que si o et o' sont deux pôles communs de similitude externe, le point o'' sera encore un pôle de similitude externe (*fig.* 187), car dans ce cas les courbes C' et C'' sont toutes deux du même côté que C par rapport à l'axe commun D et par conséquent une droite telle que $a'a''$, par exemple, qui unit deux points homologues ne peut couper D qu'au delà des deux courbes.

Si les deux points o et o' étaient deux pôles internes, le point o'' serait encore un pôle externe, car alors chacune des courbes C' et C'' étant du côté opposé de C par rapport à D, elles seront encore situées du même côté de cet axe D.

Mais si les pôles communs de similitude o et o' sont l'un externe et l'autre interne, le point o'' sera un pôle interne, car alors l'une des courbes C' est du même côté que C par rapport à l'axe D et l'autre C'' est du côté opposé, ou *vice versâ*, de sorte que D est un axe interne par rapport aux courbes semblables C' et C'', donc aussi le point o'' est un pôle interne de similitude.

En résumé si les courbes C' et C'' sont toutes les deux directement semblables ou toutes les deux inversement semblables à la courbe C, elles sont directement semblables entre elles; si des deux courbes C' et C'' l'une est directement semblable et l'autre inversement semblable à la courbe C, elles sont inversement semblables entre elles.

271. Si les courbes C et C' ont deux pôles communs de similitude, elles auront chacune un centre (n° 259), et par conséquent C'' en aura un aussi, de sorte que C et C'' auront aussi deux pôles communs de similitude; donc C' et C'' qui sont des courbes semblables possédant un centre auront aussi deux pôles communs de similitude; et l'on voit facilement par ce qui précède que les six pôles communs de similitude o, o', o'', ω, ω', ω'', sont sur un même plan et trois à trois en ligne droite, (nous indiquons par o, o', o'' les pôles externes, et par ω, ω', ω'' les pôles internes de similitude), ainsi on aura les quatre droites $oo'o''$, $o\omega'\omega''$,

o'_ω ω'', $o''\omega\omega'$, qui sont quatre axes communs de similitude des trois courbes proposées. Si les courbes C, C′, C″ sont trois circonférences de cercles les points o, o', o'' seront les intersections des tangentes communes et extérieures à C et C′, C et C″, C′ et C″ et les point ω, ω', ω'' sont les points d'intersection des tangentes communes et intérieures à ces mêmes circonférences. Ayant donc mené ces six couples de tangentes communes et obtenu leurs six points d'intersection, nous en conclurons que les trois points extérieurs sont en ligne droite et que de même chaque point extérieur est en ligne droite avec les deux points intérieurs correspondants aux deux autres combinaisons de circonférences.

Cette proposition nous fait encore voir que si l'on mène à deux circonférences de cercles les quatre tangentes communes possibles, les deux tangentes extérieures et les deux tangentes intérieures se couperont en deux points qui seront sur la ligne des centres des deux circonférences données.

272. Si l'on considère une quatrième courbe C‴ semblable à C, et dont le pôle commun de similitude soit en un point ω non situé sur la droite D, cette droite D et le point ω déterminent un plan P ; or les courbes C′ et C‴ sont semblables et ont leur pôle commun de similitude ω' sur la droite $o\omega$ et par conséquent sur le plan P, les courbes C″ et C‴ sont semblables et ont leur pôle commun de similitude ω'' sur la droite $o'\omega$ et par conséquent sur le plan P, donc les six pôles communs de similitude de quatre courbes semblables et semblablement placées sont sur un même plan P, auquel je crois qu'on peut donner le nom de *plan de similitude* ; tant que les quatre courbes n'ont deux à deux qu'un pôle commun de similitude, elles n'auront aussi qu'un plan commun de similitude.

En considérant les courbes C″ et C‴, comme étant semblables à C′, leur pôle commun de similitude ω' devra se trouver sur la droite $o'\omega'$, mais il se trouve aussi sur $o'\omega$, donc à l'intersection de ces deux droites. De même, le pôle commun de similitude de C′ et C‴ se trouve à l'intersection de $o''\omega''$ et de $o\omega$. En résumé, les pôles communs de similitude o, o', o'', des courbes C, C′, C″, ceux o, ω, ω' des courbes C, C′, C‴, ceux o, ω, ω'' des courbes C, C″, C‴, et ceux o'', ω', ω'' des courbes C′, C″, C‴, sont en ligne droite ; ou, en d'autres termes, les six pôles communs de similitude o, o', o'', ω, ω', ω'', des quatre courbes C, C′, C″ et C‴, sont trois à trois sur une même droite.

273. Si les pôles communs de similitude o, o', ω de la courbe C, avec chacune des autres courbes, sont des pôles externes, les trois autres pôles o'', ω', ω'' sont aussi des pôles externes (n° 266), et le plan P peut être dit plan externe de similitude.

Si, les pôles communs o et o' étant externes, le pôle ω était interne, le pôle o'' serait externe et les deux pôles ω' et ω'' internes ; si, le pôle o étant externe, les deux pôles o' et ω sont internes, le pôle ω'' sera externe et les pôles o'' et ω' internes; enfin, si les trois pôles o, o', ω'' sont internes, les trois autres o'', ω', ω'' seront externes. C'est-à-dire que si les trois pôles communs de similitude o, o',ω de la courbe C avec chacune des trois courbes C′, C″, C‴ sont de même espèce, les pôles communs de ces trois courbes C′, C″, C‴ (combinées deux à deux) sont externes; si des trois premiers pôles, deux sont d'une espèce et l'autre de la seconde espèce, réciproquement des trois derniers pôles, deux seront de cette seconde espèce et un de la première; de sorte que trois pôles communs de similitude sont toujours externes, et les trois autres sont en même temps externes ou internes. Et des quatre axes de similitude, l'un est toujours externe par rapport aux trois courbes qui lui correspondent et les trois autres sont de même nature entre eux.

274. Dans ce qui précède nous avons supposé des courbes n'ayant deux à deux qu'un pôle commun de similitude ; mais si la courbe C a un centre p, les courbes C′, C″, C‴ auront nécessairement aussi des centres p', p'', p'''. Alors les quatre courbes auront deux à deux deux pôles communs de similitude ; nous aurons donc en tout six pôles communs de similitude directe et situés trois à trois sur quatre droites et six pôles de similitude inverse situés deux à deux en ligne droite avec un pôle de similitude directe, les trois pôles provenant d'un système de trois courbes. Les six pôles de similitude directe seront sur un même plan et nous aurons en outre une série de plans passant par trois pôles de similitude directe et trois pôles de similitude inverse, en combinant ces pôles comme si les courbes ne possédaient qu'une espèce de similitude (n° 269).

De la similitude des surfaces.

275. Les points a, b, c, d,..... (*fig.* 181) et leurs homologues a', b', c', d',...... peuvent former deux surfaces; si par deux points homologues quelconques de ces surfaces on fait passer deux plans parallèles, ils les couperont suivant des courbes semblables et semblablement placées par rapport au point o, et dont les tangentes seront par conséquent parallèles; si l'on fait passer par les mêmes points deux autres plans également parallèles, les courbes d'intersection auront encore leurs tangentes parallèles; on peut donc énoncer le théorème suivant, *les plans tangents en deux points homologues de deux surfaces semblables et semblablement placées sont parallèles et le point o de concours des droites qui unissent deux à deux les points homologues des deux surfaces est leur centre ou pôle commun de similitude.*

276. Il est évident que si un rayon vecteur oa est tel qu'il soit tangent à l'une des surfaces en un point a, il sera tangent à l'autre surface en un point a' (les points a et a' étant deux points homologues), alors la droite oa se trouvera à la fois

dans les plans tangents aux deux surfaces aux points homologues a et a', mais ces plans sont parallèles (n° 259), donc ils se confondent.

Si l'on fait mouvoir le rayon vecteur oa autour du point o de manière qu'il reste toujours tangent à la première surface, il sera aussi toujours tangent à la seconde surface et dans chacune de ses positions il correspondra à une position d'un plan qui sera tangent à la fois à l'une et à l'autre surface; d'où l'on conclut que *si l'on fait rouler un plan de manière qu'il reste toujours tangent à deux surfaces semblables et semblablement placées, il passe toujours par un point fixe qui est le pôle commun de similitude des deux surfaces, et les deux courbes de contact sont situées sur une même surface conique ayant son sommet en ce point.* En effet cette surface conique n'est autre que celle engendrée par le mouvement du rayon vecteur oa; d'ailleurs les points de contact de chaque plan avec les deux surfaces sont des points homologues.

277. Si l'on considère une droite quelconque B, un plan P tangent à la première surface S et parallèle à la droite B, un plan P' tangent à la seconde surface S' et parallèle à la droite B, si l'on fait rouler respectivement les plans P et P' sur les surfaces S et S' de manière que ces plans restent toujours parallèles entre eux et à la droite B, les courbes de contact C et C' seront encore sur une surface conique ayant son sommet au pôle commun o de similitude des deux surfaces S et S', car ces deux courbes sont les lieux géométriques de points homologues de ces deux surfaces.

278. Toute droite menée par le point o sera un axe de similitude des systèmes de points a, b, c, d...... et a', b', c', d'...... c'est-à-dire des deux surfaces S et S', et les points p et p' (n° 254) seront deux pôles conjugués de ces surfaces. Si le rayon vecteur pa de la surface S est tangent à cette surface au point a, le rayon vecteur conjugué $p'a'$ de l'autre surface S' sera tangent à cette surface au point a' et ils seront situés sur les plans tangents en a et a' aux deux surfaces, lesquels plans sont parallèles (n° 259). Si l'on fait mouvoir le rayon vecteur pa de manière qu'il reste tangent à la surface S et le rayon $p'a'$ de manière qu'il soit toujours parallèle au rayon pa et par conséquent tangent à la surface S', dans toutes leurs positions conjuguées ces rayons vecteurs seront situés sur des plans parallèles et tangents aux deux surfaces, d'où l'on peut conclure que *si l'on fait rouler un plan P sur l'une des surfaces S, de manière qu'il passe toujours par un point p, et si en même temps on fait rouler sur l'autre surface S' un plan P' parallèle à P, le plan P' dans toutes ses positions passera par un même point p' et les trois points o, p, p' seront en ligne droite.* Il est évident que les courbes C et C' contact des deux surfaces S et S' et des deux cônes engendrés par les plans P et P' sont deux courbes semblables et semblablement placées par rapport au pôle commun o, et qu'elles ont pour pôles conjugués de similitude les deux points p et p'.

279. Les systèmes de points homologues qui forment deux surfaces sem-

blables et semblablement placées peuvent avoir deux pôles communs de similitude, ou être en même temps directement et inversement semblables; il y alors deux manières de faire rouler un plan tangent à la fois aux deux surfaces, et par conséquent ces surfaces peuvent être enveloppées par deux cônes ayant leurs sommets aux deux pôles communs, tandis qu'en général elles ne peuvent l'être que par un seul.

Les propriétés générales démontrées pour les cas où les points homologues forment des courbes peuvent encore s'établir lorsque ces points forment des surfaces, de sorte que dans le cas qui nous occupe, les droites qui unissent les points de chaque surface pour lesquels les plans tangents sont parallèles, se coupent toutes en un même point et en deux parties égales, ce point sera donc un centre. Ainsi deux surfaces semblables, qui n'ont pas de centre, n'ont qu'un pôle commun de similitude; deux surfaces semblables, qui ont un centre, ont deux pôles communs de similitude; ces deux pôles et les deux centres sont en ligne droite.

280. Deux surfaces S', S'', semblables à une même surface S sont semblables entre elles, et les trois pôles communs de similitude sont en ligne droite. Si les surfaces S' et S'' sont directement ou inversement semblables à S, elles sont directement semblables entre elles; mais si l'une est directement et l'autre inversement semblable à S, elles sont inversement semblables entre elles. Enfin si l'une des surfaces a un centre il en sera de même des deux autres; ces trois surfaces donneront alors six pôles communs de similitude, trois internes et trois externes, distribués trois à trois sur quatre droites contenant un ou trois pôles externes, et situés tous six sur un même plan.

281. Si l'on a quatre surfaces semblables et dépourvues de centre, elles donneront lieu à six pôles communs de similitude qui seront tous externes, ou dont trois seront externes et trois internes et ces six pôles seront situés sur un même plan; si les quatre surfaces ont des centres, elles fourniront douze pôles communs, six externes et six internes, les six externes seront sur un même plan; trois pôles externes et trois internes convenablement choisis formeront des groupes de six pôles et chacun de ces groupes sera situé dans un même plan, et ainsi les douze pôles seront distribués six à six sur cinq plans.

CHAPITRE VI.

DES SECTIONS CONIQUES.

---

282. PROBLÈME 1. *Couper un cylindre de révolution par un plan.* On peut toujours par des changements de plans de projection se ramener au cas où le plan horizontal est perpendiculaire aux génératrices du cylindre, et le plan vertical perpendiculaire au plan sécant P. Cela posé, le plan sécant ne peut avoir que deux positions distinctes : 1° il coupe toutes les génératrices de la surface; la section est alors une courbe fermée; 2° il coupe la surface suivant deux génératrices situées à distance finie l'une de l'autre, ou infiniment petite, et dans ce dernier cas le plan sécant n'est autre qu'un plan tangent au cylindre.

Le second cas n'a pas besoin d'être examiné, dans le premier il est évident que la courbe de section E a pour projection horizontale E^h (*fig.* 189) qui n'est autre que la base même du cylindre (n° 25) et pour projection verticale E^v qui est précisément la partie a' b^v de la trace V^v comprise entre les génératrices extrêmes du cylindre par rapport au plan vertical de projection.

La tangente T en un point m de la section E se projette évidemment en T^h tangente à E^h (n° 217) et en T^v, droite qui se confond avec V^v.

On se propose ordinairement de construire la section E en véritable grandeur; pour cela on pourrait la rabattre sur le plan horizontal en faisant tourner son plan P autour de H^v ou sur le plan vertical en faisant tourner son plan P autour de V^v; mais puisque le plan P est perpendiculaire au plan vertical de projection ce second procédé revient à considérer le plan P comme un nouveau plan horizontal de projection, la trace V^v étant prise pour nouvelle ligne de terre. Mais on donnera à la figure une disposition plus symétrique en faisant tourner le plan P autour de l'axe cd perpendiculaire au plan vertical, jusqu'à ce qu'il soit venu en P′ parallèle au plan horizontal.

Les points a et b viendront en a' et b'; les points c et d seront invariables, un point quelconque m viendra en m', et la courbe E prendra la position E′, et elle sera donnée en véritable grandeur par sa projection horizontale E'^h (n° 56, 1°).

La tangente T rencontre l'axe *cd* au point *s* qui reste invariable ; le point de contact *m* est transporté en *m'*, donc elle viendra prendre la position T'.

Remarquons que la projection horizontale avant le rabattement, est indépendante de l'inclinaison du plan P, par conséquent, la tangente T ira toujours rencontrer *cd* au même point *s*, quelque position que l'on donne au plan P, en le faisant tourner autour de cet axe *cd*.

283. La droite *ab* divise la courbe E en deux parties symétriques ; car il est évident que toutes les cordes perpendiculaires au plan vertical sont coupées en deux parties égales par le plan M (n° 251 , 1°), de sorte que si l'on pliait la figure autour de *ab*, la partie antérieure irait exactement s'appliquer sur la partie postérieure. La droite *cd* divise aussi la courbe en deux parties symétriques ; car, de part et d'autre de cette droite, les cordes qui lui sont parallèles et à égale distance, sont égales. Par cette raison *ab* et *cd* sont dites *les axes* de la courbe E (*) ; ces droites étant données en véritable grandeur en $a^v b^v$ et en $c^h b^h$, il est évident que *ab* est $>cd$, c'est pourquoi on nomme *ab* le grand axe et *cd* le petit axe de la courbe E. La droite *ab* est évidemment plus grande que toutes les cordes qui lui sont parallèles, de même la droite *cd* est plus grande que toutes les cordes qui lui sont parallèles, de plus *ac* étant une ligne de plus grande pente du plan P, et *cd* une horizontale, et toutes les cordes qui passent par le point *o* intersection de ces droites *ab* et *cd* ayant évidemment le point *o* pour point *milieu* et ayant des projections horizontales égales (puisque ces projections sont les diamètres d'un même cercle), *ab* sera la plus grande et *cd* la plus petite d'entre elles. On donne le nom de diamètres à toutes les cordes passant par le point *o*, lequel est dit *centre* de la section E (**).

284. PROBLÈME 2. *Couper un cône de révolution par un plan*. On peut toujours par des changements de plans se ramener au cas où le plan horizontal est perpendiculaire à l'axe du cône et le plan vertical perpendiculaire au plan sécant. Cela posé, le plan sécant peut affecter trois positions distinctes. En effet, si par le sommet du cône on mène un plan Q parallèle au plan sécant P : 1° ce plan Q peut n'avoir que le sommet de commun avec la surface, il coupe alors toutes les génératrices droites et laisse une nappe du cône d'un côté et l'autre nappe de l'autre côté par rapport à lui, donc le plan P coupera aussi toutes les génératrices droites

---

(*) Étant donnée une courbe plane quelconque, on appelle diamètre de la courbe la droite qui divise en deux parties égales un système de cordes parallèles entre elles, et ce diamètre prend le nom d'axe lorsqu'il est perpendiculaire aux cordes.

(**) Une courbe plane quelconque a un *centre*, lorsqu'il existe sur son plan un point tel qu'il est le milieu de toutes les cordes qui passent par lui.

du cône et ne coupera qu'une nappe de la surface, la section est alors une courbe fermée ; 2° le plan Q peut être tangent à la surface, il laisse encore les deux nappes de côtés différents par rapport à lui ; le plan P ne rencontrera donc encore qu'une nappe et il coupera toutes les génératrices droites du cône, excepté celle qui est sur le plan Q, ou mieux il coupera celle-ci à l'infini et les voisines à des distances d'autant plus grandes du sommet qu'elles sont plus près de la génératrice de contact ; la courbe de section s'étend donc à l'infini et d'un seul côté ; 3° enfin, le plan Q peut couper la surface suivant deux génératrices ; il laisse alors les deux nappes du cône, partie d'un côté, partie de l'autre, le plan P rencontrera donc les deux nappes et coupera toutes les génératrices, excepté les deux situées dans le plan Q ; la section est alors formée de deux branches infinies.

Dans les trois cas, la projection verticale de la section est sur la partie de V^p, comprise dans l'intérieur des deux angles supplémentaires formés par les projections verticales des génératrices extrêmes du cône par rapport au plan vertical de projection.

On peut obtenir la projection horizontale de la courbe de section par deux méthodes : 1° en cherchant pour chaque génératrice droite G du cône le point où elle perce le plan P, point dont la projection verticale est l'intersection de G^v et de V^p ; 2° en cherchant pour chaque *parallèle* Δ les points où il perce le plan P, points dont les projections verticales sont à l'intersection de Δ^v et de V^p. Il est évident qu'on doit employer la première méthode pour les génératrices dont la projection horizontale fait avec la ligne de terre un angle de 45° ou un angle plus petit ; et la seconde, lorsque cet angle est plus grand que 45°, parce que les points sont alors déterminés par des lignes qui se coupent sous un angle d'au moins 45°. La seconde méthode peut seule fournir les points situés sur les génératrices dont les projections sont perpendiculaires à la ligne de terre. Il sera facile avec ces indications de construire la projection horizontale de la section, pour les trois positions du plan sécant.

Si l'on veut mener la tangente en un point m de la section, on remarquera que cette tangente est évidemment dans le plan P de la courbe, et dans le plan tangent à la surface conique au point m (n° 203), donc elle est l'intersection de ces deux plans.

On peut encore se proposer de construire la section dans sa véritable grandeur, pour cela on rabat le plan P sur le plan horizontal en le faisant tourner autour de H^p (qui est perpendiculaire au plan vertical), alors le point m de la courbe de section vient en m', la tangente T rencontre H^p en un point a invariable pendant le rabattement, on aura donc en am' la position T' de la tangente T rabattue.

On peut aussi rabattre le plan P autour de V^p, mais comme ce plan P est perpendiculaire au plan vertical, cette opération revient à changer de plan horizontal en prenant ce plan P lui-même pour nouveau plan horizontal de projection, et par conséquent V^p pour nouvelle ligne de terre $L'T'$; on trouvera donc facilement les différents points du rabattement de la section, et la tangente à cette section rabattue pour le point qui est le rabattement du point m.

285. Le plan méridien M parallèle au plan vertical coupe le plan P suivant une droite qui divise la courbe en deux parties symétriques et que l'on nomme *axe principal* de la courbe.

286. Dans le cas où la section possède des branches infinies, on peut demander de construire les tangentes dont le point de contact est à l'infini, tangentes qui prennent alors le nom d'*asymptotes* de la courbe, et qui sont les intersections du plan P de la courbe avec les plans tangents au cône en ces points situés à l'infini; comme ces points sont sur les génératrices parallèles au plan P, il faut mener des plans tangents suivant ces génératrices et chercher leurs intersections avec le plan P; lorsque le plan Q est tangent à la surface conique, alors les deux plans dont il faut trouver l'intersection sont parallèles entre eux, donc la section conique formée d'une seule branche infinie n'a pas d'asymptote. Mais quand le plan Q coupe la surface suivant deux génératrices droites, les plans tangents menés au cône suivant ces génératrices ne sont plus parallèles au plan P, et par conséquent la section conique formée de deux branches infinies a *deux asymptotes*.

Il est évident que dans tous les systèmes de projection, la projection d'une asymptote d'une courbe est une asymptote de la projection de cette courbe.

287. *La section plane du cylindre de révolution est une courbe telle que la somme des distances d'un quelconque de ses points à deux points fixes situés sur le grand axe est constante et égale à ce grand axe.* Soit un cylindre de révolution coupé par le plan P (*fig*.189) suivant une courbe E, concevons le plan méridien M perpendiculaire au plan P, il coupera le cylindre suivant les génératrices G_1 et G_2 et le plan P suivant une droite B qui est le grand axe de la courbe E(n° 282); construisons dans le plan M, de part et d'autre de B, deux cercles C et C' tangents à cette droite B et aux génératrices G_1 et G_2, faisons tourner ces cercles en même temps que les génératrices G_1 et G_2 autour de l'axe A du cylindre, ils engendreront des sphères S et S' tangentes au cylindre le long des *parallèles* Δ et Δ', et au plan P aux points f et f'. Par la seule loi de symétrie, il est évident que les sphères S et S' sont égales, et que $af = bf'$. Cela posé, pour un point quelconque x de la courbe E, je dis que l'on a : $xf + xf' = $ const. $= ab$.

En effet, menons la génératrice G qui passe par le point x, elle est tangente aux sphères S et S' aux points m et m' où elle rencontre les *parallèles* Δ et Δ', on a donc $xf = xm$, $xf' = xm'$ comme tangentes à une même sphère et issues d'un même point, d'où :

puis on a :

$$xf + xf' = xm + xm' = mm' = \text{constánte}$$

$$mm' = pp' = ap + ap' = af + af' = ab$$

La courbe qui jouit de cette propriété a reçu le nom d'*ellipse;* les points f et f' en sont les *foyers,* les extrémités a,b,c,d des deux axes sont les *sommets*, le point o est le *centre,* la distance ff' est la distance *focale,* le rapport $\dfrac{ff'}{ab}$ de cette distance au grand axe est nommé en astronomie *excentricité,* les distances xf et xf' sont les *rayons vecteurs* du point x.

Les plans des *parallèles* Δ et Δ' coupent la droite B en les points e et e', et si l'on élève par ses points les droites D et D' perpendiculaires sur B, ces droites sont dites les *directrices* de l'ellipse, et elles jouissent de cette propriété, savoir : *que le rapport des distances d'un point quelconque de l'ellipse au foyer et à la directrice correspondante est constant.* En effet, faisons passer par x le *parallèle* K, dont le plan coupe le plan P suivant la droite xg perpendiculaire à B, on aura : $ph = xm = xf$ et $g'h' = xm' = xf'$; eg et $e'g$ seront les distances du point x aux droites D et D', puis les triangles semblables eap, ahg donnent $pa:ea::ah:ag$, d'où $ph:ge::pa:ea$; mais quel que soit le point x, le triangle eap est constant, donc le rapport $ph:ge$ ou $xf:ge$ est constant; de même $xf':ge'$ est un rapport constant. Donc les distances de chaque point de l'ellipse à la droite D et au foyer f voisin de D ou à la droite D' et au foyer f' voisin de D' sont dans un rapport constant, qui est celui de $ae:af$ ou de $be':bf'$.

Nous reviendrons plus loin sur les propriétés de cette courbe, nous ajouterons seulement que la propriété fondamentale qui précède s'énonce en disant que : *l'ellipse est une courbe dont la somme des rayons vecteurs de chaque point est constante et égale au grand axe.*

288. *Réciproquement une ellipse donnée peut toujours se placer sur une surface cylindrique de révolution.* En effet, soient E^{th} l'ellipse donnée (*fig .188*), $a^{th}b^{th}$ son grand axe, $c^h d^h$ son petit axe, o^h son centre; considérons cette ellipse comme la projection horizontale d'une ellipse identique E' située dans un plan P' parallèle au plan horizontal, et prenons le plan vertical LT parallèle au grand axe $a'b'$; décrivons sur le petit axe $c^h d^h$ un cercle que nous prendrons pour base d'un cylindre vertical de révolution; enfin faisons tourner le plan P' autour de cd jusqu'à ce que le point a' soit venu en a sur G_i, en même temps par la symétrie de la figure le point b' sera venu en b sur G_i et le plan P' aura pris la position d'un plan P perpendiculaire au plan vertical de projection, lequel coupe le cylindre suivant une ellipse E (n° 286) dont : $ab = a'b'$ et cd sont les axes; mais deux ellipses qui ont les mêmes axes sont évidemment identiques, donc l'ellipse E intersection du plan P et du cylindre, n'est autre que l'ellipse proposée E^{th}.

Remarquons qu'il n'existe qu'un seul cylindre de révolution sur lequel cette ellipse puisse être placée.

Il résulte de là : 1° qu'un cercle peut toujours être considéré comme la projection d'une infinité d'ellipses tracées sur le cylindre de révolution dont il serait la base; 2° qu'il existe toujours un plan sur lequel la projection d'une ellipse est un cercle.

289. *La section faite dans un cône de révolution par un plan coupant toutes les génératrices est une ellipse.* En effet, soit un cône de révolution coupé par un plan P (*fig.* 190) suivant la courbe fermée E, conduisons un plan méridien M parallèle au plan vertical de projection et perpendiculaire au plan P et qui coupe le cône suivant les génératrices G_1 et G_2 et le plan P suivant une droite B laquelle divise évidemment la courbe E en deux parties symétriques.

Cela posé, construisons dans le plan M deux cercles C et C' tangents à la fois aux trois droites B, G_1, G_2, et faisons-les tourner autour de l'axe A du cône, ils engendreront deux sphères S et S' tangentes au cône le long des *parallèles* Δ Δ' et au plan P aux points f et f', qui seront les foyers de l'ellipse E. Pour le démontrer prenons un point quelconque x de E, menons par ce point la génératrice G qui touchera les sphères S et S' aux points m et m' des *parallèles* Δ et Δ'; on aura donc

$$xf = xm, \quad xf' = xm' \quad \text{d'où} \quad xf + xf' = xm + xm' = mm' = \text{constante}$$

puis on a :

$$xf + xf' = pp' = qq'$$

mais

$$pp' = ap + ap' = af + af' = 2af + ff', \quad qq' = bq + bq' = bf + bf' = 2bf' + ff'$$

Et puisque

$$pp' = qq'$$

on aura :

$$af = bf$$

par suite :

$$pp' = af + af' = bf' + af' = ab \quad \text{et} \quad xf + xf' = ab$$

Donc la section E est une ellipse dont f et f' sont les foyers, et ab le grand axe.

290. Les plans des *parallèles* Δ et Δ' coupent la droite B aux points e et e' qui sont tels que l'on a : $ae = be'$, car $ap = af = bf' = bq'$ et $pp' = qq'$; puis les droites parallèles ep et $p'e'$ donnent $pp' : ee' :: ap : ae$, de même les droites parallèles eq et $q'e'$ donnent $qq' : ee' :: bq' : be'$, les trois premiers termes de ces proportions sont égaux, donc $ae = be'$, ce qu'il fallait démontrer.

Cela posé, si par les points e et e' on mène les droites D et D' perpendiculaires à la droite B, ce seront les directrices de l'ellipse (n° 287). En effet, par le point x faisons passer un *parallèle* K coupant le plan M suivant le diamètre hh', et le plan P suivant la droite xg perpendiculaire à B, de sorte que ge et ge' seront les distances du point x aux droites D et D'. Les triangles semblables ahg, aep donnent hp, ou xm, ou xf : ge :: ap : ae; de même les triangles semblables gbh', $bq'e'$ donnent $h'q'$, ou xm', ou xf' : ge' :: bq' : be' :: ap : ae; donc les distances d'un point quelconque de la courbe E à un même foyer et à la droite D ou D' correspondante à ce foyer, sont dans un rapport constant. Donc enfin D et D' sont les directrices de l'ellipse E.

Si par le sommet s du cône on mène la droite sl parallèle à la droite $q'e'$, les triangles $bq'e'$ et sbl sont semblables et donnent bq' : be' :: bs : bl, l'angle $\widehat{sbl}$ est plus grand que $\widehat{asb}$, donc si du point b on menait une parallèle à la génératrice $G_{,}$, elle passerait dans l'intérieur de l'angle $\widehat{sbl}$ et couperait la droite sl en un point i, tel que l'on aurait $bi = \overline{bs}$, mais la droite $\overline{bl}$ est plus grande que la droite $\overline{bi}$, donc enfin $\overline{bl}$ est plus grand que $\overline{bs}$; d'où il résulte qu'un point quelconque x de l'ellipse est plus près du foyer que de la directrice qui correspond à ce foyer (en se rappelant que la directrice et le foyer qui lui correspond sont toujours situés d'un même côté par rapport au centre de l'ellipse).

291. *Tout point de la section conique, composée d'une seule branche infinie, est également éloigné du foyer et de sa directrice.*

Soit P (*fig.* 191) la section faite par un plan parallèle au plan tangent mené au cône par la génératrice $G_{,}$, le plan méridien (A, $G_{,}$) ou M sera perpendiculaire au plan sécant et le coupera suivant une droite B, qui sera l'axe de la courbe P et qui sera parallèle à $G_{,}$. Cela posé, inscrivons dans l'angle $\widehat{h'sh}$, situé dans le plan M, un cercle tangent aux trois droites $G_{,},G_{,},$B, son centre sera sur l'axe A du cône et sur la bissectrice de l'angle $\widehat{sag}$, laquelle est perpendiculaire à l'axe A; si l'on suppose que ce cercle tourne autour de A, il engendrera une sphère S tangente à la surface conique de révolution le long du *parallèle* Δ et au plan de la section conique en f, point qui sera le foyer de la courbe P; le plan du *parallèle* Δ coupe la droite B en un point e; par ce point e, élevant la droite D perpendiculaire à B, on aura en cette droite D la directrice de la courbe P.

Prenons maintenant un point quelconque x sur la courbe P, par ce point faisons passer un *parallèle* K, son plan coupe le plan de la courbe P suivant une droite xg perpendiculaire au méridien M, et par conséquent perpendiculaire à la droite B située dans ce plan M; la droite xg est donc parallèle à D, et par conséquent $\overline{ge}$ mesure la distance du point x à la directrice D. Je dis que l'on a : $ge = xf$; en effet, par le point x passe une génératrice G du cône, laquelle est tangente à la sphère S au point m, point en lequel cette génératrice G coupe le *parallèle* Δ, on a donc $xf = xm = ph = pa + ah$, mais à cause que la droite B est parallèle à la droite $G_{,}$, les deux triangles *pae* et *gah* sont isocèles et donnent $pa =: ae$, $ah = ag$, l'on a donc $xf = ge$.

Cette courbe P a reçu le nom de *parabole*, le point a en est le *sommet*, et l'on a évidemment $af = ae$. La droite B est dite *axe infini* de la courbe.

292. *La différence des distances d'un point quelconque de la section conique, composée de deux branches infinies, à deux points fixes situés sur son axe transverse est constante et égale à la longueur de cet axe.*

Soient (H, H') les deux branches infinies de la section faite par un plan parallèle à deux génératrices (*fig.* 192), coupons le cône par un plan méridien M parallèle au plan vertical de projection et perpendiculaire au plan sécant; inscrivons deux cercles C et C', tangents aux droites B, $G_{,}$, $G_{,}$, situées dans le plan M; supposons que ces cercles tournent autour de l'axe A et engendrent les sphères S et S' tangentes au cône le long des *parallèles* Δ et Δ' et au plan de la section aux points f et f'.

Prenons un point quelconque x sur la courbe (H, H'), menons xf et xf', je dis que $xf' - xf = \text{const.} = ab$. En effet, par le point x passe une génératrice G tangente aux sphères S et S' aux points m et m', où elle rencontre les *parallèles* Δ et Δ'; on a donc

$$xf = xm, \quad xf' = xm'$$

d'où

$$xf' - xf = xm' - xm = mm' = \text{constante}$$

puis

$$mm' = pp' = qq'$$

mais

$$pp' = ap' - ap = af' - af = ab + bf' - af, \quad qq' = bq - bq' = bf - bf' = ab + af - bf'$$

donc

$$bf' - af = af - bf'$$

d'où

$$2bf' = 2af \quad \text{et} \quad bf' = af$$

par conséquent pp', ou

$$xf' - xf = af' - bf' = ab$$

Cette courbe a reçu le nom d'*hyperbole*, les points a et b en sont les *sommets*, f et f' les *foyers*, et le point o, milieu de ab, en est le *centre*; si par le point o on élève une perpendiculaire à ab on a la droite désignée en analyse sous le nom d'*axe imaginaire* de l'hyperbole, et la droite $\overline{ab}$ est dite *axe réel* ou *transverse* de l'hyperbole.

293. Les plans des *parallèles* Δ et Δ' coupent l'axe B aux points e et e', et ces points sont tels que l'on a $ae = be'$. En effet, les triangles semblables ebq, $bq'e'$ et aep, $ae'p'$ donnent $be' : bq' :: ee' : qq'$ et $ae : ap :: ee' : pp'$, mais $bq = bf' = af = ap$, $qq' = pp'$, donc $be' = ae$, ce qu'il fallait démontrer.

Cela posé , si des points e et e' on élève les droites D et D' perpendiculaires à la droite B, ce seront les directrices de l'hyperbole, qui jouissent de cette propriété, savoir : *que les distances d'un point quelconque de l'hyperbole à un foyer et à la directrice voisine sont dans un rapport constant*. En effet, par le point x faisons passer un *parallèle* K, son plan coupera le plan de la courbe (H, H') suivant une droite xg perpendiculaire au plan méridien M, et perpendiculaire par conséquent à la droite B, et dès lors parallèle aux directrices D et D', donc ge et ge' sont les distances du point x à ces directrices D et D', et les triangles semblables hag, aep donnent hp : $ge :: ap : ae$; mais $hp = xm = xf$, donc $xf : ge :: ap : ae$, de même les triangles semblables bgh', $be'q'$ donnent $h'q' : ge' :: bq' : b'e'$; mais $h'q' = xm' = xf'$, $bq' = ap$, $be = ae$, donc $xf' : ge' :: ap : ae$, ce qu'il fallait démontrer.

L'angle $\overgroup{eap}$ est plus petit que $\overgroup{psq}$, donc si par le point a on mène une parallèle à la génératrice $G_{,}$ du cône et rencontrant pe en i, on aura $ai = ap$ et la droite ae passera dans l'intérieur de l'angle $\overgroup{pai}$, l'on aura donc $\overline{ae}$ plus petit que $\overline{ap}$.

Dès lors, pour l'hyperbole un point quelconque de la courbe est plus éloigné du *foyer* que de la *directrice* correspondante à ce foyer.

294. Un cône de révolution ne pouvant être coupé par un plan que suivant une ellipse, une parabole, ou une hyperbole, ces trois courbes ont reçu le nom commun de sections coniques, on les nomme aussi courbes du second degré parce que leurs équations sont du second degré. L'ellipse comprend le cercle, comme cas particulier, et l'ellipse devient un cercle lorsque la distance focale est nulle, ou que ses deux axes sont égaux.

294 *bis*. Concevons un cône de révolution Δ dont l'axe de rotation A se trouve placé dans le plan vertical de projection et perpendiculaire au plan horizontal de projection. Désignons par s le sommet de ce cône et coupons-le par une suite de plans P, P', P'', etc., parallèles entre eux et perpendiculaires au plan vertical de projection qui sera un plan méridien M du cône Δ.

Ce plan M coupera la surface Δ suivant deux génératrices droites G et $G_{,}$ et les plans P, P', P'', etc., suivant des droites parallèles entre elles, et qui ne seront autres que les traces verticales V^p, $V^{p'}$, $V^{p''}$, de ces plans, lesquels couperont le cône Δ suivant des sections coniques semblables E, E', E'', etc. (qui seront toutes des ellipses, ou des paraboles, ou des hyperboles, suivant la direction donnée aux plans sécants P, P', P'', etc.).

Traçons dans le plan M des cercles C, C', C'', etc., tangents aux droites G et $G_{,}$ et aux droites V^p, $V^{p'}$, $V^{p''}$, etc. Ces cercles toucheront les traces V^p, $V^{p'}$, $V^{p''}$, etc., respectivement en des points f, f', f'', etc., qui seront les foyers homologues des sections coniques E, E' E'', etc.

Cela posé :

Je dis que le sommet s du cône et les divers foyers homologues f, f', f'', etc., sont en ligne droite.

Et en effet , *fig.* 192 *bis.*

Les rayons of, $o'f'$, $o''f''$, etc., des cercles C, C', C'', etc., seront parallèles entre eux , comme perpendiculaires aux tangentes parallèles entre elles V^r, $V^{r'}$, $V^{r''}$, etc.

De même les rayons op, $o'p'$, $o''p''$, etc., seront parallèles entre eux comme perpendiculaires à la droite G, qui est une tangente commune aux cercles C, C', C'', etc.

On aura donc :

$$so : so' : so'' : \text{etc.} :: op : o'p' : o''p'' : \text{etc.}$$
ou
$$so : so' : so'' : \text{etc.} :: of : o'f' : o''f'' : \text{etc.}$$

proportions qui démontrent que le point s et les points f, f', f'', etc., sont en ligne droite.

Si donc deux ellipses, ou deux paraboles, ou deux hyperboles étant semblables et semblablement placées, le *pôle* de similitude est le foyer de l'une des courbes, il sera en même temps le foyer de la seconde courbe.

295. Une section conique quelconque peut toujours être placée sur une infinité de cônes de révolution, dont les sommets sont les différents points d'une autre section conique, comme nous allons le démontrer :

1° Soit donnée une ellipse E (*fig.* 193), dont ab et cd sont les axes, f et f' les foyers; considérons le plan de la courbe E comme horizontal, et par l'un des foyers f élevons la verticale fr sur laquelle nous prendrons un point r quelconque; de ce point r, comme centre, et avec le rayon fr décrivons un cercle C dans le plan vertical M passant par le grand axe $aff'b$ de l'ellipse E; puis des points a et b menons des tangentes à ce cercle, elles se couperont en un point s, qui sera le sommet d'un cône de révolution Δ ayant sr pour axe, sa et sb pour génératrices situées dans le plan M. Sur ce cône Δ est placée l'ellipse E; en effet, cette surface conique Δ sera coupée par le plan horizontal suivant une ellipse ayant même axe ab, et mêmes foyers f et f' que E, car en comparant la figure actuelle avec la figure 190, on voit que le cercle C est précisément celui qui par son point de contact f avec ab donnerait le foyer de la section; mais deux ellipses ayant même axe et mêmes foyers sont évidemment identiques, donc l'ellipse E est placée sur la surface conique Δ que nous venons de considérer.

En choisissant un autre point r' sur la verticale, on obtiendra une autre surface conique Δ', ayant pour sommet un point s'; on pourrait aussi élever la verticale par le second foyer f', et l'on obtiendrait ainsi une série de sommets s, s', etc., tous situés sur une courbe (H, H'), que je dis être une hyperbole ayant pour sommets les foyers f et f' de l'ellipse E, et pour foyers, les sommets a et b de cette ellipse. En effet, on a évidemment d'après la figure, pour un point quelconque s de cette courbe (H, H').

$$sb - sa = sq + qb - sp - pa = bq - ap = bf - af = bf - bf = ff'$$

296. De ce qui précède on peut conclure différentes propriétés de l'hyperbole.

On voit d'abord que si l'on construit un cercle C de rayon quelconque tangent à l'axe transverse de l'hyperbole (H, H') au sommet f, et que des foyers a et b on mène des tangentes à ce cercle, ces tangentes vont se couper en un point s de l'hyperbole situé sur la branche qui passe par le sommet f, ce qui fournit un moyen de construire par points une hyperbole dont on connaît les sommets et les foyers. Réciproquement si l'on mène les rayons vecteurs sa, sb d'un point quelconque s de l'hyperbole, et que l'on inscrive un cercle dans le triangle asb, ce cercle touchera l'axe transverse au sommet f de la branche d'hyperbole sur laquelle est situé le point s.

Les points de contact des cercles ainsi construits et des rayons vecteurs aboutissant au même foyer a sont sur une circonférence de cercle décrite de ce foyer comme centre et avec la distance af pour rayon. Car pour tous ces cercles on a : $ap = af$ comme tangentes issues d'un même point.

297. Si l'on suppose que le cercle C tourne autour de l'axe sr, il engendrera une sphère tangente à la surface conique le long du *parallèle* Δ, dont le plan coupera l'axe ab de l'ellipse E en un point e appartenant à la directrice D de cette courbe (n° 289), on aura donc pour un point quelconque x de E la proportion $xf : ge :: af : ae$. Si l'on prend un autre sommet s, sur la même branche H de l'hyperbole, qu'on fasse les mêmes constructions par rapport au nouveau cône, le plan du *parallèle* de contact Δ coupera ab en un point, que je désigne pour un instant par $e_,$, et l'on aura $xf : ge_, :: af : ae_,$; de ces deux proportions on tire $ge : ae :: ge_, : ae_,$, d'où $ge - ae : ae :: ge_, - ae_, : ae_,$; mais $ge - ae = ag = ge_, - ae_,$, donc $ae = ae_,$. Donc tous les plans de *parallèles* de contact tels que Δ coupent le plan de l'ellipse E suivant la même droite D et ne déterminent ainsi qu'une seule directrice de cette courbe E. Si l'on considère les cônes ayant leurs sommets sur l'autre branche H' on obtiendra de la même manière la seconde directrice D' de l'ellipse E.

298. On démontre par l'*analyse* appliquée à la géométrie que la tangente à l'hyperbole divise en deux parties égales l'angle des rayons vecteurs du point de contact ; or, l'axe sr du cône de révolution divise l'angle $\widehat{asb}$ en deux parties éga-

donc il est tangent à l'hyperbole (H, H') au point s. D'où l'on déduit cette propriété que *les axes des cônes de révolution sur lesquels on peut placer une ellipse sont tangents à la courbe lieu de leurs sommets.* Mais cette propriété se trouvera démontrée par la *géométrie descriptive* sans avoir besoin de recourir à l'*analyse*, car plus loin nous démontrerons directement la propriété suivante, savoir : *la normale en un point d'une section conique divise en deux parties égales l'angle des rayons vecteurs ayant le point considéré pour sommet.*

En augmentant le rayon *fr*, les tangentes *ab* et *bq* approchent du parallélisme; lorsque ces droites seront parallèles, le sommet *s* sera transporté à l'infini, et le cône se transformera en un cylindre. On aurait un second cylindre en décrivant un cercle égal tangent au point *f'*, mais il est facile de reconnaître que ces deux cylindres sont superposables et qu'ainsi on peut placer sur un cylindre (n° 287) de révolution l'ellipse proposée E, de deux manières différentes, cette courbe E affectant dès lors sur le cylindre deux positions que l'on obtient (*fig.* 188) en faisant tourner le plan P de l'ellipse E autour de *cd* d'un côté ou d'autre et d'un même angle.

Dans le cas que nous considérons, l'axe du cylindre passe par le centre *o* (*fig.* 193) de E et par le point de l'hyperbole (H, H') situé à l'infini, donc il sera l'asymptote de cette hyperbole, car nous démontrerons plus loin que les asymptotes de l'hyperbole passent par le centre.

299. 2° Soit donnée une parabole P (*fig.* 194), dont *a* est le sommet et *f* le foyer; considérons le plan de P comme horizontal, et par le foyer élevons la verticale *fr* sur laquelle nous prendrons un point quelconque *r* pour centre d'un cercle C tangent à l'axe infini de la parabole et au point *f*, puis ayant prolongé *fr* jusqu'en *q*, menons par les points *a* et *q* des tangentes à C, elles se couperont en un point *s*, qui sera le sommet d'un cône de révolution ayant *fr* pour axe, *sa* et *sq* pour génératrices droites, et sur lequel est placée la parabole P. En effet, le plan horizontal, parallèle à la génératrice *sq*, coupe cette surface conique suivant une parabole ayant même sommet *a* et même foyer *f* que la courbe donnée P (n° 290), donc ces deux paraboles sont identiques. Donc, enfin, la parabole P est placée sur la surface conique que nous venons de considérer.

En prenant d'autres centres *r* sur la verticale élevée au point *f*, on trouvera une infinité d'autres surfaces coniques, sur lesquelles sera également placée la parabole P, et je dis que les sommets *s* sont les différents points d'une parabole P' ayant son sommet en *f* et son foyer en *a*. En effet, la figure montre évidemment que pour un point quelconque *s* de P' on a :

$$sa = sp + pa = sp + af = sp + fe' = sq + ql = sl$$

300. On voit par ce qui précède que si l'on construit un cercle C d'un rayon quelconque et tangent à l'axe infini d'une parabole P' au sommet f, que l'on mène une tangente à ce cercle C par le foyer a et une autre tangente à ce même cercle, mais parallèle à l'axe infini, ces deux tangentes se rencontrent en un point s de la parabole P', ce qui fournit un moyen de construire par points une parabole dont on connaît le sommet et le foyer. Réciproquement, si par un point quelconque s de la parabole P' on mène le rayon vecteur et une parallèle à l'axe infini et extérieurement à la courbe P', le cercle tangent à ces trois droites touchera l'axe infini de la parabole P' au sommet de cette courbe P'.

Les points de contact des cercles ainsi construits et des rayons vecteurs sont sur une circonférence de cercle décrite du foyer comme centre et avec la distance af pour rayon, car pour tous ces cercles on a $ap = af$.

301. Si l'on suppose que le cercle C tourne autour de l'axe sr, il engendrera une sphère tangente à la surface conique le long d'un *parallèle* Δ dont le plan coupe le plan de la parabole P suivant la directrice D (n° 290), de sorte que l'on a $ae = af$; pour tout autre sommet s, on trouvera un autre *parallèle* Δ dont le plan devra couper le plan de la parabole suivant la même droite D, puisque af est constant.

302. Par l'*analyse* appliquée à la géométrie on démontre que la tangente à la parabole divise en deux parties égales l'angle du rayon vecteur et du diamètre, donc l'axe sr est tangent à la parabole P', on en conclut évidemment que la sous-tangente est double de l'abscisse, car on a $nf = qs$; mais nous démontrerons directement cette proposition (n° 324), et ensuite nous démontrerons que cette même propriété existe pour l'ellipse et l'hyperbole en la faisant passer de la parabole sur ces deux courbes.

303. A mesure que le sommet s s'éloigne sur la parabole P', le rayon fr du cercle augmente indéfiniment, de sorte que le cône ne pourrait dégénérer en cylindre qu'en supposant fr infini, c'est-à-dire qu'une parabole P ne peut jamais être placée sur un cylindre de révolution. Donc aussi un cylindre de révolution ne peut pas être coupé par un plan suivant une parabole.

304. 3° Soit donnée une hyperbole (H, H') (*fig.* 195) dont a et b sont les sommets, f et f' les foyers; considérons le plan de (H, H') comme plan horizontal, et par l'un des foyers f élevons la verticale fr et d'un centre quelconque r décrivons le cercle C tangent en f à l'axe réel ou transverse ab, par les sommets a et b menons des tangentes à ce cercle, elles se couperont en un point s qui sera le sommet d'un cône de révolution ayant sr pour axe, sa et sb pour génératrices droites et sur lequel sera située l'hyperbole (H, H'). En effet, cette surface conique sera coupée par le plan horizontal suivant une hyperbole ayant mêmes sommets a et b

et mêmes foyers f et f' que l'hyperbole proposée, et qui par conséquent sera identique avec elle.

Mais en choisissant un autre point r, on trouvera par la même construction un autre sommet s d'un cône de révolution sur lequel sera située l'hyperbole proposée (H, H'); le lieu de ces sommets est une ellipse E ayant pour sommets les foyers f et f' de l'hyperbole (H, H') et pour foyers les sommets a et b de cette hyperbole; en effet, pour l'un quelconque de ces sommets s, on a évidemment :

$$sa + sb = sp + pa + qb - sq = ap + bq = af + bf = bf' + bf = ff'$$

305. Nous voyons par ce qui précède que si l'on décrit un cercle d'un rayon quelconque tangent au grand axe d'une ellipse E et en son sommet; que si des foyers a et b on mène des tangentes à ce cercle, elles vont se couper en un point s de l'ellipse E; ce qui fournit un moyen de décrire par points une ellipse dont on connaît les sommets et les foyers. Réciproquement, si l'on décrit un cercle tangent : 1° au grand axe d'une ellipse E, 2° à l'un des rayons vecteurs mené à un point x de cette ellipse et 3° au prolongement de l'autre rayon vecteur mené au même point x, le point de contact avec l'axe sera au sommet de la courbe E.

Les points de contact des cercles ainsi construits et des rayons vecteurs aboutissant au même foyer a sont sur une circonférence décrite de ce foyer comme centre et avec la distance af pour rayon, car pour chacun de ces points on a toujours $af = ap$.

306. Si l'on suppose que le cercle C tourne autour de l'axe sr, il engendrera une sphère tangente à la surface conique le long d'un *parallèle* Δ, dont le plan coupera le plan horizontal suivant une droite D, directrice de l'hyperbole (H, H') (n° 292).

Si l'on construit donc des cônes ayant leurs sommets en chaque point de l'ellipse E et les sphères correspondantes, tous les plans des *parallèles* de contact se couperont suivant la même droite D.

307. On démontre par l'*analyse* appliquée à la géométrie que la tangente à l'ellipse divise en deux parties égales l'angle supplémentaire des rayons vecteurs menés au point de contact. Or, l'axe sr du cône remplit cette condition, donc il doit être tangent à l'ellipse.

Plus loin nous démontrerons directement cette propriété, en démontrant que la normale en un point d'une ellipse divise en deux parties égales l'angle des rayons vecteurs passant par ce point.

Si le point s est au sommet du petit axe de l'ellipse, l'axe sr du cône est parallèle à ab, ce qui est évident, car alors les angles $\widehat{sab}$, $\widehat{sba}$ sont égaux, par suite

la bissectrice de l'angle extérieur est parallèle à la base, donc dans ce cas particulier il est démontré que l'axe du cône est tangent à l'ellipse.

En augmentant encore le rayon *fr,* le sommet *s* se rapproche de *f'*, et jamais le
cône ne dégénère en cylindre; donc une hyperbole ne peut jamais être placée sur
un cylindre de révolution. Donc aussi un cylindre de révolution ne peut jamais
être coupé par un plan suivant une hyperbole.

308. Problème III. — *Placer une section conique donnée sur un cône de révolution donné.* 1° Si la section conique est une ellipse E (*fig.* 193) en prenant un
point quelconque de l'hyperbole (H, H') on voit que l'angle $\overset{\frown}{asb}$ peut varier de
180° à 0°, donc on pourra placer la courbe E sur le cône donné quel que soit son
angle au sommet; et pour placer la courbe E sur le cône, ayant mené un plan
méridien de ce cône, il suffira d'inscrire dans l'angle des génératrices extrêmes
une droite *ab* égale au grand axe de l'ellipse, ou autrement ayant construit comme
ci-dessus (n° 294) la courbe (H, H'), puis sur *ab* et dans le plan de cette hyperbole
(H, H') ayant décrit un segment capable de l'angle $\overset{\frown}{asb}$ (formé par les génératrices
extrêmes du cône donné), il coupera l'hyperbole en deux points symétriquement
placés, les unissant l'un et l'autre aux points *a* et *b* on aura deux triangles identiques; soit *sab* l'un d'eux, on coupera le cône donné par un plan méridien et l'on
portera respectivement sur les deux génératrices qui y seront contenues les distances *sa, sb,* puis conduisant par les deux points ainsi obtenus un plan perpendiculaire au plan méridien, il coupera le cône suivant une ellipse identique à la
courbe proposée.

2° Si la section conique donnée est une parabole P (*fig.* 194), on construira encore la parabole P' (n° 298); du sommet *a,* on mènera une droite faisant avec l'axe
infini de la courbe P' un angle supplément de l'angle au sommet du cône proposé,
elle coupera P' en un point *s,* portant la distance *as* sur une génératrice du cône,
et par le point ainsi obtenu menant une parallèle à la génératrice opposée du cône,
puis par cette droite un plan perpendiculaire au plan méridien correspondant,
il coupera le cône suivant une parabole identique à la courbe proposée. Il est
évident que cette construction est possible quel que soit l'angle au sommet du cône
proposé. Donc une parabole quelconque peut être placée sur un cône quelconque
de révolution.

3° Si la section conique donnée est une hyperbole (H, H') (*fig.* 195), ayant
construit l'ellipse E (n° 303), on décrira sur *ab*, et dans le plan de cette ellipse, un
segment capable du supplément de l'angle au sommet du cône donné, il coupera E
en un point *s*; prenant alors deux génératrices opposées du cône donné et sur ces
génératrices, mais dans des nappes différentes pour l'une et l'autre, portant les

distances sa, sb; menant ensuite par ab un plan perpendiculaire au plan méridien correspondant, il coupera le cône donné suivant une hyperbole identique à la courbe proposée. Il est évident que le segment décrit sur $\overline{ab}$ ne coupera pas toujours l'ellipse E, il faut que l'angle au sommet du cône soit plus grand que le supplément de l'angle des rayons vecteurs menés du sommet du petit axe de l'ellipse E. Donc une hyperbole quelconque ne peut pas toujours être placée sur un cône quelconque de révolution, elle ne peut se trouver que sur un cône dont l'angle au sommet est au moins égal au supplément de celui d'un triangle isocèle ayant pour base l'axe transverse ab et pour côté la demi-distance des foyers of de cette hyperbole.

Des focales des sections coniques.

309. Dans l'ellipse chaque foyer peut être remplacé par un point quelconque de la branche d'hyperbole (n° 294) qui y passe et la propriété fondamentale de cette courbe (savoir : que la somme des rayons vecteurs menés à un point quelconque de la courbe est constante) est encore satisfaite. En effet, prenons les points s et s' (*fig.* 193) respectivement situés sur les deux branches de l'hyperbole (H , H') et considérons un point x quelconque de l'ellipse E; les génératrices sx et $s'x$ rencontrent les *parallèles* Δ et Δ' en les points t et t' et l'on a $st = sp$, $s't' = s'p'$, $xt = xf$, $xt' = xf'$ comme tangentes à une même sphère et issues d'un même point; donc l'on a :

$$sx + s'x = st + tx + s't' + t'x = sp + s'p' + xf + xf' = ab + sp + s'p' = \text{constante}$$

Donc ces points s et s' pourraient aussi être nommés foyers de l'ellipse E et sous ce point de vue, l'hyperbole (H, H') est le lieu des foyers de l'ellipse E, ce qui lui a fait donner le nom de *focale de l'ellipse*.

Il est évident que si l'on prend les deux foyers sur la même branche de l'hyperbole (H, H'), on trouvera que c'est la différence des rayons vecteurs qui est constante et non leur somme, car on aurait dans l'expression de chaque rayon vecteur le terme xf ou xf', que l'on ne pourrait faire disparaître que par soustraction; et, en effet, en considérant le même foyer f, on voit que ($xf + xf$) n'est plus constant, mais bien ($xf — xf$), puisque l'on a $xf — xf = 0$.

310. Si de même pour la parabole P on remplace le foyer f (*fig.* 194) par un point quelconque s de la parabole P' (n° 298), et si l'on prend en même temps au lieu de la directrice D, une parallèle à cette droite et menée par le point où af est coupée par une parallèle à qp passant par le point s, on voit de suite qu'un point quelconque de la parabole P sera encore également distant du foyer s et de la directrice correspondante. En effet, on a :

$$xs = xt + ts = xf + sq = xg + gg'' = xg''$$

La parabole P′ est donc le lieu des foyers de la parabole P, elle est dite pour cela la *focale* de cette courbe.

311. Enfin, si l'on remplace les foyers de l'hyperbole (H, H′) (*fig.* 195) par deux points quelconques s, s' de l'ellipse E (n° 303), la différence des distances d'un point quelconque de l'hyperbole à ces deux points sera encore constante. En effet, considérons deux points m et m' de l'hyperbole situés l'un sur une branche et l'autre sur l'autre branche de l'hyperbole, on sait que si la courbe E est le lieu des sommets des cônes de révolution sur lesquels on peut placer l'hyperbole (H, H′), réciproquement la courbe (H, H′) sera le lieu des sommets des cônes de révolution sur lesquels on peut placer l'ellipse E (n°ˢ 294 et 303), donc la courbe (H, H′) sera la focale de la courbe E (n° 308) et l'on aura :

$$sm + sm' = s'm + s'm' \quad \text{d'où} \quad ms - ms' = m's' - m's = \text{constante}$$

Si l'on prend deux points m et m'' sur une même branche de l'hyperbole, on aura (n° 308) :

$$ms - m''s = ms' - m''s' \quad \text{d'où} \quad m''s - m''s' = ms - ms' = \text{constante}$$

Donc l'ellipse E est la focale de l'hyperbole (H, H′).

Le mode de démonstration que j'ai employé pour obtenir les propriétés des foyers et des focales des sections coniques a été exposé pour la première fois par MM. Dandelin et Quételet (*).

Diverses propriétés de l'ellipse.

312. Nous avons vu (n° 286) qu'une surface cylindrique de révolution est coupée suivant une ellipse par un plan incliné à l'axe de ce cylindre, de sorte qu'en supposant cet axe vertical, la projection horizontale de l'ellipse sera un cercle. Cela posé, si l'on conçoit que toutes les droites tracées sur le plan horizontal soient les projections de droites tracées sur le plan de l'ellipse, il est évident que les cordes du cercle sont les projections de cordes de l'ellipse ; que le milieu de la corde du cercle est la projection du point milieu de la corde de l'ellipse ; que deux droites parallèles sur le plan du cercle sont les projections de deux droites parallèles sur le plan de l'ellipse ; qu'une tangente au cercle est la projection d'une tangente à l'ellipse ; que deux droites qui se coupent dans le plan du cercle sont les projections de deux droites qui se coupent dans le plan de l'ellipse. Mais l'angle des projections de deux droites n'est pas égal à l'angle des droites projetées, à moins que ces droites ne soient l'une une horizontale et l'autre une ligne de plus grande pente du plan de l'ellipse, auquel cas ces droites dans l'espace et leurs projections sur le plan du cercle sont également perpendiculaires entre elles.

(*) *Voyez* les Mémoires de l'Académie royale des sciences de Bruxelles.

313. D'après cela nous conclurons facilement ce qui suit :

1° Nommant *diamètre* d'une courbe une ligne qui divise en deux parties égales un système de cordes parallèles, les diamètres du cercle sont des droites, donc *les diamètres d'une ellipse sont des droites.*

2° Tous les diamètres d'un cercle passent par le centre et y sont coupés en deux parties égales ; donc *les diamètres d'une ellipse concourent en un point, qui est leur milieu commun et qu'on nomme centre de l'ellipse.*

3° Les diamètres d'un cercle sont perpendiculaires aux cordes qu'ils divisent en deux parties égales ; mais il n'en sera pas de même dans l'ellipse, excepté toutefois pour le diamètre dirigé suivant une ligne de plus grande pente du plan et pour le diamètre horizontal. Ces deux derniers diamètres sont nommés les *axes de l'ellipse.*

4° De deux droites, qui ont des projections égales, la plus grande est celle qui fait avec le plan de projection le plus grand angle ; or, tous les diamètres du cercle sont égaux, donc le plus grand diamètre de l'ellipse est celui qui est dirigé suivant la ligne de plus grande pente de son plan, et le plus petit est le diamètre horizontal ; c'est-à-dire que *les axes d'une ellipse sont ses diamètres maximum et minimum.*

5° On nomme *diamètres conjugués* deux diamètres, dont chacun est parallèle aux cordes divisées par l'autre en deux parties égales ; dans le cercle les diamètres conjugués sont perpendiculaires entre eux ; mais il n'en sera pas de même dans l'ellipse, excepté pour les axes, qui forment le seul système de diamètres conjugués de l'ellipse perpendiculaires entre eux.

6° Les diamètres du cercle qui font des angles égaux avec la projection de l'un des axes sont les projections de diamètres égaux de l'ellipse, car ils sont également inclinés sur le plan horizontal et ont des projections égales ; mais ces diamètres ne sont conjugués qu'autant qu'ils font avec la projection de l'un des axes des angles demi-droits ; donc il n'y a dans l'ellipse qu'un seul système de diamètres conjugués égaux.

7° La tangente au cercle est parallèle au diamètre conjugué de celui qui passe par le point de contact ; donc aussi la tangente à l'ellipse est parallèle au diamètre conjugué de celui qui passe par le point de contact ; et par conséquent les tangentes aux extrémités d'un même diamètre sont parallèles.

8° On nomme *cordes supplémentaires* deux cordes qui partant d'un même point de la courbe aboutissent aux extrémités d'un même diamètre ; or, dans le cercle les cordes supplémentaires sont perpendiculaires entre elles et par conséquent parallèles à deux diamètres conjugués ; donc aussi dans l'ellipse les cordes supplémentaires sont parallèles à deux diamètres conjugués, mais les cordes supplémentaires parallèles aux axes sont seules perpendiculaires entre elles.

9° Dans le cercle les tangentes aux extrémités d'une corde concourent en un point du diamètre conjugué de cette corde, c'est-à-dire en un point du diamètre qui passe par le milieu de la corde qui unit les points de contact; donc aussi dans l'ellipse les tangentes aux extrémités d'une corde concourent en un point du diamètre conjugué de cette corde; et par conséquent si l'on mène des tangentes aux extrémités de tant de cordes parallèles que l'on voudra, ces tangentes concourront deux à deux en des points situés sur le diamètre conjugué de ces cordes parallèles.

10° Si d'un point extérieur à l'ellipse on mène deux tangentes à cette courbe, ensuite la corde qui unit les points de contact, et enfin une parallèle à cette corde, les portions de cette parallèle comprises entre les tangentes et la courbe sont égales entre elles (c'est évident d'après la figure).

314. Il résulte de ce qui précède les constructions graphiques de plusieurs problèmes, qu'il est utile de savoir résoudre lorsqu'une ellipse est donnée par *son tracé*.

1° Pour trouver le centre d'une ellipse E il suffit de mener deux cordes parallèles C et C', de construire leur diamètre conjugué D qui passe par les points *d* et *d'* milieux de ces cordes C et C' et de prendre le milieu du diamètre D.

2° Pour trouver les axes d'une ellipse E, on construit un de ses diamètres D quelconque, sur lequel, comme diamètre, on décrit une circonférence de cercle B, laquelle coupe l'ellipse en un point *m* que l'on unit aux extrémités du diamètre D; on a deux cordes supplémentaires rectangulaires entre elles et auxquelles les axes de l'ellipse sont par conséquent parallèles (n° 313, 8°).

3° Les diamètres conjugués égaux sont parallèles aux cordes supplémentaires menées d'une extrémité d'un axe aux extrémités de l'autre axe.

4° Pour construire la tangente en un point *m* d'une ellipse E, on mène le diamètre D qui passe au point *m*, ensuite une corde C parallèle à D, enfin on unit les milieux des droites C et D par une droite D' à laquelle la tangente demandée est parallèle (n° 313, 7°), car D et D' sont deux diamètres conjugués.

5° On peut aussi construire la tangente de la manière suivante : on mène le diamètre D qui passe au point *m*, ensuite une corde C parallèle à D, enfin la corde C' supplémentaire de C, et la tangente est parallèle à la corde C' (n° 313, 7° et 8°).

6° Les mêmes opérations graphiques s'appliquent à la construction de la tangente parallèle à une droite donnée, car on obtient le point de contact en menant un diamètre parallèle à la droite donnée, puis son conjugué.

315. *La projection horizontale d'une droite est égale à la droite projetée multipliée par le cosinus de l'angle qu'elle fait avec sa projection;* car la droite *ab* (*fig.* 196) est l'hypothénuse d'un triangle rectangle dont la projection ou une parallèle $\overline{ac}$ à cette projection est un côté de l'angle droit; on a donc : $ac = ab \times \cos \alpha$.

La même relation existe entre la surface ou *aire* d'une figure plane quelconque et la srufacc ou *aire* de sa projection. En effet, soit 1° un triangle *abc* (*fig.* 197) ayant un côté *ab* sur le plan de projection, nous avons en représentant l'aire du triangle *cab* par Δ et l'aire de sa projection *abd* par Δ^h :

$$\Delta = \tfrac{1}{2} ab \times ce, \quad \Delta^h = \tfrac{1}{2} ab \times ed, \quad \text{mais } ed = ce \times \cos \alpha,$$

donc

$$\Delta^h = \tfrac{1}{2} ab \times ce \times \cos \alpha = \Delta \times \cos \alpha$$

2° Soit le triangle *abc* (*fig.* 198) ayant un seul sommet *a* sur le plan de projection, prolongeons le côté opposé *bc* et sa projection *de* jusqu'à leur rencontre en *f* et joignons par la droite *af* les deux points *a* et *f*; nous aurons

$$abc = afc - abf, \quad ade = afe - afd, \quad \text{mais } afe = afc \times \cos \alpha, \quad afd = afb \times \cos \alpha$$

donc

$$ade = abc \times \cos \alpha$$

On peut toujours se ramener à ce dernier cas, en menant par l'un des sommets un plan parallèle au plan de projection.

Une autre figure plane peut toujours se décomposer en triangles de grandeur finie ou infiniment petite, et par conséquent la proposition précédente lui serait applicable. Donc, si en général on représente l'aire d'une figure plane par **K**, par K^h l'aire de sa projection et par α l'angle que fait son plan avec le plan de projection, on aura $K^h = K \cdot \cos \alpha$. On peut donc énoncer ce qui suit :

316. 1° Les quarrés circonscrits au cercle sont égaux, donc les parallélogrammes circonscrits à l'ellipse, dont ils sont les projections, sont équivalents entre eux.

2° Les rectangles inscrits au cercle ont pour diagonales des diamètres; donc les diagonales des parallélogrammes inscrits à l'ellipse sont aussi des diamètres.

3° Les quarrés inscrits au cercle sont égaux et leurs diagonales sont des diamètres conjugués; donc les parallélogrammes inscrits à l'ellipse et dont les diagonales sont des diamètres conjugués, sont tous équivalents entre eux.

4° Nommant E l'aire de l'ellipse, α l'angle de son plan avec le plan du cercle C, et R le rayon de ce cercle C projection de l'ellipse, on a $\pi R^2 = E \cdot \cos \alpha$; et si A et B sont le demi-grand axe et le demi-petit axe de l'ellipse, on aura : $R = B = A \cos \alpha$, et par suite $\pi \cdot A \cdot B \cdot \cos \alpha = E \cdot \cos \alpha$; donc, enfin, $E = \pi AB$. Ainsi l'aire de l'ellipse est égale à celle d'un cercle dont le diamètre serait moyen proportionnel entre les deux axes de l'ellipse.

347. Dans deux cercles concentriques les cordes sous-tendues par des angles égaux sont entre elles comme les rayons et sont par conséquent proportionnelles entre elles. Si donc on considère ces deux cercles comme les projections de deux ellipses tracées sur un même plan, ces ellipses seront concentriques et jouiront de

cette propriété, savoir que leurs diamètres homologues et leurs cordes homologues sont proportionnels; donc les axes de ces ellipses sont proportionnels et on dit que ces ellipses sont des *ellipses semblables, semblablement placées et concentriques*.

On pourrait transporter l'une de ces ellipses parallèlement à elle-même dans son plan, ou dans un plan parallèle; elle aurait toujours pour projection un cercle et resterait semblable et semblablement placée par rapport à l'autre ellipse.

Je dis que *deux ellipses situées dans un même plan, ou dans deux plans parallèles, et qui ont pour projections des cercles, sont semblables et semblablement placées.* En effet, soient R et R' les rayons des deux cercles projections; A et B deux diamètres de l'une des ellipses; A' et B' les diamètres parallèles de l'autre ellipse; les droites A et A' feront avec le plan horizontal un même angle α, et aussi les droites B et B' feront avec le plan horizontal un même angle β, et par conséquent on aura

$$R = A \cos \alpha = B \cos \beta, \quad R' = A' \cos \alpha = B' \cos \beta$$

d'où A : B :: A' : B'; donc les deux ellipses sont semblables et semblablement placées.

318. Pour mener la tangente au cercle C (*fig.* 199) par un point extérieur *a* on décrit sur *oa* comme diamètre un cercle C' qui coupe le cercle C aux points de contact *b* et *c* des tangentes *ab* et *ac*, et si par le point *a* on mène une sécante quelconque, la partie *df* comprise dans le cercle C est coupée en deux parties égales en *e* par le cercle C', car si l'on joint *oe* l'angle $\widehat{oea}$ est droit. Donc pour mener la tangente à l'ellipse, dont C serait la projection, par un point projeté en *a* (pour abréger le discours nous nommerons les projections au lieu des lignes projetées), sur *oa* comme diamètre homologue de *gh*, nous décrirons une ellipse C' semblable à l'ellipse C et semblablement placée, elle coupera l'ellipse C en deux points *b* et *c*, qui seront les points de contact des tangentes *ab* et *ac*, et si l'on mène une sécante quelconque la partie *df* comprise dans l'ellipse C est coupée en deux parties égales en *e* par l'ellipse C'.

319. Ce qui a été dit (n° 281), conduit à la méthode suivante pour mener la tangente en un point *m* d'une ellipse E. On construira le petit axe de l'ellipse E et sur ce petit axe comme diamètre on décrira un cercle C. Du point *m* on abaissera sur ce petit axe une perpendiculaire qui coupera le cercle C en *n*, on mènera la tangente en *n* au cercle C, elle coupera le petit axe prolongé en *s*, joignant les points *s* et *m*, on aura la tangente demandée.

On peut décrire le cercle sur le grand axe et opérer de la même manière; mais auparavant il faut démontrer qu'un cylindre oblique est coupé par un plan suivant une ellipse, et que par suite un cercle se projette suivant une ellipse, c'est ce que nous verrons plus loin.

320. Si dans un cercle C (*fig.* 200) on inscrit un hexagone dont les côtés *de, ef* soient respectivement parallèles aux côtés opposés *ab, bc*, je dis que les autres côtés *cd* et *af* sont parallèles ; en effet, les angles $\widehat{abc}$ et $\widehat{def}$ sont égaux comme ayant les côtés parallèles et dirigés en sens contraires ; donc les arcs *afedc* et *fabcd* qu'ils sous-tendent sont égaux ; donc leurs suppléments à la circonférence entière *fed* et *abc* sont égaux ; si l'on prend les milieux *g* et *h* des arcs restants *af* et *cd*, on aura aussi *gabh = gfdh*, donc *gh* est un diamètre perpendiculaire aux deux cordes *af* et *cd*, donc *af* et *cd* sont parallèles. Il en résulte que si *dans l'ellipse*, dont le cercle C serait la projection, *on inscrit un hexagone dont deux côtés soient parallèles à leurs opposées, les deux autres côtés seront parallèles entre eux.*

321. PROBLÈME 4. *Par un point extérieur mener une tangente à une ellipse donnée par ses axes.* Soient *ab* et *cd* (*fig.* 201) les axes d'une ellipse E et un point *m* par lequel il faut lui mener une tangente. Prenons le plan de l'ellipse pour plan horizontal et l'axe *ab* pour ligne de terre, sur *cd* décrivons un cercle C que nous considérerons comme la base d'un cylindre Δ vertical et de révolution ; le plan du cercle restant fixe, supposons que le plan de l'ellipse tourne autour de *cd* jusqu'à ce que l'ellipse soit placée sur le cylindre Δ (n° 287) en E', le point *m* entraîné dans ce mouvement viendra en *m'*, puisqu'il est sur le plan P' ; menant de *m'h* une tangente à E'*h*, puis ramenant le point *x'* en *x* par un mouvement en sens contraire, et joignant *xm*, nous aurons la tangente demandée. On construirait de même la tangente parallèle à une droite donnée, etc..... en ramenant toujours les constructions à s'effectuer par rapport au cercle C décrit sur le petit axe (cercle qui est la projection de l'ellipse E'), puis ensuite en rapportant les points sur le plan de cette courbe E'.

La même opération graphique fera connaître les points d'intersection d'une droite et d'une ellipse donnée par ses axes ; car, ayant amené l'ellipse donnée dans la position E' et la droite D en D', D'*h* coupera E'*h* en deux points que l'on ramènera sur le plan horizontal par un mouvement contraire ; ils appartiendront à D et seront les points demandés.

Diverses propriétés de la parabole.

322. Les propriétés de l'ellipse qui ne sont pas une conséquence de ce que la courbe est fermée s'appliquent également à la parabole, on peut les faire passer de l'une de ces courbes sur l'autre par la construction suivante : soient un cône de révolution (*s*, B) (*fig.* 202), et P une parabole donnée par un plan sécant parallèle à la génératrice *sn'*. En un point quelconque *m* menons la tangente Θ et le plan tangent T le long de la génératrice *sm* ; par le point *s* menons une parallèle D

à Θ, elle sera située dans le plan T et par conséquent tout entière hors de la surface conique, et un plan perpendiculaire au plan tangent T conduit par D n'aura que le sommet s de commun avec le cône; si donc par Θ on lui mène un plan parallèle, il coupera le cône suivant une ellipse E, qui aura aussi pour tangente Θ. Cela posé, il est évident que si l'on fait passer des plans par le sommet s et par une série de cordes de l'ellipse parallèle à Θ, ces plans couperont le plan de la parabole P suivant une série de cordes de cette courbe et toutes parallèles à Θ et le plan passant par le sommet s et par le milieu des cordes de l'ellipse passera aussi par les milieux des cordes de la parabole. Donc les diamètres de la parabole sont des droites.

Si par la droite D on construit un second plan tangent à la surface conique, il sera parallèle au plan de la parabole, car le plan T′ tangent le long de sn′ et le plan de la parabole P étant parallèles entre eux sont coupés par le plan T suivant deux droites parallèles, mais l'une des intersections est Θ, donc l'autre est parallèle à Θ, et comme elle passe par le sommet s, elle n'est autre que D; la génératrice sn′ coupe l'ellipse en m′ et le plan T′ coupe le plan de l'ellipse E suivant une tangente Θ′ parallèle à D et par conséquent parallèle à Θ; donc mm′ est le diamètre de l'ellipse conjugué de la tangente Θ; la génératrice sn′ étant parallèle à pq, le plan snn′ coupe le plan de la parabole P suivant une parallèle à sn′ ou pq, donc le diamètre de la parabole passant par m est parallèle à l'axe pq. En menant la tangente Θ par un autre point de la parabole, on arrivera à des conséquences semblables; donc tous les diamètres de la parabole sont parallèles à l'axe infini de cette courbe. Donc la parabole n'a pas de centre, ou, ce qui exprime la même idée, le centre de la parabole est situé à une distance infinie.

Par ce qui précède, on voit de suite que la tangente à l'extrémité d'un diamètre est parallèle aux cordes divisées par ce diamètre en deux parties égales.

Si on mène la tangente Θ au point p, elle sera horizontale, car les plans tangents au cône suivant les génératrices sp et sn′ ont leurs traces horizontales parallèles et se coupent par conséquent suivant une horizontale, cette tangente Θ serait donc perpendiculaire à l'axe pq; dans tout autre cas la tangente fait avec le diamètre conjugué un angle différent d'un droit; donc l'axe de la parabole est le seul diamètre perpendiculaire aux cordes qu'il divise en deux parties égales.

On voit de suite : 1° que puisque les diamètres sont infinis, de deux cordes supplémentaires l'une est toujours parallèle à l'axe, et 2° que les tangentes aux extrémités d'une corde se croisent sur le diamètre conjugué de cette corde.

323. De là on conclut que pour trouver l'axe d'une parabole il suffit de mener deux cordes parallèles, d'unir leurs milieux par une droite qui sera un diamètre de la parabole, de mener une corde perpendiculaire à ce diamètre et par le milieu de cette corde une parallèle au premier diamètre, et cette parallèle sera l'axe.

Pour mener la tangente à la parabole en un point m, on peut construire le diamètre D qui passe au point m, ensuite deux autres diamètres D' et D'' également distants de D, puis unissant les sommets m' et m'' de ces diamètres par une corde, elle sera divisée par D en deux parties égales et par conséquent cette corde sera parallèle à la tangente cherchée ; la tangente demandée s'obtiendra donc en menant par le point m une parallèle à cette corde.

324. *Dans la parabole la sous-tangente est double de l'abscisse.* En effet, ayant construit (*fig.* 194) la focale P' de la parabole P et la tangente T au point m, si l'on abaisse l'ordonnée mn, que l'on décrive de a comme centre et du rayon an un cercle qui coupe la focale en s, ce point s sera le sommet d'un cône dont sn est l'axe; élevant la verticale fq, qui coupe sn en r, puis décrivant le cercle C du centre r et du rayon rf, il sera tangent en même temps à l'axe an, à la droite as et à la génératrice sl parallèle à l'axe. Le plan tangent au cône suivant la génératrice sm a pour trace horizontale T et pour trace verticale se'', et comme il est aussi tangent à la sphère engendrée par le cercle C tournant autour de sn et qu'il est par conséquent perpendiculaire au rayon qui passe par le point de contact (lequel point de contact se projette verticalement sur rs), la droite se'' est perpendiculaire sur la droite sr ou parallèle à qpe, donc les triangles ape et ase'' sont semblables et comme $ae = ap$, on a

$$ae'' = as = an, \quad \text{d'où} \quad ne'' = 2an$$

Mais les triangles égaux nrf et rqs donnent $sq = fn$, donc ns est tangente à la courbe P' (n° 302), donc la tangente à la parabole divise en deux parties égales le supplément de l'angle du rayon vecteur et du diamètre, et par conséquent la normale divise en deux parties égales l'angle du rayon vecteur et du diamètre.

Il résulte de là un moyen de construire une parabole dont on connaît l'axe A (*fig.* 203), le sommet a et un point m, car abaissant l'ordonnée mp, prenant $aq = ap$, mq sera tangente à la parabole; donc le diamètre A' et le rayon vecteur R doivent faire avec mq, ou avec la normale N, des angles égaux ; R vient couper A au foyer f, prenant $as = af$, et menant D perpendiculaire à A, ce sera la directrice; connaissant alors le foyer f et la directrice D, on peut facilement construire la courbe par points, ou par un mouvement continu.

Diverses propriétés de l'hyperbole.

325. Parmi les surfaces coniques en nombre infini sur lesquelles on peut placer une hyperbole donnée, il y en a une dont l'axe est parallèle au plan de la courbe, c'est celle dont le sommet est placé à l'extrémité de l'axe vertical de la focale (n° 306).

Nous considérerons donc une hyperbole sur cette surface conique particulière et nous déduirons les diverses propriétés qui appartiennent à l'hyperbole de celles que nous avons précédemment reconnues appartenir à l'ellipse, en d'autres termes nous ferons passer les propriétés de l'ellipse sur l'hyperbole et de la manière suivante :

1° Soient (*fig.* 204) s le sommet et B la base d'un cône de révolution coupé par un plan P mené parallèlement au plan vertical de projection, la section sera une hyperbole K, rencontrant le plan horizontal en a et b et dont le sommet se projette horizontalement en p^h, pour avoir p^v; nous ramènerons la génératrice G_1 qui contient ce sommet en G_1' dans le plan méridien M (parallèle au plan vertical de projection), p^h viendra en p'^h, on en conclura p'^v, puis on reviendra de là à p^v.

2° Le plan P étant parallèle aux génératrices G_1' et G_3, les asymptotes de l'hyperbole K seront les intersections du plan P et des plans tangents T et T, menés suivant ces génératrices; or, ces plans sont perpendiculaires au plan vertical, et leurs traces verticales passent par s^v centre de l'hyperbole K^v, donc les asymptotes de l'hyperbole passent par le centre de cette courbe. (L'hyperbole K^v étant identique avec l'hyperbole K, les propriétés de l'une appartiendront à l'autre.)

3° En un point m menons une tangente Θ à l'hyperbole, puis par cette droite faisons passer un plan Q perpendiculaire au plan vertical de projection, il coupera la surface conique suivant une ellipse E passant par m et qui aura la même droite Θ pour tangente en ce point, mais le grand axe de E^h est sur H^x et parallèle à Θ^h, donc m^h est l'extrémité du petit axe et o^h le centre de la courbe E^h; donc o^h est le milieu de la droite $c^h d^h$ et par suite o^v ou m^v est le milieu de $c^v d^v$, donc le point de contact divise en deux parties égales la portion de chaque tangente à l'hyperbole comprise entre les asymptotes.

4° Soit une corde C de l'ellipse et parallèle à Θ, elle rencontre cette courbe aux points e et g, et l'on sait que $e^v m^v = m^v g^v$; si par les génératrices G_3 et G_4 qui passent en ces points on conduit un plan, il coupera le plan P suivant une droite A parallèle à Θ et à C, et passant par les points k et l de l'hyperbole où elle est coupée par G_3 et G_4. Cela posé, menant la droite G^v par s^v et m^v elle coupe A^v en r^v, et puisque $e^v m^v = m^v g^v$, on a aussi $k^v r^v = r^v l^v$, donc G^v passe par les milieux de toutes les cordes parallèles à Θ^v; c'est donc un diamètre de la courbe. Donc les diamètres de l'hyperbole sont des droites qui passent par son centre.

5° Les tangentes aux extrémités d'un diamètre sont parallèles aux cordes qu'il divise en deux parties égales.

6° L'axe transverse est le seul diamètre perpendiculaire à ses cordes conjuguées (les cordes coupant une seule branche de l'hyperbole). Si l'on mène des cordes coupant les deux branches de l'hyperbole, leurs milieux sont encore en ligne droite et l'on obtient ainsi d'autres diamètres, parmi lesquels un seul est perpendiculaire à ses cordes conjuguées, c'est celui qui fait un angle droit avec l'axe transverse.

7° Des diamètres conjugués de l'hyperbole un seul coupe la courbe, l'autre ne la rencontre jamais.

8° Chaque asymptote forme à elle seule un système de deux diamètres conjugués, car l'angle de deux diamètres conjugués diminue indéfiniment à mesure que le point m s'éloigne, et cet angle finit par devenir nul quand ce point est transporté à l'infini sur l'une des branches de l'hyperbole.

9° Les cordes supplémentaires de l'hyperbole sont parallèles à deux diamètres conjugués.

10° Les tangentes aux extrémités d'une corde concourent en un point de son diamètre conjugué.

11° Revenons aux cordes C et A, nous avons $c^v m^v = m^v d^v$, donc $n^v r^v = r^v q^v$, mais $k'' r^v = r^v l^v$, donc $n^v k^v = l^v q^v$. Donc les parties d'une corde interceptées entre l'hyperbole et ses asymptotes sont égales.

326. D'après ce qui précède, lorsqu'une hyperbole est donnée par son *tracé* :

1° Pour avoir le centre, il suffit de mener deux cordes parallèles et d'unir leurs milieux, puis de mener deux autres cordes parallèles et d'unir leurs milieux, on a ainsi deux diamètres qui se coupent au centre de l'hyperbole.

2° Pour avoir les axes, on construit un diamètre transverse quelconque D, sur lequel on décrit comme diamètre une circonférence, laquelle coupe l'hyperbole en un second point que l'on unit à chacune des extrémités du diamètre D, et l'on a un système de cordes supplémentaires rectangulaires entre elles et auxquelles les axes sont parallèles.

3° Pour construire la tangente en un point m de l'hyperbole, on mène le diamètre D qui passe au point m, ensuite une corde C parallèle à ce diamètre, on unit les milieux de ces droites et l'on a un second diamètre auquel la tangente est parallèle. Lorsque les asymptotes sont construites, désignant par o le point en lequel elles se coupent (et ce point o est le centre de la courbe), on peut par le point m, situé sur l'hyperbole, mener une parallèle à l'une des asymptotes, elle rencontre la seconde asymptote en un point n, qui doit être un point milieu entre le point o et le point p en lequel cette seconde asymptote est coupée par la tangente. Il est donc facile de construire le point p et par suite la tangente au point m.

On peut aussi employer les cordes supplémentaires.

Les mêmes constructions servent à mener une tangente parallèle à une droite donnée, car menant une corde parallèle à la droite donnée et construisant le diamètre conjugué de cette corde, ce diamètre coupe l'hyperbole au point de contact. On voit de suite que ce problème a deux solutions quand la corde ne rencontre qu'une branche de l'hyperbole et qu'il n'a pas de solution quand la corde rencontre les deux branches de l'hyperbole.

4° Lorsqu'on connaît les asymptotes d'une hyperbole et un point m de la courbe, on trouve tant d'autres points de la courbe que l'on veut en menant par ce point m des droites B, B′, B″, ... coupant les asymptotes et prenant sur chacune de ces droites B un second point n dont la distance à une asymptote et comptée sur cette droite B, soit égale à la distance du point m à l'autre asymptote.

5° L'hyperbole étant tracée, et connaissant son axe transverse et ses foyers, pour avoir ses asymptotes il faut sur la distance des foyers, comme diamètre, décrire une circonférence de cercle C′, élever aux sommets de l'hyperbole des perpendiculaires à l'axe transverse, ces perpendiculaires vont couper la circonférence C′ en des points appartenant aux asymptotes. En effet, choisissant toujours pour le cône de révolution passant par l'hyperbole donnée, celui dont l'axe est parallèle au plan de l'hyperbole, soit s (fig. 205) le sommet de ce cône ; prenons pour plan vertical de projection le plan méridien M perpendiculaire au plan sécant P, de sorte que V′ soit parallèle à l'axe du cône, l'asymptote A sera parallèle à la génératrice droite G suivant laquelle le cône est coupé par le plan méridien M ; soit C le cercle qui donne le foyer f, et concevons au sommet a une perpendiculaire à l'axe ab de l'hyperbole. Cela posé, si l'on rabat les plans M et P sur le plan vertical en les faisant tourner autour de leurs traces verticales respectives, les droites parallèles G et A se rabattront suivant des droites parallèles entre elles G′ et A′ dont la première est tangente au cercle C ; cela posé, les triangles ops et acs sont égaux comme rectangles en p et c et ayant un côté égal chacun à chacun, savoir : $op = sc$ et l'angle $\widehat{osp} = \widehat{sac}$, donc $sa = os = cf$, mais $cm' = sa$, donc $cm' = cf$. Donc le point m' est l'intersection de l'asymptote, du cercle décrit du centre c avec le rayon ef, et de la perpendiculaire menée par le point a sur l'axe de l'hyperbole.

327. *Si de divers points de l'hyperbole on mène des parallèles à ses asymptotes, on forme des parallélogrammes qui ont tous même aire, propriété qui est exprimée par l'équation $xy = $ constante*. En effet, soit le cône (s, B) (fig. 206), dont l'axe est parallèle au plan de l'hyperbole K (n° 324), prenons pour plan vertical de projection le plan méridien sab parallèle au plan de l'hyperbole, cette courbe se projettera suivant une hyperbole identique K′ (n° 56, 1°) ayant pour asymptotes les génératrices sa, sb ; si l'on coupe le cône par deux plans perpendiculaires à l'axe, on obtiendra deux cercles C et C′ rencontrant l'hyperbole K en des points m, n et m', n', dont les projections sont les intersections de K′ par C′ et C″. Cela posé, on a dans le cercle C, $(mn^v)^2 = cn^v \times dn^v$, et dans le cercle C′, $(n'n^{iv})^2 = c'n^{iv} \times d'n^{iv}$, mais $nn^•$

$= n'n'^v$, donc $cn^v \times dn^v = c'n'^v \times d'n'^v$, ou $cn^v : c'n'^v :: a'n'^v : dn^v$, mais si l'on mène $n^v e$ et $n'^v e'$ parallèles à sa, on aura les quatre triangles csd, $c's'd'$, $dn^v c$, $d'n'^v e'$ qui seront semblables, et l'on en conclura les proportions :

donc
$$cn^v : se :: n^v d : dc :: n'^v d' : d'e' :: c'n'^v : se'$$

ou
$$cn^v : c'n'^v :: se : se' :: d'n'^v : dn^v :: c'n'^v : en^v$$

$$se : se' :: c'n'^v : en^v \qquad \text{d'où} \qquad se \times en^v = se' \times c'n'^v$$

ce qui conduit à l'équation $xy = $ constante.

328. On conclut de ce qui précède que si l'on a plusieurs paraboles P, P', P",..... etc. (*fig.* 207), les abscisses des points ayant même ordonnée sont dans un rapport constant. C'est-à-dire que si, après avoir placé toutes les paraboles de manière à ce qu'elles aient même axe A et même sommet a (ce qui est évidemment toujours possible), l'on mène des droites B, C, etc..... parallèles à l'axe A, lesquelles couperont les paraboles en les points m, m', m'',..... et n, n', n'',.....etc., et que l'on abaisse les ordonnées de ces points, on aura

$$ap : ap' : ap'' : ..... :: aq : aq' : aq'' : .....$$

En effet, toute parabole pouvant être placée sur un cône quelconque de révolution (n° 307, 2°) on peut concevoir les paraboles P, P', P"..... comme obtenues par des sections parallèles faites dans un même cône de révolution (*fig.* 208); si l'on coupe ensuite le cône par des plans parallèles au plan méridien scb, ils détermineront les hyperboles B, C,..... qui rencontrent les paraboles en des points m, m', ... n, n', ... en abaissant de ces points des perpendiculaires sur les axes A, A', ... elles seront en même temps perpendiculaires au plan méridien csb, par conséquent les pieds p, q, ... p', q' ..... etc. ..... seront sur les projections des hyperboles B, C, ... dont sc et sb sont les asymptotes, on aura donc (n° 327),

$$sa \times ap = sa' \times a'p' = \text{etc.}..... \qquad \text{et} \qquad sa \times aq = sa' \times a'q' = \text{etc.}$$

Si l'on divise membre à membre ces deux séries d'égalités, on aura

$$\frac{ap}{aq} = \frac{a'p'}{a'q'} = \text{etc} .... \qquad \text{ou} \qquad ap : aq :: a'p' : a'q' :: \text{etc.}.....$$

D'autres hyperboles donneraient des suites semblables liées entre elles par des antécédents communs, on aurait donc enfin

$$ap : a'p' : a''p'' : ..... :: aq : a'q' : a''q'' : .....$$

Il est facile de reconnaître que la figure 207 nous offre la projection de la figure 208 sur un plan perpendiculaire à la génératrice *sb*, et par conséquent au plan méridien *csb* et aux plans des hyperboles, de sorte que ces courbes se projettent suivant des droites.

Les asymptotes de l'hyperbole se croisent en son centre.

328 *bis*. Nous avons précédemment démontré que les asymptotes de l'hyperbole passaient par le centre de cette courbe, et cela en plaçant cette courbe sur le cône de révolution qui avait son axe de rotation parallèle au plan de l'hyperbole; démontrons maintenant que, quel que soit le cône de révolution sur lequel l'hyperbole se trouve placée, les asymptotes se croisent toujours au centre de la courbe.

Mais au préalable, démontrons que 1° l'on peut toujours mener à l'ellipse deux tangentes parallèles à une droite donnée, quelle que soit la direction de cette droite dans le plan de la courbe;

2° L'on ne peut mener à la parabole qu'une tangente parallèle à une droite donnée, quelle que soit la direction de cette droite dans le plan de la courbe;

3° Que l'on peut mener à l'hyperbole deux tangentes parallèles à une droite donnée, mais que le problème n'est possible qu'autant que la droite affecte certaines directions dans le plan de la courbe.

1° *Solution du problème pour l'ellipse.*

Soit donné un cône de révolution Δ dont l'axe A est vertical, ayant le point *s* pour sommet et le cercle B pour base ou trace horizontale; coupons ce cône par un plan P perpendiculaire au plan vertical de projection et de manière à avoir pour section une ellipse E, plaçons dans le plan P une droite D quelconque, D^v ne sera autre que V^v et D^h sera quelconque.

Cela posé (*fig.* 208 *bis*) :

Pour construire à la section E une tangente T parallèle à la droite D, il faudra mener par le sommet *s* du cône Δ une droite K parallèle à D, et dès lors K sera parallèle au plan P; on aura donc K^v parallèle à D^v ou V^v et passant par le point s^v et K^h parallèle à D^h et passant par le point s^h. Comme le plan P coupe toutes les génératrices du cône Δ (puisque la section E est une ellipse), la droite K sera extérieure au cône et telle que l'on pourra mener par elle deux plans tangents Θ et Θ' au cône Δ.

Le problème a donc deux solutions, puisque, quelle que soit la direction de la droite D et par suite celle de la droite K, cette droite K étant toujours extérieure au cône Δ, les deux plans tangents existeront toujours.

Et les tangentes demandées T et T′ seront données par l'intersection du plan P avec les deux plans tangents Θ et Θ′.

2° *Solution du problème pour la parabole.*

Soit donné un cône de révolution Δ ayant son axe A perpendiculaire au plan horizontal de projection, ayant un point *s* pour sommet et pour base ou trace horizontale un cercle B.

Coupons ce cône par un plan P perpendiculaire au plan vertical de projection et de manière à avoir pour section une parabole E. Le plan méridien M parallèle au plan vertical de projection coupera le cône Δ suivant deux génératrices droites G et G, dont l'une G sera parallèle au plan P. Ainsi V^p sera parallèle à G^v et H^p sera perpendiculaire à G^h.

Cela posé (*fig.* 208 *ter*) :

Si l'on place sur le plan P une droite D quelconque, on aura D^h quelconque et D^v qui ne sera autre que V^p, et si l'on mène par le sommet *s* une droite K parallèle à la droite D on aura K^v qui ne sera autre que G^v et K^h qui, passant par le point *s*^{h}, sera parallèle à G^h.

Or, par la droite K on pourra mener deux plans tangents au cône Δ, savoir : Θ et Θ′, mais l'un d'eux Θ, par exemple, sera tangent au cône Δ suivant la droite G′ et sera dès lors parallèle au plan P et cela aura lieu quelle que soit la direction de la droite D dans le plan P, le plan Θ sera toujours le même; il n'y aura que le plan Θ′ qui variera de position dans l'espace avec les changements de position de la droite D sur le plan P.

Par conséquent, des deux tangentes à la parabole E parallèles à la droite D, l'une existe toujours, c'est celle qui est l'intersection du plan P et du plan tangent Θ′, l'autre est tout entière située à l'infini, puisqu'elle est l'intersection des deux plans parallèles P et Θ.

3° *Solution du problème pour l'hyperbole.*

Soit donné un cône de révolution Δ ayant son axe A perpendiculaire au plan horizontal de projection et ayant le point *s* pour sommet et le cercle B pour base sur le plan horizontal.

Coupons les deux nappes de ce cône par un plan P, nous aurons pour section une hyperbole E; si nous prenons le plan P perpendiculaire au plan vertical de projection, une droite D située dans ce plan P et y ayant une direction arbitraire, aura sa projection D^h quelconque, et sa projection D^v ne sera autre que V^p; si par le sommet *s* on mène une droite K parallèle à D, la droite K sera dans un plan Q parallèle au plan P; or, le plan Q coupera le cône Δ suivant deux génératrices droites G et G' parallèles au plan P et les plans R et R', tangents au cône Δ, l'un suivant G et l'autre suivant G', couperont le plan P suivant deux droites X et X' qui seront les asymptotes de l'hyperbole E.

Cela posé (*fig.* 208 *quater*) :

Il pourra arriver trois cas, ou que 1° la droite K soit située dans l'intérieur du cône Δ, et alors les plans Θ et Θ' menés par la droite K tangentiellement au cône Δ ne pourront exister, et le problème sera impossible ; ou que 2° la droite K soit située hors du cône Δ, et alors les deux plans tangents Θ et Θ' existeront, et le problème aura deux solutions ; ou que 3° la droite K soit située sur le cône Δ, auquel cas cette droite K ne sera autre que la génératrice G ou autre que la génératrice G', et dès lors il n'y aura qu'une seule solution.

On voit de suite que si par le point *x* en lequel se coupent les asymptotes X et X' on mène une droite D' parallèle à la droite D, il pourra arriver trois cas : ou 1° la droite D' coupera l'hyperbole E, et alors le problème sera impossible ; ou 2° la droite D' se confondra avec X ou X', et alors le problème n'aura qu'une solution ; ou 3° la droite D' ne coupera pas l'hyperbole E, et alors le problème aura deux solutions.

328 *ter*. Démontrons maintenant que quel que soit le cône de révolution sur lequel se trouve placée une hyperbole E (et par conséquent quelle que soit la direction du plan de la courbe par rapport à l'axe du cône), les deux asymptotes se croisent toujours au centre de la courbe E.

Soit donné un cône de révolution Δ, dont l'axe A se trouve dans le plan vertical de projection et perpendiculaire à la ligne de terre, coupons les deux nappes de ce cône (*fig.* 208, *a*) par un plan P perpendiculaire au plan vertical de projection.

L'axe transverse de l'hyperbole sera en *ad* sur le plan vertical, et le centre de l'hyperbole sera en *r* milieu de *ad* ; unissons le point *r* et le sommet *s* par une droite K, puis menons par le point *a* un plan Q perpendiculaire au plan vertical de projection et parallèlement à la droite K, on aura dès lors Vᵉ parallèle à K et Hᵉ perpendiculaire à LT.

Le plan Q coupera le cône Δ suivant une ellipse ε, et si nous construisons à cette ellipse ε deux tangentes T et T' parallèles à K, la droite qui unira les points *m* et *m'* contact de ε avec T et T' sera un diamètre qui passera par le centre *o* de la courbe ε.

Or, il est évident que les droites T et T' seront parallèles au plan vertical de projection, puisque K est parallèle à ce plan, par conséquent les points *m* et *m'* se projetteront sur le plan vertical au point *o* milieu de *ab*, car *ab* est le grand axe de la courbe ε.

Les plans Θ et Θ′ tangents au cône Δ et menés par la droite K et qui, par leur intersection avec le plan Q, déterminent les tangentes T et T′, auront pour génératrices de contact avec le cône Δ, les droites G et G′ qui se projetteront verticalement suivant la droite $\overline{so}$.

Démontrons maintenant, qu'en vertu des constructions précédentes, la droite $\overline{so}$ est parallèle à V″.

En effet :

La droite ab a été menée parallèle à K et la droite K passe par le milieu r de ad, donc l'on a : $\overline{ds} = \overline{sb}$.

Le point o est le milieu de ab, donc l'on a $\overline{oa} = \overline{ob}$; donc $\overline{so}$ est parallèle à $\overline{ad}$, donc le quadrilatère $rsoa$ est un parallélogramme.

De ce qui précède on doit conclue que le plan des deux droites G et G′ est parallèle au plan P; les plans tangents Θ et Θ′ coupent donc le plan P suivant les asymptotes X et X′ de l'hyperbole E; mais les plans Θ et Θ′ passent tous deux par la droite K, donc X et X′ se croisent au point r centre de l'hyperbole E.

Dans les sections coniques la tangente fait des angles égaux avec les rayons vecteurs.

328 *quater.* On démontre facilement, ainsi qu'on l'a vu précédemment (n° 324), que la normale en un point d'une parabole divise en deux parties égales l'angle des rayons vecteurs en ce point; et nous avons démontré l'existence de cette propriété dont jouit la parabole, en nous servant de sa *focale.* Plus loin, nous démontrerons la même propriété sans recourir à sa *focale.* Toutefois, voyons si la même propriété subsiste pour l'ellipse et l'hyperbole, s'il ne nous est pas possible de faire passer la propriété de la parabole et sur l'ellipse et sur l'hyperbole.

Concevons un cône de révolution Δ ayant son sommet en un point s, et pour axe une droite A et pour base un cercle C (*fig.* 208 *b*).

Coupons ce cône Δ par un plan P donnant pour section une ellipse E.

Désignons par f et f' les foyers de cette courbe E.

Prenons un point m sur la courbe E; faisons passer par ce point m une génératrice G du cône Δ, laquelle percera le cercle C en un point p.

Désignons par Θ le plan tangent au cône Δ le long de la génératrice G.

Désignons par X le plan méridien passant par la génératrice G et l'axe A du cône Δ.

Si du foyer f de l'ellipse E, on mène une perpendiculaire N au plan P de cette courbe, cette normale coupera l'axe A en un point q qui sera le centre de la sphère Σ tangente au plan P en le point f et au cône Δ suivant un *parallèle δ* qui passera par le point n de la génératrice G, point que l'on obtiendra en abaissant du centre q une perpendiculaire R sur cette droite G.

Ainsi, on a $\overline{fq}=\overline{qn}$, et la droite $\overline{qn}$ ou R est perpendiculaire au plan tangent Θ.

Si par le point m de l'ellipse E et par la normale $\overline{fq}$ ou N, on fait passer un plan Y, ce plan coupera le plan X suivant une droite L, passant par les points m et q, et cette droite L jouira de la propriété suivante, savoir : si d'un point quelconque de la droite L, on abaisse deux perpendiculaires sur les plans P et Θ, ces perpendiculaires seront égales entre elles, et de plus leurs pieds sur les plans P et Θ seront situés, pour le plan Θ sur la droite G, et sur le plan P sur la droite $\overline{fm}$.

Cela posé:

On pourra toujours construire une infinité de cônes de révolution tangents au cône Δ suivant la génératrice G, et dont les axes seront situés dans le plan X.

Les plans des cercles ou *parallèles* de ces divers cônes de révolution étant assujettis à passer par la tangente θ au point p du cercle C seront tous perpendiculaires au plan X, et leurs centres seront situés sur une demi-circonférence ϵ tracée dans le plan X et sur la partie $\overline{so}$ de l'axe A du cône Δ comprise entre le sommet s de ce cône Δ et le centre o de la base C.

Cela posé :

Si par le sommet s du cône Δ on mène une droite $F_{,}$ parallèle au rayon vecteur $\overline{fm}$ de l'ellipse E ; et si par cette droite $F_{,}$ on mène un plan $P_{,}$ parallèle au plan P de l'ellipse E ; et si par le point s on mène dans le plan X une droite $L_{,}$ parallèle à la droite L, cette droite $L_{,}$ jouira de la même propriété par rapport aux plans $P_{,}$ et Θ, dont jouissait la droite L par rapport aux plans P et Θ.

Cela posé :

Si du second foyer f' de l'ellipse E, on mène une droite N' perpendiculaire au plan P, elle coupera l'axe A du cône Δ en un point q', et si l'on abaisse de ce point q' une perpendiculaire R' sur le plan Θ, cette droite R' percera le plan Θ en un point n' situé sur la droite G, et l'on aura en q' le centre de la sphère Σ' tangente au plan P en le point f' et au cône Δ suivant un cercle ou *parallèle* δ' passant par le point n', et l'on aura : $\overline{q'f'}=\overline{q'n'}$.

Cela posé :

Si l'on unit les points m et q' par une droite D, elle coupera la droite $L_{,}$ en un point $q_{,}$; et si de ce point $q_{,}$ on mène deux perpendiculaires, l'une $N_{,}$ au plan $P_{,}$ et l'autre $R_{,}$ au plan Θ, les pieds de ces perpendiculaires seront sur le plan $P_{,}$ en un point $f_{,}$ et sur le plan Θ en un point $n_{,}$; et ces points $f_{,}$ et $n_{,}$ seront évidemment situés, savoir : le point $n_{,}$ sur la génératrice G et le point $f_{,}$ sur la droite mf' prolongée.

Cela posé :

La droite L, pourra être considérée comme l'axe d'un cône de révolution Δ, ayant le point s pour sommet et pour génératrices droites les droites F, et G, et pour plans tangents les plans P, suivant la droite F, et Θ suivant la droite G.

Or, comme la droite F, est parallèle au plan P, puisqu'elle est parallèle à la droite $\overline{mf}$ de ce plan, il s'ensuit que le plan P coupera le cône Δ, suivant une parabole γ passant par le point m et ayant même tangente en ce point m que l'ellipse E.

Et si l'on mène par l'axe L, du cône Δ, et par sa génératrice F, un plan Y, (lequel en vertu de ce qui précède sera parallèle au plan Y), ce plan Y, coupera le plan P suivant une droite D parallèle à la droite F, et à la droite $\overline{mf}$, et cette droite D sera l'axe infini de la parabole γ ; cette droite D passera donc par le foyer de cette parabole γ.

Cela posé :

On sait que pour déterminer le foyer de la parabole γ il faut chercher sur l'axe L, du cône Δ, un point tel que ses distances au plan P et à la droite G (génératrice de contact des deux cônes Δ et Δ,) soient égales entre elles.

Or, nous avons vu précédemment que le point q, était précisément ce point, et de plus il est facile de voir que le point f, est situé à l'intersection des deux droites D et mf' prolongée. Ce point f, sera donc le foyer de la parabole γ.

Cela posé :

La parabole γ ayant son foyer f, situé sur le rayon vecteur $\overline{mf'}$ de l'ellipse E, et ayant son axe infini D parallèle au second rayon vecteur $\overline{mf}$ de cette ellipse E et étant tangente au point m à cette ellipse E, il s'ensuit que les droites $\overline{mf}$ et $\overline{mf'}$ sont aussi les rayons vecteurs de cette parabole γ, et sa normale (qui sera en même temps celle de l'ellipse E), divisant en deux parties égales l'angle $\overline{mf}$, mf de ses rayons vecteurs il se trouve démontré, que : pour un point quelconque d'une *ellipse* sa normale divise aussi en deux parties égales l'angle de ses rayons vecteurs en ce point.

La même démonstration s'appliquerait mot pour mot à l'*hyperbole*.

328 *quint.* Nous avons vu ci-dessus que l'on pouvait toujours construire une parabole P tangente en un point m d'une ellipse E ou d'une hyperbole H, cette parabole étant telle que son axe infini serait parallèle à l'un des rayons vecteurs de la courbe E ou H et passant par le point m, et que son foyer serait situé sur l'autre rayon vecteur passant par le même point m.

Démontrons maintenant que pour l'ellipse E (*fig.* 208. *c*) toutes les paraboles tangentes en m et ayant chacune leur foyer f, sur le rayon vecteur $\overline{mf}$, ne pourront provenir de l'intersection d'un cône de révolution par le plan de l'ellipse E donnée, qu'autant que ce foyer f, sera au delà du foyer f de l'ellipse par rapport au point m.

En effet :

L'hyperbole (H, H') focale de l'ellipse donnée E se projette sur le plan de cette ellipse en les deux portions de droites indéfinies $\overline{fb}$ et $\overline{f'a}$ (marquées par un *trait fort* sur la figure).

Le cône de révolution qui sera coupé par le plan de l'ellipse E suivant une parabole P tangente en m à cette ellipse E devra donc avoir son sommet z situé sur la focale (H, H'), et par conséquent z^h sera sur la droite H^h.

Il est donc dès lors évident que le foyer f de l'ellipse E sera le dernier point qui, situé sur le rayon vecteur $\overline{mf}$, pourra être le foyer de la parabole tangente en m à l'ellipse E.

On aura deux séries de paraboles tangentes en m à l'ellipse E, la première série comprendra les paraboles P ayant leurs foyers situés sur le rayon vecteur mf, la seconde série comprendra les paraboles P, ayant leurs foyers situés sur le rayon vecteur mf', ainsi que l'indique la figure.

Démontrons maintenant que pour l'hyperbole les foyers des paraboles tangentes en un point m de cette courbe, seront situés entre le point m et le foyer f de l'hyperbole et sur le rayon vecteur $\overline{mf}$, ou entre le point m et le foyer f' de l'hyperbole et sur le rayon vecteur $\overline{mf'}$.

Et en effet (*fig.* 208 d) :

La focale de l'hyperbole H est une ellipse E qui se projette sur le plan de cette hyperbole suivant la droite $\overline{ff'}$, le sommet z du cône de révolution qui doit être coupé par le plan de l'hyperbole H suivant une parabole tangente en m à cette courbe H, devra donc être situé sur la focale E, et par suite z^h sera sur la droite $\overline{ff'}$.

La figure démontre que le foyer f, de la parabole P tangente en m doit être situé sur le rayon vecteur mf et entre les points m et f.

On aurait encore comme pour l'ellipse deux séries de paraboles tangentes au point m, les unes ayant leurs foyers situés sur le rayon vecteur mf et leurs axes infinis parallèles entre eux et au second rayon vecteur mf' ; les autres ayant leurs foyers situés sur le rayon vecteur mf' et leurs axes infinis parallèles entre eux et au premier rayon vecteur mf.

La tangente en un point d'une section conique fait des angles égaux avec les rayons vecteurs passant par ce point.

328 *sexto.* Dans ce qui précède, nous avons démontré la propriété dont jouit toute section conique, savoir *que sa tangente en un point* (et par suite que sa nor-

2ᵉ PARTIE.   12

male en ce point) *fait des angles égaux avec les deux rayons vecteurs passant par ce point*, et cela, en nous servant de la *focale* de la section conique (n° 328 *quater*), maintenant démontrons directement cette propriété remarquable ; et ainsi, sans avoir besoin de recourir à la *focale* ,

Soit donné un cône de révolution Σ (*fig.* 208 *x*) ayant le point *s* pour sommet, la droite A pour axe et coupée par un plan méridien M suivant les deux génératrices droites G et G′. Coupons ce cône Σ par un plan P suivant une ellipse E et soit *ab* son grand axe ; construisons deux sphères , l'une S tangente au plan P au point *f* et au cône Σ suivant le cercle ou *parallèle* ∂ et l'autre S′ tangente au plan P au point *f*′ et au cône Σ suivant le cercle ou *parallèle* ∂′.

Cela posé :

Nous savons que les points *f* et *f*′ situés sur le grand axe *ab* sont les foyers de l'ellipse de section E et que si nous considérons sur cette ellipse un point *m* (quelconque) la génératrice droite G, du cône Σ passant par ce point *m* touche la sphère S en un point *p* situé sur le *parallèle* ∂ et la sphère S′ en un point *p*′ situé sur le *parallèle* ∂′.

Nous savons encore que l'on a $\overline{mp} = \overline{mf}$ et $\overline{mp'} = \overline{mf'}$, car les droites *mp* et *mf*, *mp*′ et *mf*′, sont des tangentes issues d'un même point extérieur, les premières à la sphère S et les secondes à la sphère S′.

Cela posé :

Menons le plan Θ tangent au cône Σ suivant la génératrice G₁, ce plan Θ coupera le plan P suivant une droite θ tangente en *m* à l'ellipse E et cette droite θ coupera le grand axe *ab* (situé dans le plan M) en un point *q*.

Abaissons du point *f* une perpendiculaire sur θ et la coupant au point *d*, joignons les points *p* et *d* par une droite *pd*, cette droite *pd* sera perpendiculaire à θ. La droite *fd* sera dans le plan P et la droite *pd* sera dans le plan Θ.

Les deux triangles *pmd* et *fmd* seront égaux et rectangles en *d*.

Si du point *f*′ on abaisse une perpendiculaire sur θ et la coupant au point *d*′ et si l'on joint les points *p*′ et *d*′ par une droite *p*′*d*′, cette droite *p*′*d*′ sera perpendiculaire sur θ.

La droite *f*′*d*′ sera dans le plan P et la droite *p*′*d*′ sera dans le plan Θ.

Les deux triangles *p*′*md*′ et *f*′*md*′ seront égaux et rectangles en *d*′.

Cela posé :

Il est évident par la figure que les angles $\widehat{pmd}$ et $\widehat{p'md'}$ (opposés par le sommet et donnés par les droites G₁ et θ situées dans le plan tangent Θ,) sont égaux ; dès lors les angles, $\widehat{fmd}$ et $\widehat{f'md'}$ sont égaux. Donc etc.

Il est évident que l'on démontrerait de la même manière que la propriété subsiste pour l'hyperbole, puisque l'hyperbole a deux foyers et que l'on aurait encore à considérer deux sphères S et S' tangentes en même temps et au cône de révolution Σ et au plan sécant P.

Mais pour la parabole l'un des foyers est transporté à l'infini, et dès lors il n'existe réellement qu'un seul foyer et une seule sphère tangente à la fois et au cône de révolution Σ et au plan sécant P.

Soit donné un cône de révolution Σ, ayant le point s pour sommet et la droite A pour axe (*fig.* 208 *y*), et coupons ce cône d'abord par un plan méridien M suivant deux génératrices droites opposées G et G₁, et ensuite par un plan P perpendiculaire au plan M et parallèle à la droite G, la section sera une parabole E.

Imaginons la sphère S tangente au cône Σ suivant un cercle ou *parallèle ∂* et au plan P en un point *f* qui sera le *foyer* de la parabole de section E.

Cela posé :

Prenons un point *m* quelconque sur la courbe E, et traçons la génératrice droite G, (du cône Σ) passant par ce point *m*, elle coupera le *parallèle ∂* en un point *p*, et nous savons que l'on a :

$$\overline{mp} = \overline{mf}.$$

Menons le plan Θ tangent au cône Σ suivant la génératrice G₁, ce plan Θ coupera le plan P suivant une droite θ qui sera tangente en *m* à la parabole E, et cette tangente θ coupera l'axe infini *ab* de la parabole en un point *q*.

Joignons les points *p* et *q* par une droite *pq*.

Abaissons du point *f* une perpendiculaire sur la droite θ et la coupant au point *d*.

Joignons les points *p* et *d* par une droite *pd*.

La droite *fd* sera dans le plan P, et la droite *pd* sera dans le plan Θ.

Les deux triangles *pmd* et *fmd* tous deux rectangles en *d* seront égaux, puisque l'on a : $\overline{pm} = \overline{fm}$, les deux droites *pm* et *fm* étant égales comme tangentes à une même sphère et issues d'un même point extérieur.

Par suite les deux triangles *pmq* et *fmq* sont égaux.

Cela posé :

Menons par le point *m*, d'abord une droite *mr* qui, située dans le plan sécant P, soit parallèle à l'axe infini *ab* de la parabole E, ensuite une droite *mr'* qui, située dans le plan tangent Θ, soit parallèle à *pq*.

Si nous faisons tourner le plan Θ autour de la tangente θ comme charnière, pour le rabattre sur le plan P, le point *p* viendra se superposer sur le point *f*, et dès lors les droites *pq* et *fq*, *mr'* et *mr* se superposeront.

Or pour le point *m* les rayons vecteurs de la parabole E sont précisément *mf* et *mr*, puisque *f* est le foyer et que la droite *mr* est parallèle à l'axe infini *ab*, de la parabole E.

Si donc l'on démontre que les droites *pq* et *pm* sont égales entre elles, on aura démontré que le triangle *fmq* est isocèle, et l'on aura dès lors démontré que les angles $\widehat{fmq}$ et $\widehat{fqm}$ sont égaux et par suite que les angles $\widehat{fmq}$ et *qmr* sont égaux; ou *vice versâ*, si l'on démontre que les angles $\widehat{fqm}$ et $\widehat{fmq}$ sont égaux on aura démontré que le triangle *fmq* est isocèle. Or pour démontrer qu'en effet $\overline{pq} = \overline{pm}$, concevons un plan T tangent au cône Σ suivant la génératrice G. Ce plan T sera parallèle au plan sécant P, dès lors il coupera le plan Θ (tangent au cône Σ tout le long de la génératrice G,) suivant une droite $\overline{sx}$ parallèle à la tangente ϑ.

Les angles $\widehat{xsm}$ et $\widehat{smq}$ seront donc égaux et aussi les angles $\widehat{Gsx}$ et $\widehat{fqm}$.

Mais le plan Δ du *parallèle* ϑ coupe le plan T suivant une tangente ξ à ce cercle ϑ et au point *r* en lequel ce plan Δ coupe la génératrice droite G, et ce même plan Δ coupe la génératrice G, au point *p* et le plan Θ suivant une droite ξ' tangente en *p* au cercle ϑ; or il est évident que ces deux tangentes ξ et ξ' vont se couper en un point *k* situé sur la droite $\overline{sx}$; et que l'on aura : $\overline{kr} = \overline{kp}$.

Les deux triangles *srk* et *skp* seront égaux et dès lors les angles $\widehat{rsk}$ et $\widehat{ksp}$ sont égaux.

On a donc :

et

$$\widehat{rsk} = \widehat{ksp} = \widehat{smq} = \widehat{fmq}$$

donc

$$\widehat{rsk} = \widehat{fqm}$$

$$\widehat{fmq} = \widehat{fqm}$$

donc, le triangle *fmq* est isocèle, donc $\overline{fm} = \overline{fq}$.
Donc, etc.

Des sections coniques considérées comme le LIEU des points également distants d'un point fixe et d'un cercle.

328 *septi*. I. Étant donnés une ellipse E et ses foyers *f* et *f'* (*fig.* 208. *e*), si du foyer *f'* comme centre et avec un rayon égal à R on décrit un cercle C'; si d'un point *m* quelconque de l'ellipse on mène les deux rayons vecteurs *mf* et *mf'* et qu'on prolonge le rayon vecteur *mf'* jusqu'au cercle C', on aura les deux points *n'* et *q'*.

Cela posé, désignant par A le grand axe de l'ellipse E, on aura

$$mf + mf' = A$$

d'où

$$mf = A - mf'$$

et

$$mn' = R - mf'$$

et

$$mq' = R + mf'$$

d'où l'on déduit

1° $mn' - mf = R - A$

et

2° $mq' + mf = R + A$

Si R = A, on aura :

1° $mn' = mf$

et

2° $mq' + mf = 2A$

On peut donc énoncer les deux théorèmes suivants :

Théorème 1. Étant donnés un cercle C' ayant pour centre un point f' et un rayon égal à A, et un point f situé dans l'*intérieur* du cercle C', le *lieu* des points également distants du cercle C' et du point fixe f sera une ellipse E ayant les points f et f' pour foyers et son grand axe égal au rayon A du cercle C'.

Ce théorème est pour l'ellipse l'analogue de celui qui existe pour la parabole, savoir : que, un point de la parabole est également distant du foyer et de la directrice droite.

Théorème 2. Étant donnés un cercle C' ayant pour centre un point f' et un rayon égal à A, et un point f *intérieur* au cercle C', le *lieu* des points dont la *différence* des distances au cercle C' et au point fixe f sera constante et égale au diamètre 2A du cercle C', sera une ellipse E dont les points f et f' seront les foyers et dont le grand axe sera égal au rayon A du cercle C'.

II. Étant donné, une ellipse E et ses foyers f et f', si de chacun des foyers comme centre et avec des rayons R et R', on trace les cercles C et C' (*fig.* 208. *e*) et que par un point m quelconque on conçoive les rayons vecteurs mf et mf', lesquels prolongés seront tels que 1° le rayon mf coupera le cercle C en les points h et p et le cercle C' en les points h' et p'; et 2° le rayon mf' coupera le cercle C en les points n et q et le cercle C' en les points n' et q'.

On aura

$$mn' = R' - mf'$$
$$mq' = R' + mf'$$
$$mh = R - mf$$
$$mp = R + mf$$

d'où l'on tire :

1° $\quad mn' + mh = R + R' - (mf + mf') = R + R' - A = $ constante
2° $\quad mq' + mp = R + R' + (mf + mf') = R + R' + A = $ constante
3° $\quad mn' + mq' = 2R'$
4° $\quad mh + mp = 2R$

Si $R = R' = A$, on aura :

$$mn' + mh = A$$
$$mq' + mp = 3A$$
$$mn' + mq' = mh + mp = 2A$$

On peut donc énoncer le théorème suivant :

Si de chacun des foyers d'une ellipse, comme centre, et avec un rayon égal au grand axe de cette ellipse, on décrit un cercle, la somme des distances d'un point quelconque de l'ellipse aux deux cercles décrits sera constante.

Et cette somme sera encore constante lorsque les rayons des cercles seront inégaux entre eux et plus grands ou plus petits que le grand axe de l'ellipse.

Et lorsque ces rayons sont nuls, ou en d'autres termes lorsqu'ils ont une longueur égale à *zéro*, on retombe sur la propriété connue des foyers, savoir : *que la somme des rayons vecteurs est constante et égale au grand axe de l'ellipse.*

328 octavo. I. Étant donnés une hyperbole H (*fig.* 208. *h*) et ses deux foyers *f* et *f'*, si du foyer *f'* comme centre et avec un rayon égal à R on décrit un cercle C'; si d'un point *m* quelconque pris sur la branche qui a pour foyer le point *f'* on mène les deux rayons vecteurs *mf* et *mf'* et qu'on prolonge le rayon vecteur *mf'* jusqu'au cercle C', on aura les deux points *n'* et *q'*.

Cela posé, désignant l'axe transverse de l'hyperbole par A, on aura :

$$mf - mf' = A$$

d'où

$$mf = mf' + A$$

et

$$mn' = R - mf'$$

et

$$mq' = R + mf'$$

d'où l'on déduit :

1° $\quad mn' + mf = R + A$

et

2° $\quad mq' - mf = R - A$

Si $R = A$, on aura :

$$1° \quad mn' + mf = 2A$$

et

$$2° \quad mq' = mf$$

On peut donc énoncer les deux théorèmes suivants :

Théorème 1. Étant donné un cercle C′ ayant pour centre un point f' et un rayon égal à A, et un point f *extérieur* au cercle C′, le *lieu* des points dont la *somme* des distances au cercle C′ et au point fixe f sera constante et égale au diamètre 2A du cercle C′, sera une hyperbole H dont les points f et f' seront les foyers et dont l'axe transverse sera égal au rayon A du cercle C′.

Théorème 2. Étant donné un cercle C′ ayant pour centre un point f' et un rayon égal à A, et un point f situé en *dehors* du cercle C′, le *lieu* des points également distants du cercle C′ et du point fixe f, sera une hyperbole H ayant les points f et f' pour foyers et son axe transverse égal au rayon A du cercle C′.

Ce théorème est pour l'hyperbole l'analogue de celui qui existe pour la parabole, savoir : que tout point de la parabole est également distant du foyer et de la directrice droite. Pour la parabole, la directrice droite est un cercle de rayon infini, puisque son centre n'est autre que le second foyer qui est situé à l'infini.

II. Étant donné une hyperbole H et ses deux foyers f et f', si de chacun des foyers comme centre et avec des rayons R et R′ on trace les cercles C et C′ (*fig.* 208. *i*), et que pour un point m quelconque on conçoive les rayons vecteurs mf et mf', lesquels prolongés seront tels que le rayon mf coupera le cercle C aux points n et p et que le rayon mf' coupera le cercle C′ aux points n' et p', on aura :

$$mn' = R' - mf'$$
$$mp' = R' + mf'$$
$$mn = mf - R$$
$$mp = mf + R$$

d'où l'on tire :

$$1° \quad mn' + mp' = 2R'$$
$$2° \quad mn' + mn = R' - R + (mf - mf') = R' - R + A = \text{constante}$$
$$3° \quad mp - mn = 2R$$
$$4° \quad mp' - mn = R' + R - A = \text{constante}$$

Si $R = R' = A$, on aura :

$$mn' + mp' = mp - mn = 2A$$
$$mp' - mn = A$$
$$mn' + mn = A$$

On peut donc énoncer le théorème suivant :

Si de chacun des foyers d'une hyperbole comme centre, et avec un rayon égal à l'axe transverse de cette hyperbole, on décrit un cercle, la différence des distances d'un point quelconque de l'hyperbole aux deux cercles décrits sera constante et égale à l'axe transverse lorsque les foyers seront l'un et l'autre entre le point et les cercles, et l'on aura au contraire la somme des distances égale à l'axe transverse lorsque l'un des foyers seulement sera entre le point et le cercle correspondant, l'autre foyer étant au delà du point par rapport à son cercle.

Si l'on suppose que les rayons des cercles sont nuls, alors on retombe sur la propriété connue des foyers, savoir : que la différence des rayons vecteurs est égale à l'axe transverse de l'hyperbole (*).

De la courbe lieu des perpendiculaires abaissées d'un foyer sur les tangentes à une section conique.

328 nono. 1° *Si de chacun des foyers d'une ellipse on abaisse une perpendiculaire sur chacune des tangentes à cette courbe, le lieu des pieds de ces perpendiculaires sur les droites tangentes sera un cercle décrit sur le grand axe de l'ellipse comme diamètre.*

Soient donnés une ellipse E ayant son centre en o et pour grand axe $\overline{aa'}$ et pour

---

(*) On voit donc que si l'on a deux points f et o (*fig.* 208 A), et que du point o on décrive avec un rayon op un cercle C, le point m également distant du cercle C et du point f sera sur une ellipse E dont les points f et o seront les foyers et dont le grand axe sera égal au rayon op du cercle C, car l'on a : $cd = oa = op$.

Si l'on mène la droite pf, et que du point m on abaisse une droite mq perpendiculaire à pf, cette droite mq sera la tangente en m à l'ellipse E; et en effet, puisque l'on a $mp = mq$ et que les deux triangles pmq et fmq sont tous les deux rectangles, les angles $\widehat{pmq}$ et $\widehat{qmf}$ seront égaux. Or, les droites mf et mo sont les rayons vecteurs de l'ellipse E pour le point m, donc, etc.

On pourrait, d'après ce qui précède, construire un compas à *ellipse* qui jouirait d'une propriété fort utile et qui n'a point encore été réalisée.

Tous les compas à ellipse construits jusqu'à ce jour ne permettent pas de diriger le bec du tire-ligne dans le plan de la tangente à la courbe. Par le procédé suivant, on obtiendrait ce résultat.

Soient trois règles A, B, D, fendues dans leur longueur; A et B tourneront autour des points f et o (*fig.* 208 B) le point p placé sur la règle B à une distance fixe op du pivot-centre o, pourra glisser dans la rainure pratiquée dans la règle A.

La règle D portera un pivot q qui pourra glisser dans la rainure de la règle A, mais la règle D sera tellement ajustée sur la règle A, qu'elle lui sera toujours perpendiculaire.

Le tire-ligne m glissera carrément dans la rainure pratiquée sur la règle D et portera un pivot qui pourra glisser dans la rainure pratiquée sur la règle B.

Par ce moyen, en faisant tourner la droite B autour du pivot-centre o, le point p décrira un cercle C, la règle A tournera autour de son pivot-centre f et le tire-ligne m, dont le bec aura son plan toujours parallèle à la règle D, décrira l'ellipse E.

petit axe $\overline{bb'}$ (*fig.* 208 *k*), et ses foyers en *f* et *f'*. Prenons un point *m* sur la courbe E, et traçons la tangente *mp* en *m* à cette courbe E.

La normale *mq* divisant en deux parties l'angle $\widehat{fmf'}$ des rayons vecteurs menés au point *m* (n° 328 *quater*), il s'ensuit que si l'on prolonge le rayon vecteur *mf* d'une quantité *mg* = *mf'* en unissant les points *f* et *g* on aura une droite *fg* perpendiculaire à la tangente *mp*, et le point *n* en lequel les droites *fg* et *mp* se coupent sera le milieu de *fg*.

Or le point *o* est le milieu de *ff'*, donc la droite *on* sera parallèle à *f'g* et de plus on aura :

$$\overline{on} = \tfrac{1}{2}.\, f'g$$

Or

$$\overline{fg} = \overline{f'm} + \overline{fm} = \overline{aa'}$$

Donc $\overline{on}$ = le demi grand axe de l'ellipse E.

Quel que soit le point *m* que l'on considère sur l'ellipse E, on arrivera toujours au même résultat.

Ainsi le point *n* est sur un cercle C décrit sur le grand axe $\overline{aa'}$ de l'ellipse E comme diamètre.

2° *Si de chacun des foyers d'une hyperbole on abaisse une perpendiculaire sur chacune des tangentes à cette courbe, les pieds des diverses perpendiculaires abaissées sur ces tangentes, seront sur un cercle décrit sur l'axe transverse de l'hyperbole pris pour diamètre.*

Soit donnée une hyperbole E (*fig.*208 *l*) ayant le point *o* pour centre, les points *f* et *f'* pour foyers et dont *aa'* sera l'axe transverse.

Prenons un point *m* sur la courbe ; la droite *mp* étant la tangente en ce point *m*, cette droite *mp* divise en deux parties égales l'angle $\widehat{fmf'}$ des deux rayons vecteurs menés en ce point *m*.

Abaissons du foyer *f'* une perpendiculaire sur la tangente *mp* ; cette perpendiculaire coupera la tangente *mp* en *n'* et le rayon vecteur *mf* en *g*

Or, il est évident que *mg* = *mf'*.

Donc *fg* = *mf* — *mf'* = l'axe transverse $\overline{aa'}$ de l'hyperbole donnée.

Le point *n'* est le milieu de la droite *gf'*.

Le point *o* est le milieu de la droite *ff'*.

Donc la droite *on'* est parallèle à *fg* et égale à la moitié de *fg* et par conséquent égale à la moitié de l'axe transverse $\overline{aa'}$ de l'hyperbole donnée. Or quel que soit le point *m*, le résultat obtenu sera le même ; donc les points *n'* seront sur un cercle C décrit du point *o* comme centre et sur l'axe transverse $\overline{aa'}$ comme diamètre.

3° *Si du foyer d'une parabole on abaisse une perpendiculaire sur chacune des tangentes à cette courbe, les pieds des diverses perpendiculaires abaissées sur ces tangentes seront sur une droite tangente au sommet de la parabole.*

Soit donnée une parabole E ayant le point f pour foyer, le point s pour sommet et la droite D pour directrice. Menons en un point m de la courbe E une tangente mp (*fig.* 208 *m*).

Abaissons du foyer f une perpendiculaire sur cette tangente mp, elle coupera la droite mp en un point n et la droite mq (parallèle à l'axe infini $\overline{sf}$ de la parabole) en un point g.

On aura : $\overline{mg} = \overline{mf}$ et le point n sera le milieu de $\overline{fg}$.

Or la droite D étant la directrice de la parabole, ou $a : \overline{mq} = \overline{mf}$; donc les points g et q se confondent, et comme $\overline{ff} = \overline{sr}$ et que le point n est le milieu de $\overline{fq}$, on en conclut que le point n est situé sur la droite C menée par le sommet s de la parabole, parallèlement à la directrice D.

Et comme quel que soit le point m pris sur la parabole, on arrivera toujours au même résultat, on doit en conclure que les pieds des perpendiculaires abaissée sur les tangentes sont sur la droite C, tangente au sommet s de la parabole.

Propriété remarquable du tore irrégulier ou excentrique.

328 *déci.* Étant donné un cercle C sur le plan horizontal menons par un point p situé en dedans ou en dehors du cercle C une verticale Y ; menons par la droite Y un plan M coupant le cercle C en un point q, et traçons dans ce plan M un cercle δ ayant le point q pour centre et $\overline{pq}$ pour rayon ; en faisant tourner le plan M autour de l'axe Y et supposant que le cercle δ varie de rayon et que son centre parcoure le cercle C, ce cercle δ mobile (et variable de grandeur suivant une loi donnée) décrira une surface Σ, qui en vertu de son mode de génération sera coupée par tout plan passant par l'axe Y suivant deux cercles δ, et δ', de rayons inégaux, ayant leurs centres sur le cercle C et étant tangents l'un à l'autre au point p. La surface Σ affectera la forme d'un tore qui sera dit : *irrégulier* ou *excentrique.*

Je dis que cette surface Σ peut encore être coupée par une seconde série de plans suivant des cercles.

Premier cas. Supposons que le point p est situé dans l'intérieur du cercle C, unissons le point p et le centre o du cercle C par une droite coupant (*fig.* 208 *p.*) le cercle C en les deux points a et a', portons sur le diamètre $\overline{aa'}$ une longueur $\overline{a'p'} = \overline{ap}$ et regardons les deux points p et p' comme les foyers d'une ellipse E ayant son centre en o et la droite $\overline{aa'}$ pour grand axe.

Faisons passer par la droite aa' un plan R perpendiculaire au plan horizontal sur lequel se trouvent tracées les courbes C et E, et traçons dans ce plan R la *focale* de l'ellipse E, on aura une hyperbole (H, H′) ayant les points p et p' pour sommets et les points a et a' pour foyers (n° 309).

Cela posé :

On sait 1° que si l'on prend un point x sur l'ellipse E et qu'on le regarde comme le sommet d'un cône X ayant l'hyperbole H pour directrice, ce cône X est de révolution.

2° Que si l'on prend un point z sur l'hyperbole H et qu'on le regarde comme le sommet d'un cône Z ayant l'ellipse E pour directrice, ce cône Z est de révolution.

3° Que si l'on mène les tangentes θ en x à la courbe E et T en z à la courbe H, ces tangentes seront respectivement les axes de rotation des surfaces coniques X et Z; ainsi θ sera l'axe du cône X et T l'axe du cône Z.

Cela posé:

Si du point p foyer de l'ellipse E, on mène un plan M perpendiculaire à la tangente θ, ce plan M coupera le cône X suivant un cercle δ qui aura son centre au point q en lequel le plan M coupe la droite θ, et ce cercle δ aura pour rayon la droite $\overline{pq}$.

En considérant une suite de plans M, on aura une série de cercles δ qui détermineront la surface Σ précédente et désignée par le nom de *tore irrégulier*.

Cela posé:

Construisons une sphère S tangente au cône Z et au plan de l'ellipse E au foyer p; le cône Z touchera la sphère S suivant un cercle ϵ. Et si l'on considère les divers points z, z', z'', etc., de l'hyperbole H, on aura une suite de cônes Z, Z′, Z″, etc., et par suite une série de cercles ϵ, ϵ', ϵ'', etc.

Tous ces cercles ϵ, ϵ', ϵ'', etc., engendreront une surface qui ne sera autre que la surface Σ précédente, et en effet :

Considérons la génératrice droite zx du cône X, cette droite coupe le cercle ϵ en un point n et l'on a $\overline{xn} = \overline{xp}$, or tous les points du cercle δ sont distants du sommet x d'une quantité égale à $\overline{xp}$; le point n est donc un point du cercle δ.

Si l'on considère un second cercle ϵ' tracé sur un cône ayant le point z' pour sommet, la génératrice xz' du cône X couperait le cercle β' en un point n' et l'on aurait $\overline{xn'} = \overline{xp}$; ainsi le point n' sera sur le cercle δ.

On trouverait de même que les divers cercles δ, δ', δ'', etc., coupent respectivement, et chacun en un point, les divers cercles ϵ, ϵ', ϵ'', etc. Ainsi les cercles ϵ, ϵ', ϵ'' etc., sont situés sur la surface Σ formée par les cercles δ, δ', δ'', etc.

Deuxième cas. Supposons que le point *p* est situé hors du cercle C.

Menons par le point *p* et le centre *o* du cercle C une droite B, et par cette droite B un plan M perpendiculaire au plan du cercle C ; cette droite B coupera le cercle C en deux points (*fig.* 208 *q*) *a* et *a'*.

Portons $\overline{o'p'} = ap$ et traçons : 1° dans le plan M une ellipse E ayant les points *p* et *p'* pour sommets et les points *a* et *a'* pour foyers, et 2° dans le plan du cercle C une hyperbole (H, H') ayant les points *p* et *p'* pour foyers et les points *a* et *a'* pour sommets, la surface engendrée par le cercle mobile ∂ dont le centre parcourt le cercle C et dont le plan méridien M passe toujours par la droite Y menée perpendiculairement au plan du cercle C par le point *m*, sera coupée par des plans perpendiculaires au plan de l'ellipse E et normaux aux tangentes de cette ellipse suivant d'autres cercles Ɛ.

Troisième cas. Supposons qu'au lieu d'un cercle, on se donne une droite C, (*fig.* 208 *s*) et ensuite un point *p*; si l'on mène par ce point *p* une suite de divergentes coupant la droite C en des points *o*, et si l'on considère chaque point *o* comme le centre d'un cercle ∂ situé dans un plan perpendiculaire au plan (*p*,C) et ayant $\overline{op}$ pour rayon, la surface engendrée par les cercles ∂ pourra être coupée suivant une seconde série de cercles Ɛ. Et en effet : abaissons du point *p* une perpendiculaire sur la droite C, on aura le point *s*; construisons dans le plan (*p*, C) une parabole P ayant le point *s* pour sommet et le point *p* pour foyer, puis par la droite *ps* menons un plan M perpendiculaire au plan (*p*, C), et traçons dans ce plan M une parabole P' ayant le point *p* pour sommet et le point *s* pour foyer.

La courbe P' sera la focale de P, et l'on trouvera, par des raisonnements analogues à ceux employés dans le premier cas, que les plans des cercles Ɛ seront perpendiculaires au plan M et normaux aux tangentes de la parabole P.

La propriété dont jouit chacune de ces trois espèces de surfaces, d'être doublement *circulaire*, nous permet de construire avec facilité le plan tangent en un point de chacune d'elles.

En effet : étant donné un point *m* de cette surface, on mènera par ce point et par l'axe Y un plan, et l'on aura le cercle ∂, et en menant par le point *m* et par la droite D par laquelle passent tous les plans des cercles Ɛ (n°ˢ 297, 301 et 306 ; *fig.* 193, 194 et 195) un plan sécant, on aura le cercle Ɛ. Les tangentes aux deux cercles ∂ et Ɛ se croisant au point *m*, détermineront le plan tangent en ce point *m*.

Lorsque le point *p* est précisément le centre du cercle C, alors la droite Y est précisément l'axe du cercle C, et dans ce cas on a pour surface le *tore régulier*, surface qui est de révolution et engendrée par un cercle ∂ de rayon constant et égal à celui du cercle C ; dans ce cas, la surface est coupée suivant une seconde série de cercles Ɛ par des plans parallèles entre eux et perpendiculaires à l'axe Y.

Or, l'axe Y est la *focale* de cercle C, on voit donc que l'*analogie* subsiste entre les quatre surfaces que nous avons examinées, savoir : les *trois tores irréguliers* et le *tore régulier* (*).

Du pôle et de la polaire d'une section conique.

329. Dans toute section conique si l'on trace une série de cordes parallèles et qu'on mène les tangentes aux extrémités de chaque corde, elles concourent en des points qui sont tous situés sur le diamètre conjugué de ces cordes. Réciproquement si par tous les points d'un diamètre d'une section conique on mène des tangentes à cette courbe, les cordes qui unissent les points de contact des tangentes issues d'un même point sont toutes parallèles au diamètre conjugué du diamètre donné (n°s 312 , 9° ; 321 ; 324).

330. Soient une section conique E (*fig.* 209) et une droite quelconque P, qui la coupe en deux points q et r, les tangentes en ces points concourent en un point p, je dis que si *par un point quelconque* x *de* P, *on mène les tangentes* xy *et* xz *à la section conique* E, *la corde* yz *prolongée passera par le point* p. En effet soit s un point de la focale de E, prenons-le pour sommet d'un cône Δ de révolution sur lequel la courbe E soit placée, joignons sp et sx et menons les génératrices droites sq, sr, sy, sz du cône Δ. La droite sp étant tout entière hors de la surface conique, un plan Z qui lui sera parallèle coupera toutes les génératrices du cône et donnera par conséquent pour section une *ellipse* E' ; pour simplifier la figure nous tracerons cette ellipse à part (*fig.* 210), les points q', r', y', z' sont les intersections de ce plan Z avec les génératrices sq, sr, sy, sz ; cela posé les plans tangents (srp) et (spq) coupent le plan Z qui contient la courbe E', suivant des tangentes à E' en les points r' et q' et parallèles à sp, donc $q'r'$ est un diamètre de E', et comme il est dans le plan (sqr) qui contient la droite sx, il coupera cette droite en un point x', puis les plans tangents (sxy) et (sxz) coupent le plan Z aussi suivant des droites $y'x'$ et $z'x'$ tangentes à la courbe E' et aux points y' et z', et ces tangentes concourent aux points x', intersection des trois plans Z, (sxy) et (sxz) ; donc la corde ($y'z'$) est parallèle à sp, elle rencontre le plan horizontal en un point p' de yz puisqu'elle est dans le plan (syz), et comme ce plan (syz) contient aussi sp, la droite yz passe nécessairement par le point p.

(*) Plus loin, nous verrons que l'on peut transformer les quatre *tores circulaires* en des *tores elliptiques;* ces nouvelles surfaces jouissent de la propriété d'être coupées par une suite de plans passant par l'axe Y, suivant des *ellipses*, et par une suite de plans passant par la droite D, suivant d'autres *ellipses*.

Réciproquement *si par un point* p (*fig.* 209) *extérieur à une section conique on mène les deux tangentes* pq *et* pr *et tant de sécantes* py *que l'on voudra, qu'aux intersections* y *et* z *de chaque sécante et de la courbe on mène des tangentes à cette courbe, ces tangentes concourent en des points* x *situés sur la droite* P, *qui joint les points de contact* q *et* r. Le point *p* est dit le *pôle* conjugué de la droite P, et la droite P est dite la *polaire* conjuguée du pôle *p*. Si l'on prend le point *x* à l'infini, les tangentes sont parallèles à la droite P, la corde qui unit les points de contact est un diamètre passant par le point *p*, donc le pôle *p* est sur le prolongement du diamètre conjugué du diamètre qui est parallèle à la polaire P.

331. *Si par un point* p (*fig.* 211) *intérieur à une section conique* E *on mène tant de cordes que l'on voudra, et qu'aux extrémités de chaque corde, on construise les tangentes à la courbe* E, *elles concourent en des points situés sur une droite extérieure à la section conique* E. En effet par le point *p* menons trois cordes *ab*, *a'b'*, *a"b"*, les tangentes en *a* et *b* se coupent en un point *r*, celles en *a'* et *b'* se coupent en *r'*, enfin celles en *a"* et *b"* se coupent en *r"*; deux de ces trois points *r* et *r'* déterminent une droite P. Il faut démontrer que cette droite P passe par le point *r"*; pour cela concevons la *focale* de la courbe E et le cône Δ qui aurait son sommet en un point *s* de cette *focale*, menons les génératrices *sa*, *sb*, *sa'*, *sb'*, *sa"*, *sb"* du cône Δ et les droites *sr*, *sr'*, *sr"*, le plan (*s*, P) n'ayant que le sommet *s* de commun avec le cône, un plan Z qui lui sera parallèle le coupera suivant une ellipse E', que pour plus de *clarté* nous construisons à part (*fig.* 212), il coupera aussi les plans tangents (*sar*), (*sbr*) suivant deux tangentes en α et β à la courbe E' et parallèles à *sr*, donc αβ est un diamètre de l'ellipse E' et il est situé dans le plan (*sab*); de même le plan sécant Z coupe les plans tangents (*sa'r'*), (*sb'r'*) suivant des tangentes en α' et β' à la courbe E' et parallèles à *sr'*; donc α'β' est aussi un diamètre de l'ellipse E' et il est situé dans le plan (*sa'b'*); mais les plans (*sab*) et (*sa'b'*) se coupent suivant la droite *sp*, qui contient par conséquent le point d'intersection π des diamètres αβ et α'β', ou le centre de l'ellipse E'; cela posé le plan (*sa"b"*) coupe le plan Z de la courbe E' suivant un diamètre α"β", donc les intersections du plan Z (sur lequel est tracée l'ellipse E') et des plans tangents (*sa"r"*), (*sb"r"*) sont des tangentes en α" et β" à l'ellipse E' et parallèles entre elles et par conséquent à l'intersection *sr"* des deux plans tangents; donc *sr"* est située dans le plan (*s*, P) parallèle au plan de l'ellipse E'; donc enfin le point *r"* est sur la droite P.

Réciproquement *si par chacun des points d'une droite* P (*fig.* 211) *extérieure à la section conique* E, *on mène deux tangentes à cette courbe et qu'on joigne les points de contact par une corde, toutes ces cordes se croiseront en un point* p *intérieur à la section conique* E.

La droite P est la *polaire* du *pôle* p. Si l'on prend le point *r* à l'infini, les tangentes à la courbe E aux points a et b seront parallèles entre elles et à la droite P, donc la corde qui unira les points de contact a et b sera un diamètre passant par le point p. Donc le pôle p est sur le diamètre conjugué du diamètre parallèle à la polaire P.

Des propriétés de certains polygones inscrits à une section conique.

332. *Si l'on prolonge les côtés opposés d'un hexagone* abcdef (*fig.* **213**) *inscrit dans une section conique, ils se coupent en trois points* r, r', r" *qui sont en ligne droite.* En effet concevons la *focale* de la section conique E, soit s un point de cette *focale* que nous prendrons pour sommet de l'une Δ des surfaces coniques de révolution sur lesquelles la courbe E peut être placée; menons les génératrices sa, sb, sc, sd, se, sf du cône Δ et les droites sr, sr', $sr"$; les points r et r' déterminent une droite D, qui passe par le point $r"$. Pour le démontrer coupons la surface conique par un plan Z parallèle au plan (s, D), la section sera une ellipse E', les intersections de ce plan sécant Z avec les plans (saf), (scd) sont deux cordes $a'f'$ et $c'd'$ parallèles à sr; le même plan Z est coupé par les deux plans (sfe), (sbc) suivant deux autres cordes $f'e'$ et $b'c'$ parallèles à sr'; enfin les intersections du même plan Z (qui contient la courbe E') avec les plans (sad), (sab) sont deux autres cordes $c'd'$ et $a'b'$, qui avec les quatre précédentes forment un hexagone inscrit dans l'ellipse E'; et puisque les quatre premiers côtés sont parallèles deux à deux, les deux derniers côtés sont aussi parallèles entre eux (n° 320) et par conséquent parallèles à l'intersection $sr"$ des deux plans, donc cette intersection est située sur le plan (s, D) parallèle au plan Z de la courbe E'; donc enfin le point $r"$ est sur la droite D.

C'est la propriété connue sous le nom d'*hexagramme de Pascal.*

Il résulte de là un moyen de construire une section conique par points, car si l'on donne les cinq points a, b, c, d, e, l'on mènera les droites ab, bc, cd qui seront trois côtés d'un hexagone inscrit dans la section conique cherchée, puis le quatrième côté ed ira couper ab en un point $r"$. Pour trouver un point compris entre les points e et a, l'on mènera donc une droite er', qui rencontrera ab au delà du point a, l'on joindra les points $r"$ et r' par une droite D coupant ed en un point r, que l'on joindra avec a, les droites ra et $r'e$ se croisent en un point f qui appartiendra à la section conique passant par les cinq points donnés. On obtiendrait de même des points compris entre deux quelconques des points donnés et autant qu'on en voudra

L'un des côtés ed, par exemple, pourrait devenir infiniment petit, la propriété de l'hexagone inscrit n'en serait pas moins vraie; mais alors la droite $er"$, ou l'un des côtés de l'hexagone étant prolongé, deviendrait tangente à la courbe E. On conclut donc de là que pour mener la tangente en un point m d'une section conique, il faut d'abord inscrire un pentagone dont l'un des sommets soit en *m*, ensuite prolonger le côté opposé au point *m* et les quatre autres côtés jusqu'à la rencontre des côtés non adjacents, et enfin unir les points de concours par une droite qui ira couper le côté opposé au point *m* en un point *x* et menant la droite *xm*, on aura en cette droite la tangente demandée.

333. Soient *abcd* (*fig.* 214) un quadrilatère inscrit dans une section conique quelconque, *p* et *q* les points de concours des côtés opposés; les diagonales *ac* et *bd* se coupent en un point *o*, joignant ce point *o* aux points *p* et *q* par les droites Q et P, je dis que le point *p est le pôle conjugué de la polaire* P, *et que le point* q *est le pôle conjugué de la polaire* Q, c'est-à-dire que si du point *p* on mène les tangentes *pe*, *pf*, à la courbe E, la droite P passera par les points de contact *e* et *f* de ces tangentes; et de même si du point *q*, on mène les tangentes *qg* et *qh*, la droite Q passera par les points de contact *g* et *h* de ces tangentes avec la courbe E. En effet concevons la *focale* de la section conique E et soit *s* le sommet de l'un Δ des cônes de révolution, sur lesquels on peut placer cette courbe E; menons les génératrices *sa*, *sb*, *sc*, *sd* du cône Δ et les droites *sp*, *sq*, puis coupons tout le système par un plan Z parallèle au plan (*spq*), la section conique sera une ellipse E', et la pyramide *sabcd* sera coupée suivant un parallélogramme *a'b'c'd'* (n°156), dont les côtés *a'b'* et *c'd'* sont parallèles à *sp* et dont les côtés *b'c'* et *a'd'* sont parallèles à *sq*; donc *c'e'* et *b'd'* sont des diamètres de l'ellipse E' (n° 316, 2°), le point *o'* en est le centre et se trouve sur la droite *so* intersection des plans (*sbd*) et (*sac*). Les cordes *a'b'* et *b'c'* sont supplémentaires (n° 313, 3°) et par conséquent parallèles à des diamètres conjugués; or les plans tangents (*sep*) et (*sfp*) sont coupés par le plan Z de l'ellipse E' suivant des tangentes parallèles à *sp* et par conséquent parallèles à *a'b'*, donc le diamètre qui unit les points de contact est parallèle à *b'c'* (n° 313, 7°) ou à *sq*, mais ce diamètre est dans le plan (*sef*), donc ce plan contient aussi *sq*, mais il contient *so*, donc les quatre points *e*, *f*, *g*, *o* sont sur la trace horizontale P de ce plan (*sef*) et par conséquent en ligne droite; donc enfin le point *p* est le *pôle* conjugué de la *polaire* P. De même les plans tangents (*sqg*) et (*sqh*) sont coupés par le plan Z suivant des tangentes à la courbe E' et parallèles à *b'c'* et par une suite de raisonnements semblables à ceux ci-dessus on conclura que le point *q* est le *pôle* conjugué de la *polaire* Q.

Si *abcd* est un trapèze (*fig.* 215) les côtés parallèles *ab* et *cd* se couperont à l'infini, alors la polaire Q sera parallèle aux côtés *ab* et *cd* du trapèze et elle coupe la courbe E aux points *g*, *h*; menons en ces points des tangentes à la courbe E, elles iront concourir en un point du diamètre conjugué de Q, qui ne sera autre que le point de concours *q* des côtés non parallèles *bc* et *ad*, et le point *o* est évidemment le milieu de *gh*.

On déduit de là un moyen simple et facile pour mener une tangente en un point donné d'une section conique ; en effet, soit la section conique E à laquelle on veut mener la tangente au point h, par ce point menons une droite quelconque Q, prenons le milieu o de la corde gh, par ce point o menons deux sécantes quelconques ae, bd qui coupent la courbe E en les points a et e, b et d, joignons les points a et d, b et e, par des droites qui se coupent au point q, traçons la droite qh, on aura la tangente demandée.

333 *bis.* **I.** On peut regarder un quadrilatère inscrit à une section conique, comme étant un pentagone inscrit en considérant la tangente à la courbe en l'un des quatre sommets. Alors le cinquième côté du pentagone est l'élément rectiligne de la courbe au sommet du quadrilatère par lequel passe la tangente.

II. On peut regarder un quadrilatère inscrit à une section conique, comme étant un hexagone inscrit en considérant deux tangentes à la courbe, en deux des quatre sommets. Alors le cinquième et le sixième côté de l'hexagone sont les éléments rectilignes de la courbe en les deux sommets du quadrilatère, par lesquels passent les deux tangentes.

Soient donnés une section conique E et un quadrilatère inscrit a, b, c, d, et au point a la tangente T à la courbe E (*fig.* 215 *bis*) :

Le pentagone aura quatre côtés de longueur finie, ad, dc, cb et ba, et le cinquième côté sera $\overline{aa'}$, infiniment petit rectiligne.

Dès lors si l'on voulait construire la tangente au point b de la section conique E, on devrait considérer cette tangente comme étant le prolongement du sixième côté d'un hexagone, ayant en a un côté infiniment petit $\overline{aa'}$ et en b un côté infiniment petit $\overline{bb'}$

Dès lors les côtés opposés de l'hexagone étant ad, bb' et cb, aa' et cd, $b'a'$, le côté cb prolongé coupera la tangente T (ou aa' prolongé) au point r' ; les droites cd et $a'b'$ (qui n'est autre que ab) étant prolongées se couperont en un point r ; unissant les points r et r' par une droite D, elle coupera ad prolongé en un point r'', et la droite $r''b$ sera la tangente T' demandée.

On peut donc par cette méthode construire la tangente en un point b d'une section conique donnée par son *tracé*, lorsque l'on connaîtra une tangente T à cette courbe et le point de contact a de la tangente T.

On peut toujours inscrire à une ellipse E un rectangle dont les côtés soient respectivement parallèles aux axes de la courbe, et si l'on construit aux quatre sommets du rectangle des tangentes à la courbe, on aura un rectangle circonscrit ; or (*fig.* 215 *ter*), il est évident

1° Que les diagonales du rectangle inscrit sont parallèles aux côtés du rectangle circonscrit ;

2° Que chaque côté du rectangle circonscrit étant prolongé coupe les côtés du rectangle inscrit qui lui sont opposés en deux points, en sorte que l'on a huit points marqués sur la figure par les lettres p, p', p'', p''', p^{IV}, p^V, p^{VI}, p^{VII}.

Ces points sont deux à deux sur quatre droites qui forment un rectangle q, q', q'', q''', dont les sommets sont situés sur les diagonales du rectangle inscrit.

Chacun des 8 points p se trouve en ligne droite avec l'un des 4 points q et l'un des 4 sommets f du rectangle circonscrit;

3° Les diagonales du rectangle circonscrit se coupent au point o en lequel se coupaient les diagonales du rectangle inscrit.

Il est évident que si l'on construit un parallélogramme inscrit à une ellipse et le parallélogramme circonscrit, on obtiendra les mêmes relations indiquées par la fig. 215 *ter*, seulement les lignes rectangulaires entre elles dans le cas du rectangle ne le seront plus dans le cas du parallélogramme; mais, celles qui sont parallèles resteront parallèles et les points qui étaient en ligne droite, resteront en ligne droite.

Cela posé :

Étant donnés une section conique E et deux quadrilatères l'un inscrit et l'autre circonscrit, il est facile de trouver les propriétés qui existent entre ces deux quadrilatères, car il suffira de prendre un point s sur la *focale* de la courbe E, de regarder ce point comme le sommet d'un cône Δ ayant la courbe E pour base, ce cône sera de révolution ; en le coupant par un plan Z parallèle aux deux droites unissant le sommet s avec les points de concours des côtés opposés du quadrilatère inscrit, on obtiendra une ellipse E' dans laquelle on aura deux parallélogrammes, l'un inscrit et l'autre circonscrit, comme l'indique la fig. 215 *ter*. Si donc par le sommet s du cône Δ et par chacun des points de la fig. 215 *ter* (figure que l'on suppose maintenant sur le plan Z) on fait passer des droites , et si par ce même sommet s et par chacune des droites de la fig. 215 *ter* on fait passer des plans , ces droites perceront le plan de la courbe E en des points et ces plans couperont le plan de la courbe E en des droites, qui seront telles que toutes les relations existant sur la figure située dans le plan Z , subsisteront sur le plan de la courbe E , seulement les droites qui sont *parallèles* dans la première figure située sur le plan Z , concourront en un *point* pour la figure tracée sur le plan de la section conique E.

Un triangle inscrit dans une section conique peut être considéré comme un quadrilatère inscrit, ou comme un pentagone inscrit, ou comme un hexagone inscrit.

En le considérant comme un hexagone inscrit, on est conduit à considérer en même temps (*fig.* 215 *quater*) et le triangle inscrit donné et le triangle circonscrit qui est formé par les tangentes à la courbe aux sommets du triangle inscrit.

Alors l'hexagone inscrit a trois côtés infiniment petits $\overline{aa'}$, $\overline{bb'}$, $\overline{cc'}$ et trois côtés finis qui sont ceux du triangle inscrit.

On déduit de ce qui précède la propriété suivante , savoir : *si l'on prolonge chacune des trois tangentes menées à une section conique en chacun des trois sommets d'un triangle inscrit et le côté du triangle inscrit, on obtient trois points de concours s, s', s'', qui sont nécessairement en ligne droite.*

Cette propriété permet de construire la tangente en un point d'une section conique lorsque la courbe est donnée par son *tracé* et que l'on connaît deux tangentes à cette courbe et les points de contact de ces tangentes.

En effet :

Soient tracés la section conique E , les deux tangentes *ar* et *br*, et les points de contact *a* et *b*, proposons-nous de construire la tangente au point *c* de la courbe E.

On tracera le triangle inscrit *abc*, les droites *ra* et *bc* prolongées donneront le point *s*; les droites *rb* et *ac* prolongées donneront le point *s'* ; on unira les points *s* et *s'* par la droite (s, s'), laquelle sera coupée au point *s''* par la droite *ab* prolongée ; unissant les points *c* et *s''* on aura la tangente demandée.

333 *ter.* L'hexagramme de Pascal démontre :

1° Que cinq points déterminent une section conique et n'en déterminent qu'une seule;

2° Que deux sections coniques ne peuvent s'entre-couper en plus de quatre points sans se confondre;

3° Que deux sections coniques qui ont un point de contact ne peuvent se couper au plus qu'en deux autres points ;

4° Que deux sections coniques qui ont deux points de contact ne peuvent avoir d'autres points communs.

333 *quat.* Les propriétés , employées pour la construction d'une tangente en un point d'une section conique, dont jouissent l'hexagone, le pentagone, le quadrilatère et le triangle inscrits à cette section conique, démontrent :

1° Que cinq points déterminent une section conique ;

2° Que quatre points et une tangente déterminent une section conique;

3° Que trois points et deux tangentes déterminent une section conique;

4° Que deux points et trois tangentes déterminent une section conique, et que dans les quatre cas on ne peut construire qu'une seule section conique.

Mais il faut ajouter que parmi les points donnés il faut toujours qu'il y en ait un situé sur chaque tangente , et qu'il soit donné comme point de contact de la tangente à la section conique *à construire par points.*

Des quadrilatères inscrits à une section conique et conjugués entre eux.

333 quint. D'après ce qui précède on peut énoncer ce qui suit :

1° Étant données une section conique E (*fig.* 215 *a*) et une droite X, et ayant déterminé le *pôle o* de la *polaire* X.

Si de deux points *s* et *s'* pris sur la polaire X on mène des tangentes *sp*, *sq* et *s'p'*, *s'q'* à la courbe E, on sait que les points *s'*, *p*, *q*, sont sur une droite Z et que les points *s*, *p'*, *q'* sont sur une droite Y et que les deux droites Z et Y se coupent au *pôle o*.

Les droites Z et Y ont respectivement pour *pôle* les points *s* et *s'*, en sorte que l'on peut donner au triangle *oss'* le nom de *triangle polaire* de la courbe E.

Si l'on inscrit dans la section conique E un quadrilatère *abcd*, dont les côtés opposés prolongés passent par les points *s* et *s'*, les diagonales de ce quadrilatère se croiseront au *pôle o*.

Si du point *s* on mène une sécante quelconque, coupant la courbe E aux points *a'* et *b'*; si l'on mène la droite *b'o* coupant la courbe E au point *d'*; si l'on mène la droite *sd'* coupant la courbe E au point *c'*; les points *s'*, *b'* et *c'* seront en ligne droite, ainsi que les points *s'*, *d'* et *a'*, ainsi que les points *a'*, *o* et *c'*.

Les deux quadrilatères inscrits *abcd*, *a'b'c'd'*, seront dits *conjugués* et ils auront pour *triangle polaire* le triangle *ss'o*.

2° Étant données (*fig.* 215 *b*) la section conique E, la droite X, et ayant construit le *pôle o* (dont la droite X est la *polaire*), et le quadrilatère inscrit *abcd*; si l'on prend deux points arbitraires *s* et *s,'* sur la droite X, et que l'on construise le quadrilatère inscrit *a'b'c'd'*, les deux quadrilatères *abcd* et *a'b'c'd'*, pourront encore être dits *conjugués*; mais ils auront seulement même *pôle o* et même *polaire* X ; le premier aura pour *triangle polaire* le triangle *ss'o*, et le second aura le triangle *s₁s',o* pour *triangle polaire*.

3° Si l'on a une série de quadrilatères *conjugués* par un *triangle polaire*, ainsi que le sont les quadrilatères *abcd* et *a'b'c'd'* (*fig.* 215 *a*),

Les diagonales du petit quadrilatère *a'b'ab* se croiseront en un point situé sur la droite Z ; les tangentes en les points *a'* et *b'* se couperont sur la droite Z ; les tangentes en les points *a* et *b* se croiseront sur la droite Z.

On peut donc énoncer ce qui suit :

Si l'on a une section conique E et que l'on ait construit le *pôle s* et la *polaire* Z, si du *pôle s* on mène une suite de divergentes, D, D', D'', etc., coupant la courbe E, savoir : D en *a* et *b*, D' en *a'* et *b'*, D'' en *a''* et *b''*, etc.

1° Les tangentes à la courbe E, pour les points *a* et *b*, *a'* et *b'*, *a''* et *b''*, etc., se couperont sur la droite Z ; 2° les diagonales unissant les sommets des quadrilatères donnés par deux divergentes quelconques se croiseront sur la droite Z.

Et *réciproquement* 3° si d'un point arbitraire de la droite Z on mène deux tangentes à la courbe E, la corde de contact étant prolongée passera par le *pôle s*.

Nous trouverons , pour les surfaces du second ordre , une propriété analogue. Mais alors les *quadrilatères* seront remplacées par des *troncs de pyramides quadrangulaires.*

Des sections coniques semblables entre elles et semblablement placées sur des plans parallèles entre eux.

334. Si l'on coupe un cône de révolution par deux plans parallèles , les sections seront des courbes semblables ayant pour pôle commun de similitude le sommet du cône (n° 262), et ce sommet sera un pôle de similitude directe ou de similitude inverse suivant que les deux plans couperont la même nappe ou des nappes différentes du cône (n° 559); si les sections sont des ellipses ou des hyperboles, les centres de ces courbes sont des pôles conjugués de similitude (n° 360); ces courbes peuvent dès lors être situées sur une seconde surface conique (n° 261) (*fig*. 216) ; enfin les sommets *s* et *s'* des deux surfaces coniques sur lesquelles peuvent être placées en même temps les ellipses ou hyperboles E et E' semblables et semblablement placées sur deux plans parallèles, et les centres *o* et *o'* de ces courbes sont sur une même droite, intérieure aux deux surfaces coniques lorsque les courbes E et E' sont des ellipses , et extérieure aux deux surfaces coniques lorsque les courbes E et E' sont des hyperboles.

Les points *s* et *s'* doivent se trouver en même temps sur les *focales* des courbes E et E' (n°ˢ 295, 304, 309, 311), pour que les surfaces coniques soient de révolution ; mais comme deux hyperboles ou deux ellipses se coupent généralement en quatre points, on pourrait croire que, pour une position donnée de deux ellipses ou de deux hyperboles semblables et semblablement placées, il y a quatre surfaces coniques de révolution capables de les contenir en même temps ; mais dans ce cas les *focales* des courbes proposées ne se coupent qu'en deux points comme le montre le raisonnement suivant.

Si l'on fait mouvoir l'une des deux courbes parallèlement à elle-même, de manière que son centre parcourt la droite *oo'*, les cônes sur lesquels elles seront placées auront encore leurs sommets sur la même droite *oo'*, mais en des points autres que *s* et *s'*; or la *focale* de l'ellipse ou de l'hyperbole ne pouvant être rencontrée par une droite qu'en deux points, de toutes les surfaces coniques ainsi obtenues deux seulement seront de révolution, les autres seront des cônes obliques.

D'où l'on pourrait conclure qu'un cône oblique peut être coupé par un plan suivant une ellipse ou une hyperbole.

Les paraboles n'ayant pas de centre, deux paraboles semblables et placées sur deux plans parallèles ne peuvent être situées que sur une seule surface conique dont le sommet s sera au delà des deux paraboles, si elles ont leur courbure dirigée du même côté, ou si elles sont semblablement placées, et entre les deux paraboles dans le cas contraire, c'est à-dire si elles sont inversement semblables. Si l'on fait mouvoir l'une des deux courbes parallèlement à elle-même, de manière que l'extrémité a' d'un diamètre parcourt la droite a, a', le sommet s de la surface conique changera de place en restant toujours sur la même droite aa', mais la *focale* de la parabole ne peut être rencontrée qu'en deux points par une droite; donc de toutes les surfaces coniques ainsi obtenues, deux seulement pourront être de révolution, les autres seront obliques; on pourrait conclure de là qu'un cône oblique peut être coupé suivant une parabole.

335. Si les deux sections coniques sont identiques, les droites qui unissent deux points homologues quelconques sont parallèles, et le cône se transforme en un cylindre. Donc deux sections coniques identiques peuvent toujours être placées sur une même surface cylindrique.

336. Deux paraboles quelconques sont deux courbes semblables, car si l'on fait coïncider les foyers de ces paraboles, et si l'on mène un rayon vecteur quelconque qui les coupe en x et x', les diamètres et les rayons vecteurs de ces points sont parallèles, donc les bissectrices des angles de ces droites sont aussi parallèles; mais ces bissectrices ne sont autres que les tangentes aux paraboles (n° 324), donc les deux paraboles ont leurs tangentes parallèles et sont par conséquent deux courbes semblables (n° 259) ayant pour pôle commun de similitude leurs foyers communs; si l'on déplace ces paraboles de sorte qu'elles n'aient plus même foyer, leurs foyers deviennent alors des pôles conjugués de similitude.

337. Lorsqu'un cône est coupé par deux plans parallèles suivant des ellipses E, E' (*fig.* 216), on peut faire mouvoir l'une d'elles de manière que son centre parcourt la droite oo' jusqu'à ce qu'il vienne coïncider avec le centre de l'autre; on a alors deux ellipses semblables semblablement placées et concentriques, de sorte que les diamètres homologues se confondent en une même droite. Il en résulte que si l'on mène une tangente à l'ellipse intérieure prolongée de part et d'autre jusqu'à l'ellipse extérieure, le point de contact sera le milieu de cette droite, car il appartient au diamètre conjugué de cette corde (n° 313, 7°), et si l'on coupe les deux ellipses par une sécante quelconque les parties de cette droite, interceptées entre elles, sent égales, car le même point est le milieu de la corde correspondant à chaque ellipse. Les cordes supplémentaires, par rapport à deux

diamètres homologues, et issues de points homologues, sont parallèles; les parallélogrammes ayant pour diagonales des diamètres homologues ont leurs côtés parallèles et sont semblables. Des propriétés analogues existent pour deux hyperboles semblables, semblablement placées et concentriques. Deux paraboles qui jouissent des mêmes propriétés ne sont plus deux courbes semblables, mais bien deux paraboles identiques, qui coïncideraient si, en leur conservant même axe, on les amenait à avoir même sommet.

On peut conclure de là que si deux courbes jouissent de cette propriété, que les parties d'une sécante quelconque, comprises entre les deux courbes, sont égales, et que le point de contact d'une tangente à la courbe intérieure soit le milieu de la portion comprise dans la courbe extérieure, si l'une des deux courbes est une ellipse ou une hyperbole, l'autre sera une ellipse ou une hyperbole semblable, semblablement placée et concentrique, et si l'une des deux courbes est une parabole, l'autre sera une parabole identique ayant même axe infini que la première.

338 Si l'on coupe une surface conique de révolution par deux plans parallèles de manière que les sections soient des hyperboles; on peut, par le sommet, faire passer un plan parallèle aux plans sécants, il coupera la surface conique suivant deux génératrices, et l'on sait (n° 326, 5°) que ces génératrices sont parallèles aux asymptotes des hyperboles, donc les asymptotes de l'une des hyperboles sont paparallèles aux asymptotes de l'autre hyperbole. Si, par conséquent, on fait mouvoir l'un des plans sécants parallèlement à lui-même, de manière que le centre o′ de l'hyperbole correspondante se meuve sur la droite oo′ et vienne coïncider avec le centre o de l'autre hyperbole, les asymptotes de la première hyperbole viendront s'appliquer sur les asymptotes de la seconde, et l'on reconnaîtra facilement que les deux courbes se trouveront dans les mêmes angles de leurs asymptotes communes.

Les asymptotes des deux hyperboles et les génératrices parallèles de la surface conique déterminent deux plans, dont l'intersection passe par le sommet du cône et par les centres des hyperboles; il est évident que les deux hyperboles sont situées dans les mêmes angles dièdres opposés de ces deux plans.

Si donc on conçoit deux plans parallèles P et P′, dans le plan P deux droites A et B et une hyperbole H dont ces droites seraient les asymptotes, dans le plan P′ deux droites A′ et B′ respectivement parallèles à A et B, et une hyperbole H′ semblable à H, et dont A′ et B′ seraient les asymptotes, et si l'on imagine les plans (A, A′) et (B, B′) ils se couperont suivant une droite I passant par les centres des deux hyperboles. Cela posé, si les courbes H et H′ sont dans les mêmes angles dièdres opposés des plans (A, A′) et (B,B′), ces deux hyperboles pourront être placées sur deux surfaces coniques ayant leurs sommets sur I; mais si la courbe H est située dans deux angles dièdres opposés, et que la courbe H′ soit dans les deux autres, ces deux hyperboles ne peuvent être situées en même temps sur aucune surface conique. Cependant, dans ce dernier cas, si l'on unit par une courbe les extrémités des diamètres imaginaires de l'une des hyperboles H′ on aura une nouvelle hyperbole H′, qui pourra se trouver avec H sur deux surfaces coniques; de même l'hyperbole H₁, dont les diamètres réels seraient les diamètres imaginaires de H, pourra être située avec la courbe H′ sur deux autres surfaces coniques, et les sommets de ces quatre surfaces coniques sont tous sur la droite I. Les hyperboles telles que H et H₁ ayant mêmes asymptotes et qui sont telles que les diamètres imaginaires de l'une sont les diamètres réels de l'autre et réciproquement, peuvent être nommées *complémentaires*; nous remarquerons que chaque asymptote d'une hyperbole forme à elle seule un système de diamètres conjugués (n° 325, 8°).

Il résulte de ce qui précède que si l'on donne deux hyperboles semblables H et H′ ayant leurs asymptotes parallèles, et situées dans deux plans parallèles, ces deux hyperboles et leurs complémentaires H₁ et H′₁, déterminent quatre surfaces coniques ayant leurs sommets sur la droite qui unit les centres des hyperboles proposées.

339. Si l'on a deux cercles concentriques C et C′ (*fig.* 217) que l'on mène au cercle intérieur C les tangentes parallèles *ab*, *cd*, terminées au cercle extérieur C′; que l'on tire les cordes *ac*, *bd*; que du centre *o*, on mène le diamètre *ef* parallèle aux tangentes *ab* et *cd*, il coupera les cordes *ac* et *bd* en leurs milieux *g* et *h* et il est évident que tous les points *g* et *h* ainsi obtenus sont sur une circonférence de cercle C″ concentrique à C et C′. Si l'on considère ces trois cercles comme les projections de trois ellipses tracées sur un même plan, nous savons (n° 317) que ces ellipses ne peuvent avoir pour projections des cercles qu'autant qu'elles sont semblables et semblablement placées; il est évident de plus que dans ce cas-ci elles sont concentriques. Donc si l'on a deux ellipses C et C′ semblables, semblablement placées et concentriques, qu'on inscrive dans la plus grande un parallélogramme dont deux côtés soient tangents à la plus petite, les deux autres côtés seront tangents à une troisième ellipse C″ semblable, semblablement placée et concentrique aux deux premières.

340. Si l'on a deux cercles concentriques C et C′, que l'on mène deux tangentes *ab*, *np* au cercle intérieur C, aux points *k*, *m*, les cordes *an*, *mk*, *bp* sont parallèles; car l'on a *kp* = *mp*, *ik* = *im* et par conséquent *ia* = *in*. Donc si l'on considère ces cercles comme les projections de deux ellipses semblables, semblablement placées et concentriques, on en conclura que dans de telles ellipses deux tangentes à l'ellipse intérieure coupent l'ellipse extérieure en quatre points liés deux à deux par deux cordes parallèles à celle qui unit les points de contact. De plus si l'on

menait les cordes *bn*, *pa*, il est évident qu'elles iraient se couper sur la droite *oi*, donc aussi cela aurait lieu dans les ellipses. Il est évident que les réciproques de cette proposition et de la précédente ne sont pas généralement vraies.

341. Si l'on a deux cercles concentriques C et C″ (*fig.* 217), que l'on construise le rectangle *abcd* (n° 339), les diagonales *ad*, *bc* seront des diamètres du cercle C′ ; si l'on construit sur le diamètre *kl* les cordes supplémentaires *km* et *lm*, elles font entre elles un angle droit, si des extrémités *a* et *d* du diamètre *ad* on leur mène des parallèles *an*, *dn*, elles feront aussi entre elles un angle droit et se couperont par conséquent en un point *n* de la circonférence C′; de même si des points *b* et *c* on leur mène des parallèles *bp*, *cp*, elles se couperont en un point *p* de la circonférence C′; et les trois points *n*, *m*, *p* sont sur une ligne droite tangente en *m* au cercle C. En effet, les droites *pc*, *dn* étant parallèles, les arcs *dp*, *nc* sont égaux et dès lors les cordes *dp* et *nc* sont égales et l'on a $\widehat{pdc} = \widehat{pnc}$, donc les triangles *pcd*, *npc* sont égaux et l'on a *np* = *cd*, donc la droite *np* est tangente au cercle C. De plus joignant *om*, *on*, *op*, *nm*, les triangles rectangles *onm* et *odl* sont égaux, car *om* = *ol* et *od* = *on*, donc $\widehat{onm} = \widehat{odl}$, mais $\widehat{ond} = \widehat{odn}$, donc $\widehat{dnm} = \widehat{ndl}$, mais $\widehat{ndc} = \widehat{dnp}$, donc $\widehat{dnm} = \widehat{dnp}$, donc les droites *nm* et *pn* coïncident, donc la tangente *pn* passe par le point *m* qui est le point de contact. Si l'on avait mené les droites *an′*, *dn′* et *bp′*, *cp′*, parallèles à *lm* et *km*, on aurait obtenu *p′n′* tangente au cercle C en un point *m′* diamétralement opposé au point *m*, de sorte que les droites *pn* et *p′n′* sont parallèles. Les droites *np′*, *pn′* seraient tangentes au cercle C″ (n° 339).

En considérant les cercles C et C′ comme les projections de deux ellipses semblables, semblablement placées et concentriques , on transportera la propriété des *cercles* sur les deux *ellipses* , seulement les cordes supplémentaires ne seront plus perpendiculaires entre elles.

342. Si deux courbes semblables et semblablement placées E et E′ (*fig.* 218) sont telles que les parties d'une sécante quelconque comprises entre les deux courbes sont égales, et qu'une tangente quelconque à la courbe intérieure E et terminée de part et d'autre à la courbe extérieure E′ est divisée par le point de contact en deux parties égales ; les deux courbes E et E′, sont deux sections coniques semblables , semblablement placées et concentriques.

En effet soit *o* le *pôle* commun de similitude des deux courbes E et E′, menons une tangente quelconque *e′f′* à la courbe E et ayant le point *a* pour point de contact avec E, on aura, par hypothèse, *ae′* = *af′* ; menant les rayons vecteurs *oe′* et *of* qui coupent la courbe E en *e* et *f*, la corde *ef* sera parallèle à *e′f′* à cause de la similitude des courbes E et E′, donc la droite *oa* , qui divise *e′f′* en deux parties égales, divise aussi *ef* en deux parties égales, et puisque *eε′* = *f*φ′ ou aura *mε′* = *m*φ′; prenant deux points quelconques u, v, tels que $au = av$, si l'on mène les rayons vecteurs ou, ov, puis les cordes gh, $g'h'$, ces dernières sont parallèles à uv, car o étant le centre de similitude on a

$$og' : ou : og :: oh' : ov : oh :: op' : oa : op$$

donc la droite oa, passant par le milieu de uv, passe aussi par les milieux de $g'h'$ et de gh. En prenant d'autres points u' et v' on trouvera d'autres cordes parallèles à $e'f'$, et dont les milieux seront situés sur la même droite oa, on trouverait de même que les cordes parallèles à une autre tangente ont leurs milieux en ligne droite. Or cette propriété savoir : que toutes les *lignes diamétrales* sont des droites, appartient exclusivement aux sections coniques, car exprimée *analytiquement* elle conduit à une équation du second degré (nous démontrerons directement cette proposition, n° 342 *ter*, sans avoir besoin de recourir à *l'analyse*). Les courbes E et E′ sont donc deux sections coniques semblables et semblablement placées et comme deux sections coniques ne jouissent de la propriété, d'être coupées par une sécante quelconque de manière à ce que les parties interceptées soient égales entre elles, qu'autant qu'elles sont concentriques, on en conclut que les deux courbes proposées E et E′ ne sont autres que deux sections coniques semblables et semblablement placées et concentriques.

Théorèmes relatifs aux sections coniques concentriques et semblables.

342 *bis*. 1° Si l'on coupe deux surfaces Σ et Σ' par un plan P et qu'on obtienne deux courbes $\mathcal{C}$ et $\mathcal{C}_1$ telles que l'on sache que la courbe $\mathcal{C}$ est une section conique et que l'on ait démontré que la courbe $\mathcal{C}_1$ jouit de la propriété suivante, savoir : que menant une tangente quelconque θ à cette courbe $\mathcal{C}_1$, et coupant la section conique $\mathcal{C}$ en deux points q et q', le point m de contact des lignes θ et $\mathcal{C}_1$ est le milieu de la corde $\overline{qq'}$, alors on peut affirmer que la courbe $\mathcal{C}_1$ n'est autre qu'une section conique concentrique et semblable à la section conique $\mathcal{C}$.

Dans ce cas la section conique $\mathcal{C}$ enveloppe la courbe $\mathcal{C}_1$ ou, en d'autres termes, lui est *extérieure*.

2° Si l'on coupe deux surfaces Σ et Σ' par un plan P et qu'on obtienne deux courbes $\mathcal{C}$ et $\mathcal{C}_1$ telles que l'on sache que la courbe $\mathcal{C}$ est une section conique et que la courbe $\mathcal{C}_1$ jouit de la propriété suivante, savoir : que si l'on mène une tangente quelconque θ à la section conique $\mathcal{C}$, cette droite θ coupe la courbe $\mathcal{C}_1$ en deux points p et p' tels que désignant par m le point de contact des lignes θ et $\mathcal{C}$ on a $\overline{pm} = \overline{p'm}$; alors on peut affirmer que la courbe $\mathcal{C}_1$ n'est autre qu'une section conique concentrique et semblable à la courbe $\mathcal{C}$; dans ce cas la section conique $\mathcal{C}$ est enveloppée par la courbe 6, ou, en d'autres termes, la section conique 6 est *intérieure* par rapport à la courbe 6_1.

Premier cas. Considérons divers points m, m_1, m_2 de la courbe 6_1 et les tangentes à cette courbe 6_1, savoir :

θ tangente en m et coupant 6 aux points p et p',

θ_1 tangente en m_1 et coupant 6 aux points p_1 et p_1',

θ_2 tangente en m_2 et coupant 6 aux points p_2 et p_2',

etc., etc., etc.

par hypothèse on a : $\overline{mp} = \overline{mp'}$, $\overline{m_1p_1} = \overline{m_1p_1'}$, $\overline{m_2p_2} = \overline{m_2p_2'}$, etc.

Cela posé :

On pourra prendre le centre o de la section conique 6 (*fig. 218 a*), et construire une section conique δ tangente en m à la droite θ et concentrique et semblable à la courbe 6.

On pourra évidemment construire une série de sections coniques δ_1, δ_2, etc., tangentes respectivement aux droites θ_1, θ_2, etc., en les points respectifs m_1, m_2, etc., et concentriques et semblables à la courbe 6. On aura donc une série de sections coniques δ, δ_1, δ_2, etc., concentriques et semblables et tangentes à la courbe 6_1, cette courbe 6_1 sera donc *l'enveloppe* des diverses courbes δ, δ_1, δ_2, etc.

Et comme la courbe 6_1 existe, elle doit impérieusement être *l'enveloppe* des diverses courbes δ, δ_1, δ_2, etc.; ces courbes δ, δ_1, δ_2, etc., doivent donc forcément être telles que cette condition se trouve remplie.

Or il est évident que cette condition ne peut être remplie, qu'autant que les diverses sections coniques, δ, δ_1, δ_2, etc., ne sont qu'une seule et même section conique δ, concentrique et semblable à la section conique 6; et cela devient d'autant plus évident que l'on sait que les *enveloppées* successives δ, δ_1, δ_2, ... d'une *enveloppe* 6_1, doivent se couper deux à deux en des points qui appartiennent à cette *enveloppe* 6_1. Or (dans le cas actuel) les courbes δ, δ_1, δ_2, etc., ne peuvent se couper puisqu'elles sont concentriques et semblables.

La courbe 6_1 n'est donc autre que la section conique δ; donc, etc.

Deuxième cas. Considérons un point quelconque m (*fig. 218 b*) de la section conique 6. La tangente θ en m coupe la courbe 6_1 en les points q et q' et par hypothèse on a : $\overline{mq} = \overline{mq'}$; et cela subsiste pour tous les points m de la courbe 6; prenons le centre o de la section conique 6 ; menons la droite oq', elle coupera 6 en r' ; menons $r'r$ parallèle à qq', elle coupera 6 en r ; joignons les points o et m, on aura une doite om coupant la corde $\overline{rr'}$ en un point s qui sera le milieu de $\overline{rr'}$; unissons les points o et r, on aura une droite or coupant la droite θ en un point q_1, et comme $\overline{sr} = \overline{sr'}$ on aura $\overline{mq'} = \overline{mq_1}$.

Mais par hypothèse $\overline{mq'} = \overline{mq}$, donc les points q et q_1 se confondent.

Or l'on a : $or : oq :: or' : oq'$, (et cela aura lieu pour tous les points m de la courbe ϵ) donc les courbes ϵ et ϵ, sont semblables et concentriques.

Or la courbe semblable à une section conique est une section conique du même genre.

Donc les deux courbes ϵ et ϵ, sont deux sections coniques, concentriques et semblables.

3° Traçons sur un plan deux hyperboles H'' et H' concentriques et semblables; ces courbes auront pour centre commun le point o et pour asymptotes communes les droites A et B; d'un point s de l'hyperbole extérieure H'' menons deux tangentes à l'hyperbole intérieure H', on aura la corde de contact mn et le point x (milieu de la corde mn), le point s et le centre o seront sur un diamètre commun aux courbes H'' et H' et coupant l'hyperbole H' au point p.

Cela posé : (*fig.* 218 c).

Prenons sur la courbe H'', un point s' successif et infiniment voisin du point s. Le diamètre os' sera le successif du diamètre os et coupera l'hyperbole H' en un point p' successif du point p.

Si du point s' on mène deux tangentes à la courbe H', la corde $m'n'$ sera la successive de la corde mn, et dès lors son milieu x' sera un point successif du point x milieu de la corde mn. Si donc l'on unit les divers points x, x', etc., on aura une courbe H. Démontrons que les cordes mn, $m'n'$, etc., sont des tangentes successives de la courbe H.

Puisque s et s' sont des points successifs, ils donnent l'élément rectiligne de la courbe H'', élément qui prolongé donnera la tangente θ'' à cette courbe H'' au premier point s.

Or l'on sait que la tangente θ'' et la corde mn sont parallèles.

Puisque les points p et p' sont successifs ils donnent l'élément rectiligne de la courbe H', élément qui prolongé donnera la tangente θ' à cette courbe H' et au premier point p.

Or l'on sait que la corde mn, et les tangentes θ' et θ'' sont parallèles; le diamètre os' coupera donc la corde mn en un point x' qui sera le successif du point x.

Si l'on prenait un troisième point s'' sur H'' et successif du point s', on aurait une corde $m''n''$ successive de $m'n'$ et la coupant en un point x'' successif du point x'.

Et comme le point s' serait le premier point de l'élément rectiligne $s's''$, il s'en suivra que le diamètre os'' coupant l'hyperbole H' en un point p'', le point p' sera le premier point de l'élément rectiligne $p'p''$ et dès lors le point x'' en lequel se coupent les cordes successives $m'n'$ et $m''n''$ sera le successif du point x' et le point x' sera le premier point de l'élément rectiligne $x'x''$.

La courbe H sera donc déterminée par ces divers points x, x', x'', etc., et les cordes mn, $m'n'$, $m''n''$, etc., lui seront des tangentes successives. Donc, etc.

Or comme nous avons démontré que lorsque l'on avait deux courbes H' et H telles que H' étant une section conique, les tangentes mn, $m'n'$ aux points x, x', etc. de la courbe H, donnent $\overline{xm}=\overline{xn}$, $\overline{x'm'}=\overline{x'n'}$, etc. (n° 342 *bis* 1° et 2°), la courbe H est une section conique concentrique et semblable à la section conique H', nous pouvons énoncer ce qui suit, car la démonstration précédente peut évidemment s'appliquer et aux ellipses et aux paraboles.

1. Si l'on a deux sections coniques concentriques et semblables E'' et E', si de chacun des points de la courbe extérieure E'', on mène deux tangentes à la courbe intérieure E', la courbe enveloppe des cordes de contact sera une section conique E concentrique et semblable aux courbes E'' et E'.

2. Si l'on a deux sections coniques E et E' concentriques et semblables, si l'on mène des tangentes θ, θ', à la courbe intérieure E coupant la courbe extérieure E' en les points m et n, m' et n', etc. et si l'on mène aux points m et n des tangentes ξ et ξ, à la courbe E', ces tangentes ξ et ξ, se coupant en un point s; et aux points m', n' des tangentes ξ' et ξ', à cette même courbe E', ces tangentes ξ' et ξ', se coupant en un point s'; et ainsi de suite.

Les divers points s, s', etc. seront sur une section conique E'' concentrique et semblable aux courbes E et E'.

Les théorèmes précédents peuvent se démontrer pour l'ellipse et la parabole sans avoir besoin de recourir à la théorie des *infiniment petits* comme nous venons de le faire ci-dessus.

Et en effet :

1° Étant donnés (*fig.* 218 *d*) deux cercles concentriques C'' et C', si d'un point s du cercle extérieur C'' on mène deux tangentes au cercle C', la courbe tangente à la corde de contact pq sera un cercle C concentrique aux cercles donnés C'' et C'.

Si donc l'on regarde les cercles concentriques C, C', C'' comme les bases de trois cylindres de révolution Σ, Σ', Σ'', ces cylindres seront coupés par un plan P suivant trois ellipses concentriques et semblables E, E', E'', (*fig.* 218 *e*) qui jouiront de la même propriété dont jouissent les cercles concentriques C, C', C''.

2° Si l'on a deux paraboles concentriques et semblables P' et P (*fig.* 218 *f*) et que l'on mène une tangente au point m à la courbe P, cette tangente coupera la parabole extérieure P' en deux points p et q. Menant par le point m un diamètre commun aux paraboles P et P' et qui dès lors sera parallèle à l'axe infini Z de ces deux paraboles, ce diamètre coupera la parabole P' en un point n et l'on sait que la tangente θ en n à la courbe P' est parallèle à la corde pq.

Cela posé :

Si l'on mène aux points p et q des tangentes à la parabole P', elles se couperont en un point s situé sur le diamètre mn prolongé.

Or l'on sait que prenant un diamètre mn pour axe des abscisses et la tangente q pour axe des ordonnées, la sous-tangente $\overline{ms}$ est double de l'abscisse $\overline{mn}$, comme il sera démontré ci-après (n° 344 *bis*). On a donc $\overline{mn} = \overline{ns}$ et ce résultat aura lieu quel que soit le point m pris sur la parabole P.

Or comme P et P' sont des paraboles identiques ou superposables, puisqu'on a établi pour condition, qu'elles étaient deux paraboles concentriques et semblables, il s'ensuit que si pour tout autre point m' de P on fait les mêmes constructions on aura : $\overline{m'n'} = \overline{n's'}$ et comme on aura : $mn = m'n' = $ etc.,

Il s'ensuit que la courbe P'' lieu des points s, s', etc., sera une parabole concentrique et semblable aux paraboles données P et P'. Donc, etc., et il se trouve en même temps démontré, que les trois paraboles P, P', P'' sont équidistantes entre elles.

342 *ter*. Sans avoir recours à *l'analyse* on peut démontrer rigoureusement que *toute courbe dont les diamètres sont des lignes droites, n'est autre qu'une section conique*.

Et en effet :

1° Étant donnée une courbe C, dont on ignore la nature géométrique, mais qui jouit de la propriété d'avoir pour lignes diamétrales des lignes droites, je dis que cette courbe a nécessairement un centre situé à distance finie ou à l'infini.

Pour démontrer cette proposition, menons deux cordes parallèles mn, pq, leurs milieux seront sur une droite A et le milieu de toute corde parallèle à mn sera situé sur A.

Menons deux autres cordes parallèles $m'n'$ et $p'q'$, leurs milieux seront sur une droite A' et le milieu de toute corde parallèle à $m'n'$ sera situé sur A'.

Les deux diamètres (*fig*. 218 *bis*) A et A' se coupent en un point o ; si par ce point o on mène une corde M parallèle à mn, ce point o en sera le milieu, et si par ce point o on mène une corde M' parallèle à $n'm'$, ce point o en sera aussi le milieu ; or la corde M coupe la courbe C en deux points a et b, et la corde M' coupe la courbe C en deux points a' et b', les cordes aa' et bb', ab' et ba', seront donc parallèles, leurs milieux seront donc sur deux droites P et P' se croisant au point o, et toutes les cordes parallèles à aa' auront leurs milieux sur P et toutes les cordes parallèles à ab' auront leur milieu sur P'.

Mais comme les quatre points a, a', b, b', forment un parallélogramme, il s'ensuit que le point o en est le centre et que les droites P et P' sont respectivement parallèles aux côtés parallèles aa', bb', et ab', $a'b$, par conséquent la droite P coupe la courbe C en deux points s et r et le point o est le milieu de la corde sr, la droite P' coupe la courbe C en deux points s' et r', et le point o est le milieu de la corde $s'r'$; les quatre points s, s', r, r' forment un parallélogramme dont le point p est le centre, les milieux des côtés parallèles seront donc sur deux droites R et R' se coupant au point o et en leur milieu, et ainsi de suite.

Ainsi lorsque deux diamètres A et A' se coupent, le point o de leur rencontre est le centre de la courbe C.

Si les droites A et A' arbitrairement choisies étaient parallèles et si dès lors le point o était situé à l'infini, les droites A et A' ne perceraient chacune la courbe C qu'en un point et dès lors toutes les droites, P, P'.... et R, R', etc., seront parallèles entre elles et aux droites A et A'; et en effet lorsque deux diamètres se croisent en un point o, nous avons démontré que tous les diamètres passaient par ce point o. Si donc deux diamètres se coupent à l'infini, tous les autres diamètres les couperont à l'infini ou en d'autres termes leurs seront parallèles.

2° *Trois points et le centre déterminent une ellipse ou une hyperbole*; désignons les trois points par a, b, c et le centre par o; sur les droites ao, bo, co, prenons des points a', b', c', tels que l'on ait $a'o = ao$, $b'o = bo$, $c'o = co$, les six points a, a', b, b', c, c' détermineront une ellipse ou une hyperbole, en effet: prenons dans l'espace un point s, menons les droites sa, sa', sb, sb', sc, sc', et coupons la pyramide qui a pour sommet le point s et pour base l'hexagone $abca'b'c'$, dont les côtés opposés sont parallèles, par un plan Z, on aura un hexagone irrégulier $a,b,c,a,'b',c'$, dont les côtés opposés iront se couper en trois points situés en ligne droite.

On pourra donc faire passer une section conique E et une seule par les six points a,b,c,a',b',c', puisqu'ils satisfont à la condition de l'hexagramme de Pascal, le cône Δ qui aura pour base la section conique E et pour sommet le point s sera donc coupé par le plan Z suivant une section conique E' passant par les six points $abca'b'c'$, donc, etc.

Mais il faut admettre que tout cône ayant pour base une section conique E, (ce cône n'étant pas de révolution), est toujours coupé par un plan suivant une section conique, proposition que nous démontrerons un peu plus loin.

3° *Trois points et la direction de l'axe infini déterminent une parabole*; désignons par a, b, c, les trois points donnés et par A la droite à laquelle l'axe infini de la parabole doit être parallèle, désignons par X le plan sur lequel se trouvent placés la droite A et les trois points. Prenons un point s hors du plan X et menons par ce point s une droite G parallèle à A et les trois droites sa, sb, sc, et par la droite G un plan Q parallèle au plan X. Coupons les quatre droites par un plan $\overline{Z}$, nous aurons les quatre points g, a', b', c'; ce plan Z coupera en outre le plan Q suivant une droite Θ passant par le point g; les quatre points et la droite Θ détermineront une section conique (et une seule) E passant par ces quatre points et ayant Θ pour tangente au point *g* (n° 333 *quater*) et le cône Δ (oblique et non de révolution) ayant E pour base et *s* pour sommet sera coupé par le plan X suivant une parabole passant par les points *a*, *b*, *c*, et ayant son axe infini parallèle à la génératrice G du cône Δ , ainsi que nous le démontrerons plus loin (n° 346).

Ce qui précède étant posé, démontrons la proposition énoncée, savoir : qu'une courbe C, qui a des droites pour lignes diamétrales et un centre *o*, n'est autre qu'une section conique, *ellipse* ou *hyperbole*.

Prenons sur la courbe C trois points *a*, *b*, *c*, unissons les points *a* et *b* et par le point *c* menons une parallèle à la corde *ab* et coupant la courbe C au point *d*. Par hypothèse (en tant que considérant la courbe C) les points milieux des cordes parallèles *ab* et *cd* et le point *o* sont en ligne droite.

Mais par les trois points *a*, *b*, *c* on peut faire passer une section conique E ayant le point *o* pour centre, le point *d* sera donc sur la courbe E , puisque les courbes E et C ont même centre *o* et même diamètre par rapport à la corde *ab*. Si par les trois points *a*, *b* et *d* on fait passer une section conique E' ayant le point *o* pour centre, elle ne sera autre que E puisque E et E' ont même centre *o* et trois points communs *a*, *b*, *d*. Unissant les points *a* et *d* et menant par le point *b* une parallèle à la corde *ad*, cette parallèle coupera la courbe C en un point *e*, et les milieux des cordes *ad* et *be* seront en ligne droite avec le centre *o*, le point *e* sera donc aussi un point de la section conique E laquelle passe dès lors par les cinq points *abcde* de la courbe C; en continuant de la même manière on voit que la section conique E passera par tous les points de la courbe C, cette courbe C n'est donc autre qu'une section conique ayant un centre, elle n'est donc autre qu'une ellipse ou une hyperbole.

Si la courbe C avait tous ses diamètres parallèles entre eux, elle ne serait autre qu'une parabole; et en effet, désignons par A la droite à laquelle se trouvent parallèles tous les diamètres rectilignes de la courbe C et prenons sur C trois points *a*, *b*, *c*.

Par ces trois points nous pourrons faire passer une parabole P ayant son axe infini parallèle à A.

Joignons les points *a* et *b*, menons par le point *c* une parallèle à la corde *ab*, la droite passant par le point *c* coupera la courbe C au point *c'*, les milieux des cordes *ab* et *cc'*, seront par hypothèse (en tant que considérant la courbe C) sur une droite parallèle à A, le point *c'* appartiendra donc en même temps à la courbe C et à la parabole P.

En prenant les trois points *a*, *b*, *c'* et joignant *ac'* et menant par *b* une parallèle *bb'* à *ac'* et coupant la courbe C au point *o*, on aurait une parabole P' qui ne serait autre que P, et l'on trouverait que la section conique P a en commun avec la courbe C les points a, b, c', et ainsi de suite.

La parabole P passe donc par les divers points de la courbe C, donc, etc.

La proposition précédente nous servira lorsque nous chercherons les propriétés dont jouissent les surfaces du second ordre.

De la transformation cylindrique d'une section conique en une autre section conique.

343. Soit une ellipse E (*fig.* 219) comprise entre les tangentes parallèles T, T_1; coupons ces tangentes par une droite quelconque $a'b'$; par les divers points c, d, o, e, g, du diamètre ab menons des parallèles à T et qui coupent $a'b'$ aux points c', d', o', e', g'; par ces points et sous un angle quelconque menons des droites parallèles entre elles sur lesquelles nous prendrons des longueurs telles qu'on ait

$$ch : c'h' :: dk : d'k' :: ol : o'l' :: \ldots$$

Par tous les points a', h', k'..... faisons passer une courbe E', je dis que cette courbe est une ellipse. En effet soit une droite quelconque rs passant par le centre o, les transformés des points r, o, s, sont r', o', s', points qui sont en ligne droite; et en effet, les triangles roi, soj sont égaux, donc $oi = oj$, donc aussi $o'i' = o'j'$, mais $ir = js$ et $ir : i'r' :: js : j's'$, donc $i'r' = j's'$; de plus $\widehat{r'i'o'} = \widehat{s'j'o'}$, donc les triangles $o'i'r'$ et $o'j's'$ sont égaux, par conséquent $\widehat{r'o'i'} = \widehat{s'o'j'}$, donc enfin les droites $r'o'$ et $o's'$ ne forment qu'une seule et même ligne droite, et de plus on a $o'r' = o's'$.

La même démonstration s'applique évidemment à tous les autres diamètres de l'ellipse E, donc le point o' divise en deux parties égales toutes les cordes de E' qui y passent. Soit maintenant une droite pcq parallèle au diamètre rs, les points p, c, q se transforment en p', c', q' et je dis que ces points sont en ligne droite, car les triangles semblables cup, cvq donnent $cu : cv :: up : vq$; mais $cu : cv :: c'u' : c'v'$ et $up : vq :: u'p' : v'q'$; donc $c'u' : c'v' :. u'p' : v'q'$; d'ailleurs les angles $\widehat{p'u'c'}$ et $\widehat{c'v'q'}$ sont égaux, donc les triangles $p'u'c'$ et $q'v'c'$ sont semblables, donc $\widehat{p'c'u'} = \widehat{q'c'v'}$, et dès lors $p'c'$ et $c'q'$ sont en ligne droite. Je dis de plus que $p'q'$ est parallèle à $r's'$, en effet les triangles ori et cpu sont semblables et donnent $oi : cu :: ir : up$; mais $oi : cu :: o'i' : c'u'$ et $ir : up :: i'r' : u'p'$; donc $o'i' : c'u' :: i'r' : u'p'$; de plus $\widehat{o'i'r'} = \widehat{c'u'p'}$; donc les triangles $o'r'i'$ et $c'u'p'$ sont semblables et $\widehat{r'o'i'} = \widehat{p'c'u'}$, et par conséquent $r's'$ et $p'q'$ sont parallèles. Donc toutes les cordes parallèles de l'ellipse E se transforment en des cordes parallèles de la courbe E' et les tangentes de E se transforment aussi en des tangentes de E' parallèles au diamètre conjugué de celui qui passe par le point de contact.

Par ce qui précède, on voit de suite que l'on pourra faire passer sur la courbe E', toutes les propriétés de l'ellipse E, qui ne sont pas métriques ; ainsi on pourra faire passer de la courbe E sur la transformée E' toutes les propriétés de relation de position ; ainsi ayant démontré qu'une droite D se transforme en une droite D' et que deux droites A et B se coupant en un point o, se transforment en deux droites A' et B' se coupant en un point o' qui est le transformé du point o, on voit de suite que toutes les propriétés de l'hexagramme de Pascal subsisteront pour la transformée E' comme pour la courbe primitive E. Dès lors si l'on prend cinq points arbitraires sur la courbe E' on pourra au moyen de l'hexagramme de Pascal retrouver un sixième point appartenant à cette courbe E'.

Les deux courbes E et E' sont évidemment de même espèce et par conséquent la courbe E' est une ellipse.

Il est évident que des raisonnements semblables seraient applicables si la courbe E était une parabole ou une hyperbole. Donc la transformée d'une section conique est une section conique de même espèce.

Il n'est pas nécessaire que les droites aa' et bb' soient tangentes à l'ellipse E, on peut les mener sous telle inclinaison que l'on voudra, pourvu qu'elles soient parallèles entre elles (*fig.* 220). Si l'on prend une corde quelconque zy conjuguée du diamètre ab et le coupant en un point x, si l'on mène xx' parallèle à aa' et coupant la droite quelconque $a'b'$ en x' et menant par x' la droite $y'z'$ sous tel angle que l'on voudra et prenant $x'y' : xy :: o'c' : oc :: \ldots\ldots$ si par tous les points a', y', c', b', d', $\ldots\ldots$ on fait passer une courbe E', on démontrera encore, comme précédemment, que cette courbe E' est une ellipse, et si au lieu de l'ellipse E on prenait une parabole ou une hyperbole, on trouverait aussi que la courbe E' est une parabole ou une hyperbole.

Remarquons que rien dans la démonstration ne suppose que les droites de transformation soient dans le plan de la courbe E, il suffit que la courbe E' soit plane et que les droites de transformation soient parallèles entre elles, on peut donc construire la transformée E' partout où l'on voudra dans l'espace.

344. Ce qui précède permet de démontrer le théorème suivant relatif à la parabole.

Étant donnée une parabole P (*fig.* 220 a) ayant pour sommet le point s et pour axe infini la droite Z, si de chaque point m de la parabole P on abaisse une perpendiculaire mp sur Z, si en chaque point m on mène une tangente T à la parabole P et coupant l'axe Z au point r, si ensuite on mène par chaque point p des droites parallèles entre elles et faisant avec mp un angle arbitraire α, et si sur ces droites on prend des points m, tels que l'on ait $\frac{pm_i}{pm} =$ constante $= $ K, tous les points m_i donneront une parabole P_i passant par le point s sommet de la parabole P et la tangente T en m à P sera transformée en une tangente T_i en m_i à P_i et T_i coupera l'axe Z au point r en lequel la tangente T le coupait.

Et la tangente θ au sommet s de la parabole P, laquelle tangente était parallèle à mp, sera transformée en une droite θ_i parallèle à pm_i et tangente en s à la parabole P_i; or pour la parabole P, on a démontré (n° 324) que l'on avait $\overline{pr} = 2.\overline{ps}$, la même chose aura lieu pour la parabole P_i, en vertu du mode de transformation *cylindrique*, on peut donc énoncer ce qui suit :

Étant donnée une parabole P_i et un de ses diamètres Z la coupant au point s, ayant construit pour le point s la tangente θ_i, si l'on prend un point m_i sur cette courbe P_i et que l'on mène l'ordonnée pm_i parallèle à θ_i (la droite Z étant l'axe des abscisses) ; si ensuite on mène en m_i la tangente T_i à la courbe P_i et coupant l'axe Z des abscisses au point r; on aura : $\overline{pr} = 2.\overline{ps}$; ce que l'on exprimera de la manière suivante :

La sous-tangente $\overline{pr}$ est double de l'abscisse $\overline{ps}$.

Ainsi se trouve démontré par *la méthode des projections*, le théorème que la sous-tangente est double de l'abscisse pour la parabole, que cette courbe soit rapportée à des coordonnées rectangulaires ou obliques, l'axe des abscisses dans le premier cas étant l'axe infini, et dans le second cas un diamètre de la courbe, et l'axe des ordonnées étant la tangente conjuguée de l'axe infini dans le premier cas et la tangente conjuguée du diamètre dans le second cas.

344 *bis*. Comme cas particulier on peut supposer les droites aa', xx'....... perpendiculaires au plan de la courbe E, $a'b'$ ayant d'ailleurs telle inclinaison que l'on voudra sur ce plan ; on peut aussi diriger les droites $z'y'$, $c'd'$....... sous telle inclinaison que l'on voudra, mais de manière que les droites yy', zz', cc'..... soient encore perpendiculaires au plan de E, l'on obtiendra de même une ellipse E', mais alors l'ellipse E sera la projection orthogonale de l'ellipse E'. Si la courbe E, au lieu d'être une ellipse, était une parabole ou une hyperbole, la courbe transformée E' serait aussi une parabole ou une hyperbole. Donc la projection orthogonale (sur un plan) d'une section conique est une section conique de même espèce.

Les droites aa', xx', yy'........ peuvent cesser d'être perpendiculaires au plan de la courbe E, mais rester toujours parallèles entre elles, la courbe E sera alors une projection cylindrique oblique de E'. Donc toute projection cylindrique (sur un plan) d'une section conique est une section conique du même genre.

345. Il résulte encore de là *qu'un cylindre à base section conique est toujours* *coupé par un plan, suivant une section conique du même genre que la base* (*).

345 *bis.* Concevons sur le plan horizontal (*fig.* 220 *bis*) une ellipse E dont le grand axe soit perpendiculaire à la ligne de terre LT. Regardons cette courbe E comme la section droite d'un cylindre vertical Σ et coupons ce cylindre Σ par un plan P perpendiculaire au plan vertical de projection, ayant soin de prendre pour trace H^r le grand axe de l'ellipse E.

D'après ce qui précède, le plan P, quelle que soit son inclinaison sur le plan horizontal, coupera le cylindre Σ suivant une ellipse E′ qui se projettera sur le plan horizontal en la courbe E. Parmi tous les systèmes de diamètres conjugués de E′, il en existera un et un seul dans lequel les diamètres conjugués seront rectangulaires entre eux et seront dès lors les axes de l'ellipse de section E′; or il est évi-

---

(*) De ce qui précède on peut conclure ce qui suit :

1° Si l'on a un cercle C, si l'on trace un diamètre B de ce cercle, si de chaque point *m* de ce cercle on abaisse une perpendiculaire N sur le diamètre B et le coupant en un point *p*, et si l'on prend sur la droite N un point *m*, tel que l'on ait :

$$\frac{pm}{pm_1} = K$$

tous les points *m*, ainsi obtenus détermineront une courbe E qui sera une ellipse.

L'ellipse E aura son grand axe égal au diamètre B du cercle C, si K est < 1; et si au contraire K est > 1, le diamètre B sera le grand axe de cette ellipse E.

2° Si l'on a deux cercles C et C′ situés sur un même plan, ou dans des plans parallèles, ou dans des plans se coupant suivant une droite D; si l'on mène dans chaque cercle un diamètre perpendiculaire à la droite D et ainsi un diamètre B pour le cercle C et le diamètre B′ pour le cercle C′.

Les ellipses E et E′, transformées cylindriques (par des droites parallèles à D) des cercles C et C′, seront semblables.

3° Si l'on a un cercle C tracé dans un plan M et un plan P coupant le plan M suivant une droite Y, si de chaque point *m* du cercle C on abaisse sur le plan P une perpendiculaire N et le perçant en un point *p*.

Si sur la droite N on prend un point *m*, tel que l'on ait $\frac{pm}{pm_1} = K$, le *lieu* de tous les points *m*, sera une ellipse E dont le plan M, passera par la droite Y.

En vertu de ce qui vient d'être énoncé, on peut transformer facilement le tore régulier *circulaire* (n° 328 *déci.* page 100) en un tore régulier *elliptique*, et les trois tores irréguliers *circulaires* (n° 328 *déci*, 1er, 2e, 3e cas) en trois nouveaux tores irréguliers *elliptiques*.

Et en effet :

En nous rappelant le mode de génération des tores circulaires et en conservant la même notation (n° 328 *déci.*), l'on voit : 1° que les cercles situés dans les plans passant par l'axe Y se transformeront en des ellipses dont les plans passeront tous par ce même axe Y, le plan de chaque ellipse étant différent du plan du cercle dont elle est la transformée cylindrique.

Et 2° que les cercles situés dans les divers plans qui se coupent suivant la droite D se transformeront en des ellipses toutes semblables entre elles et chacune d'elles étant située dans le plan du cercle dont elle est la transformée cylindrique. Mais il ne faut pas oublier que les droites de transformation sont toutes perpendiculaires au plan mené par l'axe Y perpendiculairement à la droite D.

dent que si l'on fait passer deux plans verticaux et respectivement par les axes de l'ellipse E, ces deux plans Q et Q' couperont le plan P (quelle que soit l'inclinaison de ce plan P) suivant deux droites A et A' qui seront rectangulaires entre elles.

Or si par les extrémités des axes de l'ellipse E, on fait passer des génératrices droites du cylindre Σ et que l'on mène les quatre plans tangents au cylindre Σ passant respectivement par ces quatre génératrices, ces plans tangents couperont le plan horizontal suivant quatre droites formant un rectangle circonscrit à l'ellipse E et dont les côtés seront tangents en les sommets de cette ellipse E; et de même ces plans tangents couperont le plan P suivant un rectangle circonscrit à l'ellipse E' et dont les côtés seront deux à deux parallèles aux droites A et A', et ce rectangle aura ses côtés tangents à l'ellipse E' en les quatre sommets de cette courbe E'.

Cela posé, on peut demander si le plan P ne peut pas avoir sur le plan horizontal une inclinaison α telle que la section E' soit un cercle.

Pour que E' soit un cercle il faut que ses deux axes soient égaux en longueur.

Or, en désignant par a et b les demi-axes de l'ellipse E (a étant le demi grand axe) et par a_i et b_i les demi-axes de l'ellipse E' (a_i étant le demi grand axe) et par α l'angle que le plan P fait avec le plan horizontal, on a :

$$a = a_i \quad \text{et} \quad b = b_i \cos \alpha.$$

Pour que l'ellipse E' soit un cercle il faudra que l'on ait $= a_i = a$ et dès lors on devra avoir :

$$\cos \alpha = \frac{b}{a}$$

L'angle α pourra donc être construit de la manière suivante.

Faisant passer un plan vertical M par le petit axe a' de l'ellipse E, ce plan coupera le cylindre Σ suivant deux génératrices droites G et G'; si du centre o de l'ellipse E et avec un rayon égal à a (ou au demi grand axe de la courbe E) on décrit dans le plan M un cercle δ, ce cercle coupera la droite G en deux points x et x' également distants du plan horizontal et l'angle que la droite xo ou $x'o$ fera avec le plan horizontal sera l'angle α demandé.

Ceci démontre qu'un cylindre qui a pour section droite une ellipse, peut être coupé suivant un cercle de deux manières différentes par un plan. Ces sections sont dites *les sections circulaires* du cylindre elliptique.

Ayant déterminé l'angle α que doit faire le plan P avec le plan horizontal pour que ce plan P puisse couper le cylindre elliptique Σ suivant un cercle, on peut faire tourner ce plan P autour de H" comme charnière pour le rabattre sur le plan horizontal ; alors le cercle de section E' se rabattra en un cercle E, tracé sur le grand axe de l'ellipse E comme diamètre, et l'on pourra construire la tangente en un point m de l'ellipse E en regardant cette ellipse comme la projection horizontale du cercle E' rabattu en le cercle E,.

Et les constructions seront identiquement les mêmes que celles que nous avons effectuées lorsque nous avons considéré un cercle C comme la projection d'une ellipse E, le petit axe de cette ellipse étant un diamètre du cercle C, car il suffit de remplacer le cercle C section droite du cylindre de révolution par l'ellipse E section droite du cylindre oblique et l'ellipse C' section du cylindre de révolution par le plan P par le cercle E' section du cylindre oblique par le plan P.

On pourra donc par cette nouvelle considération (du cercle tracé sur le grand axe d'une ellipse comme diamètre), résoudre les problèmes suivants.

1° En un point m d'une ellipse E construire la tangente (*fig.* 220 *ter*).

2° Par un point p pris hors d'une ellipse E construire les deux tangentes à l'ellipse (*fig.* 220 *quat.*).

3° Construire une tangente à une ellipse E parallèle à une droite donnée D (ou faisant un angle α avec une droite donnée) (*fig.* 220 *quint.*).

345 *ter.* Soit donnée une ellipse E sur le plan horizontal, désignons le demi petit axe *oi* par *b* et le demi grand axe *ok* par *a* ; prenons deux lignes de terre l'une LT parallèle au grand axe, et l'autre L'T' parallèle au petit axe de l'ellipse E.

Décrivons sur le petit axe comme diamètre un cercle C et sur le grand axe aussi comme diamètre un cercle C';

Cela posé,

Considérons le cercle C comme la section droite d'un cylindre vertical de révolution Σ et l'ellipse E comme le rabattement sur le plan horizontal de l'ellipse de section faite dans le cylindre Σ par un plan P passant par le petit axe $\overline{2b}$ de l'ellipse E.

Considérons l'ellipse E comme la section droite d'un cylindre vertical et non de révolution Σ' et le cercle C', comme le rabattement sur le plan horizontal du cercle de section faite dans le cylindre Σ' par un plan R passant par le grand axe $\overline{2a}$ de l'ellipse E.

Cela posé,

Je dis que les plans P et R font avec le plan horizontal des angles égaux ; et en effet :

Pour le plan P on aura $\cos \alpha = \dfrac{b}{a}$ et pour le plan R on aura :

$$\cos \alpha' = \frac{b}{a} \quad \text{donc} \, \alpha = \alpha'.$$

Prenons un point m sur l'ellipse de section située dans le plan P, m^h sera sur le cercle C et m^v sur V^p.

Du point m^h abaissons deux perpendiculaires l'une m^h sur le demi grand axe ok et l'autre m^hp sur le demi petit axe de l'ellipse E, on aura :

$$\cos \alpha = \frac{\overline{qm^h}}{\overline{o^vm^v}} \quad \text{ou} \quad \cos \alpha = \frac{\overline{or}}{\overline{o^vm^v}}$$

Rabattant le plan P sur le plan horizontal, le point m viendra se placer en m' sur l'ellipse E et les trois points q, m^h et m' seront en ligne droite.

Abaissons du point m', une perpendiculaire $m'q$ sur le demi grand axe ok de l'ellipse E, on aura $oq = o^vm^v$, donc on peut écrire :

$$\cos \alpha = \frac{\overline{or}}{\overline{oq}}$$

Considérons maintenant le point m' de l'ellipse E comme la projection horizontale n^h d'un point n situé sur le cercle de section du plan R et du cylindre oblique Σ'.

Le point n après le rabattement du plan R sur le plan horizontal viendra en n' sur le cercle C' section circulaire (rabattue) du cylindre Σ' et les trois points q, n^h (ou m'), et n' seront en ligne droite.

Or on a :

$$\cos \alpha = \frac{\overline{n^hq}}{\overline{o^vn^{v'}}}$$

Et comme $n^hq = m^hr$

Et que $o^vn^{v'} = n'q$, on pourra écrire :

$$\cos \alpha = \frac{\overline{m^hr}}{\overline{n'q}}$$

On a donc la proportion :

$$\frac{m^hr}{n'q} = \frac{or}{oq}$$

Par conséquent les trois points o, m^h et n' sont en ligne droite. De là on déduit une construction simple et par *points* d'une ellipse dont on connaît les axes et qui est la suivante :

Étant donné le centre o de l'ellipse et ses deux demi-axes oi et ok, ayant tracé les deux cercles concentriques C et C' sur chacun des axes comme diamètre, on mènera un rayon quelconque par le centre o, ce rayon coupera le cercle C au point n et le cercle C′ au point n'.

Du point n on mènera une perpendiculaire np au petit axe, du point n' on mènera une perpendiculaire $n'q$ au grand axe de l'ellipse E à tracer, ces deux perpendiculaires se couperont en un point m qui appartiendra à l'ellipse E.

Si l'on mène en n et n' les tangentes aux cercles C et C′ on aura deux droites parallèles entre elles comme étant perpendiculaires au même rayon $\overline{onn'}$. La tangente au cercle C coupera le petit axe (prolongé) de l'ellipse E au point s; la tangente au cercle C′ coupera le grand axe (prolongé) de l'ellipse E au point s' et la droite ss' sera tangente au point m à l'ellipse E.

345 *quater*. Si l'on a une série d'ellipses E, E′, E″, etc. (*fig.* 220 *a*), ayant un diamètre commun qr et leurs diamètres conjugués de qr, situés sur une même droite A, ces ellipses auront évidemment même centre o; de plus elles auront en les points q et r mêmes tangentes. Cela posé : si l'on mène une droite B parallèle à la droite A, et coupant les courbes en les points m, m', m'', etc., et si l'on mène en chacun de ses points une tangente à chacune des ellipses, je dis que toutes ces tangentes iront se couper en un seul et même point p situé sur le diamètre commun qr prolongé.

Et en effet :

Nous pouvons concevoir l'ellipse E comme la base sur le plan horizontal d'un cylindre oblique et elliptique Σ dont les génératrices droites se projetteront horizontalement suivant des droites parallèles à A ; la droite B pourra donc être considérée comme étant la projection G^h de la génératrice G passant par le point m de la base E.

Chacun des points m', m'', etc., pourra être considéré comme la projection horizontale des points x', x'', etc., en lequel la droite G est coupée respectivement par des plans sécants X, X′, X″, etc., ayant pour trace horizontale commune le diamètre qr.

Or tous ces plans X, X′, X″, etc., coupent le cylindre oblique suivant des ellipses $\eth'$, $\eth''$, $\eth'''$, etc., qui se projetteront sur le plan horizontal suivant des ellipses E′, E″, E‴, etc., et la tangente θ au point m de la base E du cylindre Σ peut être considérée comme la trace H$^\tau$ du plan T tangent à Σ tout le long de la droite G.

Dès lors les tangentes θ', θ'', θ''', etc., aux points m', m'', m''', etc., des ellipses E′, E″, E‴, etc., peuvent être regardées comme les projections horizontales des tangentes aux points x', x'', x''', etc., des ellipses de l'espace $\eth'$, $\eth''$, $\eth'''$, etc., donc elles doivent se couper au point p.

Si l'on avait une série de paraboles P, P′, P″, ayant même diamètre qr

(*fig.* 220 *b*) et au point *q* une tangente commune G^h, la même propriété subsisterait : il suffit de regarder l'une des paraboles P (par exemple) comme la base
d'un cylindre oblique et parabolique Σ dont les génératrices droites seront projetées horizontalement suivant des parallèles à la tangente commune G^h, et de
regarder le diamètre commun *qr* comme la trace horizontale commune d'une série
de plans sécants X, X', X'', etc., coupant le cylindre Σ suivant des paraboles δ', δ'',
δ''', etc., projetées horizontalement en les paraboles données P', P'', P''', etc.

Si l'on avait une série d'hyperboles ayant un diamètre réel en commun, la
même propriété subsisterait ; mais dans ce cas on aurait à considérer un cylindre oblique et hyperbolique.

Si (figure 220 *a*) on mène une droite *sx* coupant l'ellipse E en les points *x* et *y* et
que par chacun de ces points on mène des droites parallèles à la droite A coupant
les ellipses E', E'', etc., en les points *x'*, *y'*, et *x''*, *y''*, etc., il est évident que les
cordes $\overline{x'y'}$ et $\overline{x''y''}$, etc., prolongées iront toutes passer par le point *s* en lequel
le diamètre commun *qr* est coupé par la droite *sx*. Et en effet : on pourra consi-
dérer la droite *sx* comme la trace H^R d'un plan sécant R coupant le cylindre Σ
suivant deux génératrices droites ayant leurs traces horizontales respectivement
en les points *x* et *y*, etc.

La même chose aura lieu pour une série d'hyperboles ayant un diamètre réel
commun ; la même chose aura lieu pour une série de paraboles ayant un diamètre commun (*fig.* 220 *b*).

345 *quint.* Concevons une ellipse E tracée sur le plan horizontal et deux tangentes T et T' à cette ellipse, ces tangentes étant parallèles entre elles.

En un point *m* de E menons à cette courbe une tangente R.

Cela fait : concevons la courbe E comme la base ou la trace horizontale d'un
cylindre Σ ayant ses génératrices droites G projetées horizontalement suivant des
parallèles aux tangentes T et T'; il est évident dès lors que ces droites T et T'
pourront être considérées comme les traces H^Θ et $H^{\Theta'}$ de deux plans verticaux Θ et
Θ' tangents au cylindre Σ.

Par la droite R faisons passer une série de plans X', X'', X''', etc., lesquels couperont le cylindre Σ suivant des ellipses E', E'', E''', etc., qui évidemment se
projetteront sur le plan horizontal en des ellipses E^{lh}, E^{llh}, E^{lllh}, etc., qui passeront toutes par le point *m* et auront en ce point *m* la droite R pour tangente
commune et de plus ces ellipses seront tangentes aux droites T et T'.

Cela posé, il est évident par tout ce qui précède que :

1° Si l'on mène une droite Y parallèle aux droites T et T' et coupant les courbes
E^{lh}, E^{llh}, E^{lllh}, etc., en les points : *e'*, *e',* et *e''*, *e''*, et *e'''*, *e'''*,, etc., les tangentes à
la courbe E^{lh} en les points *e'* et *e',*, les tangentes à la courbe E^{llh} en les points

e'' et e''_i, et ainsi de suite, iront toutes concourir en un point p situé sur la droite R.

2° Si l'on mène deux droites Y et Y, parallèles aux droites T et T', et coupant les ellipses E'^h, E''^h, E'''^h, etc., en des points situés respectivement, savoir :

$$y', \quad x' \quad \text{et} \quad y'_i, \quad x'_i \quad \text{sur la courbe } E'^h,$$
$$y'', \quad x'' \quad \text{et} \quad y''_i, \quad x''_i, \quad \text{sur la courbe } E''^h,$$
$$y''', \quad x''' \quad \text{et} \quad y'''_i, \quad x'''_i \quad \text{sur la courbe } E'''^h,$$
$$\text{etc.} \qquad \text{etc.} \qquad \text{etc.}$$

les cordes $y'y'_i$, $x'x'_i$ et $y''y''_i$, $x''x''_i$ et $y'''y'''_i$, $x'''x'''_i$, etc., prolongées, iront se couper en un même point q situé sur la corde R.

La même chose aura lieu pour une série de paraboles et aussi pour une série d'hyperboles.

345 *sex.* Concevons une ellipse E, deux tangentes à cette ellipse et parallèles entre elles, savoir : T et T' et une droite R coupant l'ellipse E en deux points r et r', de telle sorte que la droite $\overline{rr'}$ se trouve être une corde de la courbe E.

D'après ce qui précède, il est évident que si l'on a une suite d'ellipses E'^h, E''^h, E'''^h, etc., tangentes aux droites T et T' et passant toutes par les points r et r' :

1° Si l'on mène une droite Y parallèle aux droites T et T', et coupant :

$$E'^h \quad \text{en les points} \quad e' \quad \text{et} \quad e'_i,$$
$$E''^h \quad — \quad e'' \quad \text{et} \quad e''_i,$$
$$E'''^h \quad — \quad e''' \quad \text{et} \quad e'''_i,$$
$$\text{etc.} \quad — \quad \text{etc.}$$

les tangentes en les points e', e'_i, e'', e''_i, etc., iront toutes concourir en un même point p situé sur la droite R ;

2° Que si l'on mène deux droites Y et Y, , parallèles entre elles et aux droites T et T', ces droites coupant, savoir :

$$Y \text{ la courbe } E'^h \text{ en les points } y' \text{ et } x',$$
$$Y, \quad — \qquad — \qquad y'_i \text{ et } x'_i,$$
$$Y \text{ la courbe } E'^h \text{ en les points } y'' \text{ et } x'',$$
$$Y, \quad — \qquad — \qquad y''_i \text{ et } x''_i,$$
$$\text{etc.} \quad — \qquad — \qquad \text{etc.}$$

les cordes $y'y'_i$, $y''y''_i$, etc., et les cordes $x'x'_i$, $x''x''_i$, etc., prolongées, iront concourir en un même point q situé sur la droite R, ou, en d'autres termes, sur la corde $\overline{rr'}$ prolongée et commune à toutes les ellipses E, E'^h, E''^h, etc.

La même chose aura lieu pour une série de paraboles, et aussi pour une série d'hyperboles ; mais lorsqu'on aura une série d'hyperboles, il faudra que les points r et r' soient : 1° tous deux situés sur une même branche de chacune des hyperboles; ou 2° situés, l'un r sur une branche et l'autre r' sur l'autre branche, et cela pour toutes les hyperboles.

345 *sept.* Les propriétés que nous venons de démontrer exister pour une série d'ellipses, ou une série de paraboles, ou une série d'hyperboles (n°ˢ 345 *quater, quint.* et *sex.*) existent encore pour d'autres courbes entre lesquelles subsiste une condition particulière et qui est la suivante :

Concevons une courbe plane C arbitraire et une droite X située dans le plan de la courbe C et dans une direction arbitraire par rapport à cette courbe C.

Concevons une seconde droite Y dans le plan de la courbe C et coupant la droite X sous un angle arbitraire α.

De chacun des points m de la courbe C, menons une parallèle à la droite Y et coupant X en un point p, prenons sur la droite X un point o arbitraire; désignons $\overline{pm}$ par y et $\overline{op}$ par x, nous connaîtrons les diverses abscisses x et les diverses ordonnées y de la courbe C.

Cela posé :

Considérons deux points quelconques m et m' de la courbe C, nous connaîtrons les coordonnées x et y du point m, x' et y' du point m'. Unissons les deux points m et m' par une droite L, elle ira couper la droite X en un point l.

Cela posé :

Prenons sur y ou $\overline{mp}$ un point m, tel que $\dfrac{m_,p}{mp} = \delta$

Prenons sur y' ou $\overline{m'p}$ un point $m_,'$ tel que $\dfrac{m_,'p}{m'p} = \delta$

La corde $\overline{m_,m'}$, prolongée ira couper la droite X au même point l; de là on peut conclure ce qui suit :

Étant donnée une courbe arbitraire C, si l'on construit une courbe C, telle que pour les mêmes abscisses comptées sur la droite X et à partir de la même origine o, les ordonnées correspondantes des courbes C et C, sont dans un rapport constant, les cordes $\overline{mm'}$ de C et $\overline{m_,m_,'}$ de C, passant par des points ayant mêmes abscisses iront concourir en un même point situé sur la droite X.

Et il est évident que cette propriété subsistant, quelle que soit la différence qui existe entre les abscisses x et x' des points m, $m_,$ et m', $m_,'$ des courbes C et C,, elle subsistera encore lorsque les points m et m' seront successifs et infiniment voisins, et que par suite les points $m_,$ et $m_,'$ seront aussi successifs et infiniment voisins.

Si l'on a donc deux courbes C et C, telles que leurs ordonnées sont dans un rapport constant, pour deux points m de C et $m_,$ de C, ayant même abscisse x, les tangentes menées en ces points m et m, à ces deux courbes C et C, iront concourir en un même point situé sur l'axe X des abscisses.

345 *octavo*. Nous savons que lorsque l'on a deux sections coniques de même espèce E et E′ et ainsi deux ellipses ou deux paraboles ou deux hyperboles qui ont même axe aa' (*fig.* 220 *c*), et dès lors en leurs sommets a et a' mêmes tangentes θ et θ' pour une même abscisse $\overline{ay}$, les ordonnées gy et gy' sont dans un rapport constant, et que si d'un point s arbitrairement pris sur l'axe commun aa' prolongé on mène des tangentes sk, sl aux courbes E et E′, les points de contact k et l sont sur une perpendiculaire à la droite $aa's$.

Il est évident que la droite kl prolongée (que nous désignerons par Y) est la *polaire* commune aux deux courbes E et E′, le *pôle* étant le point s.

Cela posé : si par le point x, en lequel se coupent les droites Y et $\overline{aa'}$, on mène une droite quelconque xq coupant la courbe intérieure E en les points q et m, et si l'on mène la droite qs coupant E en p et la droite ms coupant E en n, le quadrilatère $pqmn$ ne sera autre qu'un trapèze régulier dont les côtés pm et qn seront parallèles et coupés par la droite aa' en leurs milieux v et h.

On peut toujours circonscrire un cercle C à un trapèze régulier.

Construisons ce cercle C coupant la droite Y aux points l et l'.

Je dis que les droites sl et sl' seront tangentes en l et en l' au cercle C.

Et en effet : le point s sera le *pôle* et la droite Y la *polaire* par rapport au cercle C, en vertu de la propriété des quadrilatères inscrits à une section conique.

D'après ce qui vient d'être dit, on voit qu'il sera donc toujours possible de construire une section conique E′ (de même genre que E) ayant même axe $\overline{aa'}$ que E et tangente en l et l' au cercle C.

Nous ferons usage de cette propriété, lorsque (chapitre XII) nous chercherons les *sections circulaires* des surfaces du second ordre.

La section plane du cône oblique est une section conique.

346. Un cône, non de révolution, à base section conique est toujours coupé par un plan de direction arbitraire suivant une section conique. En effet, soit s le sommet d'une surface conique (*fig.* 221) ayant pour base l'ellipse E, et soit un plan sécant P; on peut toujours choisir le plan vertical de projection perpendiculaire au plan P. Cela posé, menons à l'ellipse E deux tangentes perpendiculaires à LT et construisons une transformée E′ de l'ellipse E de manière qu'elle ait son grand axe $a'b'$ parallèle à LT; par le point s, abaissons une perpendiculaire au plan vertical de projection et coupant le plan vertical élevé sur $a'b'$ en un point s', et considérons le cône ayant son sommet en s' et pour base l'ellipse

E′; ce cône est coupé par le plan P suivant une courbe C′, qui se déduit de la courbe C, intersection du cône (s, E) par le même plan P, de la même manière que E′ se déduit de E, car les deux surfaces coniques sont comprises entre deux plans tangents communs perpendiculaires au plan vertical de projection, donc les courbes C et C′ sont comprises entre deux tangentes perpendiculaires à ce plan ; de plus, tout plan mené par la droite ss' coupe le plan P et le plan horizontal suivant des parallèles à cette droite, et les cordes des courbes C et C′ sont proportionnelles aux cordes des ellipses E et E′, mais toutes les cordes de ces ellipses situées sur des mêmes droites perpendiculaires à LT sont dans un rapport constant ; donc aussi les cordes correspondantes des courbes C et C′ sont dans un rapport constant.

En outre, construisons l'hyperbole (K, K′) focale de l'ellipse E′; par le point s', menons une parallèle à la ligne de terre et coupant cette focale en s'' et considérons le cône de révolution ayant pour sommet ce point s'' et pour base l'ellipse E′; prenons deux points quelconques m', m_1' de la base commune E′, et conduisons les génératrices G′ et G_1', G″ et G_1'' des deux surfaces coniques et aboutissant en ces points m' et m_1', les premières sont coupées par le plan P aux points x' et x_1', appartenant à la courbe C′; par ces points, menons des parallèles à LT ou à $s's''$ jusqu'à la rencontre de G″ et G_1'' aux points x'' et x_1''; les projections verticales x'''^v et $x_1'''^{iv}$, sont sur une ligne droite passant par p (n° 105), on peut donc considérer cette droite comme la trace verticale d'un plan P′ perpendiculaire au plan vertical de projection, et coupant le cône de révolution (s'', E′) suivant une courbe C″ déterminée par des points tels que x'' et x_1''. Cette courbe C″ se déduit de C′ par le procédé général de transformation indiqué ci-dessus et dit *transformation cylindrique*, elle en est la transformée, ou réciproquement C′ est la transformée de C″, mais C″ est une section conique (*), donc C′ est aussi une section conique. Enfin C′ est la transformée de C, ou réciproquement C est la transformée de C′, donc C est une section conique; les trois sections coniques C, C′, C″ sont de même espèce ; mais C″ peut être une ellipse, une parabole, ou une hyperbole suivant la direction du plan sécant P′, donc aussi C peut être une ellipse, une parabole ou une hyperbole. Si maintenant on conçoit dans un cône à base elliptique une section parabolique et une section hyperbolique, il est évident que l'on pourra prendre l'une quelconque de ces trois courbes pour base et les autres pour des sections planes; donc en général les sections planes d'un cône à base section conique sont des sections coniques qui peuvent être de l'une des trois espèces, *ellipse*, *parabole*, *hyperbole*, quelle que soit la nature de la base.

(*) Puisqu'elle est la section d'un cône de révolution par un plan.

Il résulte de là que *la projection conique d'une section conique quelconque est encore une section conique*, mais elle n'est plus nécessairement de même espèce que la section conique projetée.

346 *bis*. Concevons un cône oblique Σ ayant pour trace horizontale ou base sur le plan horizontal une section conique E, et pour sommet un point *s* de l'espace, et concevons que le point *s* soit tel que sa projection s^h soit en dehors de la courbe E, de sorte que l'on puisse de ce point s^h mener deux tangentes θ et θ' à la courbe E, les points de contact étant désignés par *q* et *r*.

Par la droite *qr*, faisons passer une suite de plans X', X'', X''', etc., chacun de ces plans coupera le cône Σ suivant une section conique ∂', ∂'', ∂''', etc., qui se projettera horizontalement suivant une section E', E'', E''', etc., de même nature, c'est-à-dire que si ∂' est une ellipse, E' sera une ellipse; si ∂'' est une parabole, E'' sera une parabole; si ∂''' est une hyperbole, E''' sera une hyperbole.

Or, il est évident que toutes les projections E', E'', E''', etc., passeront par les point *q* et *r*, et auront en ces points pour tangentes communes les droites θ et θ', car ces droites θ et θ' peuvent être considérées comme les traces horizontales de deux plans verticaux T et T' tangents au cône Σ, le premier suivant la génératrice droite *sq*, et le second suivant la génératrice *sr*.

Cela posé :

Si l'on mène par le sommet *s* un plan sécant et vertical Y, coupant le cône Σ suivant une génératrice G ayant pour trace horizontale le point *m* de la base E du cône Σ et pour projection G^h la droite $s^h m$ (*fig.* 224 *bis*), cette droite G sera coupée par les plans X', X'', X''', etc., en des points qui se projetteront en les points *m'*, *m''*, *m'''*, etc., en lesquels les sections coniques E', E'', E''', etc., sont coupées par la droite $s^h m$. Et dès lors, il est évident que les tangentes *mp*, *m'p*, *m''p*, etc., menées aux points *m*, *m'*, *m''*, etc., des courbes E, E', E'', etc., iront se couper en un point *p* situé sur la droite *qr* prolongée, car ces tangentes ne seront autres que les projections horizontales des intersections des plans X', X'', X''', etc., avec le plan tangent mené au cône Σ par la génératrice G.

D'après ce qui précède, il est évident que si l'on mène une droite arbitraire coupant la courbe E aux points *x* et *y* et la droite *qr* prolongée au point *l*, et si l'on mène les droites $s^h x$ et $s^h y$ coupant les courbes E', E'', E''', etc., aux points *x'*, *x''*, etc., et *y'*, *y''*, etc., les droites *x'y'*, *x''y''*, etc., étant prolongées passeront toutes par le point *l*.

346 *ter*. Concevons une section conique E (ellipse, parabole ou hyperbole) deux tangentes T et T' à cette courbe, ces deux tangentes se coupant en un point s^h, et touchant la courbe E la première T au point *t* et la seconde T' au point *t'*.

Menons une droite R arbitraire et tangente à E en un point *m*.

Cela posé :

Concevons une série de sections coniques E'^h, E''^h, E'''^h, etc., tangente à R au point m et ayant pour tangentes les droites T et T'. Je dis que si l'on mène par le point s^h une droite K coupant les courbes E , E'^h, E''^h, etc., en les points e, e, et e', e', et e'', e'',, etc. , les tangentes à E en les points e et e,

$$E'^h \qquad - \qquad e' \text{ et } e',$$
$$E''^h \qquad - \qquad e'' \text{ et } e'',$$
$$\text{etc.,} \qquad - \qquad \text{etc.}$$

iront toutes concourir en un même point p situé sur la droite R qui est une tangente commune et en le point commun m aux diverses sections coniques E, E'^h, E''^h, E'''^h, etc. (qui pourront être indistinctement des ellipses, des paraboles, et des hyperboles).

Et en effet :

La courbe E pourra être considérée comme la base ou trace horizontale d'un cône Σ ayant pour sommet dans l'espace un point s ayant s^h pour projection horizontale ; les tangentes T et T' pourront être considérées comme les traces $H^\odot$ et $H^{\odot\prime}$ de deux plans verticaux Θ et Θ' tangents au cône Σ suivant les génératrices droites st et st' ; la droite R pourra être considérée comme la trace horizontale H^x, $H^{x\prime}$, $H^{x\prime\prime}$, etc., d'une série de plans X', X'', X''', etc., coupant le cône Σ respectivement suivant des sections coniques E', E'', E''', etc., ayant pour projection horizontale les courbes E'^h, E''^h, E'''^h, etc., qui devront évidemment satisfaire aux conditions suivantes, savoir : passer toutes par le point m ; avoir toutes en ce point m, la droite R pour tangente ; et être tangentes aux droites T ou $H^\odot$, T' ou $H^{\odot\prime}$. La droite K peut être considérée comme la projection horizontale G^h et $G_,^h$ de deux génératrices droites G et G, du cône Σ ; dès lors la propriété énoncée ci-dessus n'est qu'une conséquence de la construction connue et employée lorsqu'il s'agit de mener la tangente en un point d'une section faite dans un cône par un plan.

Par la même raison , si par le point s^h on mène deux droites Y et Y, coupant les courbes E, E'^h, E''^h, etc., savoir : Y la courbe E en les points y et x

$$Y, \qquad - \qquad y, \text{ et } x,$$
$$Y \text{ la courbe } E'^h \text{ en les points } y' \text{ et } x'$$
$$Y, \qquad - \qquad y,' \text{ et } x,'$$
$$\text{etc.,} \qquad - \qquad \text{etc.}$$

les cordes $yy,$, $xx,$ et $y'y,'$, $x'x,'$ etc. , étant prolongées iront concourir en un point q de la droite R.

346 *quater*. Concevons une section conique E (ellipse, parabole ou hyperbole), deux tangentes T et T' à cette courbe et en les points t et t' ; menons une droite

R coupant E en les points r et r'; traçons une série de sections coniques E'^h, E'''^h, E''''^h, etc. (ellipses , paraboles et hyperboles), passant par les points r et r' et tangentes aux droites T et T'; je dis : 1° si par le point s^h en lequel se coupent les droites T et T' on mène une droite Y coupant les courbes E'^h, E'''^h, E''''^h, etc., en les points y' et x', y'' et x'', y''' et x''', etc., les tangentes en ces divers points aux courbes sur lesquelles ils sont situés, iront concourir en un même point p situé sur la droite R, et 2° si par le point s^h on mène deux droites Y et Y, coupant les courbes E'^h, E'''^h, E''''^h, etc., en les points y', x' et $y'_,$, $x'_,$; y'', x'' et $y''_,$, $x''_,$; y''', x''' et $y'''_,$, $x'''_,$; les cordes $y'y'_,$, $x'x'_,$; $y''y''_,$, $x''x''_,$; $y'''y'''_,$, $x'''x'''_,$; etc., iront (étant prolongées) concourir en un point q situé sur la droite R, ce qui est évident d'après ce qui a été dit (n° 346 ter.).

Construction d'une section conique satisfaisant à certaines conditions.

347. Pour construire une section conique (fig. 222) tangente à deux droites données A et B en les points a et b et passant par un point m compris dans l'angle des parties des droites A et B qui contiennent les points de contact, nous la considérerons comme la trace horizontale d'une surface conique ayant pour directrice un cercle C construit sur ab comme diamètre et situé dans un plan vertical, A et B étant les traces horizontales de deux plans verticaux tangents à cette surface, de sorte que la projection horizontale du sommet est en s^h. La génératrice G de cette surface conique passant par le point m, coupe le cercle C en un point x, dont on trouve la hauteur au-dessus du plan horizontal en rabattant le plan du cercle C, d'où l'on déduit x^v, et joignant x^v m^v nous aurons la projection G^v sur laquelle se trouve s^v; connaissant alors le sommet s et la directrice C de la surface conique il sera facile d'en construire autant de génératrices droites que l'on voudra et d'avoir les traces horizontales de toutes ces génératrices; et ces traces seront autant de points de la section conique demandée.

Si les droites A et B (fig. 223) sont parallèles, le point s^h est transporté à l'infini, dès lors le cône est transformé en un cylindre et G^h est parallèle aux droites données A et B; du reste les constructions sont les mêmes que dans le cas précédent, mais dans le cas actuel la courbe est nécessairement une ellipse ou une parabole. Lorsque le point m est hors de l'angle désigné, on peut remplacer le cercle C par une hyperbole équilatère dont ab sera l'axe transverse; car dans ce cas la section conique demandée est une hyperbole.

348. On déduit de là le moyen de décrire une ellipse sur deux diamètres conjugués, ab et mn (fig. 224), car si des extrémités a et b, du diamètre ab, on mène les droites A et B parallèles à mn, ces droites seront tangentes à l'ellipse (n° 313, 7°)

en *a* et *b*, on est conduit à construire une ellipse tangente en *a* et *b* aux droites parallèles A et B et passant par le point *m*, elle passera nécessairement par l'autre point *n* (*).

* * *

CHAPITRE VII.

INTERSECTIONS DES SURFACES ENTRE ELLES.

Lorsque l'on a deux surfaces Σ et Σ', et que l'on veut construire leur intersection J, on doit examiner si, en vertu des lignes tracées sur les plans de projection, et qui suffisent pour définir les deux surfaces, en ce sens que l'on peut toujours construire les projections d'un point appartenant à l'une ou à l'autre des surfaces données, en ne s'appuyant que sur les lignes tracées et sur le mode de génération indiqué pour chacune des surfaces ; il faut examiner, dis-je, si l'on peut immédiatement construire les projections des points appartenant à la ligne J.

La chose peut être possible dans quelques cas, mais, en général, on ne peut pas déterminer immédiatement les points de la ligne J ; dès lors on est obligé d'employer une série de surfaces auxiliaires X, X′, X″, etc. et de la manière suivante :

La surface X coupe la surface Σ suivant une ligne C, et la surface Σ' suivant une ligne C′, et les deux lignes C et C′ se coupent en un point *m* appartenant à la ligne J. Or, les lignes C et C′ sont connues parce que l'on connaît leurs projections C^v et C^h, C'^v et C'^h, et comme les courbes C et C′ sont sur une même surface X, si elles se coupent en un point *m*, les projections m^v et m^h de ce point seront les points d'intersection des courbes C^v et C'^v, C^h et C'^h.

Ainsi donc, ayant construit les courbes C^v, C^h et C'^v, C'^h, si le point en lequel C^v et C'^v se coupent ne se trouve pas sur une même perpendiculaire à la ligne de terre avec le point en lequel C^h et C'^h se coupent, les courbes C et C′ de l'espace ne se couperont pas, et l'on reconnaîtra que la surface auxiliaire X ne coupe pas, en la position qu'on lui a donnée par rapport aux surfaces Σ et Σ', la ligne d'intersection cherchée J.

(*) *Voyez* dans l'ouvrage qui a pour titre : *Développements de géométrie descriptive*, chapitre V, page 289 et suivantes, ce qui est relatif à la construction d'une section conique donnée par cinq conditions (points et tangentes).

Ensuite, en supposant que la surface auxiliaire X coupe la courbe J, il faudra que cette surface X soit choisie, et quant à sa nature géométrique, et quant à sa position par rapport aux surfaces données Σ et Σ', de telle sorte que la construction des courbes C et C' soit immédiatement possible. C'est ainsi que, pour deux plans dont les traces horizontales et les traces verticales se coupent, on obtient immédiatement les projections de la droite J d'intersection; mais si les traces de ces plans ne se coupent pas, on ne peut plus obtenir immédiatement les projections de la droite J. Il faut recourir aux surfaces auxiliaires, et il est évident que l'on doit choisir des plans, et ensuite il faut diriger ces plans de manière à ce que leurs traces coupent les traces des plans donnés, pour pouvoir immédiatement construire les intersections C et C' de chacun des plans donnés avec chacun des plans auxiliaires.

Suivant la nature géométrique et le mode de génération des surfaces données Σ et Σ', on devra réfléchir au choix à faire pour les surfaces auxiliaires à employer et à la direction à leur donner dans l'espace par rapport aux positions qu'affectent dans l'espace les surfaces Σ et Σ'.

Les surfaces dont on devra chercher l'intersection sont ordinairement des surfaces coniques et cylindriques, et des surfaces de révolution. On a souvent encore à combiner entre elles des surfaces développables et gauches, et aussi à les combiner avec les surfaces coniques, cylindriques et de révolution : or, comme les surfaces développables et gauches sont des surfaces réglées, on voit de suite que les premiers problèmes à se proposer sont ceux où il s'agit de construire les points de rencontre ou d'intersection d'une droite avec des surfaces coniques, cylindriques et de révolution.

De l'intersection des surfaces coniques et cylindriques.

349. Problème 1. *Trouver les génératrices parallèles de deux surfaces coniques.* Nommons s et s' les sommets, B et B' les bases des deux surfaces coniques (ces bases étant sur le plan horizontal de projection, et dès lors n'étant autres que les traces horizontales des deux surfaces coniques).

Il est évident que si l'on fait mouvoir la surface conique (s', B') parallèlement à elle-même, son sommet parcourant la droite s's jusqu'à ce que ce sommet coïncide avec le sommet s de la surface (s, B), les génératrices parallèles, s'il en existe, se superposeront, et elles seront données par les points d'intersection des bases B et B''. La base B'' de la surface conique (s', B'), après ce transport, sera semblable à la base B' (n° 262), et se construira facilement au moyen de la nouvelle position d'une génératrice quelconque (n° 263, 2°); d'ailleurs, on sait que le *pôle* de similitude des courbes B″ et B′ n'est autre que la trace horizontale de la droite ss′.

350. Si l'on demandait la génératrice du cône (s, B) parallèle à celle d'un cylindre, il suffirait de mener par le sommet s une parallèle D aux génératrices du cylindre ; si la droite D rencontrait la directrice B, ce serait la génératrice demandée ; si elle ne rencontre pas cette directrice, c'est une preuve qu'il n'existe pas sur la surface conique de génératrice parallèle à celles de la surface cylindrique.

351. PROBLÈME 2. *Trouver le point de rencontre d'une droite D et d'une surface conique ou cylindrique.* Dans le cas d'une surface conique, il suffit évidemment de conduire un plan P par la droite D et le sommet du cône ; ce plan ne peut couper la surface que suivant des génératrices droites ; les points d'intersection de ces génératrices et de la droite D données sont les points cherchés. Si le plan P est, par hasard, tangent au cône, la droite D est aussi tangente au cône, et si le plan P n'a de commun avec la surface conique que le sommet de cette surface, la droite D ne rencontre pas la surface conique, à moins qu'elle ne passe par le sommet de cette surface. Dans le cas de la surface cylindrique, on fera passer par la droite D un plan P parallèle aux génératrices droites du cylindre. Ce plan P coupera la surface suivant des génératrices droites dont les rencontres avec la droite donnée D sont les points demandés. La droite D peut aussi être tangente ou sécante à la surface cylindrique, ou ne pas rencontrer cette surface.

352. PROBLÈME 3. *Trouver l'intersection de deux surfaces coniques.* Si les surfaces coniques avaient même sommet, elles ne pourraient se couper que suivant une ou plusieurs génératrices droites, que l'on obtiendrait en coupant les surfaces par un plan, et joignant les points communs aux deux sections planes (considérées comme bases des cônes) avec le sommet. Mais si les surfaces n'ont pas même sommet, les intersections sont des courbes, généralement à double courbure, et qu'on ne peut construire que par points ; il est évident que des plans sécants, arbitrairement menés au travers des deux surfaces, comme nous venons de l'indiquer, feraient connaître chacun un certain nombre de points de l'intersection ; mais les courbes de section des cônes par ces plans auxiliaires sont en général difficiles à construire, et d'ailleurs la méthode qu'elles exigent pour leur construction ou la recherche de leurs points peut s'appliquer directement à la détermination de l'intersection des deux cônes donnés.

En effet, il suffit de remarquer que, par chaque point de l'intersection C des deux cônes donnés Δ et Δ′, il passe une génératrice droite de chacune de ces deux surfaces Δ et Δ′, et que ces génératrices sont situées dans un même plan passant à la fois par les sommets des deux surfaces coniques données ; donc il faudra mener une série de plans par les sommets des deux surfaces, ou par la droite qui les unit, chacun d'eux coupera les surfaces coniques Δ et Δ′, suivant une ou plusieurs génératrices droites dont les intersections fourniront des points de la courbe C cherchée.

352 *bis*. Si l'on donne une surface conique et une surface cylindrique, ce procédé se réduit à mener par le sommet de la surface conique une parallèle aux génératrices droites du cylindre, et par cette droite une série de plans auxiliaires.

352 *ter*. Si enfin l'on donne deux surfaces cylindriques, ce même procédé consiste à mener une série de plans auxiliaires parallèles aux génératrices droites des deux surfaces cylindriques données.

Des formes diverses et générales que peut offrir la courbe-intersection.

353. Le procédé fort simple, exposé ci-dessus, a besoin de quelques précautions pour unir convenablement les points obtenus; l'on doit aussi distinguer plusieurs cas dans la disposition relative des deux surfaces. Soient : 1° B et B′ (*fig.* 225) les bases ou traces horizontales des deux surfaces coniques et *a* la trace horizontale de la droite qui unit leurs sommets *s* et *s′*, les traces horizontales des plans auxiliaires doivent toutes passer par ce point *a* et rencontrer les bases B et B′ des surfaces coniques; d'après cela il est évident que les traces H^x et H^v seront les limites des traces horizontales des plans auxiliaires que l'on peut employer. Dans le cas de cette figure 225, la courbe d'intersection porte le nom de *courbe d'arrachement*. Pour la construire, supposons que l'on commence par l'un des plans limites Y; il touche le cône (*s′*, B′) suivant une génératrice droite et coupe le cône (*s*, B) suivant deux génératrices droites; on aura donc deux points de l'intersection C des deux cônes donnés, mais comme ces deux points n'appartiennent pas à deux génératrices droites voisines, je n'en considère d'abord qu'un, je combine ainsi les deux génératrices notées 1, et j'obtiens un premier point que je numérote 1. Prenant ensuite un plan Z′ qui coupe les deux surfaces coniques suivant deux génératrices droites, je ne considère sur le cône (*s*, B) que celle voisine de 1, et je la combine avec une seule des deux génératrices du cône B′, j'obtiens ainsi un second point numéroté 2. Continuant ainsi en prenant des plans de plus en plus éloignés de Y, je parviendrai au second plan limite X, qui me donnera les génératrices 4 à l'aide desquelles j'obtiens un point que je marque 4. A la suite de la génératrice 4 du cône (*s*, B), en tournant toujours dans le même sens, je trouve la génératrice 5, qui est la seconde génératrice située dans le plan Z, il faut de nouveau la combiner avec la génératrice 3 ou 5 voisine de 4 dans le cône B′, et j'obtiens ainsi un point 5, et ainsi de suite, en prenant successivement les génératrices dans l'ordre des numéros, jusqu'à ce qu'on revienne sur les deux génératrices 1. Les

points ainsi obtenus portent les mêmes numéros qui indiquent les génératrices qui les fournissent et on les unit ensuite par un trait continu dans l'ordre des numéros.

2° Il peut arriver que les traces des plans limites soient tangentes à la même base B et sécantes à l'autre base B′ (*fig.* 226), dans ce cas on dit qu'il y a *pénétration*. L'intersection se compose de deux courbes distinctes qu'on nomme, l'une *courbe d'entrée*, l'autre *courbe de sortie*. Les numéros placés aux pieds des génératrices montrent dans quel ordre les points doivent être obtenus et numérotés pour tracer ensuite les projections de la courbe d'intersection avec exactitude, en remarquant que les numéros sans accent dans chaque base sont les traces horizontales des génératrices dont les intersections fournissent l'une des courbes ou branche d'entrée ou de sortie, et que les numéros accentués sont les traces horizontales des génératrices qui fournissent l'autre branche de la courbe d'intersection, branche de sortie ou d'entrée.

3° L'une des traces limites peut être tangente à la fois aux deux bases (*fig.* 227), alors l'intersection présente un nœud au point d'intersection des génératrices droites situées sur ce plan tangent commun. En effet, on obtient deux fois ce point en combinant les génératrices dans l'ordre 3, 4, 5 et dans l'ordre 9, 10, 11, ce qui donne évidemment dans les deux cas des points voisins du point commun et différents entre eux. Ce cas donne encore une courbe d'*arrachement;* mais offrant un point *multiple.*

4° Enfin, les plans limites peuvent être l'un et l'autre tangents à la fois aux deux surfaces coniques (*fig.* 228), l'intersection se compose alors de deux courbes ou branches qui se croisent aux deux points d'intersection des génératrices droites situées sur ces plans tangents communs. On peut vérifier la position des points comme il a été dit précédemment. Dans ce cas, après avoir fait le tour complet des bases B et B′, on revient sur les génératrices 1, et l'on n'a encore combiné que les deux génératrices 1 ou 3 ensemble, il faut aussi combiner la génératrice 1 avec 3, ce qui conduit à faire le tour dans le sens des numéros accentués. Ce cas présente une courbe *de pénétration*, mais dont les deux branches se croisent en deux points. Il n'est pas inutile de faire remarquer que les projections des courbes d'intersection peuvent avoir des nœuds, sans qu'il en résulte que les courbes dans l'espace en aient; nous reviendrons plus loin sur ces nœuds que les projections d'une courbe de l'espace peuvent présenter.

354. L'intersection d'une surface conique avec une surface cylindrique présente exactement les mêmes circonstances : les figures restent les mêmes, le point *a* représentant alors la trace horizontale de la droite menée par le sommet du cône parallèlement aux génératrices droites du cylindre.

354 *bis.* Le cas des deux surfaces cylindriques offre aussi les mêmes circonstances,.

mais alors les traces horizontales des plans sécants sont parallèles à celle d'un plan mené par deux droites respectivement parallèles aux génératrices droites de chacun des deux cylindres : le point *a* est alors transporté à une distance infinie.

355. Pour avoir la tangente en un point de l'intersection, il suffit de remarquer qu'elle est à la fois dans le plan tangent, mené à chacune des deux surfaces, par le point considéré; elle est donc l'intersection de ces deux plans que nous avons appris à construire (chap. 2).

356. Pour reconnaître la nature des sections planes d'une surface conique (n° 284), nous avons mené par le sommet de ce cône un plan parallèle au plan sécant, ce qui revenait évidemment à transporter le plan sécant parallèlement à lui-même jusqu'à ce qu'il passât par le sommet de la surface conique proposée, et nous avons ainsi reconnu que les courbes d'intersection peuvent être de trois espèces :

1° *Courbes fermées ou elliptiques ;*

2° *Courbes à branche infinie sans asymptote, ou courbes paraboliques;*

3° *Courbes à branche infinie avec asymptote, ou courbes hyperboliques.*

Deux surfaces coniques peuvent aussi se couper suivant des courbes de l'une de ces trois espèces, ou qui peuvent participer à la fois des unes et des autres. Pour reconnaître la nature de l'intersection, nous transporterons l'une des surfaces coniques parallèlement à elle-même, jusqu'à ce que son sommet coïncide avec le sommet de l'autre surface (*) : 1° si, dans cette position, les deux surfaces (leurs bases étant des courbes fermées) n'ont aucune génératrice commune, elles se couperont suivant une courbe fermée, car alors les surfaces coniques proposées n'ont pas de génératrices parallèles, donc l'intersection n'aura pas de point situé à l'infini; l'intersection est alors dite *elliptique*; 2° si les deux surfaces ayant même sommet ont une génératrice droite de contact et par conséquent un plan tangent commun, les surfaces proposées ont deux plans tangents parallèles menés le long de génératrices droites qui elles-mêmes sont parallèles, et par conséquent l'intersection a une branche infinie sans asymptote, ou, en d'autres termes, l'intersection est *parabolique*; 3° si les deux surfaces ayant même sommet ont une génératrice droite d'intersection, les surfaces proposées ont deux génératrices droites parallèles entre elles et auxquelles correspondent des plans tangents qui se coupent, l'intersection des deux surfaces a une branche infinie avec asymptote (**)

(*) Il faut bien remarquer que, pour reconnaître les formes diverses que l'intersection de deux cônes peut présenter, nous employons le même moyen que celui employé lorsque nous avons voulu reconnaître les formes diverses de la section faite dans un cône par un plan, et cela doit être puisqu'un plan peut être rigoureusement considéré comme une surface conique.

(**) *Voyez* dans le chapitre VII de l'ouvrage qui a pour titre : *Développements de géométrie descriptive,* ce qui est relatif à la manière d'être de la courbe, intersection de deux cônes, par rapport à son asymptote.

qui est dite *hyperbolique* ; 4° les deux surfaces coniques ayant même sommet peuvent avoir à la fois des génératrices droites de contact et des génératrices droites d'intersection, la courbe d'intersection des deux surfaces coniques proposées présentera alors en même temps des branches *paraboliques* correspondant chacune à une génératrice droite de contact, et des branches *hyperboliques* correspondant chacune à une génératrice droite d'intersection.

356 bis. *Construction de la tangente en un point de la courbe intersection de deux cylindres, d'un cylindre et d'un cône, de deux cônes.* Désignant par B et B′ les bases ou traces horizontales des deux surfaces, et par x le point de la courbe d'intersection C, à laquelle on veut construire la tangente, il suffira de mener par le point x deux droites, l'une génératrice de la première surface et perçant sa base B au point b, l'autre génératrice de la seconde surface, et perçant sa base B′ au point $b′$, et de construire en b une tangente à la courbe B, laquelle portera le symbole H$^\Theta$ comme trace horizontale du plan Θ tangent en x à la première surface, et en $b′$ une tangente à la courbe B′, laquelle portera le symbole H$^{\Theta′}$, comme trace horizontale du plan $\Theta′$ tangent en x à la seconde surface. Les droites H$^\Theta$ et H$^\Theta$ ′ se couperont en un point t, qui sera la trace horizontale de la tangente T demandée, laquelle sera l'intersection des deux plans Θ et $\Theta′$.

Il est facile de voir que lorsque le plan auxiliaire touche la première surface suivant une génératrice G et coupe la seconde surface suivant diverses génératrices K, K′, K″, etc., il est facile de voir, dis-je, que ces droites K, K′, K″, etc., sont tangentes à la courbe d'intersection C des deux surfaces en les points a, $a′$, $a″$, etc., en lesquels la droite G est coupée par les droites K, K′, K″, etc.; mais lorsqu'un plan auxiliaire est tangent en même temps à la première et à la seconde surface, suivant les génératrices respectives G et K, lesquelles se coupent en un point a, qui appartient à la courbe d'intersection C des deux surfaces, et qui est tel, ce point a, que deux branches de la courbe C s'y croisent, ce que l'on exprime en disant que la courbe C a en ce point a un *point multiple*, alors les méthodes ordinaires de la géométrie descriptive sont en défaut pour la construction des tangentes au point a, puisque, dans ce cas, le plan auxiliaire étant à la fois tangent à l'une et à l'autre surface, les deux plans tangents qui, menés au point a, devraient donner par leur intersection la tangente demandée, se confondent en un seul plan. La solution de cette question exige des connaissances plus avancées en géométrie de l'espace, on ne peut la résoudre que par la considération des surfaces osculatrices (*).

(*) *Voyez* à ce sujet dans l'ouvrage qui a pour titre : *Complément de géométrie descriptive*, le mémoire qui a pour titre : *Construire la tangente en un point d'une courbe donnée par son tracé et dont on ignore l'équation* ; mémoire que j'ai publié pour la première fois dans le 21ᵉ cahier du Journal de l'École polytechnique.

Mais il faut bien remarquer que lorsque nous disons que la méthode ordinaire est en défaut, nous employons une expression adoptée, qui veut dire que la méthode ne peut s'appliquer à ce cas particulier ; car, en vertu de la particularité de ce point, la géométrie n'est point en défaut. Il ne se passe pour ce point que ce qui doit être en effet : au lieu d'une tangente en ce point, il en existe deux, et deux plans ne peuvent déterminer deux droites distinctes ; ces deux plans doivent donc se confondre, puisque l'un et l'autre de ces plans tangents doit contenir les deux tangentes qui existent pour ce point particulier, auquel on a donné le nom de point *multiple*.

357. *Deux surfaces coniques qui ont pour base commune une section conique se coupent suivant une seconde courbe plane.* En effet, soit E (*fig.* 229) la base commune des deux surfaces coniques ayant leurs sommets en s et s', la droite D des sommets perçant le plan horizontal au point a, les tangentes H^r et $H^{r'}$, menées de ce point a à la courbe E, seront les traces des plans tangents communs aux deux surfaces, et la droite A qui unit les points de contact p et p' est la *polaire* conjuguée du *pôle a* (n° 330). Si l'on conduit par la droite D un plan sécant quelconque R, il coupera les surfaces coniques suivant des génératrices droites G et G' qui se croisent en un point x de la seconde courbe d'intersection demandée, la tangente à cette courbe au point x est l'intersection des plans tangents aux surfaces coniques et menés le long des génératrices G et G', mais les traces H^r et $H^{r'}$ de ces plans sont tangentes à la courbe E aux points b et b', et se croisent par conséquent en un point c de la droite A (n° 330), donc la tangente Θ rencontre la polaire A ; il en serait de même des tangentes en tous les autres points de la courbe cherchée, donc toutes ces tangentes forment une surface plane ; car si l'on considère les points successifs x, x', x'', x'''... de la courbe, et les tangentes correspondantes Θ, Θ', Θ'', Θ'''... deux tangentes successives se coupent, et sont par conséquent dans un même plan. Mais toutes les tangentes rencontrent la polaire A en des points différents ; donc le plan de deux tangentes successives quelconques contient cette droite tout entière ; donc le plan de Θ et Θ' contient la droite A ; le plan de Θ' et Θ'' contient aussi A, ces deux plans ayant en commun Θ' et A se confondent donc ; il en sera de même de tous les autres (n° 213 *bis*) ; donc enfin toutes les tangentes à la seconde courbe d'intersection des deux cônes, sont dans un même plan, donc cette courbe est plane et elle est par conséquent une section conique (n° 346).

358. Cette seconde section conique passe évidemment par les points p et p' ; elle aura donc avec la section conique E la corde pp' commune ; donc deux sections coniques non situées dans un même plan et ayant une corde commune, peuvent toujours être contenues ou enveloppées par deux surfaces coniques. Pour obtenir ces cônes, nous remarquerons que si, aux extrémités p et p' de la corde commune, on mène

des tangentes à la section E, elles vont se couper en un point a, les tangentes à la section E′ se coupent en un autre point a', ces deux points sont sur une droite D, qui contient les sommets; si donc, par cette droite, on fait passer un plan coupant les courbes E et E′ aux points b et b', x et x', les droites bx et $b'x'$ seront deux génératrices droites de l'une des surfaces coniques, dont elles détermineront le sommet s, les droites $b'x$ et bx' seront deux génératrices droites de l'autre surface conique, et elles en détermineront le sommet s'. Si l'on prenait sur la droite D un troisième point s'' pour sommet d'une surface conique ayant pour base la même courbe E, elle couperait évidemment chacune des deux surfaces (s, E, s', E), suivant une section conique différente de E′; donc les deux sections E et E′ ne peuvent être placées que sur deux surfaces coniques.

358 *bis*. Ce qui précède nous permet de construire avec facilité les divers points d'une ellipse dont on donne le centre, la longueur de deux diamètres conjugués et l'angle que ces diamètres comprennent entre eux.

Soit (*fig.* 229 *bis*) o le centre de l'ellipse et ses deux diamètres conjugués ab et pq.

On sait que les droites Θ et Θ' menées aux points a et b parallèlement au diamètre $\overline{pq}$, seront tangentes en a et b à l'ellipse E à tracer.

Sur pq comme diamètre décrivons un cercle C; pour le point a la tangente T de ce cercle sera perpendiculaire à $\overline{ba}$. Du point o menons om perpendiculaire à $\overline{ba}$, joignons le point m du cercle C avec le point q.

Cela posé : menons par un point r arbitrairement pris sur la droite ba deux droites, l'une ry parallèle à oq et l'autre rx parallèle à T, ensuite menons par le point x du cercle C une parallèle xy à $\overline{mq}$, la droite xy coupera la droite ry en un point y qui appartiendra à l'ellipse E demandée.

Et en effet le cercle C peut être considéré comme la projection sur le plan horizontal d'une ellipse δ coupant l'ellipse E aux points a et b, les deux courbes δ et E pourront donc être enveloppées par une surface conique et il est évident que dans le problème qui nous occupe en ce moment, la surface conique sera un cylindre dont les génératrices droites se projetteront horizontalement suivant des parallèles à la droite mq.

D'après ce qui précède on peut résoudre les problèmes suivants.

Étant donné un système de diamètres conjugués d'une ellipse, construire *sans tracer la courbe* :

1° Par un point pris hors de la courbe la tangente θ (*fig.* 229 *ter*).

2° Une tangente θ parallèle ou faisant un angle donné avec une droite D (*fig.* 229 *quater*).

3° Les points d'intersection y et y' avec une droite B (*fig.* 229 *quint.*).

359. Si l'on coupe les deux surfaces coniques par des plans différents ou par un

même plan, les courbes que l'on obtiendra seront des sections coniques, on pourra les prendre pour bases des deux surfaces et l'on en conclura que deux surfaces coniques à bases sections coniques et ayant deux plans tangents communs se coupent suivant deux courbes planes, qui sont par conséquent des sections coniques.

Il est facile de voir qu'on parviendrait aux mêmes conséquences en cherchant l'intersection d'une surface conique avec une surface cylindrique, ou de deux surfaces cylindriques.

Si l'on coupe une surface conique, à base section conique par deux plans, et qu'on prenne les sections pour bases de deux autres surfaces coniques, dont les sommets seraient en ligne droite avec celui de la première surface, on trouverait, par un raisonnement semblable à celui du n° 357, que l'une des courbes d'intersection des deux dernières surfaces coniques est plane (*).

360. Mais la réciproque de cette proposition n'est pas généralement vraie, c'est-à-dire que deux surfaces coniques ou cylindriques peuvent fort bien se couper suivant deux courbes planes sans avoir pour cela deux plans tangents communs. En effet supposons deux surfaces cylindriques ayant pour bases les paraboles P et P' ($fig.$ 230) situées dans des plans verticaux perpendiculaires entre eux et dont les axes sont sur le plan horizontal. Si l'on coupe les deux cylindres par des plans horizontaux X_1, X_2...... on aura (n° 328) $ao : ao' :: ap : ap'$ :: etc., donc les points a, b^h, c^h,.... sont en ligne droite, donc la courbe E intersection des deux surfaces cylindriques est plane, quoique les deux surfaces n'aient pas de plan tangent commun.

De l'intersection des surfaces de révolution.

361. PROBLÈME 4. *Trouver l'intersection d'une surface de révolution par un plan.* On peut toujours par des changements de plans ramener la surface de révolution de manière que son axe soit perpendiculaire au plan horizontal. Cela étant, on doit employer des surfaces auxiliaires et choisir celles qui donnent les sections les plus simples; ce sont évidemment des plans horizontaux, qui coupent chacun la surface de révolution suivant un *parallèle*, dont la projection horizontale est un cercle identique, et qui coupent chacun le plan donné suivant une droite facile à obtenir, les points de rencontre de ces deux lignes (cercle et droite) appartiennent à l'intersection demandée.

(*) *Voyez* dans l'ouvrage qui a pour titre : *Complément de géométrie descriptive,* le mémoire qui a pour titre : *Propriétés des courbes du second degré considérées dans l'espace.* Ce mémoire a été publié pour la première fois dans la Correspondance de mathématiques et de physique des Pays-Bas, rédigée par M. Quételet, vol. 3, n° 3.

La tangente en un point de la courbe est l'intersection du plan sécant et du plan tangent à la surface en ce point, plan tangent que nous avons appris à déterminer (n° 252).

Ce problème se résout toujours de la même manière, que la surface soit donnée par une *courbe méridienne* ou par une *ligne génératrice* droite ou courbe et quelconque

362. Problème 5. *Trouver l'intersection d'une droite et d'une surface de révolution.* Il est évident qu'il suffit de faire passer un plan par la droite et de chercher son intersection avec la surface, le point cherché est à la rencontre de cette intersection et de la droite donnée. Pour plus de simplicité on pourra employer l'un des plans projetants de la droite. Lorsque la droite donnée est dans un même plan avec l'axe, il convient de choisir ce plan plutôt que tout autre, surtout lorsque la surface de révolution est donnée par une *courbe méridienne*.

Si la surface donnée est une surface sphérique, on conduira le plan par la droite et le centre de la sphère, parceque alors la section sera un grand cercle que l'on amènera à être dans la position parallèle à l'un des plans de projection, soit par des changements de plans, soit par des mouvements de rotation convenables.

363. Problème 6. *Trouver l'intersection d'une surface conique et d'une surface de révolution.* Les plans menés par le sommet du cône le couperaient suivant des droites, mais ils couperaient la surface de révolution suivant des courbes qu'on serait obligé de construire par points (n° 361). Nous emploierons encore des plans horizontaux coupant la surface de révolution suivant des *parallèles* et la surface conique suivant des courbes semblables à la base (n° 262), dont les projections pourraient par conséquent s'obtenir avec facilité, car elles seraient semblables à la base, et auraient pour pôle commun de similitude la projection horizontale du sommet (n° 264), mais on peut même éviter de construire ces courbes en employant la méthode suivante : Considérons un plan auxiliaire X, il coupera la surface de révolution suivant un *parallèle* C, et la surface conique, suivant une courbe K semblable à la base B. On prend le *parallèle* C pour directrice d'une surface conique auxiliaire ayant même sommet *s* que la surface conique proposée, alors ces deux surfaces se couperont nécessairement suivant une ou plusieurs génératrices droites passant par les points d'intersection du *parallèle* C et de la courbe K ; or la trace de cette nouvelle surface conique sera un cercle C' dont on obtiendra immédiatement le centre et un point de la circonférence ; les points où ce cercle C' coupera la base B de la surface conique donnée appartiendront aux génératrices droites d'intersection des deux cônes et celles-ci viendront couper le cercle ou *parallèle* C aux points demandés. En répétant la même construction pour une série de plans horizontaux, on obtiendra tant de points que l'on voudra de la courbe cherchée.

Si l'on proposait de chercher la courbe-intersection d'une surface de révolution et d'une surface cylindrique, alors on considérerait le cercle ou *parallèle* C comme la directrice d'une surface cylindrique auxiliaire dont les génératrices droites seraient parallèles à celles de la surface cylindrique proposée (*).

364. PROBLÈME 7. *Trouver l'intersection de deux surfaces de révolution dont les axes sont sur un même plan.* Si les axes se confondent, il est visible que les surfaces ne peuvent se couper que suivant un ou plusieurs cercles ou *parallèles* décrits par les points d'intersection des deux courbes méridiennes. Si les axes sont parallèles, on les rendra verticaux (par des changements de plans de projection ou des mouvements de rotation), puis des plans horizontaux couperont les deux surfaces suivant des cercles, dont les projections horizontales seront des cercles identiques. Mais si les axes se coupent, on pourra toujours rendre l'un des deux vertical, et l'autre parallèle au plan vertical de projection ; dans ce cas les plans horizontaux couperont la première surface suivant des cercles ou *parallèles*, et l'autre suivant des courbes qu'on serait obligé de construire par points. Il faut donc choisir une surface auxiliaire qui coupe à la fois les deux surfaces proposées suivant des cercles ou *parallèles*, et pour cela il faut employer une surface de révolution qui ait même axe de rotation que chacune des surfaces données. On voit de suite qu'une sphère ayant son centre au point d'intersection des deux axes, remplit cette condition, et d'ailleurs la sphère est la seule surface de révolution qui ait une infinité d'axes de rotation, chaque diamètre étant un tel axe.

Nous choisirons donc une série de semblables sphères pour surfaces auxiliaires. Soient donc A (*fig.* 231) l'axe, M la courbe méridienne de la première surface ; A' l'axe, M' la courbe méridienne de la seconde surface et s le point d'intersection des deux axes; soit S^v la projection verticale du grand cercle de l'une des sphères et parallèle au plan vertical de projection, S^v coupe M^v et M'^v aux points x^v et x'^v desquels nous abaisserons sur A^v et A'^v les perpendiculaires Δ^v et Δ'^v qui nous représenteront les projections verticales des courbes ou *parallèles* d'intersection des surfaces de révolution par la sphère auxiliaire ; Δ^h sera un cercle ayant son centre en A^h, Δ'^h serait une courbe plus difficile à construire, mais on n'en a pas besoin.

En effet les plans des *parallèles* Δ et Δ' sont perpendiculaires au plan vertical, leur intersection I est donc elle-même perpendiculaire à ce plan, et se projette au point I^v intersection de Δ^v et Δ'^v; or les points d'intersection de Δ et Δ' se trouvent nécessairement sur I, donc leurs projections verticales se confondent avec le point I^v, et leurs projections horizontales sont en u^h et u'^h, aux intersections de Δ^h et I^h. Il est évident que l'on n'obtient des points d'intersection des

(*) *Voyez* le tome IIe, page 437, de la *Correspondance de l'École polytechnique* publiée par Hachette.

deux surfaces qu'autant que I^v est dans l'intérieur du cercle S^v; dans le cas contraire, les points I^v appartiendraient encore à la courbe qui reçoit la projection verticale de l'intersection, mais ils n'auraient pas de projections horizontales correspondantes. Ces points se trouveraient sur l'intersection de surfaces de même nature que les proposées, mais enflées, pour ainsi dire, suivant une loi telle que la projection verticale de leur intersection soit reçue sur la même courbe que la précédente, mais en embrasse un plus grand arc. Il est facile de voir que la courbe d'intersection doit être symétrique par rapport au plan des deux axes; de sorte qu'il existe toujours deux points situés de part et d'autre de ce plan qui ont même projection verticale; c'est pourquoi la projection verticale semble se terminer brusquement aux points d'intersection des courbes M^v et M'^{v}, mais elle forme une courbe qui se prolonge au delà de ces points, comme nous l'avons dit ci-dessus, et les points situés sur le prolongement de la courbe dont un arc est la projection verticale de la courbe-intersection des deux surfaces de révolution données, se construisent par des opérations tout à fait identiques à celles qui nous ont fait connaître les points de la première partie de cette courbe, et ces opérations graphiques peuvent être et sont exécutées indépendamment de la figure ou *système* de l'espace.

365. Si les surfaces données sont deux surfaces coniques de révolution, on pourra remplacer les sphères auxiliaires par des plans passant par la droite qui unit les deux sommets; si l'on donne une surface conique de révolution et une surface cylindrique de révolution, on pourra employer des plans auxiliaires passant par le sommet du cône, et parallèles aux génératrices droites du cylindre. Si l'on donne deux surfaces cylindriques de révolution, on pourra employer des plans auxiliaires parallèles aux génératrices droites des deux surfaces. Si l'on donne une surface conique de révolution, et une surface sphérique, on pourra employer des plans auxiliaires passant par la droite qui unit le sommet du cône au centre de la sphère. Enfin pour une surface cylindrique de révolution et une surface sphérique on pourra faire passer par le centre de la sphère des plans auxiliaires parallèles aux génératrices droites du cylindre. Les motifs qui déterminent la direction spéciale à donner à ces divers plans auxiliaires suivant les surfaces dont on doit construire l'intersection, sont évidents. Au reste, tous ces problèmes peuvent se résoudre en employant des sphères pour surfaces auxiliaires lorsque les axes de révolution des surfaces coniques et cylindriques se couperont; dans le cas contraire on ne pourra employer que des plans auxiliaires. Lorsqu'on aura une sphère et un cône de révolution ou un cylindre de révolution, on pourra toujours employer des sphères auxiliaires, car il suffira de mener par le centre de la sphère donnée un diamètre coupant l'axe de rotation de la surface conique ou cylindrique, et de regarder ce diamètre comme l'axe de rotation de la sphère donnée.

366. La tangente en un point de l'intersection de deux surfaces de révolution dont les axes se coupent est, comme dans tous les problèmes de ce genre, l'intersection des plans tangents menés aux deux surfaces en ce point; on est donc conduit à construire pour chacune des surfaces de révolution le plan tangent au point donné (n° 252), et à chercher l'intersection de ces deux plans tangents. La détermination du plan tangent à une surface de révolution peut facilement se déduire de la normale à laquelle il est perpendiculaire. Enfin on peut obtenir la tangente sans construire les plans tangents; car si l'on mène au point donné les normales à chacune des deux surfaces (et il est facile de reconnaître que pour une surface de révolution on n'a pas besoin de passer par le plan tangent pour construire la normale en un point de cette surface), elles déterminent un plan qui est un plan normal en même temps aux deux surfaces, et par conséquent normal à leur intersection. Donc la tangente demandée est perpendiculaire à ce plan des deux normales.

Si l'on considère les constructions qui doivent être effectuées sur le plan vertical pour avoir la projection verticale de la tangente, indépendamment de la figure ou *système* de l'espace, on en conclura un procédé de géométrie plane pour mener la tangente à cette courbe, et ce procédé sera exactement applicable aux points extrêmes de cette projection, pour lesquels les considérations précédentes seraient insuffisantes. Il est évident, d'ailleurs, que ces opérations géométriques doivent donner cette tangente, puisqu'on peut enfler les deux surfaces de manière que ces points appartiennent toujours à la projection verticale de l'intersection, mais n'en soient plus les points extrêmes. La considération d'enfler les deux surfaces pour que les points extrêmes par rapport aux deux premières surfaces, ne soient plus les points extrêmes par rapport aux deux nouvelles surfaces enflées, montre d'une manière nette et exacte que la méthode des normales, appliquée à un point quelconque de la projection verticale de l'intersection des deux surfaces, peut être rigoureusement appliquée aux points extrêmes de cette projection (*).

De quelques propriétés dont jouissent deux ou plusieurs cercles tracés sur une sphère.

367. *Par deux cercles qui se coupent ou qui n'ont pas de points communs, et qui sont situés sur une sphère, on peut toujours faire passer deux surfaces coniques.* En effet, par le centre de la sphère, on peut toujours mener un plan perpendiculaire à l'in-

(*) Lorsqu'on emploie la considération des infiniments petits pour démontrer que la construction géométrique, employée pour un point courant de la courbe, s'applique exactement aux points extrêmes, il faut s'appuyer sur ce qu'une surface gauche peut, en vertu d'une génération toute particulière, présenter une courbure développable tout le long d'une ou de plusieurs de ses génératrices droites. *Voyez* à ce sujet l'ouvrage qui a pour titre : *Développements de géométrie descriptive*, chapitre V, page 268.

tersection des plans des deux cercles, il coupera la sphère suivant un grand cercle C (*fig.* 232), et les plans des cercles Δ et Δ' suivant des diamètres D et D', et si l'on unit les extrémités m, m', et n, n' par des droites, elles se coupent en un point s, qui est le sommet d'une surface conique sur laquelle sont placées les deux circonférences Δ et Δ'. Pour le démontrer, il suffit de faire voir qu'une droite menée du point s à un point quelconque y de Δ, rencontre Δ'. Or, ms et ns sont les traces de deux plans verticaux tangents à la fois aux deux cercles Δ et Δ'; si l'on suppose que l'un de ces plans se meuve en restant toujours tangent à ces deux cercles, il engendrera par ses intersections successives une surface développable, qui est évidemment courbe. Si donc nous démontrons que toutes ses génératrices rencontrent une même droite, elles la rencontreront nécessairement au même point, et formeront par conséquent une surface conique (n° 213 *bis*); or les plans de Δ et Δ' se coupent suivant une droite I, sur laquelle prenant un point x, et de ce point menant les tangentes xy, xz au cercle Δ, et les tangentes xy', xz' au cercle Δ', xy et xy' déterminent une position du plan tangent, et donnent une génératrice yy'; de même xz et xz' font connaître une autre génératrice zz', et ces deux génératrices sont dans un même plan qui est la seconde position du plan tangent; en prenant un autre point x', on obtiendrait d'autres génératrices. Mais toutes les cordes xz se coupent en un même point o (n° 331), toutes les cordes yz' se coupent en un même point o', donc tous les plans des génératrices yy', zz' se coupent suivant une même droite oo', qui sera rencontrée ou coupée par toutes les génératrices de la surface développable enveloppe des plans tangents, donc cette surface est une surface conique (n° 213 *bis*). On aurait une seconde surface conique en unissant les points m, n' et m', n, puis en combinant ensemble les tangentes xy, xz', et xy', xz.

La même chose aurait lieu si les deux cercles Δ et Δ' se coupaient.

Mais si les deux cercles Δ et Δ' étaient tangents, ce qui aurait lieu si, par exemple, les points n et n' se superposaient, il est visible qu'alors le point s' coïnciderait aussi avec n et n', et par conséquent il ne resterait plus qu'une seule surface conique enveloppant à la fois les deux cercles Δ et Δ'.

368. Il résulte de là que *si une sphère et un cône se coupent suivant un cercle Δ, ils se coupent suivant un second cercle;* car, par le sommet s du cône et par le centre de la sphère, faisant passer un plan perpendiculaire au plan du cercle Δ, il coupera la sphère suivant un grand cercle C, le plan du cercle Δ suivant un diamètre D, et la seconde courbe d'intersection en deux points n et n'; si l'on conçoit par nn' ou D' un plan vertical coupant la sphère suivant le cercle Δ', les deux cercles Δ et Δ' sont sur une même surface conique, dont le sommet est au point d'intersection des droites mm' et nn'; mais ce point est précisément le sommet s du cône proposé,

donc le cercle Δ' est situé à la fois sur la sphère et sur le cône, donc il est leur seconde courbe d'intersection. Tout plan parallèle à l'un des plans de ces deux cercles coupe la surface conique suivant un cercle ; on peut donc couper certains cônes obliques suivant des cercles par deux séries différentes de plans parallèles; on les nomme *sections anti-parallèles ou sous-contraires du cône oblique ;* mais il reste à démontrer que tout cône (non de révolution) ayant pour base une section conique, jouit de la propriété d'avoir des *sections-circulaires;* c'est ce que nous démontrerons plus loin.

369. C'est sur cette propriété que repose la construction des mappemondes et aussi sur la proposition suivante, savoir : que *si, dans un cercle, on tire un diamètre, que par le milieu de l'une des demi-circonférences on mène deux cordes, elles coupent le diamètre et le cercle en quatre points qui sont sur une même circonférence de cercle,* ce qui résulte immédiatement de la propriété des quadrilatères inscriptibles.

370. PROBLÈME 8. *Connaissant les trois angles dièdres d'un angle trièdre, construire les trois angles plans.* Prenons pour plan horizontal le plan de l'une des faces (*fig.* 233) et le plan vertical de projection perpendiculaire à une seconde face dont le plan désigné par P fera avec le plan horizontal, l'un des angles donnés β ; donc V' fera avec LT cet angle β. En choisissant le point *a* de H' pour sommet de l'angle trièdre, il faut par ce point *a* mener un plan Q, faisant avec le plan horizontal l'angle donné γ, et avec le plan P l'autre angle donné α; ce plan Q doit donc être tangent à deux surfaces coniques de révolution ayant leurs sommets au point *a* (n° 230), dont l'une ait pour axe une verticale A, et pour génératrice une droite G faisant avec le plan horizontal l'angle γ, et dont l'autre ait pour axe une droite A' perpendiculaire au plan P, et pour génératrice une droite G', faisant avec ce plan, l'angle α. Si l'on coupe ces deux surfaces coniques par une sphère, les *parallèles* Δ et Δ' seront sur une troisième surface conique Σ, à laquelle le plan Q est aussi tangent, puisqu'il contient une tangente à chacun des cercles ou *parallèles* Δ et Δ' (n° 367); donc H° sera tangente à la base B de cette surface Σ, laquelle base B est un cercle semblable à Δ, et dont on trouve facilement le centre et le rayon, car on connaît le sommet de la surface conique Σ.

Ce problème admet évidemment deux solutions.

371. *Si une surface cylindrique coupe une surface sphérique suivant un cercle, elle le coupera suivant un second cercle de même rayon que le premier.* Par le centre de la sphère, on peut toujours mener un plan R parallèle aux génératrices droites du cylindre, et perpendiculaire au plan du cercle B d'intersection des deux surfaces. Si l'on prend ce plan R pour plan horizontal de projection, la sphère sera coupée par ce plan R suivant un grand cercle C (*fig.* 234), et le plan de la base B étant perpendiculaire au plan horizontal, B^A sera une droite rencontrant le cercle C aux

points a et b, par lesquels passent deux génératrices du cylindre, mais ces génératrices devant être parallèles au plan horizontal et ayant chacune un point dans ce plan y seront tout entières ; donc elles couperont la sphère en des points a' et b' du cercle C.

Si l'on considère une génératrice droite quelconque G menée par un point x du cercle B, elle coupera la sphère en un second point x' projeté en x'^h, et je dis que les trois points x', x'^h, b' sont en ligne droite ; pour le démontrer, par le centre o de la sphère je mène un plan P perpendiculaire aux génératrices du cylindre, ce plan coupera en deux parties égales toutes les cordes aa', bb', xx' de la sphère, qui lui sont perpendiculaires ; donc H" divise aussi en deux parties égales les projections aa', bb', $x^h x'^h$; mais les points milieu a'', b'', x'^h ; sont en ligne droite, ainsi que les points extrêmes a, b, x^h ; donc il en est de même des autres extrémités a', b', x'^h, de ces droites. La même chose aurait lieu pour toute autre génératrice, donc la projection de la seconde courbe d'intersection sera la droite $a'b'$, cette courbe B' est donc plane, et comme elle est située sur une sphère elle ne peut être qu'un cercle. Nous voyons de plus que les droites aa' et bb' étant parallèles, les cordes ab et $a'b'$ sont égales ; mais ces cordes sont des diamètres des deux cercles B et B', donc ces cercles sont égaux, de plus leurs plans sont perpendiculaires à un même plan, parallèle aux génératrices du cylindre et qui n'est autre que le plan R.

Nous pouvons donc généraliser le théorème énoncé et de la manière suivante : *si un cylindre entre dans une sphère par un cercle, il en sort par un second cercle égal au premier, les plans de ces deux cercles étant perpendiculaires à un même plan mené par le centre de la sphère parallèlement aux génératrices droites du cylindre.* Si l'un des cercles est un grand cercle de la sphère, l'autre sera aussi un grand cercle, et l'on voit aussi que par deux petits cercles égaux situés sur une sphère on pourra faire passer un cylindre et un cône si les deux cercles ne se coupent pas ou se coupent en deux points, et qu'on ne pourra faire passer par les deux cercles qu'un seul cylindre, si les deux cercles se touchent. Si les deux cercles sont des grands cercles de la sphère on pourra toujours faire passer, par eux, deux cylindres. On peut conclure de là qu'il existe des cylindres ayant pour base une ellipse (et n'étant pas de révolution), qui peuvent être coupés par deux plans de direction opposée suivant des cercles égaux, auxquels on a donné le nom de sections *sous-contraires* ou *anti-parallèles* ; mais il reste à démontrer que tout cylindre ayant pour base une ellipse jouit de la propriété d'avoir des *sections-circulaires*, c'est ce que nous démontrerons plus loin (n° 373 *ter*).

371 *bis*. Étant données une sphère S et une droite D *extérieure* à cette surface, on peut mener par cette droite D deux plans Θ et Θ' tangents à la sphère S, les points

de contact étant m et m' ; la droite $\overline{mm'}$ que nous désignerons par D_1 est dite *polaire réciproque* de la droite D en vertu de la propriété suivante.

Si par la droite D on mène une série de plans P, P', P'', etc., coupant la sphère S suivant les cercles C, C', C'', etc., ces cercles seront unis deux à deux par des cônes dont les sommets seront sur la droite D_1 ; et *réciproquement* si par la droite D_1 on mène une série de plans P_1, P'_1, P''_1, etc., coupant la sphère S suivant les cercles C_1, C'_1, C''_1, etc., ces cercles seront unis deux à deux par des cônes dont les sommets seront sur la droite D.

Nous allons démontrer l'existence de cette propriété remarquable.

Par une droite D extérieure à une surface sphérique S on ne peut mener que deux plans Θ et Θ' tangents à cette sphère S. Pour trouver les points de contact on prend deux points d et d' sur la droite D et on les regarde comme les sommets de deux cônes Δ et Δ' tangents à la sphère S suivant les cercles C et C', lesquels se coupent en deux points m et m' qui sont les points de contact demandés des plans Θ et Θ'.

Et comme il n'existe que deux plans tangents Θ et Θ' passant par la droite D, il s'ensuit que quelle que soit la position des points d et d' sur la droite D, on retrouvera toujours les mêmes points m et m' ; on peut donc énoncer ce qui suit :

1° *Si l'on construit une série de cônes Δ, Δ', Δ'', etc., tangents à une sphère S suivant les cercles C, C', C'', etc., ces cônes ayant leurs sommets situés sur une droite D extérieure à la sphère S, tous ces cercles C, C', C'', etc., se couperont en deux points m et m'.*

Unissons les points m et m' par une droite D_1, si l'on prend sur cette droite D_1 un point arbitraire d_1 et qu'on le regarde comme le sommet d'un cône Δ_1 tangent à la sphère S suivant un cercle C_1, je dis que le plan P_1 du cercle C_1 passera par la droite D.

Et en effet :

Menons par la droite D_1 et le point d situé sur D un plan P_2, il coupera la sphère S suivant un cercle C_2 ayant pour *pôle* le point d et pour *polaire* la droite $\overline{mm'}$ ou D_1.

Or si d'un point d_1 de D_1 on mène deux tangentes au cercle C_2 les points de contact et le point d seront en ligne droite, en vertu de ce qui a été dit (n° 331).

Dès lors, on voit que le plan P_1 coupera tous les cercles C_2, suivant des cordes qui prolongées iront s'appuyer sur la droite D.

Le plan P_1 passe donc par la droite D.

De plus, le point p_1, en lequel le plan P_1 coupe la droite D_1, sera le *pôle* du cercle C_1, la *polaire* étant la droite D.

Ainsi, il se trouve démontré :

2° *Que si ayant une sphère S et une corde $\overline{mm'}$ qui prolongée sera désignée par D_1,* *l'on construit une série de cônes* Δ_1, Δ_1', Δ_1'', *etc.*, *tangents à la sphère* S, *suivant les cercles* C_1, C_1', C_1'', *et ayant leurs sommets* d_1, d_1', d_1'', *etc.*, *situés sur la droite* D_1, *les plans* P_1, P_1', P_1'', *etc.*, *de tous ces cercles* C_1, C_1', C_1'', *etc.*, *passeront par la droite* D, *intersection des deux plans* Θ *et* Θ' *tangents à la sphère* S *aux points* m *et* m'.

Et de plus, *ces plans* P_1, P_1', P_1'', *etc.*, *couperont la droite* D_1 *en des points* p_1, p_1', p_1'', *etc.*, *qui seront les pôles des cercles* C_1, C_1', C_1'', *etc.*, *par rapport à leur* polaire commune D.

Et comme il a été démontré (n° 367) que si l'on avait deux cercles (qui ne se coupent pas) C_1 et C_1' d'une sphère S, ces deux cercles pouvaient être enveloppés par deux cônes ayant leurs sommets sur la droite D_1 qui unissait leurs *pôles* p_1 et p_1' par rapport à la *polaire* D qui est l'intersection de leurs deux plans, il s'ensuit que l'on peut énoncer ce qui suit :

3° *Étant données une sphère* S *et une droite* D *extérieure à cette surface, si l'on fait passer par* D *une série de plans* P, P', P'', *etc.*, *coupant la sphère* S *suivant les cercles* C, C', C'', *etc.*, *les pôles* p, p', p'', *etc.*, *de ces cercles*, *par rapport à la* polaire D , *seront sur une droite* D_1, *et ces cercles pourront être enveloppés deux à deux par des cônes dont les sommets seront situés sur* D_1.

Et comme il a été démontré ci-dessus : 1° que si l'on avait deux cercles C et C', se coupant en deux points m et m' et situés sur une sphère S, ces deux cercles pouvaient être enveloppés par deux cônes dont les sommets d et d' étaient extérieurs à la surface S, et que les points m et m' étaient les points de contact des deux plans tangents Θ et Θ', qui se coupaient suivant la droite D qui unissait les points d et d'; 2° que tout plan P passant par D coupe la sphère S suivant un cercle C_1 et la droite $\overline{mm'}$ ou D, en un point p_1, qui est le *pôle* de C_1 par rapport à la *polaire* D, il s'ensuit que ce plan P_1 coupe les cercles C et C' en quatre points q et n, q' et n' qui formeront un quadrilatère inscrit au cercle C_1, et dont les diagonales se croiseront au point p_1.

Dès lors, en vertu de ce qui a été dit (n° 333) sur les quadrilatères inscrits à une section conique, les côtés opposés $\overline{qq'}$, $\overline{nn'}$ prolongés iront se couper sur la *polaire* D.

On peut donc énoncer ce qui suit :

4° *Si par une droite* D_1 *coupant une sphère* S *en deux points* m *et* m', *on mène une série de plans* P, P', P'', *etc.*, *coupant la sphère* S *suivant les cercles* C, C', C'', *etc.*, *ces cercles pourront être unis deux à deux par des cônes dont les sommets seront situés sur la droite* D, *intersection des deux plans* Θ *et* Θ' *tangents à la sphère* S *aux points* m *et* m'.

CHAPITRE VIII.

DÉVELOPPEMENT DES SURFACES CYLINDRIQUES ET CONIQUES.

372. Si nous imaginons une série de plans tangents menés à une surface réglée et développable par toutes ses génératrices droites, tous ces plans (que nous supposons successifs et infiniment voisins) se couperont deux à deux suivant des droites, qui ne seront autres que les diverses génératrices droites ou *caractéristiques* de la surface développable, et en imaginant que chacun tourne respectivement autour de chacune de ces droites pour venir s'appliquer successivement sur celui qui le précède, on voit qu'en ne conservant de chacun de ces plans que l'élément de la surface qui y était contenu, tous les éléments de la surface courbe se trouvent rapportés et étendus sur un même plan; toutes les courbes tracées sur la surface développable se transformeront sur le plan du développement en d'autres courbes. On obtiendra ainsi ce que l'on nomme la *transformée* d'une courbe C à double courbure et tracée sur une surface développable. Il est à remarquer que si nous supposons une tangente θ à la courbe C en un certain point, elle sera encore tangente à la transformée C, après le développement effectué sur le plan tangent T mené par la tangente θ, car l'élément rectiligne que la tangente θ avait de commun avec la courbe C n'a pas cessé d'être commun à la tangente θ et à la courbe C,. Si dans le plan tangent T, sur lequel on effectue le développement de la surface développable, on suppose une perpendiculaire à la tangente θ, elle est aussi perpendiculaire à la courbe C avant et après le développement, donc la tangente n'a pas cessé d'être tangente par le mouvement des plans tangents, et la normale entraînée dans le même mouvement ne cesse pas d'être normale.

D'après cela, il sera bien facile de rapporter sur le développement d'une surface développable une courbe et sa tangente, ce qui est presque toujours le but qu'on se propose. Au lieu de construire tous les plans tangents pour les rabattre successivement, et les recoucher les uns sur les autres pour ne former qu'un seul plan, on coupe la surface proposée par une autre surface qui soit perpendiculaire à toutes ses génératrices, ou bien on cherche sur la surface une courbe dont la transformée s'obtienne immédiatement, et dont la longueur ou le développement soit facile à trouver et qui soit telle que l'on connaisse facilement l'angle que fait chaque génératrice droite de la surface avec cette courbe. Ainsi, un cylindre et un cône droits à bases circulaires peuvent se développer facilement, car le premier ayant toutes ses génératrices perpendiculaires sur la circonférence de sa base et parallèles entre elles, après le développement de la surface, ces génératrices resteront parallèles et seront perpendiculaires à la transformée de la base, de sorte que l'on aura le développement du cylindre en prenant une droite égale en longueur à la circonférence de sa base et lui élevant (par les divers points de cette droite) des perpendiculaires.

Le cône de révolution a tous les points de la circonférence de sa base également distants du sommet, et cette circonférence coupe sous l'angle droit toutes les génératrices droites du cône; il suffira donc de la développer sur une autre circonférence de cercle décrite avec un rayon égal à cette distance ou à l'*apothème* du cône droit donné.

La génération de l'hélice prouve que sa transformée est une ligne droite et se confond par conséquent avec sa tangente en chacun de ses points; c'est même la considération dont on se sert pour construire la tangente à l'hélice cylindrique, comme nous le verrons au chapitre IX. On pourra donc employer l'hélice cylindrique, au lieu de la section droite, pour développer un cylindre, puisque l'on sait que la transformée de l'hélice est une droite; mais il faudra alors connaître *à priori* la longueur d'une *spire* de cette courbe et l'*angle* sous lequel elle coupe les génératrices droites du cylindre.

Nous n'examinerons ici que le développement des surfaces cylindriques et coniques *générales*.

373. *Développement d'un cylindre.* Cette question peut se décomposer en plusieurs autres que nous allons distinguer, pour rendre l'opération plus simple et plus facile à saisir.

1° *Construire la section droite d'un cylindre.* Il faut couper le cylindre par une surface normale à toutes ses génératrices; la courbe de section est ce qu'on nomme la *section droite* du cylindre; il est évident que le plan est la surface qui satisfera à la condition demandée, puisque toutes les génératrices droites d'un cylindre sont parallèles.

Première méthode. Soit A (*fig.* 235) la directrice droite du cylindre et B sa base, soit H' la trace horizontale du plan de section droite, elle est perpendiculaire aux projections horizontales des génératrices (n° 84). Nous n'avons pas besoin des projections de cette section, il nous suffit d'en trouver le rabattement; pour cela nous remarquons que les plans qui projettent horizontalement les génératrices rencontrent le plan P suivant des droites perpendiculaires aux génératrices correspondantes, donc pour la génératrice droite G, par exemple, rabattons son plan projetant, en le faisant tourner autour de sa trace horizontale ou G^h comme axe; au moyen du point m qui se rabat en m',

G sera rabattue en G′, l'intersection du plan projetant G et du plan P sera rabattue en la droite $m^h n'$ perpendiculaire sur G′, et n' sera le rabattement d'un point m de la section droite. Pour déterminer tous les autres, il suffit d'observer que toutes les génératrices font le même angle avec le plan horizontal, ou, ce qui est la même chose, avec leurs projections horizontales, donc dans les rabattements des divers plans projetants, toutes ces génératrices sont parallèles et il en sera de même de leurs perpendiculaires, il suffira donc de répéter sur chacune les constructions faites sur G et nous déterminerons une courbe K′, qui n'est pas le rabattement de la section droite, mais qui servira à la construire.

En effet la droite $m^h n$ est perpendiculaire à H′, puisqu'elle est sur un plan perpendiculaire à la fois au plan P et au plan horizontal et par conséquent à leur intersection, elle sera donc le rayon de rabattement du point n, qui se portera en n^r. On déterminerait de la même manière tous les points du rabattement C′ de la section droite C.

Deuxième méthode. La construction se simplifierait en prenant un nouveau plan vertical de projection parallèle aux génératrices droites de la surface cylindrique, et ensuite en rabattant le plan de section droite, sur le plan horizontal ou en considérant le plan de section droite comme un nouveau plan horizontal de projection.

2° *Développer le cylindre.* Puisque toutes les génératrices sont perpendiculaires à la section droite, prenons-en la transformée rectiligne $\alpha' \alpha''$, puis élevons des perpendiculaires $\alpha' a'$, $\alpha'' a''$ aux extrémités, elles comprendront entre elles la surface cylindre développée; en supposant toutefois qu'on n'effectue le déroulement du cylindre qu'une seule fois.

3° *Rapporter sur le développement une courbe située sur le cylindre et dont on connaît les projections.* Les constructions précédentes nous conduisent directement à la transformée de la base du cylindre; en effet, nous avons construit les rabattements de toutes les portions des génératrices comprises entre cette base et la section droite; si donc ayant ouvert le cylindre en un point α de la section, ou suivant la génératrice droite G_1, qui y passe, nous prenons sur la transformée de la section droite des parties $\alpha' n' = \alpha n^r$, et en assez grand nombre, ensuite que par tous les points ainsi obtenus nous élevions les perpendiculaires $\alpha' a'$, $n' p'$, $\gamma' c'$,.... qui nous représenteront les génératrices G_1, G.... il n'y aura plus qu'à porter sur elles les distances comprises entre la base et la section droite, distances qui sont données en $p n'$....., la courbe B′ qui passe par les extrémités de ces droites est la transformée de la base du cylindre.

Au moyen de la transformée de la base du cylindre, on obtient facilement les transformées de toutes les autres courbes tracées sur le cylindre, et cela en portant sur les génératrices au développement et en partant des divers points de la transformée de la base des longueurs égales aux parties comprises entre cette base et la courbe dont on cherche la transformée.

4° *Enfin mener la tangente en un point de la transformée.* Observons que la tangente au point *m*, doit être sur le plan tangent dont l'intersection avec le plan de section droite est une tangente à la section droite. Menons la trace du plan tangent, elle rencontre celle du plan P en *i*, mais la tangente à la section droite, qui est l'intersection de ces deux plans, rencontrera le plan horizontal en ce même point *i*, qui ne variera pas pendant le développement, donc cette tangente sera donnée en Θ'. Or, dans le développement; la tangente à une courbe lui demeure tangente, donc Θ' se confondra avec $\alpha'\alpha''$, le point *i* se trouvera toujours à une distance in^r du point *n* vers le point α, il faudra donc prendre $n'i' = n^ri$, joindre $i'p'$, ce sera la tangente Θ rapportée sur la *transformée*.

373 *bis.* Nous avons indiqué deux méthodes (n° 373, 1°) pour construire la section droite d'un cylindre, celle que l'on doit préférer est sans contredit la seconde qui consiste à changer de plan vertical de projection, ce qui est facile, lorsqu'il s'agit d'un cylindre donné par sa base ou trace horizontale et les projections de la droite D à laquelle ses génératrices droites sont parallèles, puisqu'il suffit de connaître la projection $D^{v'}$ de la droite D sur le nouveau plan vertical de projection dont la ligne de terre $L'T'$ est prise parallèle à D^h.

Mais si nous avons exposé la première méthode, c'est qu'elle nous permet de montrer une application du principe dont nous avons parlé dans la première partie de ce cours (n° 156, page 87), et qui consiste, lorsqu'il s'agit d'un problème plan, à faire passer une partie du système dans l'espace pour arriver souvent avec facilité à la solution du problème proposé sur le système plan.

La *fig.* 235 nous en offre un exemple remarquable.

Et en effet : soient données (*fig.* 235 *bis*) une courbe B et quatre droites A, K, L et D, telles que A soit dirigé arbitrairement par rapport à la courbe B, et que les droites A et K soient rectangulaires ou non entre elles, et que les droies L et D soient aussi rectangulaires ou non entre elles.

Cela posé :

Menons par un point *b'* de la courbe B une droite *b'a'* coupant la droite A au point *a'*, et par ce même point *b'* une droite *b'd'* parallèle à la droite D, puis par le point *a'* une droite *a'd'* parallèle à la droite L, les droites *b'd'* et *a'd'* se couperont en un point *d'*.

Faisant la même construction pour chacun des points *b*, *b'*, *b''*, etc., de la courbe B, on trouvera une suite de points *d*, *d'*, *d''*, etc., qui détermineront une courbe B'; on demande : *la courbe B étant une section conique, quelle sera la courbe B'* ?

La courbe B' sera une section conique de même espèce que la courbe B, ainsi une ellipse, si B est une ellipse, une parabole si B est une parabole, etc. ; et en effet :

Désignons la droite A par H', la droite D par G^h, la droite K par H^1, la droite L par l^h et le point d par x^h, et la courbe B' par C^h; il est évident que la courbe C^h est la projection horizontale de la courbe C section faite dans un cylindre ayant la courbe B pour trace horizontale et ses génératrices droites projetées horizontalement suivent des parallèles à G^h, par un plan P coupé par les plans auxiliaires X (parallèles entre eux et passant par les génératrices G du cylindre) suivant des droites I parallèles entre elles et projetées sur le plan horizontal en des parallèles à la droite l^h.

Quelle que soit la nature géométrique de la courbe B, la courbe B' sera de même nature, car si la courbe B a une asymptote, la courbe B' aura une asymptote; si la courbe B est fermée, la courbe B' sera fermée ; si la courbe B est coupée par une droite en n points, la courbe B' sera aussi telle qu'elle sera coupée par une droite en n points.

De certaines propriétés dont jouit le cylindre à base-section conique.

373 *ter.* Tout cylindre oblique (non de révolution) ayant pour section droite une ellipse ou une hyperbole jouit de la propriété d'avoir un *axe* et le cylindre elliptique est le seul des trois cylindres obliques qui puisse être coupé par deux plans de directions contraires suivant des *cercles.*

1° De l'axe du cylindre elliptique ou hyperbolique.

Concevons une droite A parallèle aux génératrices d'un cylindre ayant pour base une section conique E quelconque, faisons passer par la droite A une suite de plans M, M', M'', etc., chacun de ces plans coupera le cylindre suivant deux génératrices droites.

Ainsi, le plan M suivant les droites G, et $G_,$,
— M' — G' et $G_,'$,
— M'' — G'' et $G_,''$,
— etc. — etc.

Si la droite A est entre les couples de droites G, $G_,$ et G'', $G_,''$, etc., et si de plus elle est équidistante de chacune des droites dans chaque couple, on dit que la droite A est l'*axe* du cylindre.

Concevons la section droite d'un cylindre oblique, cette section sera une ellipse E, ou une hyperbole H, ou une parabole P. Or, si l'on prend le plan de section proite pour plan horizontal, la droite A sera verticale; et pour que la droite A soit un axe, il faudra que sa trace horizontale *a* soit le milieu de toutes les cordes des courbes E ou H ou P passant par elle.

Or, il est évident que cela ne peut avoir lieu qu'autant que le point *a* sera le centre de la section droite.

Ainsi, il est démontré que parmi les trois cylindres obliques, deux seulement, savoir : l'elliptique et l'hyperbolique, peuvent avoir et ont en effet un *axe* qui est la droite passant par le centre de la section droite et parallèle aux génératrices droites du cylindre; et il est évident que toute section faite par un plan quelconque à travers l'un ou l'autre de ces deux cylindres, aura son centre sur l'*axe*.

2° *Sections circulaires du cylindre elliptique.*

Lorsque l'on cherche si une surface peut être coupée par un plan suivant un cercle, il faut nécessairement partir de cette *idée géométrique* que le cercle est une ellipse dont les deux axes sont égaux.

Comme dans un cercle tous les systèmes de diamètres conjugués sont rectangulaires entre eux, il faut alors faire passer le plan (dont l'inclinaison doit être calculée de manière à obtenir une section circulaire) par une tangente θ à la surface et par une droite R perpendiculaire à cette tangente θ, cette droite R étant telle qu'elle puisse contenir le centre du cercle à construire.

Cela posé :

Si l'on coupe par un plan P quelconque un cylindre elliptique, on sait que la section E aura toujours pour centre le point *o* en lequel l'*axe* du cylindre est coupé par le plan P.

Cela posé :

Si l'on prend un point *m* sur le cylindre Σ et si l'on construit le plan T tangent en *m* à cette surface Σ, il faudra que le plan (*m*, A) passant par le point *m* et l'axe A du cylindre Σ soit perpendiculaire au plan T, pour que menant par le point *m* un plan P quelconque coupant le plan T suivant une tangente θ et le plan (*m*, A) suivant une droite R, les deux droites R et θ soient rectangulaires entre elles, puisque la droite R doit contenir le centre du cercle C, section faite dans la surface Σ par le plan P.

Il est donc évident qu'ayant construit la section droite E du cylindre elliptique le point *m* devra être l'un des quatre sommets de cette ellipse E.

Cela posé :

Désignons par *a* et *a'* les extrémités du grand axe et par *b* et *b'* les extrémités du petit axe de la section droite E, et construisons les quatre plans T, T', Θ, Θ' respectivement tangents au cylindre Σ en chacun des sommets *a*, *a'*, *b*, *b'* de l'ellipse E.

Ces quatre plans détermineront par leurs intersections deux à deux un prisme droit Δ ayant pour section droite le rectangle circonscrit à l'ellipse E et construit sur ses axes.

Pour obtenir une section circulaire il faudra couper le prisme Δ par un plan P dirigé de telle façon que la section soit un carré.

Or l'on ne peut couper deux plans verticaux T et Θ rectangulaires entre eux, suivant deux droites perpendiculaires entre elles, que par un plan perpendiculaire à l'un des plans donnés T ou Θ.

Le plan P qui donnera une section circulaire dans le cylindre elliptique Σ devra donc passer par l'un des axes de la section droite E ou être parallèle à l'un de ces axes.

Cela posé :

Il est évident que pour que la section faite dans le prisme rectangulaire Δ soit un carré, il faut que le plan sécant soit parallèle au grand côté du rectangle base de ce prisme Δ.

Dès lors désignant par a le demi-grand axe et par b le demi-petit axe de l'ellipse E et par α l'angle que le plan P passant par le grand axe de l'ellipse E doit faire avec le plan de cette courbe E, on devra avoir :

$$\cos \alpha = \frac{b}{a}$$

Pour que le plan P coupe le prisme Δ suivant un carré, ou le cylindre Σ suivant un cercle C ayant son rayon égal à a.

373 *quater*. *Des plans diamétraux conjugués du cylindre oblique à base section-conique.*

Il est évident qu'un cylindre étant coupé par des plans parallèles suivant des courbes *identiques*, ou en d'autres termes *superposables*, si l'on conçoit une série de cordes parallèles dans un cylindre Σ ayant pour section droite une ellipse ou une hyperbole ou une parabole, les milieux de toutes ces cordes seront sur un *plan* qui prend le nom de *plan diamétral* du cylindre Σ oblique et à base section-conique; et les cordes dont les milieux sont sur le plan diamétral, sont dites *cordes conjuguées* du plan diamétral, ou le plan diamétral est dit : *plan diamétral conjugué* des cordes parallèles.

A chaque plan diamétral correspond un système de cordes conjuguées, et réciproquement à chaque système de cordes parallèles correspond un plan diamétral conjugué.

Cela posé :

Concevons, dans le cylindre Σ, un système de cordes parallèles, Y, Y', Y'', etc., et le plan diamétral P conjugué de ces cordes.

Traçons dans le plan P une droite quelconque D, et imaginons, dans le cylindre Σ, une suite de cordes X, X', X'', etc., parallèles à D, les milieux de ces cordes seront sur un plan Q qui sera le plan diamétral conjugué de ces cordes X, X', X'', etc.

Cela posé : 1° Les deux plans P et Q se couperont suivant l'axe A du cylindre Σ.

Et en effet. Nous pourrons toujours mener un plan Z parallèle aux cordes Y et X ; ce plan Z coupera le cylindre Σ suivant une section conique E' dont le centre sera sur l'axe A si le cylindre Σ est elliptique ou hyperbolique, et ce même plan Z coupera les plans P et Q suivant deux droites Y, et X, respectivement parallèles aux cordes Y, Y', Y'', etc. , et X, X', X'', etc. En vertu de ce que le plan P est *diamétral* par rapport aux cordes X, la droite Y, passera par le milieu de la corde X, , et en vertu de ce que le plan Q est *diamétral* par rapport aux cordes Y, la droite X, passera par le milieu de la corde Y, ; les deux cordes X, et Y, se croisent donc au centre de la courbe ellipse ou hyperbole E' ; les deux plans P et Q se coupent donc suivant l'axe A.

De plus les diamètres X, et Y, sont évidemment des diamètres conjugués de la courbe E' : donc dans le cas où E' est une ellipse, les plans tangents T et T' au cylindre Σ et parallèles au plan diamétral P et les plans tangents Θ et Θ' au même cylindre Σ et parallèles au plan diamétral Q seront coupés par tout plan sécant Z, suivant un parallélogramme circonscrit à la section E' donnée par ce plan Z dans le cylindre elliptique Σ.

Et dans le cas où la courbe E' est une hyperbole, les plans diamétraux P et Q sont coupés par tout plan Z suivant les diamètres conjugués de la section E'.

Mais nous avons mené dans le plan P une droite D arbitraire ; pour chaque position nouvelle D_0 de la droite D, on aura un système différent de cordes parallèles X_0, X_0' X_0'', etc. ; mais évidemment les milieux de toutes ces cordes parallèles au plan P, quelle que soit leur direction, seront toujours sur un seul et même plan, qui sera le plan Q.

Les plans tels que P et Q sont dits *plans diamétraux conjugués*. Pour un cylindre parabolique, on verra facilement que tous les plans diamétraux sont parallèles entre eux et que deux plans diamétraux ne peuvent être conjugués entre eux ; mais à chaque plan diamétral P correspondra une infinité de plans Q, Q', Q'', etc., parallèles entre eux et passant chacun par une des cordes parallèles entre elles et conjuguées au plan P ; en sorte que le plan P coupera les plans Q, Q', Q'', etc., suivant des droites parallèles entre elles et aux génératrices droites du cylindre parabolique Σ ; et tout plan Z coupera : 1° le cylindre Σ, suivant une parabole E', 2° le plan P suivant un diamètre Y, de E' et 3° les plans Q, Q', Q'', etc., suivant des cordes de E' et conjuguées du diamètre infini Y,.

Si l'on considère la section droite du cylindre Σ, on aura une ellipse ou une hyperbole, ou une parabole, et il est évident que parmi les divers systèmes des plans diamétraux conjugués P et Q, dans le cas du cylindre elliptique ou hyperbolique, ou parmi les systèmes composés d'un plan diamétral P et de plans-cordes Q, Q', Q'', etc. (les plans P et Q, Q',..... étant conjugués entre eux) dans le cas du cylindre parabolique, il existera toujours un système rectangulaire, qui sera donné : 1° par les plans diamétraux P, et Q, passant par les axes de l'ellipse ou de l'hyperbole section droite, ou 2° par le plan diamétral P, et les plans-cordes Q,, Q',, Q'',, etc., passant le plan P, par l'axe infini de la parabole section droite, et les plans-cordes Q,, Q',, Q'', , etc., par les cordes conjuguées de l'axe infini, cordes qui seront dès lors perpendiculaires à cet axe infini de la parabole section droite.

On donne au plan P, le nom de *plan principal*, ainsi qu'au plan Q,, quand ce plan Q, est un plan diamétral.

Ainsi les cylindres elliptiques et hyperboliques ont deux plans *diamétraux principaux*, et le cylindre parabolique n'a qu'un seul plan *diamétral principal*.

Ainsi l'on peut dire que le plan diamétral principal est celui qui coupe rectangulairement le système des *cordes* parallèles entre elles et qui lui sont *conjuguées*.

Du développement d'un cône quelconque.

374. *Développement d'un cône.* Nous décomposerons cette question, comme la précédente relative au cylindre, en cinq parties.

1° *Section droite.* Toutes les génératrices droites d'un cône concourant en un même point qui est le sommet du cône, une sphère d'un rayon arbitraire, mais ayant pour centre le sommet du cône proposé résoudra la question partielle qui nous occupe. Soit *s* le sommet et B la base du cône (*fig.* 236); du sommet *s*, avec un rayon quelconque, décrivons une sphère : elle coupe le cône suivant une courbe qu'on détermine facilement. En effet, M étant le plan méridien principal de la sphère, pour avoir le point où la génératrice droite G du cône rencontre la sphère, on suppose le plan vertical projetant horizontalement cette génératrice, et on le fait tourner autour de son intersection avec le plan M, jusqu'à ce qu'il soit devenu parallèle au plan vertical de projection, ou en d'autres termes, jusqu'à ce qu'il soit venu se confondre avec le plan M; alors le point *m* se porte en *m'*, et sa projection verticale est en *m''*, la génératrice droite G prend la position G' et rencontre en *n'* la section méridienne principale de la sphère; dans le retour du plan (que nous venons de considérer), le point *n'* conservera la même hauteur au-dessus du plan horizontal de projection et sera toujours le point de rencontre de la droite G (pendant son mouvement de rotation) avec la sphère. Donc cette rencontre aura lieu en n ; on trouverait ainsi tous les autres points de l'intersection C des deux surfaces conique et sphérique.

2° *Trouver le développement de la section droite.* La courbe C que nous venons de déterminer étant à double courbure, on ne peut pas en obtenir la vraie grandeur ar un rabattement ; dès lors on la suppose tracée sur un cylindre vertical ayant pour base sa projection horizontale C^h, et on développe ce cylindre par le procédé que nous avons indiqué ci-dessus, en observant que la base C^h est alors la section droite de ce cylindre; la droite $x_{,,}x_{,}'$ est égale au périmètre de la courbe C^h rectifiée; la *transformée* de la courbe à double courbure C s'obtient en prenant des perpendiculaires égales aux hauteurs in^v de ses divers points n au-dessus du plan horizontal. La courbe $C_{,}'$ donne la vraie longueur de la section droite et sphérique C.

3° *Développer le cône.* Tous les points de la section droite sont situés sur la surface sphérique, et par conséquent également éloignés du sommet du cône, donc cette courbe se développera sur un arc de cercle décrit du même rayon que la sphère et tracé en $x'n'x''$. La nappe supérieure du cône serait donnée, au développement, par le secteur compris entre les prolongements des rayons extrêmes $s'x'$ et $s'x''$ lesquels comprennent le développement de la nappe inférieure du cône.

4° *Décrire la transformée d'une courbe quelconque* X *située sur le cône.* Il faut par les divers points de C', mener des rayons qui représenteront les génératrices droites du cône au développement, et prendre sur eux des longueurs égales à la partie comprise entre le sommet s du cône et chacun des points de la courbe X tracée sur ce cône, puis joindre les extrémités de ces longueurs ainsi portées par une ligne qui sera la transformée X' de la courbe X ; nous obtiendrions la transformée de la base ou trace horizontale du cône donné par la construction précédente, en remarquant que pour chaque point, on a $s'm' = s^v m^v$ (*).

5° *Mener la tangente à la transformée.* La tangente à la transformée au point m' n'est autre chose que la position que vient prendre sur le plan du développement la tangente mp à la base, or cette tangente et la tangente au point n à la courbe C sont dans un même plan tangent à la surface conique le long de la génératrice droite G, et cette tangente est l'intersection de ce plan tangent avec le plan tangent à la sphère au point n. Nous pouvons construire ce dernier plan de deux manières : 1° en consi-

(*) La transformée d'une courbe tracée sur une surface cylindrique ou conique et en général sur une surface développable peut présenter des points d'inflexion, *voyez* à ce sujet dans l'ouvrage qui a pour titre : *Complément de géométrie descriptive*, le mémoire qui a pour titre : *Construction des points d'inflexion de la transformée d'une courbe plane ou à double courbure tracée sur une surface développable.* J'ai publié pour la première fois ce mémoire dans le 22e cahier du Journal de l'École polytechnique.

dérant la sphère comme une surface de révolution ayant pour axe son diamètre vertical, menant donc (n° 252) la tangente en n' au cercle Δ, cherchant sa trace horizontale p', la ramenant en p et menant $H^{p'}$ perpendiculaire à $s^h n^h$, ce sera la trace horizontale du plan tangent cherché. 2° Le plan tangent à la sphère est perpendiculaire à l'extrémité du rayon, qui aboutit au point de contact, nous sommes donc conduits à mener par le point n un plan perpendiculaire au rayon sn (n° 83), mais comme nous ne cherchons ici que la trace horizontale du plan tangent, nous construirons au point n une verticale du plan, puis par la trace de cette droite menant une perpendiculaire à $s^h n^h$, on aura $H^{p'}$. Les traces H^p et $H^{p'}$ se coupent en un point p, et la droite pn^h sera la projection horizontale T^h de la tangente T à la courbe C au point n, on en conclura T^v. Cela posé, on a dans l'espace un triangle mpn rectangle en n, or le côté mn est construit sur le développement en $m'n'$, la tangente T à la courbe C vient se porter en T^t tangente à C^t, puis la longueur de l'hypoténuse étant donnée en mp, si du point m^t comme centre et avec un rayon égal à mp on décrit un arc de cercle coupant T^t en p^t, la droite $m^t p^t$ sera la tangente demandée. Il faut avoir soin de prendre le point p^t du côté convenable par rapport au point n', et pour cela il suffit d'examiner si le point p se trouve du côté de la génératrice droite suivant laquelle on aurait fendu le cône ou du côté opposé.

Remarquons que le *plan* qui donne la section droite du cylindre est ce que devient la *sphère* employée dans le problème actuel, quand le sommet du cône s'éloigne à l'infini.

374 bis. *Toute surface conique oblique (à base-section conique) jouit de la propriété d'avoir un* AXE.

Menons par le sommet s d'un cône Σ ayant pour trace sur le plan horizontal une section conique E, une droite A située dans l'intérieur de ce cône ; par cette droite A menons une série de plans M, M', M'', etc., le plan M coupera le cône suivant deux génératrices droites G et $G_{,}$, le plan M' suivant G' et $G'_{,}$, le plan M'' suivant G'', $G''_{,}$ et ainsi de suite.

Si la droite A est telle qu'elle divise en deux parties égales les angles $\widehat{G, G_{,}}$ et $\widehat{G', G'_{,}}$ et $\widehat{G'', G''_{,}}$, etc., alors cette droite A sera dite *axe* du cône Σ.

Examinons donc si une semblable droite A peut exister.

Le cône Σ peut toujours être coupé par un plan P suivant une ellipse E. Prenons ce plan P pour plan horizontal de projection menons par le sommet s du cône une droite D extérieure à ce cône et coupant dès lors le plan P en un point d extérieur à l'ellipse E.

Par ce point d menons (*fig.* 236 *bis*) deux tangentes à l'ellipse E et désignons par m et m' les points de contact.

Cela posé :

Par la droite D faisons passer une suite de plans Q, Q′, Q″, etc., les traces H°, H°′, H°″, etc., passeront toutes par le point d et chacune de ces traces coupera l'ellipse E en deux points, ainsi :

H° coupera E en les points q et $q,$
H°′   — $q′$ et $q′,$
H°″   — $q″$ et $q″,$
etc.,   etc.

Divisons en deux parties égales les angles $\widehat{qsq,}$, $\widehat{q′sq′,}$, $\widehat{q″sq″,}$, etc., par les droites I, I′, I″, etc., qui viendront couper respectivement les cordes $\overline{qq,}$, $\overline{q′q′,}$, $\overline{q″q″,}$, etc., de l'ellipse E en les points j, $j′$, $j″$, etc.

Il est évident que les points m, j, $j′$, $j″$, etc., et $m′$ seront sur un arc de courbe γ.

Cela fait :

Par la génératrice droite sm du cône Σ faisons passer une suite de plans R, R′, R″, etc., les traces Hⁿ, Hⁿ′, Hⁿ″, etc., de ces plans passeront toutes par le point m et chacune d'elles coupera l'ellipse E en un second point r, $r′$, $r″$, etc.

Divisons les angles $\widehat{rsm}$, $\widehat{r′sm}$, $\widehat{r″sm}$, etc., en deux parties égales par les droites L, L′, L″, etc., ces droites couperont les cordes $\overline{rm}$, $\overline{r′m}$, $\overline{r″m}$, etc., de l'ellipse E, respectivement en les points l, $l′$, $l″$, etc., et tous ces points formeront évidemment une courbe fermée δ passant par le point m et tangente en m à l'ellipse E.

Or, il est évident que les deux courbes δ et γ en vertu de leur forme et de leur construction se couperont en deux points, dont l'un sera le point m et nous désignerons le second point par a.

Je dis que la droite sa est l'axe du cône Σ.

Et en effet :

Menons un plan Y perpendiculaire à la droite $\overline{sa}$, comme cette droite sa est évidemment dans l'intérieur du cône Σ, ce plan Y coupera le cône suivant une ellipse B.

Maintenant : si nous menons par les droites D et sa un plan, il coupera le cône suivant deux génératrices droites $G,$ et $G,′$ et la droite sa divisera en deux parties égales l'angle $\widehat{G,sG,′}$.

Si nous menons par les droites sa et sm un plan il coupera le cône suivant deux génératrices droites K et K′ et la droite sa divisera en deux parties égales l'angle $\widehat{KsK′}$.

Cela posé :

Le plan Y coupera la droite sa en un point o et les droites $G,$, $G,′$ et K, K′ en les points g, g', k, k', et l'on aura évidemment en ligne droite les points g, g' et o, k, k' et o, et de plus, évidemment aussi on a $go = g'o$ et $ko = k'o$.

Le point o est donc le centre de l'ellipse B.

Dès lors, il est démontré que la droite sa est l'*axe* du cône Σ, et en même temps il est démontré que tout cône à base-section conique jouit de la propriété d'avoir un *axe*.

Des plans diamétraux conjugués du cône oblique à base-section conique.

374 *ter.* Puisque toute surface conique à base-section conique possède un axe A, nous pouvons représenter une surface conique par sa base elliptique E et son axe A mené par le centre o de cette ellipse et perpendiculairement au plan de cette courbe que nous prendrons pour plan horizontal de projection; le sommet s du cône sera situé sur l'axe A.

Cela posé :

Menons une droite D coupant la nappe inférieure du cône en deux points d et d'; supposons une suite de droites D', D'', D''', etc., parallèles entre elles et à la droite D; prenons les milieux p des cordes interceptées par la nappe inférieure et la nappe supérieure sur chacune de ces droites parallèles; tous les points p seront sur une surface Δ passant par le sommet s du cône.

Cela posé, je dis que la surface Δ n'est autre qu'un plan.

Et en effet :

Menons une suite de plans X, X', X'', etc., parallèles entre eux et aux cordes D, ces plans couperont le cône respectivement suivant des sections coniques δ, δ', δ'', etc., qui seront semblables et semblablement placées. Toutes les cordes de δ parallèles à D auront leur milieu sur un diamètre α conjugué de D; toutes les cordes de δ' parallèles à D auront leur milieu sur un diamètre α' conjugué de D, et ainsi de suite.

Or, en vertu de la théorie de la similitude, il est évident que tous les diamètres α, α', α'', etc., sont parallèles entre eux et dans un plan P passant par le sommet s du cône.

Ainsi, le cône à base-section conique a une infinité de *plans diamétraux*.

Concevons un plan diamétral P et le système de cordes D qu'il divise en deux parties égales, on dit que les cordes D et le plan P sont *conjugués* entre eux.

Cela posé :

Étant donné un plan diamétral P et le système de cordes conjuguées D, menons dans le plan P (qui est intérieur au cône et le coupe suivant deux génératrices droites) deux droites arbitraires, l'une B coupant la nappe inférieure du cône en deux points, et l'autre *k* coupant la nappe inférieure et supérieure du cône et chacune en un point.

Toutes les cordes parallèles à B auront un plan diamétral conjugué Q et qui sera intérieur au cône, et toutes les cordes parallèles à K auront un plan diamétral conjugué R et qui sera évidemment extérieur au cône.

. Ces trois plans P, Q, R, sont dits plans *diamétraux conjugués*; et ils se coupent deux à deux suivant trois droites X', Y', Z', qui sont dites *diamètres conjugués* du cône.

Trois plans diamétraux conjugués d'un cône jouissent donc de la propriété suivante;

Savoir : que les diamètres conjugués X', Y', Z', suivant lesquels ils se coupent deux à deux, sont respectivement parallèles aux systèmes de cordes parallèles entre elles et divisées chacune en deux parties égales par les plans diamétraux conjugués.

Si nous faisons passer par l'axe A deux plans P et Q coupant l'ellipse E suivant des diamètres conjugués de cette courbe, le plan R sera perpendiculaire à l'axe A, et par conséquent perpendiculaire aux plans P et Q; si les plans P et Q coupent le plan de l'ellipse E suivant les axes de cette courbe, les trois plans conjugués P, , Q, , R, (ainsi déterminés) seront rectangulaires entre eux et ils se couperont deux à deux suivant trois droites A, X, Y, qui seront rectangulaires entre elles.

Ainsi, un cône admet une infinité de systèmes de plans diamétraux conjugués obliques et un seul système de plans diamétraux conjugués rectangulaires; ces derniers prennent le nom de plans *diamétraux principaux*.

Ainsi, une surface conique jouit de la propriété d'avoir trois plans *diamétraux principaux*.

Les droites X, Y, rectangulaires entre elles et à l'axe A jouissent évidemment de la même propriété que cet axe A, savoir : que tout plan mené par chacune d'elles coupe la surface conique suivant deux génératrices droites dont l'angle formé par les parties situées pour l'une sur la nappe inférieure et pour l'autre sur la nappe supérieure du cône est divisé en deux parties égales par cette droite X ou Y.

Ainsi, une surface conique à base-section conique jouit de la propriété d'avoir trois *axes* rectangulaires entre eux, dont l'un A est dans l'intérieur du cône et dont les deux autres Z et Y sont extérieurs au cône.

Il suit encore de ce qui précède que si l'on a un système de diamètres conjugués X', Y', Z' (le diamètre Z' étant intérieur au cône), si l'on mène par X' deux plans T et T' tangents au cône suivant les droites G et G', les trois droites G, G', Z' seront dans un plan diamétral P passant par Y'.

2ᵉ PARTIE.   22

Et de même, si par la droite Y' on mène deux plans Θ et Θ' tangents au cône suivant les droites K et K', les trois droites K, K', Z' seront dans un plan diamétral Q passant par X', et les trois plans (Z', X') ou Q, (Z', Y') ou P et (X',Y') ou R seront trois plans diamétraux conjugués du cône.

374 *quater*. Les plans diamétraux principaux P_1, Q_1 et R, d'une surface conique Σ à base section-conique, coupent chacun cette surface en deux parties symétriques; dès lors, si l'on décrit du sommet s du cône comme centre avec un rayon arbitraire une sphère S, les deux surfaces S et Σ se couperont suivant une courbe λ, laquelle sera symétrique par rapport aux deux plans diamétraux principaux P_1 et Q_1 qui se coupent suivant l'axe intérieur A du cône Σ.

Si donc on coupe la courbe λ par un plan R' parallèle au plan R_1, on obtiendra sur cette courbe quatre points n, n', n'', n''', qui seront les sommets d'un rectangle; et si l'on construit en chacun de ces points une tangente à la courbe λ, on aura les tangentes : θ en n, θ' en n', θ'' en n'', θ''' en n'''.

Or, en vertu de ce que la courbe λ est symétrique par rapport aux plans P et Q, il est évident que ces tangentes se couperont deux à deux en des points situés sur les plans P_1 et Q_1, de telle manière que les quatre tangentes θ, θ', θ'', θ''', formeront un quadrilatère gauche.

Si par deux tangentes qui se coupent, ou, en d'autres termes, si par deux côtés adjacents du quadrilatère gauche on fait passer un plan, on aura quatre plans passant respectivement par les quatre côtés du rectangle ($nn'n''n'''$) et qui seront chacun tangent en deux points à la courbe λ.

Dès lors, on voit que si l'on fait rouler un plan sur la courbe λ de manière à ce qu'il soit tangent à cette courbe et en deux points de cette courbe, on obtiendra pour surface enveloppe un cylindre; et comme l'on peut faire rouler un semblable plan de deux manières différentes sur la courbe λ, on pourra toujours placer cette courbe λ sur deux cylindres ψ et ψ', dont l'un aura ses génératrices parallèles à l'*axe* X et dont l'autre aura ses génératrices parallèles à l'*axe* Y du cône Σ.

De sorte que les deux cylindres ψ et ψ' sont rectangulaires entre eux.

Mais si l'on remarque que la courbe-intersection de la sphère S et du cône Σ, se compose de deux branches λ et λ' : l'une λ située sur la nappe inférieure, et l'autre λ' située sur la nappe supérieure du cône Σ, on voit de suite que ces deux branches λ et λ' sont symétriques par rapport à chacun des trois plans diamétraux principaux P_1, Q_1 et R_1, et que l'on peut faire rouler de deux manières différentes un plan tangent à l'une et à l'autre de ces branches; en sorte que par les branches λ et λ' on peut faire passer trois cylindres dont les génératrices seront respectivement parallèles aux trois axes A, X, Y du cône Σ.

Des nœuds que peut offrir l'une des projections de la courbe-intersection d'un cône et d'une sphère.

375. Il arrive quelquefois que la projection verticale de l'intersection d'une sur-face conique par une sphère concentrique possède un nœud, sans que la courbe dans l'espace présente cette circonstance. Cela doit évidemment arriver lorsque le plan mené par le sommet du cône parallèlement au plan vertical coupe à angle droit et en deux parties égales une corde de la base du cône; car si l'on unit les extrémités de cette corde avec le sommet du cône, on aura deux génératrices droites de la surface conique symétriquement placées par rapport à ce plan méri-dien, de sorte qu'elles ont même projection verticale, et elles vont dès lors couper la sphère en deux points situés aux extrémités d'une corde perpendiculaire à ce plan méridien et qui ont par conséquent même projection verticale, donc la projection verticale de l'intersection présentera pour ce point un *nœud* qu'il est facile d'après cela de construire directement. On conçoit que si cette symétrie se présentait plusieurs fois, la projection offrirait autant de nœuds. Enfin si la base de la surface conique est une section conique ayant un axe sur la trace de ce plan méridien, la projection verticale sera une courbe non fermée, parce que la courbe dans l'espace est divisée par ce plan en deux parties, qui ont même projection verticale.

376. En général, ayant deux surfaces S et S' qui se coupent suivant un courbe C, on peut se proposer de déterminer les *nœuds* des projections de cette courbe d'intersection C, si toutefois ces nœuds existent. Cherchons, par exemple, les nœuds de la projection verticale C^v; pour cela, dans l'une des surfaces S, nous mènerons une série de cordes perpendiculaires au plan vertical de projection, et nous ferons passer une surface Σ par les milieux de toutes ces cordes; dans l'autre surface S' nous mènerons de même une série de cordes perpendiculaires au plan vertical de projection et nous ferons passer une surface Σ' par les milieux de toute ces cordes, et la projection verticale de l'intersection des deux surfaces Σ et Σ' passera par les *nœuds* de C^v, s'il en existe; on trouverait de même les *nœuds* de C^h (*).

(*) *Voyez* l'ouvrage qui a pour titre : *Développements de géométrie descriptive*, chap. III, page 156.

CHAPITRE IX.

DES SURFACES TANGENTES, APPLICATION AUX OMBRES ET A LA PERSPECTIVE.

377. Deux surfaces sont dites tangentes l'une à l'autre en un point m, lorsqu'en ce point le plan tangent à l'une des surfaces est en même temps tangent à l'autre. Deux surfaces seront dites tangentes l'une à l'autre le long d'une courbe C, lorsqu'en chacun des points de cette courbe les deux surfaces auront même plan tangent. Si donc l'on coupe les deux surfaces par un plan passant par un point de contact, les courbes d'intersection auront en ce point même tangente. Si l'une des surfaces est réglée, on peut mener le plan sécant par la génératrice droite G passant par le point m contact des deux surfaces données; cette génératrice G sera donc tangente à l'autre surface.

D'après cela, on voit que pour construire une surface conique ayant pour sommet un point donné s et qui soit tangente à une surface donnée S, la *méthode générale* consisterait à conduire par le point s une série de plans sécants coupant respectivement la surface S suivant des courbes B, B'... et à mener par ce point s des tangentes à chacune de ces courbes de section B, B'..... et ces tangentes seront les génératrices droites de la surface conique demandée.

Si la surface S est une sphère, on fera passer les plans sécants par le point s et par le centre de la sphère; dans ce cas, la surface donnée est de révolution, et le point s est sur l'un des axes de rotation de cette surface, donc le cône tangent sera de révolution et aura même axe que la surface proposée, et il touchera la sphère tout le long d'un cercle ou *parallèle* (n° 248).

Plus loin nous verrons comment la méthode générale, indiquée ci-dessus, doit être modifiée suivant le mode de génération particulier de la surface S donnée.

378. La série des points de contact de chaque génératrice droite du cône tangent à une surface quelconque S forme (sur cette surface S) une courbe C, qui prend en général le nom de *courbe de contact*.

Mais si l'on suppose que le point s est un *point lumineux*, il est évident que toute la partie de la surface S comprise dans l'intérieur de la surface conique et dirigée vers le sommet *s* sera éclairée, et que l'autre partie sera dans l'ombre, car elle ne pourra recevoir aucun rayon de lumière ; c'est pourquoi, dans ce cas, la courbe C prend le nom de *ligne de séparation d'ombre et de lumière* (n° 181). Si la surface conique, qui prend le nom de *cône lumineux*, est prolongée et coupée par un plan ou une surface quelconque S' suivant une courbe C', il est clair qu'aucun point de cette surface compris dans la courbe d'intersection C' ne peut recevoir de rayons lumineux, le reste de la surface étant éclairé ; l'existence de cette ombre provient donc de l'interposition de la surface S, et l'espace de la surface S' renfermé par la courbe C' prend le nom d'*ombre portée de la surface S sur la surface S'*.

Si l'on suppose que le point *s* soit l'*œil* d'un observateur regardant la surface S, chaque génératrice du cône prend le nom de *rayon visuel*, aucun rayon visuel ne pouvant parvenir à l'œil de l'observateur des divers points situés au delà de la courbe C, la surface semble pour l'observateur terminée à cette courbe, qui prend par cette raison le nom de *contour apparent*. Si l'on coupe la surface conique par une autre surface qu'on nomme *tableau* (laquelle est généralement un plan situé entre l'œil *s* et la surface S), tous les rayons visuels viendront peindre sur le tableau l'image des divers points de la surface, de sorte que si l'on enlevait le corps lui-même, mais en conservant l'image ainsi peinte sur le tableau, l'œil de l'observateur placé en *s* éprouverait encore les mêmes sensations ; cette image a reçu le nom de *perspective de la surface S*.

379. Si le point *s* s'éloigne à l'infini, la surface conique dégénère en une surface cylindrique tangente à la surface S le long d'une courbe C, qui prend encore les noms de *courbe de contact*, *ligne de séparation d'ombre et de lumière*, *contour apparent*, suivant que l'on considère la question sous l'un des trois points de vue précédents, savoir : 1° point de vue purement géométrique ou 2° et 3° point de vue d'application aux ombres et perspective. Mais au point de vue géométrique, si l'on prolonge la surface cylindrique tangente et qu'on la coupe par un plan perpendiculaire aux génératrices, l'intersection prend le nom de *projection complète de la surface S* (n° 191).

379 *bis*. Il faut établir d'une manière nette et précise la différence qui existe, lorsque l'on emploie la langue graphique, entre, *dire* : qu'une surface est complétement définie et écrite, ou *dire* : qu'une surface est complétement projetée sur l'un des plans de projection.

Pour résoudre les problèmes proposés sur une surface, il n'est point nécessaire que cette surface soit complétement projetée, mais il faut toujours qu'elle soit complétement dessinée et écrite.

Nous l'avons déjà dit, une surface est complétement dessinée et écrite, lorsqu'elle est donnée par les projections de certaines lignes qui suffisent pour pouvoir déterminer les projections d'un point quelconque situé sur cette surface.

On désigne par le nom de *projection complète sur un plan* P d'une surface donnée Σ, la projection sur ce plan P de la courbe de contact de la surface Σ et d'un cylindre qui, ayant ses génératrices perpendiculaires au plan P, serait tangent à cette surface Σ.

Les deux projections complètes d'une surface étant données sur le plan horizontal et sur le plan vertical de projection ne peuvent donc évidemment suffire pour représenter complètement la surface, pour la définir, car évidemment plusieurs surfaces différentes entre elles peuvent avoir les mêmes projections complètes, puisque l'on peut sans peine concevoir plusieurs surfaces tangentes en même temps à deux cylindres donnés de forme et de position dans l'espace.

Aussi, la projection complète d'une surface sur l'un des plans de projection horizontale ou verticale ne peut être utile que lorsqu'il s'agira de connaître les points du plan horizontal ou du plan vertical de projection qui sont nécessairement les projections horizontales ou verticales de points appartenant à la surface donnée.

D'après ce qui vient d'être dit, on voit que la projection complète d'une surface sur l'un des plans de projection est une courbe qui renferme sur ce plan un espace tel que chacun de ses points est nécessairement la projection d'un point de la surface donnée.

Lorsque l'on veut donner une représentation complète d'un corps, on est obligé de construire la projection complète de ce corps.

Lorsque l'on cherche les intersections de plusieurs surfaces entre elles, il est utile de projeter complétement ces surfaces, parce que les projections des courbes d'intersection peuvent être plus facilement déterminées, lorsqu'elles doivent être tangentes aux courbes dites projections complètes des surfaces, ce qui arrive lorsqu'elles ont des points communs avec ces courbes; et d'ailleurs il est évident que cela doit être, car désignons par Σ et Σ' deux surfaces se coupant suivant une courbe C; désignons par J et J' les courbes de contact des surfaces Σ et Σ avec les cylindres tangents et projetant complétement ces surfaces sur le plan horizontal de projection, on aura les courbes C^h, J^h, J'^h.

Si la courbe C coupe les courbes J et J', la première au point m et la seconde au point m', on aura m^h situé à la fois sur C^h et J^h et m'^h situé aussi à la fois sur C^h et J'^h.

Mais il est évident que le plan T tangent en m à la surface Σ sera perpendiculaire au plan horizontal de projection, donc H^r sera une droite tangente à la fois à C^h et J^h et au point m^h; il en sera de même pour le point m'^h commun aux courbes C^h et J'^h.

Les points tels que m^h et m'^h, en lesquels les projections horizontales des contours apparents J et J' sont tangentes à la projection C^h de la courbe C intersection des deux surfaces données, sont dits *points limites* de la projection C^h; on obtiendrait de la même manière les *points limites* de la courbe C^v.

380. On a vu dans ce qui précède que le problème de mener un cône tangent à une surface peut être résolu sous trois points de vue différents : 1° comme problème de géométrie descriptive, c'est-à-dire sous le *point de vue théorique*; 2° comme problème d'ombre, il est alors lié à la détermination de l'ombre portée; 3° comme problème de perspective, il doit alors être accompagné de la détermination de la figure tracée sur le tableau. Nous allons l'examiner sous ces trois faces, mais nous ferons tout d'abord remarquer que dans le dernier cas, la surface tangente est nécessairement une surface conique, et que dans les deux premiers, on peut supposer que la surface tangente est une surface cylindrique, ou, en d'autres termes, est un cône dont le sommet est transporté à l'infini sur une droite donnée de direction.

Problème de géométrie théorique.

381. La méthode générale (n° 377) ne doit pas toujours être préférée, il faut se guider sur la nature particulière de la surface S. Une surface peut toujours être considérée comme engendrée par le mouvement continu d'une *ligne*; cela posé, on peut distinguer trois modes principaux de ce mouvement.

1° La surface Σ étant engendrée par une courbe C se mouvant parallèlement à elle-même, un de ses points m parcourant une courbe gauche D sera l'enveloppe d'un cylindre mobile Δ ayant pour génératrices des droites successivement parallèles aux diverses tangentes de la directrice D. Cela posé, si l'on conçoit le cône tangent S demandé, ce cône étant tangent à la surface Σ suivant une courbe K (*à construire par points*), cette courbe K ira couper en divers points p, p'..... la courbe C dans ses diverses positions; pour chaque point p d'intersection, la surface Σ, la surface cylindrique Δ et la surface conique S sont tangentes entre elles, et ont par conséquent même plan tangent; or, le plan tangent à la surface conique S doit passer par son sommet s; si donc par ce point s on mène le plan tangent à la surface cylindrique Δ (n° 235), la génératrice droite de contact ira couper la courbe C en un point p, qui sera par conséquent un point de la courbe K ; en répétant cette construction pour un grand nombre de positions de la courbe C, on obtiendra autant de points p que l'on voudra de cette courbe de contact K, laquelle, avec le sommet s, déterminera complétement la surface conique demandée S.

2° La surface Σ peut être engendrée par une courbe C se mouvant parallèlement à elle-même, de manière à changer de grandeur en restant toujours semblable et semblablement placée, l'un de ses points m parcourant une courbe gauche D. La surface Σ est alors l'enveloppe d'un cône mobile Δ, et si l'on conçoit le cône S tangent à la surface Σ, la courbe de contact K du cône S et de la surface Σ coupera respectivement la courbe C en chacune de ses diverses positions; désignons par p, p′..... les points de rencontre de la courbe K et des diverses positions C, C′.... de la courbe mobile et génératrice C; pour chaque point p d'intersection, la surface Σ et les deux surfaces coniques Δ et S sont tangentes entre elles, et ont par conséquent même plan tangent. Or, le plan tangent à la surface conique S demandée doit passer par son sommet s. Si donc par ce point s on mène le plan tangent à la surface conique Δ déterminée par deux positions successives de la courbe génératrice C (n° 225), la génératrice droite de contact ira couper la courbe C en un point p, qui sera par conséquent un point de la courbe K. En répétant cette construction pour un grand nombre de positions successives de la courbe C, on aura autant de points que l'on voudra de la courbe K, qui, avec le sommet s, fera connaître la surface conique demandée S.

3° Enfin, la surface Σ peut être engendrée par une courbe plane C, se mouvant de manière que l'un de ses points m parcoure une courbe gauche D, et que son plan reste toujours normal à cette courbe D. Deux positions successives P et P′ du plan de la courbe *génératrice* C se coupent suivant une droite A perpendiculaire au plan osculateur à la courbe D et au point m, en lequel le plan P coupe cette courbe *directrice* D; dans le mouvement infiniment petit à effectuer pour passer de la position P à la position P′, la courbe C peut être considérée comme tournant autour de l'axe A et engendrant dès lors une portion infiniment petite de surface de révolution; de sorte que dans ce cas la surface Σ peut être considérée comme composée d'une infinité de portions infiniment petites de surfaces de révolution Φ, dont les méridiennes sont toutes égales à la courbe C et dont les parallèles sont des cercles tangents aux courbes analogues à D parcourues par les divers points de la génératrice C. La surface Σ est alors l'enveloppe de cette surface de révolution mobile Φ.

Si l'on conçoit le cône tangent S demandé, la courbe de contact K de ce cône et de la surface donnée Σ coupera la courbe C en chacune de ses positions C, C′, C″..... et respectivement en les points p, p′, p″..... pour chaque point p la surface Σ, la surface de révolution Φ et la surface conique S sont tangentes, c'est-à-dire qu'elles ont même plan tangent; mais le plan tangent à la surface conique S passe par son sommet s; si donc par le point s on mène un plan tangent à la surface de révolution Φ, le point de contact sera un point de la courbe K. Mais par un point extérieur à une surface de révolution Φ, on peut mener une infinité de plans tangents à cette surface et ont pour *enveloppe* un cône tangent à cette surface Φ. Il faudra donc dès lors par le point *s*, comme sommet, construire un cône M tangent à la surface de révolution Φ; la courbe de contact B des deux surfaces Φ et M ira couper la courbe C en un point qui appartiendra à la courbe K (*)

282. Problème 1. *Construire à une surface de révolution* Σ *un cône* S *tangent et ayant son sommet en un point donné.* On donne le sommet *s* de la surface conique S, elle sera donc entièrement déterminée, si l'on trouve sa directrice ou sa courbe de contact K avec la surface de révolution Σ; or, par chaque point de cette courbe K passe un *parallèle* et un *méridien* de la surface de révolution ; on pourra donc déterminer cette courbe K de deux manières : 1° en cherchant sur chaque cercle ou *parallèle* les points qui appartiennent à cette courbe K de contact ; 2° en faisant la même recherche pour chaque courbe *méridienne* de la surface de révolution Σ.

1° Pour employer la première méthode, dite *méthode du parallèle*, nous remarquons que la surface de révolution peut être considérée (n° 250, 6e *mode*) comme l'enveloppe d'un cône mobile ayant son sommet sur l'axe de révolution de la surface de révolution donnée Σ et dont les génératrices droites font avec cet axe un angle variant suivant une loi déterminée. Si par le point *s* on mène un plan tangent à chacune de ces surfaces coniques ∂ que l'on doit considérer comme des *enveloppées*, les génératrices droites de contact iront couper le *parallèle* correspondant en un point de la courbe K. La méthode exposée (n° 225) pour construire ce plan tangent exige que l'on connaisse le sommet du cône ∂, mais on peut y suppléer comme il suit :

Soit (*fig.* 237) A l'axe, C la courbe méridienne de la surface de révolution donnée et Δ le *parallèle* sur lequel nous cherchons les points appartenant à la courbe de contact K. Le *parallèle* Δ coupe la méridienne C en un point *m*; en menant en ce point *m* la tangente Θ à la courbe C, on aura la génératrice droite de l'*enveloppée* conique particulière ∂ à laquelle on doit mener le plan tangent; pour cela, par le point *s* on fait passer un plan horizontal, qui coupe les droites A et Θ en des points *o* et *p*, et la surface conique ∂ suivant un cercle, ayant son centre en *o* et pour rayon *op*; puis par le point *s* on mène des tangentes à ce cercle; on unit les projections horizontales des points de contact avec le point A^h, qui est en même temps la projection horizontale du sommet du cône ∂, et l'on a les génératrices de contact des plans tangents menés par le point *s*, elles vont couper $Δ^h$ en des points x^h et x'^h que l'on projette verticalement en x^v et x'^v, et l'on a ainsi deux points *x* et *x'* de la courbe K cherchée.

2° Quant à la seconde méthode dite *méthode du méridien*, on remarque qu'un plan méridien coupe tous les *parallèles* en des points tels qu'en menant en ces points

---

(*) *Voyez* pour plus amples détails sur les divers modes de génération d'une surface, l'ouvrage qui a pour titre : *Développements de géométrie descriptive*, chapitre VII et dernier.

des tangentes à ces parallèles, ces tangentes sont parallèles entre elles et perpendiculaires au plan méridien ; elles forment donc une surface cylindrique ϵ qui (ayant une courbe méridienne C pour base) est tangente à la surface de révolution Σ et tout le long de cette méridienne C ; si donc par le point s, on mène un plan tangent à cette surface cylindrique ϵ, lequel plan sera perpendiculaire au plan méridien correspondant à la courbe C, la génératrice droite de contact coupera la méridienne C en un point de la courbe K cherchée. Ici encore on peut avantageusement modifier la méthode générale. En effet, si l'on fait tourner autour de l'axe A (*fig.* 238) le système formé de la surface de révolution Σ, du cylindre tangent ϵ et du point s, jusqu'à ce que le plan méridien M soit venu en M' parallèle au plan vertical de projection, le plan tangent T à la surface cylindrique ϵ sera alors venu en T' perpendiculaire au plan vertical de projection (n° 247), donc s^{iv} se trouvera sur V''; de même, l'intersection Θ' de ce plan T' par le plan méridien M' se projettera sur V''; mais Θ' est tangente à la courbe méridienne située dans le plan M' ; donc si du point s^{iv} on mène une tangente Θ' à la projection verticale de cette méridienne, le point de contact x' représentera un point x de la courbe cherchée, ce point x étant ramené en x' dans le plan méridien M', qui est *parallèle au plan vertical de projection ;* si donc on ramène la tangente Θ' dans sa position naturelle, à savoir celle où elle passe par le point s, le point x' viendra prendre la position x, et ce point x sera un point de la courbe K cherchée ; en répétant la même construction pour d'autres courbes *méridiennes,* on aura tant de points que l'on voudra de la courbe de contact K demandée. Je ferai remarquer que dans le mouvement de rotation le point s décrit un cercle B, et pour avoir a position s', il suffit de prendre sur B^h l'arc $s^h s'^h = aa'$.

Si l'on voulait avoir le point situé sur le plan méridien passant par a'', il faudrait prendre $s^h s'''^h = a''a'$, et ainsi de suite. Les points a, a'', etc..... étant les intersections du cercle B^h par des diamètres de ce cercle B^h, sont aussi bien déterminés que possible, c'est pourquoi je crois la méthode que je viens d'expliquer préférable (sous le point de vue graphique) à celle que l'on donne ordinairement et qui conduit à décrire le cercle B, sur le diamètre $A^h s^h$ et à prendre ses intersections p^h avec les traces horizontales des divers plans méridiens, le point p étant alors le pied d'une perpendiculaire au plan méridien M et dès lors ce point p appartient à la tangente Θ.

383. PROBLÈME 2. *Par une droite donnée mener un plan tangent à une surface donnée.* Il est évident que le problème est quelquefois impossible suivant la nature de la surface et la position de la droite par rapport à elle. Si, par exemple, la surface est développable, le plan tangent doit contenir une génératrice droite de la surface ; si donc la droite donnée n'est pas parallèle à cette génératrice elle la

coupera et sera nécessairement tangente à la surface donnée au point d'intersection ; il faudra donc par la droite donnée faire passer un plan coupant la surface donnée suivant une courbe γ ; si la droite est tangente à cette courbe γ en un point g, on construira la génératrice droite G de la surface passant par le point de contact g et le plan de cette génératrice et de la droite donnée sera le plan tangent demandé ; mais si la droite donnée coupe la courbe d'intersection γ le problème sera impossible.

Si la surface est gauche, on cherchera le point où elle est coupée par la droite donnée, on construira la génératrice droite passant par ce point ; cette génératrice et la droite donnée détermineront un plan qui sera nécessairement tangent à la surface (n° 210) ; dans ce cas, le problème est toujours possible et généralement susceptible de plusieurs solutions lorsque la droite donnée rencontre la surface.

Si la surface est de révolution, le problème n'est pas toujours possible ; dans le cas où le plan tangent existe, on peut l'obtenir par les diverses méthodes suivantes :

1° Par un point quelconque s de la droite donnée D, comme sommet, on construit une surface conique tangente à la surface de révolution (n° 382) ; tout plan tangent à cette surface conique sera en même temps tangent à la surface de révolution et au point où la génératrice droite de contact du cône et du plan tangent coupe la courbe de contact des deux surfaces ; le problème sera donc possible chaque fois que par la droite D on pourra mener un plan tangent à la surface conique.

2° Le point s peut être choisi à l'infini sur la droite D, alors la surface conique dégénère en une surface cylindrique dont les génératrices sont parallèles à la droite donnée D ; menant donc par cette droite D un plan tangent à cette surface cylindrique, on aura le plan tangent demandé.

3° Le cylindre employé dans la seconde méthode serait déterminé, si l'on connaissait sa courbe de contact C avec la surface de révolution ; or, cette courbe rencontre un *parallèle* Δ de la surface de révolution en un point par lequel passe une génératrice droite, qui appartient en même temps à un autre surface cylindrique ayant pour directrice ce *parallèle* Δ et pour génératrices droites des parallèles à la droite D, et il est évident que ces deux surfaces cylindriques auront même plan tangent suivant suivant leur génératrice commune, puisque l'une et l'autre auraient en ce point même plan tangent que la surface de révolution, ce plan étant déterminé pour l'une par la génératrice et la tangente à la courbe C, pour l'autre par la génératrice et la tangente au parallèle Δ ; donc les bases de ces surfaces cylindriques sont tangentes. En faisant donc passer par tous les *parallèles* de la surface de révolution des surfaces cylindriques ayant leurs génératrices droites parallèles à la droite donnée D, puis traçant une courbe B qui enveloppe toutes leurs bases horizontales, cette courbe B sera la base horizontale d'un cylindre tangent à la surface de révolution ; dans l'exécution, on ne pourra construire qu'un certain nombre de cylindres *enveloppées* et la courbe B *enveloppe* de leurs bases tendra d'autant plus à se confondre avec la véritable base du cylindre tangent que l'on aura employé un plus grand nombre de *parallèles*; il faudra ensuite mener par la droite D un plan tangent à la surface cylindrique ayant pour base cette courbe B et pour génératrices droites des parallèles à D ; il sera facile de trouver le point de contact avec la surface de révolution, en cherchant le point où elle est rencontrée par la génératrice droite de contact, ou encore en construisant le *parallèle* directeur du cylindre qui est l'*enveloppée* correspondante.

4° Enfin, *Monge* a résolu le problème en concevant une seconde surface de révolution engendrée par la droite D tournant autour de l'axe A de la surface de révolution proposée; cette seconde surface est gauche, de sorte que le plan cherché passant par la génératrice D, sera un plan tangent à cette surface, et par conséquent ce sera un plan tangent commun aux deux surfaces de révolution. Si l'on cherche la courbe méridienne de cette seconde surface, et si l'on construit une tangente commune aux deux courbes méridiennes situées dans un même plan méridien, cette tangente, en tournant autour de l'axe A, engendrera une surface conique de révolution tangente à la fois aux deux surfaces de révolution précédentes (n° 248). Si par la droite D on peut mener un plan tangent à cette surface conique, ce sera le plan demandé; dans le cas contraire, le problème est impossible.

383 *bis*. Si la surface est engendrée par un cercle B de rayon constant R, dont le centre parcourt une courbe gauche C, le plan du cercle mobile étant normal en toutes ses positions à la courbe *directrice* C, cette surface prend le nom de *surface-canal*, et l'on pourra, pour la solution du problème : *Mener un plan tangent par une droite D à une surface-canal*, employer la méthode indiquée ci-dessus (paragraphe 3°) et en effet :

Imaginons dans l'espace un cercle B du rayon R et ayant son centre o sur une droite A et son plan P étant perpendiculaire à la droite A, concevons ensuite une droite D faisant un angle quelconque α avec la droite A.

Cela posé : concevons que le cercle B est la directrice d'un cylindre Σ dont les diverses génératrices droites G seront parallèles à la droite D, et coupons ce cylindre Σ par un plan quelconque Q.

Ce plan Q coupera le cylindre oblique Σ suivant une ellipse E. Or si nous traçons sur le cercle B deux diamètres M et N rectangulaires entre eux, ils seront projetés obliquement sur l'ellipse E par le cylindre Σ en des diamètres M° et N° qui seront conjugués entre eux. Parmi les systèmes de diamètres rectangulaires M et N du cercle B on peut choisir celui pour lequel le diamètre M est horizontal; alors sa projection oblique M° lui sera égale en longueur et le diamètre N étant une ligne de plus grande pente du plan P sera projeté obliquement sur le plan Q.

par un plan X parallèle à la droite D, suivant une droite N° parallèle à la projection orthogonale D^h de la droite D sur ce plan Q (considérant le plan Q comme un plan horizontal de projection) et la longueur de N° sera égale à $\frac{N}{\cos \alpha}$ en désignant par α l'angle que le plan P fait avec le plan Q.

De plus, le diamètre M°, qui est parallèle au diamètre M et égal à 2R, sera dirigé perpendiculairement à la projection orthogonale A^h de la droite A par le plan Q.

Cela posé : on devra pour résoudre le problème énoncé, projeter orthogonalement la courbe C en C^h sur le plan horizontal et C^v sur le plan vertical, et encore obliquement en C° sur le plan horizontal par des droites parallèles à la droite D ou par un cylindre oblique Δ.

Les cercles B seront projetés obliquement par des cylindres obliques Σ et parallèlement à la droite D suivant des ellipses E, qui auront leurs centres sur la courbe C° et dont un système de diamètres conjugués sera donné par une droite N° parallèle à D^h et égale à $\frac{2R}{\cos \alpha}$ (α prenant des valeurs différentes, ou, en d'autres termes, variant suivant les inclinaisons des plans des cercles B sur le plan horizontal) et par une droite M° perpendiculaire à la projection T^h de la tangente T à la courbe C au point o centre du cercle B considéré et cette droite N° étant égale à 2R ou au diamètre du cercle B.

1° On voit donc que pour les diverses ellipses E, E', E'', etc., on aura un diamètre constant 2R, mais variable de position par rapport à la ligne de terre (puisque les tangentes T, T', T'', etc., à la courbe C se projettent nécessairement suivant des droites T^h, T'^h, T''^h, etc., qui ne sont point parallèles entre elles), et un diamètre de longueur variable $\frac{2R}{\cos \alpha}$ (puisque l'angle α varie, les tangentes T, T', T'' etc., de la courbe C ne faisant pas un angle constant *en général*, avec le plan horizontal de projection), mais de direction constante puisqu'il sera toujours parallèle à la droite D^h.

Ayant construit une série d'ellipses E, E', E'', etc., on les enveloppera par une courbe K et en menant par la trace horizontale de la droite D une tangente à la courbe K on aura la trace H° du plan Θ demandé.

2° La construction des ellipses E, E', E'', etc., serait longue, car ce sont des ellipses différentes entre elles, mais si la courbe C était plane et de plus horizontale, et que l'on eût, par exemple, une surface comme le *tore* ou *surface annulaire*, alors les constructions seraient simplifiées, car toutes les ellipses E, E', E'', etc., auraient non-seulement leurs diamètres M° égaux entre eux, mais encore les diamètres N°, puisque l'angle α serait constant, étant égal à un angle droit pour chaque cercle B. Mais les diamètres conjugués M° et N° de l'ellipse E, ne comprendraient pas entre eux le même angle que les diamètres M'^o et N'^o de l'ellipse E', en sorte que quoique les constructions se trouvent simplifiées, la solution graphique en définitive exige toujours la construction séparée de chacune des ellipses E, E', E'', etc., chacune de ces ellipses étant donnée par un système de diamètres conjugués.

3° Mais si le plan Q ou plan horizontal de projection était perpendiculaire à la droite D, le plan du cercle C lieu des centres des cercles B de la surface annulaire étant oblique à ce plan Q, alors les diverses ellipses E, E', E'', etc., seraient données par leurs axes et non par un système de diamètres conjuguées.

Et en effet :

Projetons orthogonalement le cercle C sur le plan Q on aura C^h, le centre o d'un cercle B se projettera en o^h sur C^h, et le diamètre horizontal M de B se projettera en une droite M^h égale à $2R$ et normale à C^h. Le diamètre N de B et perpendiculaire à M sera une ligne de plus grande pente du plan P du cercle B; il fera donc avec le plan horizontal un angle α qui sera celui que le plan P fait avec le plan horizontal Q, et cet angle α variera pour chaque cercle B puisque le cercle C n'est pas horizontal; mais ce diamètre N sera perpendiculaire à la tangente T menée au point o au cercle C, et le plan (T, N) sera perpendiculaire au plan Q, il ne sera donc autre que le plan projetant T en T^h, T^h étant tangente en o^h à C^h. Par conséquent le diamètre N se projettera sur T^h; or T^h et M^h sont perpendiculaires entre eux, ils seront donc les axes de l'ellipse E ou B^h.

Il est évident que toutes les ellipses E, E', E'', etc., que l'on obtiendra sur le plan Q auront toutes leurs axes normaux à la courbe C^h égaux entre eux, mais leurs axes dirigés suivant les tangentes à cette courbe C^h seront inégaux parce que l'angle α varie en passant d'un cercle B à son voisin B'.

Il faudrait donc tracer une suite d'ellipses sur des axes inégaux ce qui serait assez long, puis envelopper ces ellipses par une courbe K.

4° Si le cercle C était horizontal, la droite D étant verticale, alors tous les cercles B, se projetteraient sur le plan horizontal Q suivant des lignes droites normales à C^h, et C^h ne serait autre qu'un cercle identique à C.

Dans ce cas particulier la courbe K serait facile à tracer, car il suffirait de mener par chaque point o^h de la courbe C^h une normale Z à cette courbe et de porter sur Z à droite et à gauche du point o^h, le rayon R du cercle B, on aurait deux points z et z' qui appartiendraient à la courbe K; et l'on voit de suite que dans ce cas la courbe K est formée de deux branches K' et K'' parallèles et équidistantes de la courbe C^h, en sorte que les trois courbes K', K'', C^h ont même *développée*.

5° Mais la courbe K peut être très-facilement construite dans tous les cas précédemment examinés, si l'on remarque que la surface engendrée par un cercle B de rayon R constant et dont le centre parcourt une courbe gauche C, son plan étant normal à cette courbe *directrice* C, peut être considérée comme l'enveloppe de l'espace parcouru par une sphère de rayon constant dont le centre parcourt la courbe directrice, gauche ou à double courbure C (*).

Car, étant donnée une sphère S du rayon R, concevons son centre en un point *o* d'une droite T; si la sphère S, passe en une position successive et infiniment voisine S', le centre sera placé au point *o'* qui sur la droite T sera le successif et infiniment voisin de *o*.

Les deux sphères S et S' se couperont suivant un grand cercle B (dès lors du rayon R) et dont le plan sera perpendiculaire à la droite T et dont le centre sera le point *o* ou le point *o'*, suivant que l'on marchera de gauche à droite sur la droite T ou de droite à gauche sur cette droite.

Cela établi :

Considérons une sphère S du rayon R ayant son centre en un point *o* de la directrice C, la *carectéristique* de la surface sera le cercle B du rayon R dont le plan sera *perpendiculaire* au point *o* à la tangente T en *o* à la courbe directrice C.

En sorte que la surface peut être considérée comme engendrée ou par son *enveloppée* sphérique S ou par sa *caractéristique* circulaire B.

Cela posé :

Si nous concevons un cylindre Δ tangent à la surface et dont les génératrices droites seront parallèles à la droite D, ce cylindre touchera la surface suivant une courbe δ et sera coupé par le plan Q suivant la courbe K.

Si nous concevons un cylindre Δ₁ tangent à la sphère S et dont les génératrices droites soient parallèles à la droite D, ce cylindre touchera la sphère S suivant un grand cercle X dont le plan sera perpendiculaire à la droite D. Si par le cercle B on mène un cylindre Δ₂, dont les génératrices droites soient parallèles à D, ce cylindre sera coupé par le plan Q suivant une ellipse E.

Or les deux cylindres Δ₂ et Δ₁ se couperont suivant deux génératrices droites passant par les points *x* et *x'* en lesquels se coupent les deux cercles X et B; la droite *xx'* passera par le centre *o* et sera perpendiculaire au plan Y mené par la tangente T en *o* à la courbe C et parallèlement à la droite D, puisque le cercle X est perpendiculaire à D et que le cercle B est perpendiculaire à T.

Et je dis que les deux cylindres Δ₁ et Δ₂ se touchent parce que nous avons démontré ci-dessus que les cylindres Δ₁ et Δ se touchaient et qu'il est évident que

(*) *Voyez* dans l'ouvrage qui a pour titre *Développements de géométrie descriptive* ce que nous avons dit dans le chapitre 7ᵉ et dernier au sujet des *surfaces des canaux*.

les cylindres Δ, et Δ se touchent; et les points x et x' ne peuvent être autres que ceux en lesquels les trois courbes X, B et ∂ se croisent.

Par conséquent en menant par les points x et x' des droites parallèles à D, elles iront couper le plan Q en des points qui appartiendront à la courbe K.

Mais comme les points x et x' sont sur une droite I perpendiculaire au plan qui passant par T est parallèle à D, plan que nous désignerons par (T), il s'ensuit qu'il faudra mener par la projection oblique o^o du point o de la courbe C une droite I^o perpendiculaire à la trace horizontale (sur le plan Q) du plan (T) et porter à droite et à gauche du point o^o sur I^o une longueur égale à $\dfrac{R}{\cos \alpha}$, α étant l'angle que la droite I fait avec le plan Q; et l'on obtiendra ainsi deux points appartenant l'un à la branche K' et l'autre à la branche K'' dont se compose la courbe K.

6° Si le plan Q était perpendiculaire à la droite D, alors le cercle X serait horizontal et les points x et x' seraient situés sur une horizontale I perpendiculaire à la tangente T en o à la directrice C. Dès lors il suffira pour avoir les points de la courbe K, de porter à droite et à gauche du point o^o sur la normale I^h à C^h en ce point o^h, une longueur égale au rayon R.

L'on voit donc que la considération des sphères *enveloppées* nous a conduit à simplifier la construction de la courbe K, et de plus le cas particulier qui vient d'être résolu nous permet de conclure ce qui suit, savoir : que lorsqu'on a une suite d'ellipses E, E', E'',.... successives et infiniment voisines, dont les centres sont situés sur une courbe C^h et que ces ellipses sont telles que leurs axes dirigés suivant des normales à la courbe C^h sont égaux entre eux (quel que soit le rapport qui existe entre leurs axes dirigés suivant les tangentes à la courbe C^h), ces ellipses se coupent deux à deux en des points qui sont situés sur des normales à la courbe C^h, en sorte que l'*enveloppe* de ces ellipses est une courbe K parallèle ou équidistante de la courbe C^h; en d'autres termes les courbes K et C^h sont des développantes d'une même *développée*.

383 *ter*. Si la surface est donnée par des sections horizontales, qu'on désigne sous le nom de *courbes de niveau* et que l'on veuille par une droite mener un plan tangent à cette surface, il faudra toujours, par un point s de la droite donnée, mener un cône tangent à la surface, puis un plan tangent à cette surface conique; mais pour déterminer le cône il s'agit de construire sa courbe de contact avec la surface donnée. Pour cela, par le point s, on fait passer une série de plans verticaux qui coupent les diverses courbes de niveau en des points et l'on unit par une courbe continue tous les points fournis par un même plan sécant, et à cette courbe on mène par le point s une tangente, le point de contact est un des points de la courbe cherchée.

Ordinairement on se propose seulement de déterminer le point de contact; on construit alors les courbes de contact de deux surfaces coniques ayant leurs sommets en deux points s et s' de la droite donnée D avec la surface donnée; le point de contact devant se trouver à la fois sur les deux courbes sera à leur intersection. Mais dans ce cas qui donne la solution du problème de fortification, qui a pour but de trouver le plan de *site* et par suite le plan de *défilement*, on emploie les plans *cotés* (*)

Soient donc (*fig.* 239) la surface du terrain donnée par des sections horizontales équidistantes et D la droite par laquelle doit passer le plan de site, ce plan devant dès lors être tangents à la montagne et pour mettre à couvert les hommes et les travaux placés derrière le parapet à élever dans la direction de la droite D, il faut par une droite D', position que la droite D prend en s'élevant verticalement d'une certaine hauteur h, mener un plan tangent, non au terrain, mais à la surface Σ que l'on obtiendrait en supposant que le terrain est relevé verticalement de la hauteur h. Le plan passant par la droite D' et tangent à la surface Σ est dit *plan de défilement*; en sorte que les plans de *site* et de *défilement* sont parallèles entre eux.

Cela posé, pour résoudre le problème proposé, on coupe le terrain par une série de plans verticaux P passant par un point s de la droite D; on rabat chacun des plans P autour de son intersection avec le plan de comparaison, intersection qui est parallèle à H'(n° 157) (je prends ici une droite K qui lui est parallèle et ayant pour *cote* 4^m), puis par les points d'intersection de H^r avec les projections des courbes de niveau, on élève des perpendiculaires jusqu'à la rencontre de K, et on porte les distances $b'b = 5^m - 4^m = 1^m$, $c'c = 2^m$, etc... $g'g = 5^m$; par le point s de la droite D, on mène une tangente à la courbe $a'bcd$..... et l'on projette sur le plan horizontal le point de contact m, et l'on trouvera ainsi tant de points que l'on voudra de la projection horizontale C^h de la courbe de contact C du terrain avec une surface conique ayant son sommet au point s de la droite D, ce point s ayant pour *cote* 9^m.

Dans les applications sur le terrain, il arrive très-souvent, et presque toujours, que la courbe $a'bcd$.... est assez aplatie, de sorte que la position du point de contact m de la tangente menée à cette courbe $a'bcd$..... par le point s, peut offrir quelque incertitude; pour obvier à cet inconvénient on décuple l'échelle des hauteurs verticales, et dès lors on construit une courbe δ ayant mêmes abscisses que la courbe $a'bcd$... mais dont les ordonnées sont dix fois plus grandes que celles de la courbe de section $a'bcd$..... le point de contact n de la tangente menée à la courbe δ par le point s aura même projection horizontale que le point m (n° 345 *sept.*). Or, il est évident que les inflexions insensibles de la courbe $a'bcd$...

(*) *Voyez* dans la première partie de ce cours ce qui a été dit relativement aux plans *cotés* et *nivelés*.

deviendront d'autant plus sensibles sur la courbe δ, que le rapport entre les ordonnées des courbes δ et a'bcd... sera plus grand.

Prenant le point s' situé sur la droite D et dont la cote est 7ᵐ pour sommet d'une seconde surface conique, nous construirons de la même manière la courbe de contact C' de ce second cône avec le terrain, et le point d'intersection x des deux courbes de contact C et C' sera le point de contact demandé. Pour avoir la *cote* de ce point x, nous pouvons faire passer un plan vertical par ce point et le sommet s ou s' de l'une des deux surfaces coniques. Nous construirons comme précédemment la courbe d'intersection B du terrain par ce plan et le point x étant sur cette courbe B, nous en connaîtrons facilement la *cote*; remarquons que l'on a une vérification de l'exactitude graphique des constructions exécutées, car si l'on joint les points s et x par une droite, elle doit être tangente à la courbe B. Mais on peut aussi mener par le point xʰ une droite à peu près dans la direction perpendiculaire à l'une des courbes de niveau entre lesquelles il est situé, et l'on supposera que ce soit la projection d'une droite passant par le point x et s'appuyant sur ces deux courbes de niveau, on aura alors pour ce point x une *cote* peu différente de celle qui lui appartient réellement, et qui sera suffisante dans les applications.

384. PROBLÈME 3. *Mener à une sphère donnée un plan tangent faisant avec les plans de projection des angles donnés.* Le plan demandé T (*fig.* 240) devant faire avec le plan horizontal de projection un angle α doit être tangent à une surface conique de révolution dont l'axe A serait vertical et dont les génératrices droites feraient avec le plan horizontal cet angle α (n° 230); de même il devra être tangent à une seconde surface conique de révolution dont l'axe A' serait perpendiculaire au plan vertical de projection et dont les génératrices droites feraient avec ce plan vertical de projection le second angle donné β; on construira donc ces deux surfaces coniques tangentes à la sphère, et on leur mènera un plan tangent commun, ce sera le plan demandé. Les axes des deux surfaces coniques devront être menés par le centre de la sphère, centre que *dans notre figure* nous avons supposé situé sur la ligne de terre; la sphère est alors coupée par le plan horizontal suivant le cercle C et par le plan vertical suivant le cercle C', ces deux cercles essentiellement différents sur la sphère se confondent sur la *figure* ou l'*épure* après le rabattement du plan vertical sur le plan horizontal de projection.

Cela posé, une génératrice droite G de la première surface conique est située dans le plan vertical; elle doit être tangente à C' et faire avec LT l'angle α, elle fait connaître le sommet s de cette surface conique et un point m du parallèle Δ suivant lequel elle touche la sphère; de même, une génératrice droite G' de la seconde surface conique est située dans le plan horizontal, elle est tangente à C et fait avec LT l'angle β; elle fait connaître le sommet s de cette surface conique et un point m' du parallèle Δ' suivant lequel elle touche la sphère. Les deux parallèles Δ et Δ' se coupent en deux points x et y, qui sont les points de contact de la sphère par deux plans tangents à la fois aux deux surfaces coniques, et par conséquent faisant avec les plans de projection les angles demandés : nous n'avons construit sur la *figure* ou l'*épure* que le plan tangent au point y.

Dans cette figure nous avons mené G au-dessus et G' au-dessous de LT, les plans tangents ainsi obtenus passent par une droite ss' située dans l'angle $\widehat{A, S}$; mais si l'on avait construit ces deux tangentes au-dessus de LT, le point s' se serait trouvé sur la partie postérieure du plan horizontal de projection et dans une position symétrique à la précédente, et la droite ss' aurait été située dans l'angle $\widehat{P, S}$; si au contraire les deux tangentes avaient été construites au-dessous de LT, le point s se serait trouvé sur la partie inférieure du plan vertical de projection et la droite ss' dans l'angle $\widehat{A, I}$; enfin si l'on avait mené la tangente G au-dessous et G' au-dessus de LT, le point s se serait trouvé sur la partie inférieure et le point s' sur la partie postérieure du plan horizontal de projection, et par conséquent la droite ss' serait dans l'angle $\widehat{P, I}$. Dans chacune de ces quatre positions, on peut généralement par la droite ss' mener deux plans tangents à la sphère, ce qui fait en tout huit plans satifaisant aux conditions exigées; il n'y en aurait plus que quatre si les quatre droites ss' étaient tangentes à la sphère, ce qui aura toujours lieu pour ces quatre droites en même temps, lorsque les cercles Δ^h et Δ'^v auront respectivement pour tangentes les droites Δ'^h et Δ^v; enfin le problème sera impossible lorsque les droites ss' couperont la sphère; cas qui sera indiqué parce que les droites Δ'^h et Δ^v ne couperont pas les cercles Δ^h et Δ'^v.

Dans tous les cas, il est évident que les points s et s' sont respectivement les traces verticale et horizontale de la droite ss', par conséquent la trace H^r doit passer par le point s' et la trace V^r par le point s, et ces traces doivent être respectivement perpendiculaires aux projections R^h et R^v du rayon R mené au point de contact.

Sections circulaires du cône oblique à base section-conique.

384 *bis*. Toute surface conique à base section-conique (non de révolution) ayant un *axe* A intérieur (n° 374 *bis*) à cette surface, nous pourrons toujours donner un cône oblique par sa base elliptique E tracée sur le plan horizontal (*fig.* 260 *bis*), et par son axe A vertical et passant par le centre o de l'ellipse E et par son sommet s situé sur la droite A. Ainsi, en faisant varier de grandeur les axes de l'ellipse E et la position du sommet s sur l'axe A, on aura tous les cônes obliques qui peuvent exister.

Cela posé : prenons deux plans verticaux de projection, l'un LT parallèle au grand axe $\overline{aa'}$ de l'ellipse E, l'autre L'T' parallèle au petit axe $\overline{bb'}$ de cette même ellipse E.

Le plan méridien M parallèle au plan vertical LT coupera le cône suivant les génératrices droites G et G' et le plan méridien M' parallèle au plan vertical L'T coupera le cône suivant deux génératrices droites K et K'.

Or, il est évident que les deux génératrices intersection du cône par tout plan passant par l'axe A, feront entre elles un angle plus petit que l'angle $\overset{\frown}{G, G'}$ et plus grand que l'angle $\overset{\frown}{K, K'}$.

Cela posé :

Abaissons du centre o de l'ellipse E deux perpendiculaires om et om' sur les droites G et G', et aussi deux perpendiculaires on et on' sur les droites K et K'; il est évident que l'on aura $\overline{om} = \overline{om'}$, $\overline{on} = \overline{on'}$, et que l'on aura aussi $\overline{om} > \overline{on}$.

Décrivons du point o comme centre et avec le rayon $\overline{om}$ une sphère S. Cette sphère S sera coupée par les plans M et M' suivant deux cercles C et C' de même rayon $\overline{om}$.

Le cercle C sera tangent aux droites G et G' en les points m et m', et le cercle C' coupera la droite K en les points p et q et la droite K' en les points p' et q'.

Cela posé :

Les plans M et M' sont des plans de symétrie par rapport au cône et à la sphère ; par conséquent la courbe δ suivant laquelle le cône et la sphère se coupent sera symétrique par rapport à ces deux plans M et M'. Cette courbe δ passera par les points m, m', p, q, p', q' : elle se projettera sur le plan L'T' suivant deux *lignes* $\overline{q'^l m^{v'} p'^{v'}}$ et $\overline{q^{lv} m^{v} p^{v'}}$. Or, je dis que ces *lignes* ne sont autres que des lignes *droites*.

Et en effet :

Concevons la sphère S du rayon $\overline{om}$ et ayant son centre en o coupé par les deux plans M et M' suivant les cercles C et C'; du point s menons dans le plan M' les deux droites K et K' coupant le cercle C' en les points p et q, p' et q'.

Unissons les points q et p' par une droite et considérons cette droite $\overline{qp'}$ comme la trace V'^n d'un plan R perpendiculaire au plan vertical L'T', et coupant dès lors la sphère S suivant un cercle δ projeté verticalement sur le plan L'T' en la corde $\overline{q^{v'}p^{lv'}}$.

Imaginons un cône Σ ayant le point s pour sommet et le cercle δ pour directrice. Ce cône Σ coupera la sphère suivant un autre cercle δ' qui se projettera sur le plan vertical L'T' en la corde $\overline{p^{v'}q^{lv'}}$.

Les deux cordes $\overline{q^{v'}p^{lv'}}$ et $\overline{q^{lv'}p^{lv}}$ se couperont en un point qui sera la projection verticale $x^{v'}$ et $x^{lv'}$ des deux points x et x' en lesquels se coupent dans l'espace les deux cercles δ et δ'.

Or, il évident que les points x et x' seront situés sur le plan M ; et il est encore évident que les droites $\overline{sx}$ et $\overline{sx'}$ qui sont des génératrices du cône Σ, seront situées dans le plan M et tangentes au cercle C section de la sphère S par ce plan M.

Ces droites $\overline{sx}$ et $\overline{sx'}$ se projetteront donc sur le plan vertical LT suivant les droites G^v et G'^v.

Le cône Σ sera nécessairement coupé par le plan horizontal suivant une ellipse E' qui aura pour centre le point o, centre de la sphère S, et pour axe $\overline{aa'}$ et $\overline{bb'}$, les points a et a', b et b' étant ceux en lesquels le plan horizontal coupe les génératrices droites K, K', $\overline{sx}$ ou G, $\overline{sx'}$ ou G', de ce cône Σ.

Or, l'ellipse E donnée a pour centre le point o et pour *axes* les mêmes longueurs $\overline{aa'}$ et $\overline{bb'}$; donc les ellipses E et E' se confondent ; donc le cône Σ n'est autre que le cône proposé ; donc le cône proposé coupe la sphère S suivant deux cercles δ et δ'; donc les points x et x' ne sont autres que les points m et m'; donc les points $q^{v'}$, $m^{v'}$, $p^{'v'}$ et $q^{'v'}$, $m^{v'}$, $p^{v'}$ sont en ligne droite.

Donc enfin, tout cône oblique à base section-conique jouit de la propriété d'être coupé par deux séries de plans (parallèles entre eux et également inclinés à l'axe, mais en sens contraire) suivant des *cercles* ; et de plus il est démontré que les plans des *sections circulaires* du cône oblique sont perpendiculaires au plan M' qui passe par le petit axe de l'ellipse E section du cône oblique par un plan perpendiculaire à l'*axe* intérieur A de ce cône oblique.

385. Problème 4. *Construire un angle trièdre dont on connaît les trois angles dièdres.*
Ayant choisi pour plan horizontal de projection le plan de l'une des faces, et un plan vertical perpendiculaire à l'une des arêtes, cette arête H^v sera en même temps la trace horizontale du plan de l'une des autres faces, donc V^v doit faire avec LT l'un des angles dièdres donnés $\widehat{\gamma}$, le plan Q de la troisième face doit faire avec le plan horizontal un angle donné $\widehat{\beta}$ et avec le plan P un autre angle donné $\widehat{\alpha}$. Pour construire le plan Q, nous prendrons une sphère de rayon arbitraire, ayant son centre sur LT au point de rencontre des traces du plan P, elle sera coupée par le plan horizontal suivant un grand cercle C et par le plan vertical suivant un autre grand cercle C', qui rabattu se confond avec C. Prenant ensuite une surface conique Σ dont l'axe K soit vertical et dont la génératrice droite G fasse avec le plan horizontal l'angle $\widehat{\beta}$, cette surface conique Σ étant tangente à la sphère, le plan Q devra être tangent à ce cône Σ, il sera de même tangent à une seconde surface conique Σ', tangente à la sphère S, l'axe K' de ce cône Σ' étant perpendiculaire au plan P et ses génératrices droites G' faisant avec ce plan P l'angle $\widehat{\alpha}$; la trace V^o devra donc passer par les sommets s et s' des deux cônes Σ et Σ' et être perpendiculaire à R^v, puis H^o doit être perpendiculaire à R^h. Il est évident que ce

problème est susceptible de plusieurs solutions que l'on obtiendrait en variant les positions des génératrices G et G′ par rapport à LT. Ce problème ne diffère du précédent qu'en ce que le plan vertical de projection est remplacé par un plan P ayant une direction oblique dans l'espace.

Ce problème a déjà été résolu (n° 370), mais la solution précédente montre comment à mesure que l'on avance, on parvient à simplifier certaines questions.

Construction d'une section conique donnée par diverses conditions ,
l'une de ces conditions étant un foyer.

385 *bis.* Étant donné le *foyer* d'une section conique , combien de conditions, *droites tangentes* et *points*, peut-on se donner pour que cette section conique soit complétement déterminée ?

Puisque l'on sait que pour tout cône de révolution Σ coupé par un plan P suivant une section conique E , la sphère S tangente à ce cône Σ et au plan P, touche ce plan P en un point *s* qui est le foyer de la courbe E , on voit de suite que le sommet *s* du cône Σ sera déterminé par trois conditions et que par conséquent on peut énoncer les problèmes suivants , dont les *données* sont dans un plan.

1. Étant donnés le *foyer f* et trois droites D , D′, D″, construire la section conique tangente à ces trois droites.

2. Étant donnés le *foyer f* et deux droites D et D′ et un point *m*, construire la section conique passant par le point *m* et tangente aux droites D et D′.

3. Étant donnés le *foyer f* et une droite D et deux points *m* et *m′* construire la section conique passant par les deux points *m* et *m′* et tangente à la droite D.

4. Étant donnés le *foyer f* et trois points *m*, *m′*, *m″*, construire la section conique passant par les trois points *m*, *m′*, *m″*.

5. Étant donnés le *foyer f* et deux droites D et D′, et un point *a* sur la droite D, construire la section conique ayant pour tangentes les droites D et D′ et pour point de contact avec D le point *a*.

6. Étant donnés le *foyer f* et une droite D et un point *a* sur D et un point *m* hors de D, construire la section conique passant par le point *m* et tangente à la droite D au point *a*.

Lorsque l'on exige que la section conique soit une parabole, alors on ne peut se donner, outre le *foyer f*, que deux conditions, *droite-tangente* ou *point*, parce que le sommet *s* du cône Σ doit être sur un plan T mené tangentiellement à la sphère S et parallèlement au plan P de la section conique (parabole). On peut donc se proposer les problèmes suivants.

7. Étant donnés le *foyer f* et deux droites D, construire la *parabole* tangente à ces deux droites.

8. Étant donnés le *foyer f* et une droite D et un point *m*, hors de cette droite construire la *parabole* passant par le point *m* et tangente à la droite D.

9. Étant donnés le *foyer f* et deux points *m* et *m'*, construire la *parabole* passant par ces deux points.

10. Étant donnés le *foyer f*, une droite D et un point *a* sur D, construire la *parabole* tangente à la droite D et au point *a*.

Solution des dix problèmes précédents.

Pour tous les problèmes proposés nous construirons préalablement une sphère S d'un rayon arbitraire et tangente en un point *f* au plan P sur lequel les *données* sont tracées.

Problème 1. Par chacune des droites D, D', D'', nous mènerons des plans Θ, Θ', Θ'', tangents à la sphère S. Ces trois plans se couperont en un point *s* qui sera le sommet du cône Σ qui tangent à la sphère S sera coupé par le plan P, suivant la section conique demandée. Le problème est toujours possible.

Problème 2. Par chacune des droites D et D' nous mènerons les plans Θ et Θ' tangents à la sphère S, ces deux plans se couperont suivant une droite I ; par le point *m* donné et par la droite I nous ferons passer un plan qui coupera la sphère S suivant un cercle δ ; du point *m* nous mènerons deux tangentes au cercle δ, lesquelles couperont la droite I en deux points *s* et *s'* qui seront les sommets de deux cônes Σ et Σ' qui tangents à la sphère S s'entrecouperont suivant deux courbes planes dont l'une sera située sur le plan P et sera la section conique demandée.

Le problème aura toujours une solution, car la possibilité du problème dépend seulement de la condition de pouvoir mener du point *m* une tangente au cercle δ, or le point *m* étant sur le plan P et ce plan P étant tangent en *f* à la sphère S, le point *m* sera toujours hors de la sphère S et dès lors extérieur au cercle δ.

Problème 3. Par la droite D nous mènerons un plan Θ tangent à la sphère S, puis nous regarderons chacun des points *m* et *m'* comme le sommet de deux cônes Δ et Δ' tangents à la sphère S ; ces deux cônes de révolution Δ et Δ' seront coupés par le plan Θ suivant deux sections ϵ et ϵ' qui ne seront jamais des paraboles puisque le plan Θ n'est pas parallèle au plan P qui est respectivement tangent aux cônes Δ et Δ' suivant les génératrices droites de ces cônes $\overline{fm}$ et $\overline{fm'}$.

Ces courbes ϵ et ϵ' se couperont donc en *deux* ou *quatre* points ou n'auront aucun point commun.

Chaque point sera le sommet s d'un cône Σ qui tangent à la sphère S sera coupé par le plan P suivant une section conique E (ellipse ou hyperbole) satisfaisant à la question proposée.

Problème 4. On regardera chacun des points donnés m, m', m'', comme le sommet de trois cônes Δ, Δ', Δ'', tangents à la sphère S ; ces cônes considérés deux à deux, auront deux plans tangents communs, ils se couperont donc suivant deux courbes planes ou sections coniques.

Ainsi les cônes Δ et Δ' se couperont suivant les courbes α, α'

    — Δ' et Δ'' —   — ϵ, ϵ'

    — Δ et Δ'' —   — γ, γ'

Nous désignerons par A et A' les plans des courbes α et α'

    —   B et B'   — ϵ et ϵ'

    —   K et K'   — γ et γ'

Les six courbes α, α', ϵ, ϵ', γ, γ' combinées trois à trois s'entrecouperont en huit points qui ne seront autres que ceux en lesquels se couperont trois à trois les plans A, A', B, B', K, K', ces plans étant combinés de la manière suivante :

$$(A, B, K), (A', B, K), (A, B', K), (A', B', K)$$
$$(A, B, K'), (A', B, K'), (A, B', K'), (A', B', K')$$

Chacun des huit points pourra être considéré comme le sommet s d'un cône Σ qui, tangent à la sphère S, sera coupé par le plan P suivant une section conique E satisfaisant au problème qui en général paraît admettre huit solutions.

Problème 5. Par chacune des droites D et D' nous mènerons deux plans Θ et Θ' tangents à la sphère S ; ces deux plans se couperont suivant une droite I ; par le point a et la droite I nous mènerons un plan qui coupera la sphère S suivant un cercle δ et par le point a nous mènerons une tangente θ au cercle δ, laquelle droite θ coupera la droite I en un point s qui sera le sommet d'un cône Σ qui, tangent à la sphère S, sera coupé par le plan suivant la section conique demandée. Le problème est toujours possible.

Problème 6. Par la droite D nous mènerons un plan Θ tangent à la sphère S ; nous considérerons les points a et m comme les sommets de deux cônes Δ et Δ' tangents à la sphère S ; ces deux cônes Δ et Δ' auront deux plans tangents communs et se couperont suivant deux courbes planes ou sections coniques α et α', et comme le plan Θ est tangent au cône Δ ayant le point a pour sommet (puisque ce point a est situé sur le plan Θ) il s'ensuit que le plan Θ touchera chacune des courbes α et α' en un point, et ces deux points seront les sommets de deux cônes Σ et Σ'

qui tangents à la sphère S seront coupés par le plan P, chacun suivant une section conique E et E′ résolvant le problème proposé.

On aurait pu résoudre le problème en considérant un cylindre ψ tangent à la sphère S suivant un grand cercle C, les génératrices de ce cylindre ψ étant parallèles à la droite J unissant les points a et m; ce cylindre ψ sera coupé par le plan Θ suivant une ellipse γ.

Menant par le point a deux tangentes à la courbe γ, les points de contact seront les sommets des deux cônes Σ et Σ′ précédents.

Il sera facile de reconnaître sur le champ, dans les six problèmes précédents, si la section conique E, qui résout le problème, doit être une *ellipse*, une *parabole* ou une *hyperbole*, car il suffira de mener un plan X tangent à la sphère S et parallèle au plan P sur lequel la courbe E doit être tracée : si le sommet s du cône Σ (qui tangent à la sphère S doit être coupé par le plan P suivant la courbe E demandée) est au-dessus du plan X, la courbe E sera une *ellipse*; si le point s est sur le plan X, la courbe E sera une *parabole*; si le point s est entre les plans X et P, la courbe E sera une *hyperbole*.

D'après ce qui vient d'être dit, on voit que, pour résoudre les quatre problèmes 7ᵉ, 8ᵉ, 9ᵉ et 10ᵉ, où l'on se propose de construire une *parabole*, dont le *foyer* f est donné, il faudra que le sommet s du cône Σ, tangent à la sphère S, soit situé sur le plan X, qui tangent à la sphère S sera parallèle au plan P de la courbe cherchée.

Problème 7. Par les droites D et D′ on mènera deux plans Θ et Θ′ tangents à la sphère S; ces deux plans se couperont suivant une droite I, laquelle percera le plan X en un point s qui sera le sommet du cône Σ.

Problème 8. Par la droite D on mènera un plan Θ tangent à la sphère S; les deux plans Θ et X se couperont suivant une droite L; par la droite L et le point m on mènera un plan coupant la sphère S suivant un cercle δ; par le point m on mènera une tangente θ au cercle δ, laquelle coupera la droite L en un point s qui sera le sommet du cône Σ.

Problème 9. On construira deux cônes Δ et Δ′ tangents à la sphère S et ayant pour sommet respectif les points donnés m et m'; ces deux cônes Δ et Δ′ seront coupés par le plan X suivant deux paraboles 6 et 6′; la première a son axe infini parallèle à la droite $\overline{mf}$, la seconde aura son axe infini parallèle à la droite $\overline{m'f}$, car ces droites sont des génératrices parallèles au plan X et sont situées dans le plan P, tangent à la fois aux deux cônes Δ et Δ′.

Ces deux paraboles pourront se couper en deux ou quatre points; autant il y aura de points d'intersection, autant il y aura de *paraboles* E satisfaisant à la condition d'avoir le point f pour *foyer* et de passer par les deux points m et m'.

Problème 10. Par la droite D on mènera un plan Θ tangent à la sphère S ; les plans Θ et X se couperont suivant une droite L ; les deux droites L et D seront parallèles, il suffira donc de mener une droite G par le point *a* et le point *t* en lequel le plan Θ touche la sphère S, et cette droite G coupera la droite L en un point *s* qui sera le sommet du cône Σ.

Application aux ombres.

386. La détermination de la partie éclairée et de la partie dans l'ombre d'un *corps* donné est une conséquence immédiate de ce qui a été dit précédemment sur les surfaces tangentes entre elles par une courbe; car si l'on suppose le corps éclairé par un point lumineux, il suffira de mener par ce point un cône tangent au corps donné; si le corps est terminé par des surfaces planes ; celles-ci seront elles-mêmes limitées par des droites ou des courbes par lesquelles et par le point donné on fait passer des plans ou des surfaces coniques ; les parties de ces surfaces comprises dans l'intérieur d'autres portions de surfaces ne donnent aucune partie de la courbe de séparation d'ombre et de lumière. Dans le cas où le point éclairant est à l'infini, les rayons lumineux doivent tous être parallèles à une même droite donnée de direction, et le cône tangent dégénère en un cylindre dont les génératrices sont parallèles à cette même droite donnée.

La détermination de l'ombre portée est encore une application directe d'un problème déjà résolu (chap. VI), car il s'agit seulement de trouver l'intersection du cône ou du cylindre lumineux avec la surface sur laquelle on suppose que le corps porte ombre. Nous pouvons remarquer aussi que cette ombre portée n'est autre chose qu'une projection conique ou oblique du corps, de sorte que le corps est complément déterminé par sa projection horizontale, par exemple, et son ombre portée sur le plan horizontal (n°ˢ 158 et 159), quand d'ailleurs on connaît la position du point lumineux, ou la direction et l'inclinaison des rayons de lumière si le point lumineux est supposé à l'infini.

Nous avons indiqué (1ʳᵉ partie, chap. V) comment on trouve la ligne de séparation d'ombre et de lumière et l'ombre portée d'un polyèdre sur le plan horizontal; nous allons donner ici quelques exemples de surfaces courbes.

387. Problème 5. *Trouver l'ombre d'un cône de révolution dont l'axe est vertical.* Soient (*fig.* 241) *s* le sommet et B la base de ce cône, R la direction des rayons lumineux et supposés parallèles, il est évident que si l'on mène au cône deux plans tangents parallèles aux rayons R (n° 228), les génératrices de contact G et G' formeront la ligne de séparation d'ombre et de lumière; de sorte que le secteur *sʰacb* sera la projection horizontale de la partie du cône qui ne peut recevoir au-

cun rayon de lumière; mais en projection verticale la partie *csb* est cachée, de sorte que l'on ne doit marquer dans l'ombre que $a''s''b''$. Enfin le triangle mixtiligne *pacb* est évidemment l'ombre portée du cône sur le plan horizontal.

388. Problème 6. *Trouver l'ombre d'un trou de-loup ou puits militaire.* Nous considérons le trou prolongé jusqu'au sommet du cône; soient donc A (*fig.* 242) l'axe vertical, B la base et *s* le sommet de la surface conique, R la direction des rayons lumineux. L'ombre sera déterminée par la surface cylindrique lumineuse ayant pour base B, nous sommes donc conduits à chercher l'intersection d'une surface cylindrique avec une surface conique (n° 352). Pour cela, par le sommet *s*, nous mènerons une parallèle K aux rayons de lumière R, puis par la trace horizontale *c* menant une série de droites, elles seront les traces horizontales de plans auxiliaires coupant les deux surfaces suivant des génératrices droites; mais si nous remarquons que la partie du cercle B située du côté du point *a* peut seule porter ombre, nous verrons qu'il faut prendre *a* pour trace horizontale de la génératrice D du cylindre lumineux, et le point *o* pour trace horizontale de la génératrice G de la surface conique, ces deux génératrices se coupent en un point *x* de la courbe cherchée et qui sera l'ombre portée sur la surface conique du creux. Si l'on voulait construire en ce point la tangente à cette courbe d'intersection des surfaces conique et cylindrique, il faudrait mener des plans tangents à ces deux surfaces et leurs traces horizontales seraient des tangentes à B aux points *a* et *b*; ces tangentes ne sont pas parallèles, elles se couperont donc en un point qui sera la trace horizontale de la tangente cherchée.

Si l'on voulait avoir le point de la courbe pour lequel la tangente est horizontale, on remarquerait qu'elle doit être donnée par l'intersection de deux plans tangents ayant leurs traces horizontales parallèles (n° 90), et par conséquent tangentes à B aux extrémités d'un même diamètre; il faudroit donc mener le plan P' tel que H'' passe par le centre du cercle B, *a'* et *b'* seront les traces horizontales des génératrices D' et G' qui se couperont au point *x'* demandé.

389. Problème 7. *Trouver l'ombre de la niche.* Une niche est un creux demi-cylindrique pratiqué dans un mur et recouvert par un quart de surface sphérique.

Soient *pqrs* (*fig.* 243) la base du mur dans lequel la niche est pratiquée, B la base du cylindre de révolution, C le grand cercle horizontal et C' le grand cercle vertical de la sphère, L la direction des rayons lumineux supposés parallèles, nous prenons pour plan horizontal de projection le plan de la base du cylindre et pour plan vertical de projection le plan du parement du mur; mais comme les projections horizontales et verticales se confondraient en partie, nous supposons qu'on ait reculé toutes les constructions relatives au plan vertical de manière que la ligne de terre LT soit venue dans la position parallèle L̲T̲ et que les points correspondants se trouvent encore sur une perpendiculaire commune aux droites LT et L̲T̲, en sorte que dans nos constructions toute projection horizontale devra être rapportée à la ligne de terre primitive LT et toute projection verticale à la ligne de terre transportée L̲T̲. Cela posé, si par les points de l'arête vive ou saillante A on mène des parallèles à L, elles formeront un plan P dont la trace H' donne un segment de cercle qui forme l'ombre portée sur le plan du cercle B, et qui coupe le cylindre suivant une génératrice droite G, qui forme la ligne de séparation d'ombre et de lumière dans le cylindre creux de la niche et jusqu'au point b, où elle rencontre le rayon lumineux R mené du point a le plus élevé de l'arête A; à partir de ce point, si l'on continue à mener des rayons lumineux par tous les points du cercle C', ils formeront une surface cylindrique, dont l'intersection bx avec le cylindre de la niche donnera la continuation de cette ligne de séparation d'ombre et de lumière. Cette intersection s'obtiendra facilement (n° 352), en menant diverses génératrices du cylindre lumineux, et cherchant leurs intersections avec le cylindre de la niche.

Nous remarquerons que la courbe bx a pour tangente au point b la génératrice G, car en ce point b les plans tangents aux deux cylindres sont verticaux, puisqu'ils doivent passer, l'un par la génératrice verticale G et l'autre par la tangente verticale du cercle C' au point a, de sorte que G est leur intersection. A partir du point x, le cylindre lumineux coupe le quart de sphère; or, ce cylindre pénétrant dans la sphère par un grand cercle C' ne peut en sortir que par un autre grand cercle E (n° 371), dont la projection verticale sera une ellipse. Pour la construire, remarquons que les cercles C' et E, ce dernier cercle étant l'intersection du cylindre lumineux et de la sphère, sont perpendiculaires à un même plan parallèle aux rayons lumineux, et que nous prendrons comme un nouveau plan horizontal de projection, de sorte que L'T' doit être parallèle à L^v; la sphère se projette sur ce plan suivant un grand cercle C''$^{h'}$. Le rayon lumineux R, passant par l'extrémité o du diamètre de ce cercle parallèle à L'T' se projette suivant R^h, que l'on a en prenant $o^{h'}d^{h'} = o^h d^h$ et joignant $c^{h'}d^{h'}$, il coupe le cercle C'' en un second point e qui détermine le petit axe oe de l'ellipse E^v, ol étant le grand axe, car il est le seul diamètre du cercle, donné en vraie grandeur, et par conséquent le plus grand diamètre de la courbe E^v.

Les courbes bx et E vont se croiser en un point x du cercle C, que l'on peut obtenir directement; en effet, ce point appartient à l'intersection du plan S du cercle C et du plan Q du cercle E; or le plan S est perpendiculaire au plan vertical de projection et le plan Q est perpendiculaire au second plan horizontal de projection, donc leur intersection I a ses projections respectivement situées sur H^{lo} et sur V^s; pour avoir sa projection horizontale sur le plan horizon^tal de projection primitif, nous prendrons un point m sur cette intersection ι, et ayant abaissé $m^v i$ perpendiculaire sur LT, nous prendrons $im^h = i'm^{h'}$, l'intersection I des deux plans passe d'ailleurs évidemment par le centre de la sphère, donc on connaît l^h; le point x devant se projeter à la fois sur l^h et sur C^h, on connaît x^h, d'où l'on conclut x^v. La droite A et le cercle C se *raccordant* (étant tangentes l'une à l'autre) au point a, il est évident que G^v et $b^v x^v$ doivent se *raccorder* au point b^v et de même $b^v x^v$ et E^v doivent se *raccorder* au point x^v.

390. Réciproquement, étant donnée une niche ombrée, on peut se demander de trouver la direction des rayons lumineux. Pour cela, remarquons que la génératrice G fait connaître immédiatement R^h, et par suite L^h, puis le point l donne l'axe ol de l'ellipse E^v, auquel R^v ou L^v est perpendiculaire.

Cela posé, la projection verticale de la ligne de séparation d'ombre et de lumière peut affecter six formes différentes : 1° elle peut être composée d'une droite G^v et de deux arcs de courbe $b^v x^x$ et $x^x l$ ayant leur convexité tournée du côté de l'ombre; 2° elle peut être composée d'une droite G^v, d'un arc de courbe $b^v o$ ayant sa convexité tournée du côté de l'ombre, et enfin d'une autre droite ol; 3° on peut avoir une droite G^v, un arc de courbe tel que $b^v x^v$ ayant sa convexité tournée vers l'ombre, et un arc d'ellipse ayant au contraire sa concavité tournée vers l'ombre; dans ces trois cas, le rayon lumineux est dirigé comme dans la figure 243, seulement il est plus ou moins incliné sur le plan vertical de projection; 4° la projection verticale de la ligne de séparation d'ombre et de lumière peut se composer d'une droite G^v et d'un arc d'ellipse $x^v l$ ayant sa convexité tournée vers l'ombre; 5° elle peut se réduire à une seule droite passant par o; 6° elle peut être formée d'une droite G^v et d'un arc d'ellipse ayant sa concavité tournée vers l'ombre; dans ces trois cas, les points b^v et x^v coïncident, l'axe ol de E^v est perpendiculaire à LT, et le rayon lumineux est parallèle au plan horizontal de projection. On pourrait varier la forme de la niche, et l'on parviendra par des méthodes analogues à la détermination de l'ombre portée.

391. PROBLÈME 8. *Construire la ligne de séparation d'ombre et de lumière sur la sphère.* Soient o (*fig.* 244) le centre de la sphère, C le grand cercle parallèle au plan horizontal, C' le grand cercle parallèle au plan vertical, R la direction des rayons lumineux.

La série des rayons lumineux tangents à la sphère forme un cylindre de révolution, et la courbe de contact E est un grand cercle dont le plan est perpendiculaire à R; les projections de la courbe E seront donc des ellipses (n° 314).

Cherchons d'abord E^h : les projections des diamètres de E sont des diamètres de

E^h, et un seul, le diamètre horizontal ab, se projette en vraie grandeur, a^hb^h sera donc le grand axe de E^h. Pour avoir le petit axe, remarquons que si par le centre o on mène une droite A parallèle à la droite R, cette droite A sera l'axe du cylindre lumineux, et si l'on suppose que le plan projetant horizontalement A tourne autour de l'horizontale passant par le centre o, A viendra se rabattre en A' et le rayon oe, dont la projection horizontale est le petit axe cherché, se rabat en o^he'; revenant ensuite de ce rabattement aux projections, le point e' se projettera en e^h; décrivant une ellipse sur les deux demi-axes o^ha^h et o^he^h, on aura E^h; la portion aeb, étant tracée sur la partie supérieure de la sphère, est seule vue, et en projection horizontale on ne doit ombrer que la partie $a^he^hb^he'a^h$.

Nous opérerons de même pour obtenir E^v, c'est-à-dire que nous ferons tourner le plan projetant verticalement la droite A autour de la verticale passant par le centre o, A viendra en A'', le rayon of dont la projection verticale est le petit axe de E^v se rabat en o^vf'', d'où l'on conclut la projection f^v; d'ailleurs, le diamètre cd de E parallèle au plan vertical de projection se projette seul en vraie grandeur et donne par conséquent le grand axe c^vd^v de E^v; on pourra donc tracer cette ellipse. Nous remarquerons que la partie cbd, située sur la moitié antérieure de la sphère, est seule vue, ce qui fixe la portion que l'on doit ombrer sur le plan vertical de projection.

Ajoutons en passant que si l'on demandait de mener par la droite R un plan tangent à la sphère, la chose serait facile, car ayant construit comme ci-dessus la courbe de contact E d'un cylindre tangent dont les génératrices sont parallèles à R, il n'y aurait plus qu'à mener par R un plan tangent à ce cylindre, ce qui s'effectuerait (n° 235) en prenant l'intersection de la droite R et du plan de la courbe E; menant par ce point deux tangentes à E, l'on obtiendrait les points de contact (*).

392. La détermination du point x dans l'ombre de la niche conduit à la solution du problème suivant : *Étant donnés deux diamètres conjugués d'une ellipse, en trouver les axes en direction et en longueur.* En effet le cylindre lumineux est coupé par le plan S suivant une ellipse dont on peut facilement obtenir deux diamètres conjugués, car le plan tangent au cylindre le long de la génératrice passant au point l est perpendiculaire au plan vertical, sa trace sur le plan S est donc perpendiculaire à V' et par conséquent parallèle à od; elle est d'ailleurs tangente à l'ellipse au point y où le rayon lumineux R, coupe le plan S; donc oy

---

(*) *Voyez*, au sujet des courbes d'égales teintes *réelles* et *apparentes*, et des points et lignes *brillantes*, le chapitre III de l'ouvrage qui a pour titre : *Développements de géométrie descriptive.*

est un demi-diamètre ayant son conjugué dirigé suivant *od ;* pour avoir la longueur de celui-ci, il suffit de faire passer par *od* et une parallèle aux génératrices droites du cylindre, un plan qui coupera ce cylindre suivant la génératrice R, donnant *od* pour la longueur du second demi-diamètre. Remarquons ensuite que *a*, *b*, *x* sont des points de l'ellipse.

Cela posé, soient *yy′* et *dd′* (*fig.* 246) deux diamètres conjugués d'une ellipse, du centre *o* menons *ab* perpendiculaire sur le diamètre *dd′*, concevons sur ce diamètre un cercle vertical rabattu en C′ et faisons passer la droite *ab* sur le plan de ce cercle, il suffit évidemment de mener *yi*, puis de mener d'un point quelconque *k* les droites *kn* et *kp* respectivement parallèles à *yi* et *yo*, puis *pn* perpendiculaire à *dd′* et la droite *on* sera la droite *ab* ramenée dans le plan du cercle, et elle le coupera en un point *z* d'où menant *zb* parallèle à *yi*, on déterminera le point *b* qui appartiendra à l'ellipse.

Ce point *b* étant obtenu, si l'on décrit un cercle du rayon *ob*, et que l'on trouve le point *x* en lequel il coupe l'ellipse, *bx* et *ax* seront deux cordes supplémentaires rectangulaires auxquelles les axes sont parallèles (n° 314, 2°). Pour obtenir ce point il faut faire les constructions indiquées dans l'ombre de la niche; afin qu'on en suive mieux l'analogie nous prendrons trois cercles C′, C″, C‴ (*fig.* 247), représentant les cercles C^h, C′, C″^h′ de la figure 243, ces trois cercles superposés donnent le cercle C de la figure 248 dans laquelle chaque lettre marque les points portant les mêmes lettres dans la figure 247 et qui se sont superposés. Il faut donc abaisser *yf* perpendiculaire sur *ab*, mener la tangente *fl*, qui correspond à la projection verticale du rayon lumineux, mener les diamètres *ol* et *oc*, d'un point quelconque *j* de *ab* abaisser *ji* perpendiculaire sur *oc*, et rencontrant *oe* en *m*, élever *jk* perpendiculaire sur *ab* et prendre *jk = im*, enfin joindre *ko* qui coupe le cercle C au point *x* demandé; menant alors les cordes supplémentaires *ax*, *bx* et du centre *o* des parallèles à ces cordes, on aura les directions des axes de l'ellipse; pour en trouver les sommets, il faudrait faire passer ces axes dans le plan du cercle C′ (*fig.* 246) et opérer comme on l'a fait pour déterminer le point *b*, on trouverait ainsi les points *n* et *q* d'où l'on conclurait les points *p* et *r* et par suite les longueurs *np* et *qr* des axes de l'ellipse (*).

(*) Cet article aurait dû être placé après les théorèmes relatifs à deux cercles qui tracés sur une sphère sont enveloppés par une surface conique.

Mais j'ai préféré le mettre après l'ombre de la niche, parce que c'est en examinant de près cette *épure* que j'ai vu que la recherche du point particulier *x* de l'ombre portée, conduisait à la solution du problème, *Étant donné un système de diamètres conjugués d'une ellipse, trouver la direction et la grandeur des axes de cette courbe*, et à ce sujet je ferai les réflexions suivantes.

Il faut en géométrie descriptive apprendre à lire l'*épure* qui donne la solution d'un problème particulier;

Application à la perspective.

393. Dans toute question de *perspective* on a deux problèmes à résoudre :

1° Trouver le *contour apparent* d'un *corps ;* il suffit pour cela de mener par l'œil ou par le point en lequel on le suppose placé, et que l'on nomme *point de vue* (n° 159), un cône tangent au corps proposé (n° 377); dans ce cas, comme dans la théorie des ombres, si le corps est terminé par des arêtes saillantes, il faut par chaque arête *droite* et par le point de vue faire passer un plan, et par chaque arête *courbe* faire passer une surface conique dont l'œil est le sommet, et ne conserver pour contour apparent que les lignes répondant aux plans ou aux cônes les plus extérieurs.

2° Trouver la *perspective* d'un objet proposé ; c'est tout simplement trouver l'intersection par le tableau des rayons visuels menés du point de vue à chacun des points de l'objet.

394. Problème 9. *Trouver la perspective d'un cône de révolution ayant son axe vertical.* Nous avons donné (1re partie, chap. V) la manière de mettre un polyèdre en perspective, nous n'ajouterons ici que cette question simple, elle suffira pour indiquer les procédés *graphiques* que l'on doit suivre. Soient B (*fig.* 245) la base et *s* le sommet de la surface conique, LT la ligne de terre ou base du tableau, que nous supposerons transporté parallèlement à lui-même en LT; soient *v* le point de vue, ou projection orthogonale de l'œil sur le tableau, *d* et *d'* les points de distance, la droite H est la trace sur le tableau d'un plan horizontal, mené par l'œil, on la nomme *ligne d'horizon.*

Pour avoir la perspective de la base B, on lui inscrit et circonscrit des carrés ayant chacun deux côtés perpendiculaires et deux côtés parallèles à LT; pour avoir

---

de manière à en déduire tout ce qu'elle peut nous enseigner. Ainsi en *analyse* lorsque l'on est parvenu à l'*Équation* qui donne la solution d'un problème, il faut interpréter cette équation et en tirer tous les résultats qu'elle renferme et non pas seulement celui qui était l'objet de la question proposée; il faut, si je puis m'exprimer ainsi, *interroger l'équation finale* pour en tirer tout ce qu'elle peut apprendre. Il en est de même en géométrie descriptive, une *épure* peut renfermer non seulement la solution de la question spéciale pour laquelle elle a été construite, mais encore la solution de plusieurs autres questions, qui paraissent n'avoir aucune connexité avec la première; il faut donc savoir *interroger* une *épure* et en tirer tout ce qu'elle peut apprendre. Nous en avons donné plusieurs fois l'exemple dans ce cours; ainsi lorsque nous avons cherché *l'intersection de deux plans donnés chacun par une trace et un point,* nous en avons déduit plusieurs théorèmes relatifs aux transversales; lorsque nous avons construit *la section droite d'un cylindre,* nous en avons déduit le problème qui fait le sujet du n° 373 *bis;* plus loin, de *l'intersection de deux surfaces coniques, nous déduirons diverses propriétés relatives à deux sections coniques situées sur un même plan,* etc., etc.

la perspective du carré circonscrit *abce*, nous remarquerons que les diagonales sont inclinées à 45° sur LT, si donc on prolonge *ab* et *ce* jusqu'à leur rencontre avec <u>LT</u> et qu'on joigne ces points α et y avec v, si l'on prolonge *ca* jusqu'à LT, qu'on projette β sur <u>LT</u>, et qu'on joigne les points ϵ et *d*, cette droite ϵd coupera αv et yv aux points a^p et c^p par lesquels menant les horizontales $a^p e^p$, $c^p b^p$ puis les droites $a^p b^p$ et $c^p e^p$, nous aurons la perspective du carré *abce*, les diagonales $a^p c^p$ et $b^p e^p$ se croisent au point o^p par lequel on mènera une horizontale et la droite $o^p v$, pour avoir les perspectives des points de contact du cercle B avec les quatre côtés du carré. Si nous prolongeons les côtés du carré inscrit perpendilaires à LT jusqu'à <u>LT</u>, et si nous joignons les points de rencontre au point v, nous obtiendrons les perspectives des points d'intersection du cercle B avec les diagonales du carré. Pour avoir la perspective du sommet, il faut encore par ce sommet mener deux horizontales l'une perpendiculaire au tableau et l'autre inclinée à 45°; leurs perspectives sont sv et σd, elles se coupent au point s^p. Pour avoir la perspective du contour apparent, il faudrait par l'œil mener deux plans tangents au cône (n° 225) et chercher comme ci-dessus les perspectives des traces des génératrices de contact et les joindre avec s^p (*).

CHAPITRE X.

DE CERTAINES COURBES ET SURFACES COURBES QUI SONT SOUVENT EMPLOYÉES DANS LES ARTS ET LES CONSTRUCTIONS.

395. Si l'on suppose une courbe C et une tangente T à cette courbe, et que la droite T roule, sans glisser, sur la courbe C de manière à lui rester toujours tangente, un point quelconque *m* de T décrira une *développante* de la courbe C

(*) On pourrait demander le lieu des points que doit occuper dans l'espace l'œil du spectateur pour que le cercle situé sur le plan horizontal ait pour perspective un cercle. *Voyez* à ce sujet, dans l'ouvrage qui a pour titre : *Complément de géométrie descriptive*, le mémoire qui a pour titre : *Des projections stéréographiques*, mémoire que j'ai publié pour la première fois dans le 26e cahier du Journal de l'École polytechnique.

(n° 101). La construction de la développante est très-simple, car ayant fixé sur la courbe C un point *o* pour origine de la développante et le sens dans lequel on suppose que le développement doit s'effectuer, on mènera aux divers points de la courbe C des tangentes sur lesquelles on portra, à partir du point de contact et du côté de l'origine, des longueurs égales à l'arc de courbe (*rectifiée*), compris entre ce point de contact et l'origine. La tangente à la développante n'offre aucune difficulté puisqu'elle doit être perpendiculaire à la tangente à la *développée* et menée par le point de contact proposé (n° 201).

Mais si l'on suppose que la tangente T glisse sur la courbe C en même temps qu'elle roule sur cette courbe, le point *m* engendrera une *développante raccourcie* ou *rallongée* suivant que T glissera dans le sens de son mouvement sur C ou en sens contraire (*).

Des Hélices.

On appelle *hélice* toute courbe qui, tracée sur une surface développable, se transforme en une droite lorsque la surface est étendue sur un plan.

396. L'*Hélice* que nous allons étudier est une courbe à double courbure tracée sur un cylindre de révolution et dont la transformée est une ligne droite, on lui donne le nom d'*hélice cylindrique* et *circulaire* (**). Il résulte de là que nommant C la base ou section droite du cylindre, et E l'hélice, si l'on développe la surface cylindrique (n° 373), et que l'on prenne sur la droite C' transformée du cercle C des points également distants les uns des autres et que par chacun de ces points on élève des perpendiculaires à la droite C', ces perpendiculaires représentant au développement les diverses génératrices de la surface cylindrique, elles iront couper la transformée E' de l'hélice E en des points équidistants entre eux et dont les ordonnées seront équidifférentes entre elles, d'où l'on conclut : que l'hélice tracée sur un cylindre de révolution est une courbe telle que ses ordonnées rapportées à une section droite C, du cylindre, sont proportionnelles aux abscisses curvilignes comptées sur C et à partir du point d'intersection des courbes C et E, point que l'on nomme l'*origine* de l'hélice. On peut donc dire aussi que l'hélice tracée sur un cylindre de révolution serait engendrée par un point glissant le long

---

(*) *Voyez*, pour les *développantes planes, cylindriques, coniques* et *hyperboloïdiques* d'un cercle, l'ouvrage qui a pour titre : *Théorie géométrique des engrenages*, etc., publié en 1842. *Voyez*, pour les *développantes rallongées et raccourcies*, le chapitre 1er de l'ouvrage qui a pour titre : *Développements de géométrie descriptive.*

(**) Si la section droite du cylindre était une parabole, ou une ellipse, etc., on lui donnerait le nom d'hélice cylindrique et *parabolique*, ou cylindrique et *elliptique*, etc.

d'une génératrice droite de la surface cylindrique pendant que cette génératrice tourne autour de l'axe et de telle manière que le point s'élève de quantités égales pour des angles de rotation égaux décrits, autour de l'axe du cylindre, par la génératrice droite.

Lorsque la génératrice droite aura fait un tour complet autour de l'axe du cylindre, elle reprendra sa première position et le point générateur se sera élevé d'une quantité H que l'on nomme le *pas de l'hélice*; la portion d'hélice comprise entre ce point et l'*origine* se nomme une *spire*. Enfin, les éléments rectilignes de l'hélice font tous le même angle avec les génératrices droites du cylindre. Désignons cet angle par α et par R le rayon du cercle C; après le développement, la portion de cylindre comprise entre le cercle C, une spire de l'hélice et la génératrice droite correspondant à l'*origine* de l'hélice donne un triangle rectangle ayant pour base une droite égale en longueur à $2\pi R$ et pour hauteur une droite égale à H, l'angle au sommet de ce triangle étant égale α; nous aurons entre ces trois quantités $2\pi R$, H et α la relation

$$\tan \alpha = \frac{2\pi R}{H}$$

ce qui montre que l'hélice est complétement déterminée quand on donne deux des trois choses α, R, H.

397. Il résulte de ce qui précède un moyen très-simple de construire par points les projections d'une hélice.

Soient A (*fig.* 249) l'axe vertical d'un cylindre, B sa base, on donne le *pas* aa, de l'hélice et son *origine* a; si l'on divise le cercle B en un certain nombre de parties égales et la hauteur $a^v a^v$, en un même nombre de parties égales, par exemple en 8; que par les points de division du cercle B, on élève des perpendiculaires à LT, et que par les points de division de $a^v a^v$, on mène des parallèles à LT, les droites menées par des points de division correspondants et portant ès lors les mêmes *numéros* se couperont en des points qui appartiendront à E^t; quant à la projection E^h, elle se confond évidemment avec le cercle B.

398. Soit proposé, *de mener la tangente Θ à l'hélice E en un de ses points m*. La projection horizontale Θ^h est tangente à E^h au point m^h (n° 217); elle est en même temps la trace horizontale d'un plan tangent au cylindre, et si l'on suppose que l'on fende la surface cylindrique le long de la génératrice passant par l'origine a de l'hélice et qu'on la déroule sur le plan tangent en m, le point a décrira la développante D, et le point a viendra en un point b qui sera la trace de la droite *transformée* de l'hélice, et par conséquent aussi la trace horizontale de la tangente Θ (n° 372); donc en projetant ce point b en b^v, et le joignant avec m^v

nous aurons Θ''. La même méthode devant donner la tangente en tout autre point de l'hélice, nous voyons que la développante D du cercle B ayant même *origine* a que l'hélice E est le lieu des traces horizontales des tangentes à cette courbe E, et par conséquent cette courbe D est la section faite par le plan horizontal dans la surface développable Σ, lieu des tangentes à l'hélice; nous reviendrons plus loin sur cette surface Σ.

399. Cherchons maintenant le plan osculateur à l'hélice au point x pour lequel le plan tangent au cylindre est parallèle au plan vertical de projection. Ce plan doit contenir la tangente au point x et au point x' successif et infiniment voisin du point x (n° 198); or, la projection horizontale de la tangente au point x est parallèle à LT et rencontre la développante D au point c, qui sera un point de la trace horizontale du plan cherché; la tangente au point x' successif et infiniment voisin de x rencontrera la courbe D en un point c' successif et infiniment voisin du point c, et par conséquent la trace horizontale du plan osculateur, devant passer par deux points successifs et infiniment voisins de la courbe D, lui sera tangente, elle sera donc perpendiculaire à $x''c$ (n° 395), et par conséquent à LT; donc le plan P sera perpendiculaire au plan vertical de projection, et par suite au plan tangent au cylindre. Si l'on cherchait le plan osculateur en un autre point m, on pourrait changer de plan vertical et prendre un nouveau plan parallèle au plan tangent au cylindre en ce point m, et l'on trouverait le même résultat que ci-dessus. Donc enfin *tout plan osculateur à l'hélice est normal au plan tangent mené au cylindre par le point de contact.*

400. Si l'on fait glisser une droite sur l'hélice cylindrique et circulaire E, cette droite se mouvant suivant une loi telle que chacun de ses points décrive une hélice, elle engendrera une surface, qui prend généralement le nom de surface *héliçoïde*; cette surface est généralement gauche, mais pour certaines conditions imposées pour le mouvement de la génératrice droite, la surface sera développable; les héliçoïdes développables sont le cône *héliçoïdal*, et la surface lieu des tangentes à une hélice, surface que l'on désigne particulièrement sous le nom d'*héliçoïde développable;* nous examinerons ces deux surfaces sans entrer dans tous les détails.

Du cône héliçoïdal.

401. Si par un point quelconque on mène une série de droites s'appuyant sur l'hélice E, on formera un cône héliçoïdal, mais nous supposerons ici le sommet s (*fig.* 249) pris sur l'axe A. La trace horizontale de cette surface conique est une *spirale hyperbolique;* en effet, par le point s menons un plan horizontal N venant

couper l'hélice en un point e que nous prendrons pour *origine*, et considérons les génératrices du cône passant par deux points quelconques m et x de l'hélice E, leurs traces horizontales seront en p et q, pour lesquels les rayons vecteurs sont $op = \rho$ et $oq = \rho'$; désignons les angles mesurés par les arcs $c^h m^h$ par ω et $e^h x^h$ par ω'; supposons que l'on fasse tourner les génératrices sp et sq autour de l'axe A pour les rendre parallèles au plan vertical de projection, les triangles $s^v o^v p^{lv}$ et $s^v m^{lv} k^{lv}$ sont semblables, ainsi que $s^v o^v q^{lv}$ et $s^v x^{lv} k^{lv}$, on a donc $o^v p^{lv} : o^v s^v :: s^v k^{lv} :: k^{lv} m^{lv}$ et $o^v q^{lv} : o^v s^v :: s^v k^{lv} : k^{lv} x^{lv}$, d'où $\rho : \rho' :: k^{lv} x^{lv} : k^{lv} m^{lv}$; mais d'après la génération de l'hélice (n° 395) on a $k^{lv} x^{lv} : k^{lv} m^{lv} :: e^h x^h : e^h m^h$, donc $\rho : \rho' :: \omega' : \omega$ d'où $\rho \omega = \rho' \omega'$, c'est-à-dire que la base ou trace horizontale C du cône hélicoïdal est une courbe telle que pour chacun de ses points le produit du rayon vecteur ρ et de l'angle ω est constant, ce qui est le caractère de la spirale *hyperbolique*.

402. La tangente en un point p de cette spirale hyperbolique est la trace horizontale du plan tangent au cône hélicoïdal mené le long de la génératrice G, et par conséquent mené au point m; or, ce plan contient la tangente Θ à l'hélice directrice, et la trace horizontale de Θ est en b sur la développante D (n° 398), donc bp sera la tangente demandée.

Si l'on veut avoir l'asymptote de la spirale hyperbolique C, nous remarquerons que la génératrice droite du cône hélicoïdale menée au point m de contact passe par le point e de l'hélice E, et qu'elle est horizontale; il faudra donc mener à la courbe E^h la tangente $e^h r$, et par le point r, où elle rencontre la développante D, mener une parallèle à $s^h e^h$ ou une perpendiculaire à $e^h r$, ou enfin une tangente à la courbe D (n° 395), et ce sera l'asymptote demandée.

403. Remarquons qu'en considérant toutes les génératrices droites du cône hélicoïdal, qui s'appuyant sur l'hélice cylindrique et circulaire E passent par des points de cette hélice située au-dessous du point e, on voit qu'elles coupent le plan horizontal en des points qui s'approchent indéfiniment du point o sans jamais l'atteindre, et qu'il en est de même pour les génératrices rencontrant l'hélice E au-dessus du point e. Cette seconde *nappe* de la surface conique *hélicoïdale* donnerait une seconde courbe identique à la courbe C mais placée dans une position symétrique; cette seconde branche de la spirale hyperbolique coupe l'hélice E en un point qu'on peut se proposer de déterminer; or, il est évident que si l'on fait tourner la génératrice passant par ce point pour la rendre parallèle au plan vertical, elle prendra la position $s^v a^v$, et le point où elle rencontre E sera venu se porter en y', nous le ramènerons en y, puis remarquant que ce point, situé au-dessus du plan N, est sur la partie antérieure du cylindre, donc au-dessous du point s, on voit que la génératrice du cône passe derrière le plan méridien pa-

rallèle au plan vertical de projection et que le point cherché est en a', à l'autre extrémité du diamètre mené au point y^h. Le point o est dit : *point asymptote* de la spirale hyperbolique (*).

De la surface dite héliçoïde développable.

404. La surface lieu des tangentes à l'hélice E est dite *héliçoïde développable* et elle est coupée par le plan horizontal de projection suivant une développante D du cercle B' base du cylindre (n° 398), cette courbe ayant pour origine le point a, en lequel ce plan coupe l'hélice. Mais si nous rapportions la figure à un autre plan horizontal de projection parallèle à l'ancien, il est évident que la même proposition serait encore vraie, donc *tous les plans perpendiculaires à l'axe du cylindre coupent l'héliçoïde développable suivant des développantes du cercle qui est la base du cylindre sur lequel est tracée l'hélice, arête de rebroussement de la surface.*

Il résulte de là que si l'on fait mouvoir la développante D, de manière que son plan reste perpendiculaire à l'axe A, et que son origine a parcoure l'hélice E, elle engendrera l'héliçoïde développable qui aurait été primitivement engendrée par la tangente Θ, se mouvant de manière à rester toujours tangente à l'hélice E.

405. Dans ce mouvement de la développante D ou de la tangente Θ, il est évident que tous les points s'élèvent en même temps de quantités égales, et décrivent aussi en même temps autour de A des angles égaux, donc le point a ou m parcourant une hélice, les autres points se mouvront sur des hélices concentriques et de même pas; donc l'*héliçoïde développable est coupé par des cylindres de révolution, ayant même axe que celui sur lequel est tracée l'hélice arête de rebroussement, suivant des hélices de même pas que cette dernière.* Mais la génératrice Θ ne serait tangente à aucune de ces hélices, car R ayant augmenté, pour que la relation $\dfrac{2\pi R}{H} =$ tang α soit encore satisfaite, il faut augmenter aussi la valeur de α. Si donc on considérait une de ces hélices comme directrice de la surface, Θ serait assujettie à se mouvoir sur cette hélice de manière à conserver la même inclinaison α avec les génératrices du cylindre, et à rester constamment tangente à un cylindre de rayon moindre, de sorte que H et α étant connus, pour que l'héliçoïde fût développable, il faudrait déterminer R (rayon du cylindre auquel Θ reste tangente) par la relation

$$2\pi R = H \text{ tang } \alpha,$$

(*) *Voyez*, dans l'ouvrage qui a pour titre : *Développements de géométrie descriptive*, le chapitre II, où j'ai exposé en détail les propriétés des trois spirales d'Archimède, hyperbolique et logarithmique.

et si les trois quantités H, α, R, sont données, on reconnaîtra que l'héliçoïde est développable ou gauche suivant que ces trois quantités satisferont ou ne satisferont pas à l'équation précédente.

Toutefois nous remarquerons que dans le cas de l'héliçoïde gauche les sections cylindriques sont encore des hélices, ce que l'on reconnaîtra facilement; mais les sections faites par des plans perpendiculaires à l'axe ne sont plus des développantes. En effet, si H et R étant invariables, la valeur de α est plus grande que celle qui satisfait à l'équation de condition, la génératrice passe au-dessus de la tangente à l'hélice, et les points de la courbe de section sont en dehors de la développante, cette courbe est alors une *développante rallongée*; si au contraire la valeur de α est plus petite que celle qui satisfait à l'équation de condition, la génératrice passe au-dessous de la tangente à l'hélice, et les points de la courbe de section sont en dedans de la développante, cette courbe est alors une *développante raccourcie*.

Je ne m'étendrai pas davantage ici sur les propriétés relatives à certaines surfaces gauches, les propriétés dont jouissent en général les surfaces gauches ne peuvent être données complétement que dans un chapitre spécial, et qui sera le chapitre XI. C'est dans ce chapitre XI que nous étudierons les *conoïdes*, la surface du *biais-passé* et les surfaces *héliçoïdes gauches* qui terminent et forment les filets des *vis carré* et *triangulaire*; l'emploi de ces diverses surfaces gauches est fréquent dans les arts et les constructions.

406. Le plan tangent à l'héliçoïde développable doit contenir deux tangentes à l'hélice E qui est l'arête de rebroussement de la surface, il est donc osculateur à cette courbe, et par conséquent normal à la surface cylindrique sur laquelle elle est située (n° 399). Ce plan coupe le cylindre suivant une ellipse F (n° 287), dont le petit axe est horizontal et passe au point de contact, mais les trois points successifs m, m', m'' de E étant sur le plan sécant appartiennent aussi à l'ellipse F, les courbes E et F sont donc osculatrices au point m (n° 197), elles ont donc au point m même cercle osculateur; or, quelle que soit la position du point m le plan sécant sera toujours également incliné sur l'axe du cylindre, donc toutes les ellipses seront égales et elles auront pour demi-petit axe le rayon R et pour demi-grand axe $\dfrac{R}{\cos \alpha}$; mais le rayon ρ du cercle osculateur à l'ellipse à l'extrémité du petit axe est égal au carré du demi-grand axe divisé par le demi-petit axe (*), on aura donc pour la

---

(*) *Voyez*, dans l'ouvrage qui a pour titre : *Complément de géométrie descriptive*, le mémoire qui a pour titre : *Construction du cercle osculateur en un point d'une section conique*, mémoire que j'ai publié pour la première fois dans le Journal de mathématiques pures et appliquées, de M. Liouville.

valeur du rayon du cercle osculateur à l'hélice cylindrique et circulaire et en un point quelconque de cette hélice

$$\rho = \frac{R}{\cos^2 \alpha}$$

De là on peut conclure qu'en développant (ou étendant sur un plan) une surface héliçoïde et développable Σ, son arête de rebroussement se transformera en un cercle du rayon ρ auquel les génératrices droites de la surface Σ deviendront toutes tangentes au développement. Les diverses autres hélices de la surface Σ, venant couper toutes les génératrices droites de cette surface Σ en des points également distants des points de contact correspondants, auront toutes pour *transformées* des cercles concentriques.

407. J'ai employé la surface héliçoïde développable, ayant une hélice cylindrique et circulaire pour arête de rebroussement, pour former les dents de l'une des roues de l'engrenage destiné à transmettre le mouvement de rotation uniforme entre deux axes non situés dans un même plan (*).

Concevons la plus courte distance D des deux axes A et A' non situés dans un même plan (*fig.* 250), prenons sur la droite D un point *m*; considérons *om* et *o'm* comme les rayons de deux cylindres de révolution ayant respectivement pour axes A et A', ces deux cylindres seront tangents au point *m*; considérant le plan du cercle C perpendiculaire à l'axe A comme un plan horizontal de projection, H' sera la trace du plan tangent commun à ces deux cylindres dont G et K seront respectivement les génératrices droites de contact. Dans le plan P, menons une droite Θ perpendiculaire au plan horizontal de projection, puis faisons rouler ce plan P sur le cylindre ayant A' pour axe; la droite Θ, faisant toujours le même angle avec les génératrices K de ce cylindre (A'), restera tangente à une hélice E et formera un héliçoïde développable Σ. Faisons de même rouler le plan P sur le cylindre (A) ayant la droite A pour axe, la droite Θ restera toujours tangente à G et engendrera une surface cylindrique S ayant pour section droite la développante D du cercle C décrite par le point *z*, trace horizontale de la droite Θ.

Cela posé, le plan tangent T à ce cylindre S contiendra la génératrice Θ et la tangente H' à D, et ces deux droites seront perpendiculaires à H'; ce plan T sera donc perpendiculaire au plan P, ou normal au cylindre (A'); ce plan T sera donc tan-

(*) *Voyez* l'ouvrage qui a pour titre : *Théorie géométrique des engrenages destinés à transmettre le mouvement de rotation uniforme, entre deux axes situés on non dans un même plan* (1842).

gent à l'héliçoïde Σ; les deux surfaces Σ et S sont donc tangentes le long de leur génératrice commune Θ.

Si l'on imprime un mouvement de rotation au cylindre (A') autour de son axe A' de manière que la génératrice droite K' vienne en K, le point y de l'hélice E viendra en y' et la tangente en y à l'hélice E viendra prendre une position verticale, car alors elle sera dans le plan P et parallèle à Θ et elle rencontrera dès lors H' en z'; la développante D aura été entraînée et sera venue en D', de sorte que les surfaces Σ et S auront pris de nouvelles positions Σ' et S' ayant encore une génératrice commune Θ', et l'on démontrerait comme ci-dessus que ces deux surfaces sont tangentes l'une à l'autre le long de cette génératrice commune Θ'.

Les deux surfaces Σ et S étant employées pour les surfaces des dents de deux roues dentées ou roues d'engrenage, ces roues se conduiront uniformément et l'on pourra ainsi transmettre à l'axe A un mouvement de rotation imprimé directement à l'axe A'.

Des cycloïdes et des épicycloïdes.

408. Si un cercle C roule, sans glisser, sur une droite D, un point quelconque du plan de ce cercle décrit une courbe, qu'on désigne en général sous le nom de *cycloïde*. Si le point *générateur* est sur la circonférence du cercle, on obtient la cycloïde *parfaite*, que l'on nomme simplement *cycloïde*; si le point générateur est hors du cercle on obtient une *cycloïde rallongée*; si le point générateur est dans le cercle la cycloïde est *raccourcie*. Si le cercle se meut en restant toujours dans un même plan la cycloïde est *plane*, si le plan du cercle varie d'inclinaison par rapport à un plan fixe passant par la droite D pendant le mouvement de rotation du cercle C, la cycloïde est *gauche*. On peut se proposer de trouver les projections de cette courbe (cycloïde *plane* ou *gauche*) et de lui mener une tangente.

409. Lorsqu'un cercle C roule, sans glisser, sur un autre cercle C' fixe, un point quelconque du plan du cercle mobile décrit une courbe qu'on désigne en général sous le nom d'*épicycloïde*. Si le point générateur est sur la circonférence du cercle mobile l'on obtient l'épicycloïde *parfaite*; si le point est hors du cercle l'épicycloïde est *rallongée*; s'il est dans l'intérieur du cercle l'épicycloïde est *raccourcie*; si le cercle fixe et le cercle mobile sont dans un même plan pendant tout le temps du mouvement *de roulement*, l'épicycloïde est *plane*; si les deux cercles ne sont pas toujours dans un même plan l'épicycloïde est *gauche*. Si les deux cercles sont tangents l'un à l'autre et extérieurement, l'épicycloïde est *extérieure*; si les deux cercles sont tangents l'un à l'autre et intérieurement, l'épicycloïde est *intérieure*.

On pourrait *généraliser* le mode de génération des *cycloïdes* et des *épicycloïdes* en prenant le point générateur situé ou non dans le plan du cercle mobile, pourvu qu'on le suppose invariablement lié à ce cercle.

410. Lorsque les plans des deux cercles C et C' font un angle constant pendant tout le temps du mouvement de roulement de l'un de ces cercles C sur l'autre cercle C', on peut considérer ces deux cercles C et C' comme les bases de deux surfaces coniques de révolution ayant même sommet et en contact par la génératrice passant au point de contact des deux cercles C et C', de sorte que tous les points des deux bases C et C' de ces cônes sont à la même distance du sommet commun à ces deux cônes, et par conséquent les deux cercles C et C' se trouvent sur une sphère ayant son centre en le point qui est le sommet commun. Tous les points de l'épicycloïde sont alors situés sur cette surface sphérique, de là le nom d'*épicycloïde sphérique* sous lequel on la désigne (*).

411. Si le cône mobile se réduit à un plan tangent au cône fixe, et que le cercle situé sur ce plan tangent ait son centre au sommet du cône fixe, l'épicycloïde engendrée par un point de sa circonférence prend le nom de *développante sphérique*. Le sommet du cône de révolution, qui a pour base le cercle fixe, étant arbitraire, on voit qu'en général la développante sphérique sera engendrée par un point d'une circonférence dont le centre serait situé en un point arbitrairement choisi sur une perpendiculaire menée au plan du cercle fixe et élevée par le centre de ce cercle (**).

Les constructions nécessaires pour trouver les projections de l'épicycloïde sphérique ordinaire et de la développante sphérique, étant identiquement les mêmes, ainsi que celles qui conduisent à la tangente à cette courbe, nous nous contenterons de les exécuter pour la développante sphérique qui donnera lieu à une remarque, qui lui est spéciale.

412. Prenons pour plan horizontal de projection le plan du cercle fixe B (*fig. 251*), et pour plan vertical de projection le plan passant par l'axe A du cône, et par le point *a* de contact dans la position actuelle des deux cercles; la sphère (S) qui contient les deux cercles B et C est coupée par le plan vertical suivant le grand cercle S. Rabattons le plan P du cercle mobile C autour de H', le point *s*, sommet du cône fixe et centre du cercle mobile C, vient en *s'*, et le cercle C

(*) *Voyez*, dans l'ouvrage qui a pour titre : *Développements de géométrie descriptive*, ce qui est relatif aux épicycloïdes annulaires, chapitre V, page 219.

(**) *Voyez*, dans l'ouvrage qui a pour titre : *Complément de géométrie descriptive*, le mémoire qui a pour titre : *De la surface enveloppe des plans normaux à l'épicycloïde sphérique*, mémoire que j'ai publié pour la première fois dans le 23ᵉ cahier du Journal de l'École polytechnique.

en C'; soit *o* l'origine de l'épicycloïde ou développante sphérique, il est évident que le point *générateur* de la développante sphérique, qui était primitivement en *o*, est distant maintenant du point de contact *a* d'un arc *am'* égal à l'arc *oa* rectifié; ramenant ensuite ce point *m'* dans le plan P, il décrit un arc de cercle dans un plan parallèle au plan vertical de projection, et vient se placer en *m*, puisque le plan P est perpendiculaire au plan vertical de projection.

Pour avoir la position du point générateur quand les cercles sont en contact au point *b*, on pourrait changer de plan vertical de projection en prenant pour nouvelle ligne de terre le rayon $s^h b$, mais ces nombreux changements de plans compliqueraient la figure; c'est pourquoi nous adopterons la méthode des mouvements de rotation ainsi qu'il suit:

Concevons qu'on fasse tourner le nouveau plan vertical de projection, ayant $s^h b$ pour ligne de terre L'T', autour de l'axe A pour le ramener sur l'ancien plan vertical ayant LT pour ligne de terre, et que dans son mouvement il entraine toute la figure, le point de contact *b* viendra en *a*, et rabattant alors le cercle mobile en C', le point générateur se trouvera distant du point *a* d'un arc *an''*, qui rectifié sera égal à l'arc *ob* rectifié; ramenant le cercle C' dans le plan P, le point *n''* viendra en *n'*, puis pour ramener ce point *n'* dans la position *n* qu'il doit occuper par rapport au plan vertical L'T', il faut faire tourner le plan vertical LT autour de l'axe A; dans ce mouvement le point *n'* décrira un angle égal à $\widehat{bs^h a}$; mais remarquons que $n'^h i'$ est la projection horizontale d'une perpendiculaire I au plan vertical LT abaissée du point *n'*, cette perpendiculaire tournant en même temps que le plan vertical LT ne cessera pas de lui être perpendiculaire, donc en sa nouvelle position I' sa projection horizontale sera perpendiculaire au rayon $s^h b$ ou L'T', et le point *i'* pied de cette perpendiculaire sur le plan vertical LT viendra en un point *i* pied de la nouvelle position I' (de la perpendiculaire I) sur le plan vertical L'T', et ce point *i* sera tel que l'on aura: $s^h i = s^h i'$; dès lors prenant $i n^h = i' n'^h$ nous aurons en n^h la projection horizontale du point *n*, sa projection verticale doit être à la rencontre d'une perpendiculaire et d'une parallèle à LT, menées respectivement par les points n^h et n^v. On obtiendra de la même manière tant d'autres points que l'on voudra, et en les unissant par une courbe D, on aura la développante sphérique demandée.

413. Proposons-nous maintenant de construire la tangente à cette courbe D au point *m*. Pour cela remarquons que la développante sphérique D est située sur la surface sphérique (S), donc sa tangente au point *m* est contenue dans le plan tangent mené à cette sphère et au point *m*. Les deux cercles B et C, étant en contact par le point *a*, ont deux points *a* et *a'* successifs et infiniment voisins en com-

mun, et lorsque le cercle C se meut, l'un de ces deux points, et ainsi a, cesse de leur être commun, et ils ont alors en commun le second point a' et un troisième point a'' successif et infiniment voisin de a'; de sorte que pendant un instant infiniment petit, le point générateur s'est mu autour du point a' ou a(*), et par conséquent est resté sur une surface sphérique Σ ayant son centre en ce point; donc l'élément rectiligne de la courbe D, élément rectiligne qui prolongé détermine la tangente T, étant sur cette surface sphérique, la tangente T sera située dans le plan tangent mené à cette nouvelle surface Σ et au point m. Donc enfin la tangente à la courbe D est l'intersection des plans tangents à deux surfaces sphériques, passant l'une et l'autre par le point m, et ayant respectivement pour centre les points s et a. Ces plans tangents étant perpendiculaires aux rayons qui passent par le point de contact m, la tangente en ce point m est perpendiculaire à ces mêmes rayons, et par conséquent à leur plan; or le rayon R, de la sphère (S), a sa trace horizontale en c, et sa trace verticale en s sur V', le point a est évidemment la trace horizontale, et en même temps la trace verticale du rayon de la seconde sphère Σ, donc le plan N de ces rayons est connu, et dans le cas actuel il n'est autre que le plan P lui-même; par conséquent H" est perpendiculaire à LT; donc T^h est parallèle à LT, et par conséquent la tangente T est parallèle au plan vertical de projection; T^v est perpendiculaire à la génératrice de contact sa, et elle fait avec la ligne de terre l'angle que fait la tangente T avec le plan horizontal de projection, or cet angle $\widehat{m^v za}$ est le complément de l'angle $\widehat{m^v az}$ que fait la génératrice du cône avec le même plan horizontal.

En opérant de même, par rapport à tout autre point de la développante sphérique, on trouvera toujours que la tangente en ce point et la génératrice correspondante du cône font avec le plan horizontal des angles complémentaires. Mais le cône étant de révolution toutes ses génératrices font avec le plan horizontal un même angle, donc aussi toutes les tangentes à la développante sphérique font avec le plan horizontal un même angle; donc enfin la développante sphérique est une hélice cylindrique, en se rappelant la définition donnée (n° 396) pour l'hélice, et ainsi nommant *hélice* toute courbe tracée sur une surface développable et qui a pour *transformée* une droite. Il est évident que la propriété remarquable dont nous venons de démontrer l'existence pour la développante sphérique ne peut exister pour une épicycloïde sphérique quelconque; d'ailleurs, il est facile de

---

(*) Car l'on peut supposer que le cercle C, avant d'être en contact avec le cercle B par l'élément rectiligne aa', était en contact par l'élément précédent.

le démontrer ou mieux de s'en convaincre en exécutant l'*épure* pour une épicycloïde sphérique et en *lisant* attentivement cette épure.

414. L'épicycloïde sphérique est *le cas général* des épicycloïdes, des cycloïdes, et des développantes soit planes, soit gauches ou à double courbure ; car si l'on suppose que l'angle au sommet du cône mobile augmente jusqu'à devenir égal à deux droits, on obtient la développante sphérique ; si c'est le cône fixe qui dégénère en un plan, l'épicycloïde devient, par rapport aux épicycloïdes sphériques ordinaires, ce qu'est la cycloïde plane par rapport aux épicycloïdes planes. Si l'on suppose que le sommet commun du cône fixe et du cône mobile s'éloigne jusqu'à l'infini, les cônes se transforment en cylindres, les deux cercles B *fixe* et C *mobile* sont alors dans un même plan, et l'on obtient l'épicycloïde plane. Si en même temps que le sommet s'est transporté à l'infini, le cône fixe a dégénéré en un plan, et si dès lors le cercle fixe B est devenu une droite fixe, alors un point du cercle mobile C engendre la cycloïde ordinaire ; si c'est au contraire le cône mobile, qui devient un plan, le cercle mobile se réduit à une tangente au cercle fixe B, et par conséquent un des points de cette tangente décrit une développante de cercle.

415. Lorsque l'on considère deux courbes quelconques U et U' tangentes l'une à l'autre en un point a, elles ont en ce point un élément rectiligne en commun, et ainsi elles ont en commun deux points a et a' successifs et infiniment voisins. Si l'on suppose que la courbe U reste fixe et que la courbe U' se meuve d'une manière arbitraire, mais en roulant sur la courbe U, alors un point a'', appartenant à la courbe U' et infiniment voisin du point a' viendra se superposer avec un point a'' appartenant à la courbe U et infiniment voisin du point a'.

Pendant le mouvement de roulement, la courbe U' pivote donc sur le point a' et tout le temps nécessaire pour que les deux points a'' et a'', viennent se superposer. Dès lors, il est évident qu'un point x situé dans l'espace d'une manière arbitraire, mais lié à la courbe U' d'une manière invariable, décrira une courbe D et que pendant le temps infiniment petit et employé par le point a'', à venir se superposer sur le point a'', le point x décrira dans l'espace un *élément sphérique*, ayant le point a' pour centre et ayant pour rayon la droite $\overline{a'x}$.

Ainsi, l'on peut dire que la courbe D aura son élément rectiligne xx' situé sur une sphère S ayant le point a pour centre et $\overline{ax}$ pour rayon.

Et cela aura lieu, quelles que soient les courbes U et U' et quelle que soit la position du point x par rapport à la courbe mobile U', ce point x étant d'ailleurs (comme point générateur de la courbe D) supposé lié à la courbe U' d'une manière invariable, et quelles que soient les *oscillations* que fera la courbe U' en roulant sur la courbe U ; ainsi si l'on considère deux cercles C et C' et que l'on imagine que le plan du cercle C' soit tangent à une surface conique oblique Σ ayant le cercle C pour base, et que ce plan reste tangent à cette surface Σ pendant que le cercle C' roule sur le cercle C, un point x fixé au cercle C' engendrera une courbe D dont l'élément rectiligne xx' sera sur une sphère S ayant pour centre le point a contact des deux cercles C et C' et pour rayon la droite $\overline{ax}$. Cette sphère S variera de position et de rayon, puisque le point a deviendra successivement chacun des points du cercle C.

Ainsi pour chaque point de la courbe, D engendrée par le point x, on connaîtra une normale à cette courbe, et cela en vertu de ce que la courbe C' roule sur la courbe C.

Il sera facile de mettre en projection les divers points de la courbe D, mais la *construction graphique* de la tangente en un point de cette courbe D ne paraît possible que pour des cas très-particuliers, et qui seraient tels qu'en vertu des *données* nous pourrions reconnaître la nature géométrique ou le mode de génération d'une seconde surface Δ, sur laquelle la courbe D serait tout entière tracée, ou sur laquelle se trouverait placé l'élément rectiligne de la courbe D correspondant au point en lequel on veut mener la tangente; car alors le plan tangent à la sphère mobile S et le plan tangent à la surface Δ (pour le point considéré sur la courbe D) se couperaient suivant la tangente demandée.

Mais si les deux courbes U et U' sont planes et situées dans un même plan P, la courbe D engendrée par un point x situé dans le plan P et lié à la courbe U' d'une manière invariable engendrera une *roulette plane* D et pour le point x de la courbe D nous connaîtrons la normale, car elle sera la droite $\overline{ax}$, le point a étant le point de contact des courbes U et U' à l'instant où le point *générateur* de la courbe D se trouve occuper la position x sur le plan P.

On connaîtra donc pour ce point x la tangente à la courbe D, car il suffit de connaître la normale d'une courbe plane pour connaître sa tangente.

Mais pour une courbe à double courbure, il faut connaître le plan normal de cette courbe *gauche* pour connaître sa tangente, il faut dès lors connaître pour le point considéré sur cette courbe deux normales à cette courbe.

Toutes les fois que les deux courbes U et U' à double courbure pourront être placées sur deux surfaces développables roulant l'une sur l'autre, alors on pourra construire la tangente à la *roulette gauche* D; et en effet, concevons la surface développable V sur laquelle se trouve placée la courbe fixe U et la surface développable V' sur laquelle se trouve placée la courbe mobile U'; désignons par E et E' les arêtes de rebroussement des deux surfaces développables; concevons les courbes U et U' en contact en un point a et les deux surfaces V et V' en contact par une droite G passant par ce point a et tangente à E en b et à E' en b'; il faudra pour que les

surfaces V et V' puissent rouler l'une sur l'autre que les points b et b' se confondent, il faudra donc que les arêtes de rebroussement E et E' soient tangentes.
l'une à l'autre et roulent l'une sur l'autre pendant que les courbes U et U' roule-
ront l'une sur l'autre. Dans ce cas on voit qu'un point x de l'espace et fixé d'une
manière invariable à la courbe U' pourra être considéré comme lié d'une manière
invariable à la courbe E' et dès lors le point x décrira dans l'espace une *roulette
gauche* D dont l'élément rectiligne xx' sera situé 1° sur une sphère S ayant son
centre au point a contact des courbes U et U', et 2° sur une sphère Δ ayant son
centre au point b contact des courbes E et E'. Il est évident que l'élément rectiligne xx' appartiendra au cercle δ intersection des deux sphères S et Δ et que dès
lors la tangente θ au point x de la *roulette gauche* D, fera un angle droit avec la
génératrice droite G suivant laquelle les surfaces développables V et V' sont en
contact, puisque cette droite G unit les centres a et b des deux sphères S et Δ.
Il est facile de reconnaître que la *développante sphérique* est un cas particulier
du cas général que nous venons d'examiner ; la surface développable V est le cône
fixe ayant pour base le cercle B qui remplace la courbe U, le plan du cercle
mobile C est la surface développable V', le cercle mobile C' remplace la courbe
mobile U' et le sommet s du cône fixe qui est en même temps le centre du cercle
mobile C remplace les deux arêtes de rebroussement E et E'.

416. Lorsque (n° 414) nous avons construit graphiquement la tangente en
un point de la développante sphérique, nous avons employé deux normales à
cette courbe, mais cette méthode (dite *par le plan normal*) n'est pas la seule que
l'on puisse employer; on peut construire la tangente en un point d'une *épicycloïde
sphérique* par trois autres méthodes.

1° L'épicycloïde sphérique étant tout entière située sur une sphère Δ dont le
centre est le sommet s commun aux deux cônes de révolution, savoir : l'un fixe
ayant le cercle fixe B pour base et l'autre mobile ayant le cercle C mobile pour
base, et l'élément rectiligne de l'épicycloïde sphérique, au point en lequel on
veut mener une tangente à cette courbe, étant situé sur la sphère mobile et de
rayon variable S (ci-dessus indiquée), on voit que la première *manière graphique*
de construire la tangente en un point de l'épicycloïde sphérique, consistera à
mener au point x de cette courbe un plan T tangent à la sphère invariable Δ et
un plan Θ tangent à la sphère *variable* S ; ces deux plans T et Θ se couperont
suivant la tangente demandée. Cette méthode est la méthode générale, en ce sens
qu'elle est celle qu'il faut employer pour *mener la tangente en un point de l'intersection de deux surfaces , quel que soit le mode de génération de ces surfaces.*

La méthode que nous avons donnée (n° 214) et qui est connue sous le nom de
méthode du plan normal, rentre dans le cas où l'on a à construire la tangente à la

courbe intersection de deux surfaces de révolution. Cette méthode doit donc être considérée comme une méthode particulière et devant dès lors être employée en vertu du problème particulier que l'on a à résoudre, parce qu'elle simplifie les *constructions graphiques.*

2° Si l'on se rappelle que l'épicycloïde sphérique a en chacun de ses points *x* un élément rectiligne situé sur la sphère invariable Δ et sur une des sphères mobiles S, on voit de suite que la tangente au point *x* à cette courbe sera la tangente au cercle ∂ intersection des deux sphères Δ et S ; en exécutant les constructions graphiques d'après cette idée, la tangente se trouve très-facilement déterminée et de plus on reconnaît de suite que la projection de la tangente θ à l'épicycloïde sphérique pour le point correspondant au plan Z qui passe par le sommet *s* commun aux deux cônes de révolution (*s*, B) et (*s*, C), et le point *a* de contact des deux cercles B et C, que la projection, dis-je, de la tangente θ sur le plan Z est toujours perpendiculaire à la droite $\overline{sa}$ quels que soient d'ailleurs les rayons des cercles B et C et l'angle compris entre les plans de ces cercles.

3° La méthode de *Roberval* s'applique avec facilité et *exactitude* à la construction de la tangente en un point de l'épicycloïde sphérique (*).

_____

(*) *Voyez* à ce sujet ce que j'ai dit dans les *Développements de géométrie descriptive* (chapitre V) touchant les *épicycloïdes annulaires.*

CHAPITRE XI.

DES SURFACES GAUCHES.

---

417. Une surface *réglée* est celle qui est engendrée par le mouvement d'une droite. Trois conditions sont nécessaires et suffisent pour déterminer, dans l'espace, le mouvement d'une droite.

Les surfaces *réglées* sont divisées en deux espèces, 1° *les surfaces développables*, pour lesquelles deux génératrices droites successives et infiniment voisines se coupent, et 2° *les surfaces gauches*, pour lesquelles deux génératrices successives et infiniment voisines ne se coupent pas.

Lors donc qu'une surface *réglée* est engendrée par une droite en vertu de certaines conditions auxquelles le mouvement de la droite génératrice est assujetti, il faut d'après ces conditions rechercher si la surface *réglée* est *développable* ou si elle est *gauche*.

Ainsi par exemple, étant donnée une courbe à double courbure C, si l'on conçoit les plans osculateurs successifs P, P', P'', P''',...... de cette courbe C et en ses points successifs m, m', m'',..... et si l'on fait mouvoir un plan Q tangentiellement à cette courbe C et prenant des positions dans l'espace telles que le plan Q tangent au point m à la courbe C soit perpendiculaire au plan P.

Q'	—	m'	—	P'.
Q''	—	m''	—	P''.
etc.,	—	etc.,	—	etc.

l'enveloppe de l'espace parcouru par le plan Q sera une surface *réglée* Σ qui sera *développable*.

Mais si l'on fait mouvoir une droite G sur la courbe C de manière à ce que ses diverses positions

G passant par le point m soit perpendiculaire au plan P.

G'	—	m'	—	P'.
G''	—	m''	—	P''.
etc.,	—	etc.,	—	etc.

la surface Σ, *lieu* des diverses droites G, G′, G″,.... sera encore une surface *réglée*, mais qui sera *gauche*.

La surface Σ est une surface *développable*, parce que les plans Q et Q′ se coupant suivant une droite R, les plans Q′ et Q″ se coupant suivant une droite R′, et ainsi de suite, les droites R, R′,.... sont les génératrices droites de la surface *réglée* Σ; mais R et R′, se coupent, car ces deux droites sont situées dans le plan Q′, donc la surface Σ est *développable*.

La surface Σ, est *gauche*, car la droite G′ passant par le point m′ de la courbe C est perpendiculaire au plan osculateur P passant par les points successifs m, m′, m″, de cette courbe C, la droite G′ est donc perpendiculaire à *l'élément rectiligne* $\overline{m'm''}$ de la courbe C. La droite G″ successive de G′ et qui passe par le point m″ de la courbe C est perpendiculaire au plan osculateur P′ qui passe par les points successifs m′, m″, m‴ de cette courbe C, cette droite G″ est donc perpendiculaire à *l'élément rectiligne* $\overline{m'm''}$ de la courbe C; et ainsi de suite. Or, les deux génératrices successives G′ et G″ de la surface *réglée* Σ, ne se rencontrent pas, puisqu'elles ont pour plus *courte distance*, l'élément rectiligne $\overline{m'm''}$ de la courbe *directrice* C.

418. On peut engendrer un grand nombre de surfaces *réglées*, soit *développables*, soit *gauches*, en variant les conditions du mouvement de la droite génératrice; mais quelles que soient les conditions auxquelles se trouve assujetti le mouvement d'une droite lorsqu'elle engendre une surface *réglée-gauche*, on peut toujours considérer cette surface *gauche* comme ayant été engendrée, en *définitive*, par l'un ou l'autre des deux *modes* ci-après exposés, *modes* de génération qui facilitent *singulièrement* la recherche et la démonstration de certaines propriétés *fondamentales* dont jouit une surface *gauche*, quel que soit d'ailleurs son mode primitif de génération.

Ces deux modes remarquables consistent en ce que l'on peut considérer toute surface *gauche* comme engendrée :

1° Par une droite G se mouvant sur trois courbes *directrices* C, C′, C″;

2° Par une droite G se mouvant sur deux courbes *directrices* C et C′, et parallèlement à un *cône directeur* Δ.

419. La surface gauche la plus simple que l'on puisse obtenir par le premier mode de génération est *l'hyperboloïde à une nappe* qui est engendrée par une droite G se mouvant sur trois droites K, K′, K″.

420. La surface gauche la plus simple que l'on puisse obtenir par le second mode de génération est le *paraboloïde hyperbolique* qui est engendré par une droite G se mouvant sur deux droites K et K′ et parallèlement à un *plan directeur* P.

Du premier mode de génération d'une surface gauche.

421. Étant données les trois courbes *directrices* C, C′, C″ à simple ou à double courbure, nous prendrons sur la courbe C un point a que nous regarderons comme le sommet commun à deux cônes, savoir : l'un B′ ayant la courbe C′ pour *directrice* et l'autre B″ ayant la courbe C″ pour *directrice*. Ces deux cônes B′ et B″ se couperont suivant des génératrices droites puisque ces deux cônes B′ et B″ ont même sommet a.

Je désigne par G l'une de ces génératrices droites, elle coupera la courbe C′ au point a' et la courbe C″ au point a''.

Prenons maintenant sur la courbe C, les points a_1, a_2, a_3, etc., successifs et infiniment voisins, et opérons pour chacun d'eux comme nous l'avons fait pour le point a, nous obtiendrons les génératrices droites G_1, G_2, G_3, etc., qui seront successives et infiniment voisines, car puisque par hypothèse le point a_1 est le successif du point a sur la courbe C, on ne peut placer entre les points a et a_1 un point qui approche plus près de a que a_1 n'en approche, dès lors on ne peut placer, d'après ce mode de génération, une droite qui approche plus près de G que G_1 n'en approche ; et dès lors G_1 coupant respectivement les courbes C′ et C″ aux points a'_1, et a''_1, il s'ensuit que d'après le mode de génération adopté, le point a'_1, est le successif et infiniment voisin de a' sur la courbe C′ et que le point a''_1, est le successif et infiniment voisin de a'' sur la courbe C″.

Ainsi la tangente θ au point a de C ne sera autre que l'élément rectiligne $\overline{aa_1}$ prolongé, et de même les tangentes θ' et θ'' aux points a' et a'' des courbes C′ et C″ ne seront autres que les éléments rectilignes $\overline{a'a'_1}$, et $\overline{a''a''_1}$, (de ces courbes C′ et C″) prolongés.

Il est évident que les génératrices successives et infiniment voisines G et G_1 ne peuvent être dans un même plan qu'autant que les tangentes θ, θ' et θ'' seront elles-mêmes dans un même plan.

Nous pouvons donc dire :

La surface engendrée par une droite G se mouvant sur trois courbes C, C′, C″, est *gauche* tout le long de chacune de ses génératrices droites G, car pour chacun des points de cette génératrice G le plan tangent à la surface change de position dans l'espace (n° 417) puisque deux génératrices droites successives et infiniment voisines de cette surface ne sont pas dans un même plan.

Nous pouvons encore dire : Une surface *gauche* peut dans certains cas présenter une *forme développable* tout le long d'une de ses génératrices droites G, et cela aura lieu lorsqu'en chaque point de cette génératrice droite G, le plan tangent à la surface sera le même.

Du deuxième mode de génération d'une surface gauche.

422. Soient données deux courbes C et C′ et un cône Δ ayant son sommet en un point *s* de l'espace et pour *directrice* une *ligne* M à simple ou à double courbure.

Prenons sur la courbe C un point *a* et joignons les points *a* et *s* par une droite D; faisons glisser le cône Δ parallèlement à lui-même de manière à ce que son sommet *s* se transporte en *a*, en glissant sur la droite D; le cône Δ prendra la position Δ′.

Cela posé :

Considérons le point *a* comme le sommet d'un cône B′ ayant la courbe C′ pour *directrice*, les deux cônes Δ′ et B′ se couperont suivant une ou plusieurs génératrices droites, puisqu'ils ont même sommet *a*.

Je désigne par G l'une de ces génératrices droites, elle coupera la courbe C′ en un point *a*′ et elle sera située sur le cône Δ′; en ramenant le cône Δ′ en sa position primitive Δ, la génératrice G prendra sur le cône Δ la position γ qui sera une droite parallèle à G.

Cela posé :

Prenons sur la courbe C une suite de points a_1, a_2, a_3, etc., successifs et infiniment voisins, et opérons pour chacun d'eux comme nous l'avons fait pour le point *a*, nous obtiendrons les génératrices droites successives et infiniment voisines G, G_1, G_2, G_3, etc., coupant la courbe C′ aux points *a*′, a'_1, a''_2, a'''_3, etc., et étant parallèles aux génératrices droites successives et infiniment voisines γ, $γ_1$, $γ_2$, $γ_3$, etc., du cône Δ.

La surface engendrée par la droite G sera *gauche* tout le long d'une quelconque de ses génératrices droites G; mais si pour les points homologues *a* et *a*′ les tangentes θ et θ′ aux courbes *directrices* C et C′ sont parallèles, ou si elles sont situées dans un même plan, la surface sera *développable* tout le long de la génératrice particulière G (n° 417).

423. Une surface *gauche* Σ est donc complétement définie ou déterminée, lorsque l'on se donne 1° les trois courbes *directrices* C, C′, C″ ou 2° les deux courbes *directrices* C et C′ et le *cône directeur* Δ, puisque l'on peut construire autant de génératrices droites G de la surface Σ que l'on voudra.

Mais il est utile de bien faire remarquer que ce n'est que par *la pensée* que l'on peut immédiatement considérer une surface gauche Σ donnée par *l'un* des deux *modes* précédents de génération, comme étant susceptible d'être aussi engendrée par *l'autre mode*.

Et en effet :

1° Si la surface Σ est déterminée par trois courbes directrices C, C′, C″, il faudra construire le cône *directeur* Δ qui doit remplacer la troisième courbe *directrice* C''; et pour construire ce cône Δ, il faudra : 1° construire toutes les génératrices droites G, G₁, G₂, etc., de la surface Σ, puis 2° il faudra, par un point *s* arbitrairement pris dans l'espace, faire passer une suite de droites γ, γ₁, γ₂, γ₃, etc., respectivement parallèles à ces droites G, G₁, G₂, G₃, etc., enfin 3° il faudra couper, par un plan P ou une surface S, les diverses droites γ, γ₁, γ₂, γ₃, etc., et l'on obtiendra la *directrice* M du cône *directeur* Δ demandé.

2° Si la surface Σ est déterminée par deux courbes *directrices* C et C' et un cône *directeur* Δ, il faudra construire la troisième courbe directrice C'' qui doit remplacer le cône Δ; et pour construire cette courbe C'', il faudra avoir construit toutes les génératrices droites G, G₁, G₂, etc., de la surface Σ, pour les coupant par un plan P ou une surface S obtenir cette courbe C''.

On voit donc que lorsque l'on exécute une *épure* on ne peut considérer une surface *gauche* que comme étant donnée par l'un des deux modes de génération précédents, sans s'inquiéter de l'autre mode; et que l'on ne peut, en examinant une surface *gauche* Σ, la considérer indistinctement comme étant le résultat de l'un ou de l'autre *mode* de génération que lorsque l'on se propose de trouver, par le *raisonnement géométrique*, les *propriétés* dont peut jouir cette surface Σ.

De la surface gauche engendrée par une droite s'appuyant sur trois droites non parallèles entre elles et non parallèles à un même plan.

424. Dans l'ouvrage qui a pour titre : *Développements de géométrie descriptive*, j'ai démontré que la surface engendrée par une droite s'appuyant sur trois droites était *doublement réglée;* qu'elle avait un *centre*, un *cône asymptote*, qui avait pour directrice une section conique; que tout plan, quelle que fût sa direction, coupait le cône asymptote et la surface gauche suivant deux courbes *concentriques, semblables et semblablement placées*, et que dès lors tout plan coupait cette surface gauche (à laquelle on a donné le nom d'*hyperboloïde à une nappe*) suivant une section conique, *ellipse, parabole* ou *hyperbole*, et cela en vertu des trois positions que pouvait affecter ce plan sécant par rapport au cône asymptote (*).

Nous ne reproduirons donc point ici la démonstration donnée d'une manière complète dans l'ouvrage cité ci-dessus, mais nous allons nous occuper en détail de l'*hyperboloïde à une nappe et de révolution*, ainsi que nous l'avons annoncé (n° 250).

_____

(*) *Voyez* la page 231 des *Développements de géométrie descriptive*.

425. Soient donnés un axe A perpendiculaire au plan horizontal de projection et une droite G oblique au plan horizontal et parallèle au plan vertical de projection (*fig.* 252). Ces deux droites A et G ne se rencontrant point, auront pour plus courte distance une droite $\overline{op}$ qui sera horizontale et perpendiculaire au plan vertical de projection et les droites G et A feront entre elles un angle α qui sera *écrit* ou donné sur l'*épure* par l'angle α que font entre elles les droites G^v et A^v.

Cela posé :

Faisons tourner la droite A autour de l'axe A , elle engendrera une surface de révolution Σ qui sera *réglée*.

C'est cette surface Σ qui a reçu le nom d'*hyperboloïde à une nappe et de révolution*.

426. Démontrons d'abord que la surface Σ est doublement réglée.

Par la droite G menons un plan Y parallèle au plan vertical de projection ; puis, par le point p pied de la plus courte distance $\overline{op}$ sur la droite G , menons dans ce plan Y les droites A' parallèle à A et K faisant avec A' l'angle α.

Il est évident que les droites K et A feront entre elles l'angle α.

Si l'on fait tourner la droite K autour de l'axe A , elle engendrera une surface de révolution Σ', et je dis que les deux surfaces Σ et Σ' ne font qu'une seule et même surface.

Et en effet : coupons tout le système par un plan X horizontal, ou, en d'autres termes , perpendiculaire à l'axe de rotation A.

Ce plan X coupera la droite G au point m et la droite K au point n , et l'axe A au point q; or, il est évident que les droites $\overline{qn}$ et $\overline{qm}$ sont égales en longueur ; donc les points m et n décriront , pendant la rotation des droites K et G autour de l'axe A , un même cercle δ.

On peut donc énoncer le théorème suivant:

L'hyperboloïde à une nappe et de révolution est une surface doublement réglée.

427. Démontrons maintenant que la surface Σ est gauche.

Si la surface Σ est gauche, elle aura en chacun des points de l'une quelconque de ses génératrices droites G , un plan tangent différent; en d'autres termes , elle n'aura pas même plan tangent en chacun des points de la droite G , comme cela a lieu pour une surface développable.

Le plan tangent T au point m de la droite G passera par cette droite G et la tangente θ, au *parallèle* δ ; le plan tangent Θ au point p de la droite G passera par la tangente au cercle C et la droite G; le plan tangent T, au point q, trace horizontale de la droite G, passera par la droite G, et la tangente θ au point q du cercle B (cercle qui est dit *trace horizontale* de la surface Σ). Tous ces cercles C, δ, B étant horizontaux, leurs tangentes seront horizontales; et pour que tout le long de la droite G il existe un plan tangent unique (comme pour les surfaces développables), il faudra que ces tangentes soient parallèles entre elles, et que dès lors leurs projections horizontales soient parallèles entre elles. Or, il est évident que les tangentes au point p^h du cercle C^h, m^h du cercle $\eth^h$, g du cercle B ne peuvent être parallèles, puisque ces cercles sont concentriques.

Ainsi, l'on peut énoncer le théorème suivant :

La surface hyperboloïde à une nappe et de révolution est une surface gauche.

Du plan tangent à l'hyperboloïde à une nappe et de révolution Σ.

428. Si l'on prend un point x sur la surface Σ, et si l'on fait tourner la génératrice G autour de l'axe A, enfin elle arrivera en G, passant par ce point x; de même en faisant tourner la génératrice K autour de l'axe A, enfin elle arrivera en K, passant par ce même point x

On a donc deux génératrices droites $G_,$ du *premier système* $G_,$, et $K_,$, du *second système* K se croisant au point x de la surface Σ.

Le plan T tangent en x à la surface Σ sera donc déterminé par les deux droites $G_,$ et $K_,$ de *systèmes différents* se croisant au point x.

Construisons ce plan T.

Soit donnée (*fig.* 253) la génératrice droite $G_,$ par ses projections $G_,^h$ et $G_,^v$; prenons sur cette droite $G_,$ un point m, et cherchons la génératrice $K_,$ du *second système* qui passe par ce point m.

Toutes les génératrices droites du système G, ainsi que toutes les génératrices droites du système K, auront leurs traces horizontales g et k situées sur le cercle B trace horizontale de la surface Σ.

Toutes les génératrices du système G et du système K se projettent sur le plan du cercle de gorge C suivant des tangentes à ce cercle; dès lors, sur tout plan parallèle au cercle de gorge C, les projections G^h et K^h des droites G et K seront des tangentes au cercle C^h. D'après cela, il nous suffira de mener par le point m^h une tangente $K_,^h$ à la projection C^h du cercle de gorge C et nous aurons la projection horizontale de la génératrice K, passant par le point m.

La droite $K_,^h$ coupe le cercle B en deux points $k_,$ et r, mais il est évident que si l'on fait tourner la droite $G_,$ dans le sens de la flèche f, le point g viendra en r et la droite $G_,$ viendra prendre dans l'espace une position $G_,$ telle qu'elle se projetterait horizontalement suivant $K_,^h$; dès lors les deux droites $G_,$ et $G_,$ appartenant au système G ne pourraient se couper, puisque les génératrices d'un même système (quelque rapprochées qu'on les suppose) ne peuvent se couper, la surface Σ étant gauche.

Ainsi la génératrice $K_,$ percera le plan horizontal au point $k_,$ du cercle B. Le plan T tangent au point m à la surface Σ aura donc pour trace la droite H^r, qui unit les points g_i et k_i.

En faisant varier la position du point m sur la droite G_i, le plan T variera de position, car la trace H^r passant toujours par le point g_i passera par un point k_i qui changera de position sur le cercle B, comme le montre la figure 253, en prenant le point m' au lieu du point m.

Ainsi, l'on pourrait, par la figure même et *directement* montrer que la surface Σ est gauche, puisque par la droite G_i on peut faire passer une infinité de plans et que chacun d'eux est tangent à cette surface Σ, en des points différents m, m', etc., et tous situés sur cette génératrice droite G_i.

429. Parmi tous les plans tangents T menés à la surface Σ par l'une de ses génératrices droites G, il faut en distinguer deux, savoir : 1° celui qui est vertical, ou, en d'autres termes, qui est parallèle à l'axe de rotation A et qui fait dès lors un angle droit avec le plan horizontal de projection, et 2° celui qui fait avec le plan horizontal de projection et avec l'axe A, des angles qui, complémentaires l'un de l'autre, sont respectivement égaux à ceux que la génératrice G fait avec le plan horizontal de projection et avec l'axe A.

Si par le point g_i on fait passer une suite de droites H^r, $H^{r\prime}$, etc., chacune d'elles représente la trace d'un plan tangent T, T'...... à la surface Σ en un point m, m', etc. de la droite G_i

Par le point g_i on peut faire passer deux droites particulières, l'une qui se confondra avec G^h, et qui représentera la trace $H^{\ominus_i}$, et l'autre $H^\ominus$ perpendiculaire à G_i^h ou à $H^{\ominus_i}$.

Le plan Θ_i et le plan Θ seront l'un et l'autre tangents à la surface Σ; déterminons leur point de contact avec cette surface Σ.

Le plan Θ_i est le plan projetant horizontalement la droite G_i; ce plan Θ_i est parallèle à l'axe A, et dès lors perpendiculaire au plan du cercle de gorge C; ce plan Θ_i coupe donc la surface Σ suivant deux génératrices droites de *systèmes différents* K' et G, se coupant au point p en lequel la droite G_i coupe le cercle de gorge C; ce plan Θ_i est donc tangent à la surface Σ au point p.

On peut donc énoncer ce qui suit :

Tout plan tangent à l'hyperboloïde à une nappe et de révolution, parallèle à l'axe de rotation est tangent à cette surface en un point situé sur le cercle de gorge.

Si par le point g_i nous menons une droite $H^\ominus$ perpendiculaire à G^h, elle coupera le cercle B trace horizontale de la surface Σ en un point k_i, et menant par ce point k_i une tangente K_i^h au cercle C^h projection du cercle de gorge C, cette droite K_i^h sera évidemment parallèle à G_i^h et les deux droites K_i et G_i seront parallèles dans l'espace.

Le plan Θ qui passera par K, et G, passera par le centre *o* du cercle de gorge C et sera tangent à la surface Σ au point en lequel K, et G, se coupent, c'est-à-dire à l'infini, puisque ces droites K, et G, sont parallèles.

Or, il est évident que le plan Θ fait avec l'axe A un angle égal à celui que G, fait avec ce même axe A.

L'on peut donc énoncer ce qui suit :

Tout plan passant par une génératrice droite du système G ou du système K et par le centre du cercle de gorge est un plan asymptote de l'hyperboloïde à une nappe et de révolution; et ce plan asymptote fait avec l'axe de rotation un angle qui est égal à celui que font avec cet axe les diverses génératrices droites de la surface.

430. D'après ce qui précède nous voyons, qu'il sera toujours facile de résoudre graphiquement, au moyen des projections et en prenant l'axe A (de l'hyperboloïde à une nappe et de révolution) vertical, ou, en d'autres termes, perpendiculaire au plan horizontal de projection, les deux problèmes suivants :

1° *Étant donnés une génératrice droite G et un point* m *sur cette droite, construire le plan tangent à la surface hyperboloïde.*

2° *Étant donnés une génératrice droite G et un plan* Θ *passant par cette droite, construire le point de contact* m *du plan* Θ *avec la surface hyperboloïde.*

Et par suite il sera facile de résoudre le troisième problème suivant :

3° *Étant donnée une génératrice droite G d'un hyperboloïde à une nappe et de révolution* Σ, *construire le plan tangent* Θ *qui passant par G, fait avec l'axe de révolution* A *un angle* α.

Et en effet, pour résoudre ce troisième problème, on prendra le plan horizontal de projection perpendiculaire à l'axe A et dès lors le plan Θ devra faire avec ce plan horizontal un angle 6 complémentaire de l'angle α. On devra donc faire passer par la droite G un plan Θ faisant avec le plan horizontal un angle 6 (n°ˢ 123 et 124, 1ʳᵉ partie de ce *Cours*).

Du cône asymptote de l'hyperboloïde à une nappe et de révolution.

431. Menons (*fig.* 255) deux plans verticaux Y et Y' parallèles entre eux et au plan vertical de projection et tangents au cercle de gorge C aux points *p* et *p'*. Le plan Y coupera la surface hyperboloïde Σ suivant deux génératrices droites et de *systèmes différents* G et K se croisant au point *p* ; le plan Y' coupera la même surface Σ suivant deux génératrices droites et de *systèmes différents* G' et K' se croisant au point *p'* Les droites G et K', G' et K seront parallèles et le plan Q passant par G et K' sera un plan asymptote de la surface Σ, tout comme le plan P

passant par G' et K; les deux plans P et Q auront leurs traces H^p et H^q parallèles entre elles et perpendiculaires aux traces H^y et H$^{y'}$ des plans Y et Y'.

Ces quatre traces H^p, H^q, H^y, H$^{y'}$, se couperont deux à deux en un point et les quatre points ainsi obtenus g, k', k, g' qui ne sont autres que les traces horizontales des droites G, K', K, G' forment un rectangle dont les côtés $\overline{kg}$ et $\overline{k'g'}$ sont tangents au cercle C^h projection du cercle de gorge C.

Cela posé :

Si par l'axe A on mène un plan méridien M parallèle aux plans Y et Y', ce plan M coupera le plan P suivant une droite L, parallèle et équidistante aux droites K et G'; ce même plan M coupera le plan Q suivant une droite L parallèle et équidistante aux droites G et K', et les deux droites L et L, se croiseront au point o centre du cercle de gorge C.

Cela posé :

Si l'on fait tourner tout le système autour de l'axe A , les droites G, G', K, K', engendreront l'hyperboloïde à une nappe et de révolution Σ, et les droites L et L, engendreront un cône Δ ayant le centre o du cercle de gorge C pour sommet.

Et comme les plans P et Q sont perpendiculaires au plan méridien M, ces plans seront en leurs diverses positions tangents au cône Δ, et leurs lignes de contact avec ce cône Δ seront les positions respectivement prises pendant le mouvement de rotation par les droites L, et L.

432. Le cône Δ est dit cône *asymptote* de l'hyperboloïde Σ.

Et en effet : le plan P étant tangent au cône Δ tout le long de la droite L, lui sera tangent au point situé à l'infini sur L,; mais le plan P étant tangent à la surface Σ en un point situé à l'infini sur les droites parallèles K et G' et ce point situé à l'infini étant le même que celui considéré sur la droite L, puisque les trois droites G', K, et L, sont parallèles, il s'en suit que le plan P est tangent à l'infini et à la surface Σ et au cône Δ; le cône Δ et la surface Σ sont donc tangents l'un à l'autre en un point situé à l'infini sur la droite L,.

Or ce que l'on vient de dire pour la droite L, on le dira pour chacune des positions prises par cette droite L, pendant qu'elle tourne autour de l'axe A; les deux surfaces Σ et Δ sont donc *asymptotes* l'une à l'autre; et ainsi se trouve démontré, savoir : que le cône Δ touche la surface Σ, suivant un *parallèle* ou cercle d'un rayon infini, ce cercle étant situé à l'infini et ayant son centre situé à l'infini sur l'axe A.

Ainsi l'on peut énoncer ce qui suit :

Tout plan tangent Θ *au cône asymptote* Δ *suivant une génératrice droite* L , *passe par le centre* o *du cercle de gorge* C *de l'hyperboloïde* Σ *et coupe cette surface* Σ *suivant deux génératrices droites de systèmes différents et parallèles entre elles et à la droite* L.

Des sections planes de l'hyperboloïde à une nappe et de révolution.

433. Démontrons maintenant que tout plan, quelle que soit sa direction, coupe 'hyperboloïde Σ à une nappe et de révolution suivant une *section conique*.

Coupons la surface Σ et son cône asymptote Δ par un plan quelconque X, ce plan coupera le cône Δ suivant une section conique E (puisque ce cône est de révolution) et il coupera la surface Σ suivant une courbe E, qui enveloppera évidemment la courbe E, puisque le cône Δ est enveloppé par la surface Σ.

Cela posé :

Prenons un point quelconque *x* sur la section conique E et menons par ce point un plan Θ tangent au cône Δ suivant une génératrice droite L, ce plan Θ passera par le centre *o* du cercle de gorge C et coupera l'hyperboloïde Σ suivant deux génératrices droites de systèmes différents K et G parallèles entre elles, et la droite L sera équidistante de ces deux droites G et K.

Le plan Θ coupera le plan X suivant une droite θ tangente en *x* à la section conique E, et cette droite θ coupera la courbe E, en des points *g* et *k* qui ne seront évidemment autres que ceux en lesquels les droites G et K coupent la courbe E,.

Or comme la droite L est équidistante des droites K et G, et qu'elle est située avec elles dans le plan Θ, il s'ensuit que ce point *x* est le milieu de la corde $\overline{gk}$.

En vertu de ce qui a été dit (n° 342 *bis*) la courbe E, n'est donc autre qu'une *section conique*, et les deux courbes E et E, sont dès lors deux sections coniques concentriques, semblables et semblablement placées.

Ainsi l'on peut énoncer ce qui suit :

Tout plan, quelle que soit sa direction coupe l'hyperboloïde à une nappe et de révolution suivant une section conique, qui sera une ellipse, une parabole ou une hyperbole, suivant que ce plan coupera le cône asymptote suivant une ellipse, une parabole ou une hyperbole.

434. Démontrons maintenant que tout plan méridien M coupe l'hyperboloïde à une nappe et de révolution Σ suivant une hyperbole ayant pour asymptotes les droites suivant lesquelles ce plan M coupe le cône asymptote de la surface Σ.

Menons par l'axe de rotation A un plan méridien M, ce plan coupera le cône asymptote et de révolution Δ suivant deux génératrices droites L et L, qui se croiseront au point *o* sommet du cône Δ et centre du cercle de gorge C de l'hyperboloïde à une nappe et de révolution Σ.

Ce plan M coupera la surface Σ suivant une courbe E évidemment composée de deux branches infinies, symétriques : 1° par rapport à l'axe A, et 2° par rapport à la droite V suivant laquelle le plan M coupe le plan du cercle de gorge C ; cette droite V passe par le centre o du cercle C.

Les points v et v' en lesquels le cercle C est coupé par la droite V seront les sommets de la courbe E, car la droite V coupera en deux parties égales les cordes de la courbe E qui sont parallèles à l'axe A.

Cela posé :

Prenons sur la courbe E un point quelconque x et menons par ce point x et dans le plan M une suite de droites divergentes Z, Z', Z'', etc.

La droite Z coupera la courbe E aux points x et y
    —   Z'   — x et y'
    —   Z''   — x et y''
    —   etc.,   —   etc.,

La droite Z coupera les droites L et L_i aux points l et l_i
    —   Z'   —   — l' et l'_i
    —   Z''   —   — l'' et l''_i
    —   etc.,   —   —   etc.

Si nous démontrons que l'on a :

$$\overline{xl} = \overline{yl_i}, \quad \overline{xl'} = \overline{y'l'_i}, \quad \overline{xl''} = \overline{y''l''_i}, \text{ etc.}$$

en vertu de ce qui a été dit (n° 325, 4°) il sera démontré que la courbe E est une hyperbole ayant pour asymptotes les droites L et L_i.

Or : menons par les droites Z, Z', Z'', etc., des plans U, U', U'', etc., perpendiculaires au plan M.

Le plan U coupera le cône Δ suivant une section conique 6_i et l'hyperboloïde Σ suivant une section conique 6 ; les courbes 6 et 6_i sont concentriques, semblables et semblablement placées, donc en vertu de ce qui a été dit (n° 342 bis), l'on a $\overline{xl} = \overline{yl_i}$; le plan U' coupera le cône Δ suivant une section conique $6_i'$ et l'hyperboloïde Σ suivant une section conique $6'$ concentrique, semblable et semblablement placée par rapport à $6_i'$; on a donc :

$$\overline{xl'} = \overline{y'l'_i}.$$

Et ainsi de suite : donc, etc.

On peut donc énoncer ce qui suit :

Un hyperboloïde à une nappe et de révolution Σ peut être engendré par une hyperbole E tournant autour de son axe non transverse A, les asymptotes L et L_i de l'hyperbole E engendrent le cône Δ asymptote de la surface Σ.

Construction des projections de la section faite par un plan dans l'hyperboloïde
à une nappe et de révolution.

435. Construisons maintenant les divers points de la courbe de section d'un hyperboloïde à une nappe et de révolution Σ par un plan P.

Un hyperboloïde à une nappe et de révolution Σ est connu, c'est-à-dire complétement déterminé, lorsque l'on connaît 1° la longueur N de la plus courte distance existant entre l'axe A de rotation et la génératrice droite G qui par son mouvement de rotation autour de l'axe A engendre la surface Σ, et 2° l'angle α que font entre elles les droites A et G.

Nous pourrons donc prendre le plan horizontal de projection perpendiculaire à l'axe A et le plan vertical de projection parallèle à la droite G.

Dès lors l'axe A se projettera horizontalement en le point A^h, et la génératrice G se projettera horizontalement en la droite G^h parallèle à la ligne de terre et à une distance du point A^h telle que la perpendiculaire abaissée du point A^h sur la droite G^h sera égale à N; de plus la droite G se projettera verticalement en la droite G^v faisant avec la ligne de terre un angle ε complémentaire de l'angle donné α (*fig.* 252).

Cela posé :

On peut construire un point de la courbe E intersection de l'hyperboloïde à une nappe et de révolution Σ par un plan P, en se servant de quatre méthodes différentes que nous allons exposer successivement.

Première méthode. On peut regarder la surface Σ comme une surface de *révolution.* Dès lors coupant le système par un plan horizontal X (*fig.*252) ce plan X coupera la génératrice G en un point x qui décrira un *parallèle* D de la surface Σ, ce plan X coupera le plan P suivant une droite I perpendiculaire au plan vertical de projection; le cercle D et la droite I étant contenus dans un même plan X, leurs projections I^h et D^h, I^v et D^v se couperont respectivement en deux points y^h, y^v et y'^h, y'^v qui seront les projections des points y et y' en lesquels les *lignes* I et D se coupent dans l'espace (*fig.* 252).

Deuxième méthode. On peut regarder la surface Σ comme étant une surface *réglée.* Dès lors on construira les projections horizontales et verticales G^h, G^v et G'^h, G'^v et G''^h, G''^v, etc., des diverses génératrices droites G, G', G'', etc., de la surface Σ et l'on déterminera les projections y^h, y^v et y'^h, y'^v et y''^h, y''^v, etc., des points y, y', y'', etc., en lesquels les diverses droites G, G', G'', etc., percent respectivement le plan sécant P.

Troisième méthode. Le plan P coupant l'hyperboloïde Σ et son cône asymptote Δ suivant des courbes E, et E, concentriques, semblables et semblablement placées, les projections E^h et $E_{,}^{h}$, E^v et $E_{,}^{v}$ seront aussi des sections coniques, concentriques, semblables et semblablement placées.

Ayant donc construit les projections $E_{,}^{h}$ et $E_{,}^{v}$ de la section E, du cône Δ par le plan P, il nous suffira de connaître les projections d'un point y de la courbe E pour construire ses divers points, ou, en d'autres termes, pour construire les divers points de ses projections E^h et E^v.

Quatrième méthode. On pourra par le point z en lequel le plan sécant P coupe, l'axe A mener une série de droites B, B′, B″, etc., toutes situées dans le plan P, et chercher les projections des points en lesquels chacune de ces droites B, B′, B″, etc., perce la surface Σ. Le problème est donc ramené au suivant.

Étant donnés un hyperboloïde à une nappe et de révolution Σ et une droite B s'appuyant sur son axe A, construire les projections du point y en lequel la droite B perce la surface Σ.

Ce problème n'est qu'un cas particulier d'un problème plus général et qui s'énonce ainsi :

Trouver les projections du point ou des deux points en lesquels une droite B de direction arbitraire perce un hyperboloïde à une nappe et de révolution.

La droite B peut affecter trois positions par rapport à l'axe de révolution A de la surface Σ.

1° La droite B peut couper l'axe A.

2° La droite B peut être parallèle à l'axe A.

3° La droite B peut n'être pas située dans un même plan avec l'axe A.

De l'intersection d'un hyperboloïde à une nappe et de révolution par une droite.

436. Nous allons résoudre le problème, dans chacun des trois cas énoncés ci-dessus, et la solution du premier cas, nous donnera la solution du problème proposé précédemment, savoir : *Trouver les projections de la courbe E section d'un hyperboloïde à une nappe et de révolution Σ par un plan P.*

PREMIER CAS. *La droite B coupant l'axe A.*

Lorsque deux surfaces de révolution ont même axe de rotation A, si elles se coupent, elles ne peuvent se couper que suivant des cercles (des *parallèles*) engendrés par le mouvement de rotation autour de l'axe commun A des points en lesquels se coupent leurs courbes méridiennes situées dans un même plan méridien. Si donc on fait tourner une droite B coupant l'axe A en un point z, cette droite B engendrera un cône Σ_i ayant le point z pour sommet et la droite A pour axe de révolution.

Les deux surfaces *conique* Σ_i et *hyperboloïde à une nappe* Σ se couperont donc (si elles se coupent) suivant des *parallèles* ou, en d'autres termes, suivant des cercles dont les plans seront perpendiculaires à l'axe A.

Désignant par δ un de ces *parallèles*, on voit que ce parallèle δ sera complétement connu si l'on connaît un de ses points, puisque son centre doit être sur l'axe A et que son plan est perpendiculaire à cet axe A.

Il nous suffira donc pour connaître complétement les *parallèles* δ.... suivant lesquels les deux surfaces Σ et Σ_i se coupent, de déterminer un point de chacun d'eux.

Cela posé :

On peut déterminer un point d'un des *parallèles* δ suivant lesquel le *cône* Σ_i et *l'hyperboloïde* Σ se coupent, ou 1° en cherchant l'*intersection* d'une des génératrices droites du cône Σ_i avec la surface Σ, ou 2° en cherchant l'*intersection* d'une des génératrices droites de l'hyperboloïde Σ avec le cône Σ_i.

Jusqu'à présent nous ne savons pas trouver les points de rencontre d'une droite coupant l'axe A avec un hyperboloïde à une nappe ayant cet axe A pour axe de révolution, car c'est précisément le problème à résoudre.

Mais nous savons (n° 351) trouver les points de rencontre d'une droite, quelle que soit sa position dans l'espace, avec un cône.

C'est donc en ramenant le problème proposé, savoir : *Trouver les points de rencontre d'une droite B coupant l'axe A avec l'hyperboloïde à une nappe* Σ au problème : *Trouver les points de rencontre d'une génératrice droite G d'un hyperboloïde à une nappe et de révolution* Σ *avec le cône* Σ_i *engendré par une droite B coupant l'axe A au point z et tournant autour de cet axe A*, que nous pourrons résoudre avec facilité le problème proposé.

Et pour le résoudre, nous n'aurons qu'à faire passer par le sommet z du cône Σ_i et la génératrice G de l'hyperboloïde Σ un plan Q; ce plan Q coupera le cône Σ_i suivant deux génératrices droites B_i et B_2, lesquelles couperont la droite G en deux points b_i et b_2, et ces points engendreront par leur rotation autour de l'axe A deux *parallèles* δ_i et δ_2, lesquels couperont la droite B en deux points y et y' qui seront ceux en lesquels cette droite B perce l'hyperboloïde à une nappe et de révolution Σ.

DEUXIÈME CAS. *La droite B étant parallèle à l'axe A.*

La droite B étant parallèle à l'axe A engendre par son mouvement de rotation autour de cet axe A un cylindre de révolution Σ_i; on aura donc à construire les points en lesquels la génératrice droite G de l'hyperboloïde Σ perce ce cylindre Σ, (n° 351).

TROISIÈME CAS. *La droite B n'étant pas située dans un même plan avec l'axe A.*

Si l'on fait tourner la droite B autour de l'axe A, elle engendrera un hyperboloïde à une nappe et de révolution Σ,, et dès lors on aura à chercher les points de rencontre de la génératrice droite G de l'hyperboloïde Σ avec l'hyperboloïde Σ, ou bien on aura à chercher les points de rencontre de la génératrice droite B de l'hyperboloïde Σ, avec l'hyperboloïde Σ.

Le problème à résoudre est donc, dans ce troisième cas, toujours le même.

Cependant par un *artifice* particulier, on peut ramener le problème proposé à celui où il s'agit de trouver l'intersection d'une droite et d'un cône de révolution.

Et en effet : si par la droite B nous faisons passer un plan Q coupant l'hyperboloïde Σ et son cône asymptote Δ suivant deux sections coniques E et E,, les points y et y' en lesquels la courbe E sera coupée par la droite B seront ceux en lesquels cette droite B perce la surface hyperboloïde Σ.

Or, nous pouvons toujours par l'axe A mener un plan méridien M parallèle à la droite B ; ce plan M coupera le cône Δ suivant deux génératrices droites L et L', et à la manière d'être de la trace V° du plan Q par rapport aux droites L et L' (en prenant le plan M pour plan vertical de projection), on reconnaîtra (n° 284) si le plan Q coupe le cône Δ suivant une *ellipse* ou une *parabole* ou une *hyperbole*; on saura donc quelle espèce de section conique on a pour E et E,.

Cela posé :

Imaginons la droite B et les sections coniques E et E, concentriques, semblables et semblablement placées ; cette droite B coupe la courbe E aux points y et y' ; joignons chacun de ces points y et y' avec le centre o commun aux deux courbes E et E,, on aura deux droites qui couperont E, aux points y, et y,' ; unissons ces points y, et y,' par une droite B,, il est évident que les droites B et B, seront parallèles.

Si donc nous pouvons facilement déterminer un point de B,, il suffira de mener par ce point une droite parallèle à B pour avoir B, ; par suite il sera facile de construire directement (sans avoir besoin de construire la courbe E,) les points y, et y,' en lesquels B, perce le cône Δ ; puis, comme il est facile de déterminer le centre o de la courbe E, sans construire cette courbe, il suffira de mener les droites oy, et oy,' qui viendront rencontrer la droite B aux points cherchés y et y'.

Or, il est très-facile de se procurer un point de la droite B, ; et en effet, ayant construit le centre o de la courbe E (point o qui est au milieu de la portion de V° comprise entre les droites L et L'), on pourra construire un point m de la courbe E, section de l'hyperboloïde Σ par le plan Q, puis chercher le point m, en lequel la droite om perce le cône Δ.

Et le rapport entre les rayons vecteurs homologues des courbes semblables et semblablement placées E et E_t sera connu, car il sera égal à $\dfrac{om}{om_t} = a$.

Si donc on prend sur la droite B un point arbitraire p, et que l'on joigne les points p et o par une droite, on pourra toujours sur op prendre un point p_t compris entre o et p, et tel que l'on ait $\dfrac{op}{op_t} = a$.

Menant par le point p_t une droite parallèle à B, on aura B_t.

437. Cependant la solution précédente pourrait offrir quelque difficulté, dans le cas où les courbes E et E_t seraient deux hyperboles concentriques, mais inversement semblables ; c'est pourquoi on cherchera à diriger d'abord le plan Q (mené par la droite B) de manière à avoir pour les sections E et E_t deux courbes semblables et semblablement placées, ce que l'on pourra toujours faire quelle que soit la position de la droite B par rapport à l'hyperboloïde Σ, et l'on prendra le plan M perpendiculaire à ce plan Q, dès lors le plan M ne sera plus parallèle à la droite B.

Toutefois, si le plan Q passant par la droite B était dirigé par rapport à l'hyperboloïde Σ de telle manière que les courbes E et E_t fussent deux hyperboles concentriques et inversement semblables, voyons si dans ce cas la solution précédente ne peut pas encore être employée, au moyen de certaines modifications.

Mais avant de résoudre cette question, examinons les sections *hyperboliques* que l'on peut obtenir dans un hyperboloïde à une nappe et de révolution en le coupant par un plan.

Des hyperboles obtenues en coupant un hyperboloïde à une nappe et de révolution par des plans parallèles.

438. Si l'on mène par le centre o (ou par le sommet o du cône asymptote Δ) d'un hyperboloïde à une nappe et de révolution Σ un plan P coupant le cône Δ suivant deux génératrices droites L et L', on sait que si l'on mène un plan T tangent au cône Δ suivant la droite L, il coupera l'hyperboloïde Σ suivant deux génératrices droites G et K de *systèmes différents* qui sont parallèles entre elles et à la droite L.

On aura de même deux génératrices droites de *systèmes différents* G' et K' de l'hyperboloïde Σ en menant un plan T' tangent au cône Δ suivant la droite L'.

Les droites G et K, G' et K' se couperont en des points p et p' qui seront sur une droite Y passant par le centre o de la surface Σ. Nous savons encore que le plan Θ tangent en p à la surface Σ sera parallèle au plan Θ' tangent en p' à la même surface Σ et les plans Θ et Θ′ seront parallèles entre eux et au plan P.

Cela posé :

Tout plan P′ parallèle au plan P coupera le cône Δ suivant une hyperbole E, et l'hyperboloïde Σ suivant une hyperbole E qui auront même centre situé au point o′ en lequel le plan P′ coupe la droite Y ou (p , p′), et dont les asymptotes Z et Z′ seront respectivement parallèles, la première aux droites G, K et L, et la seconde aux droites G′, K′ et L′, car elles seront les intersections des plans T et T′ par le plan P′.

Cela posé :

Il pourra arriver 1° que les courbes E et E, soient situées dans les mêmes angles opposés par le sommet et formés par les droites Z et Z′, et alors ces courbes seront concentriques, semblables et semblablement placées, et c'est ce qui aura lieu toutes les fois que le plan sécant P′ sera situé entre les plans Θ et Θ′ ; il pourra arriver 2° que les courbes E et E, soient situées dans les angles adjacents formés par les droites Z et Z′, et alors ces courbes seront concentriques et inversement semblables, et c'est ce qui arrivera toutes les fois que le plan sécant P′ sera situé au delà de l'un ou de l'autre des plans Θ et Θ′, et cela par rapport au centre o de la surface Σ.

439. Lorsque les hyperboles E et E, sont placées comme l'indique la (*fig.* 225) les points homologues sont ceux en lesquels ces courbes sont coupées l'une et l'autre par une droite menée par leur centre commun.

440. Mais lorsque les hyperboles E et E, sont placées comme l'indique la (*fig.* 226) comment doit-on construire leurs points homologues ?

Menons (*fig.* 226) une droite quelconque mais parallèle à l'asymptote Z′ et coupant l'asymptote Z au point r′, la courbe E au point m′ et la courbe E, au point m,′, les points m′ et m,′ seront dits *points homologues*.

Menons une seconde droite parallèle à Z′ et coupant Z au point r, la courbe E au point m et la courbe E, au point m,, en vertu de ce qui a été dit (n° 327) nous aurons :

$$m′r′ \times or′ = mr \times or$$

et

$$m,′r′ \times or′ = m,r \times or$$

d'où

$$\frac{m′r′}{mr} = \frac{m,′r′}{m,r} = b$$

L'on sait que si l'on unit les points m et m′, m, et m,′, par des cordes, ces cordes prolongées iront se couper en un point i situé sur l'asymptote Z, et si l'on mène les tangentes θ en m' à la courbe E et θ, en m', à la courbe E,, ces tangentes θ et θ_1 iront se couper en un point i' situé sur l'asymptote Z.

Maintenant joignons le centre o avec les *points homologues* m' et m', , la parallèle mm, à Z' coupera la droite B ou (o, m') au point x, et la droite B, ou (o, m',) au point x, et je dis que l'on aura :

$$\frac{xr}{x,r} = b$$

Et cela est évivent puisque l'on a : $\frac{m'r'}{m',r'} = b$ et que les droites mm, et $m'm'$, sont parallèles.

Cela posé :

441. Étant donné un hyperboloïde à une nappe et de révolution Σ et son cône asymptote Δ et une droite B, si pour déterminer les points m' et m'' en lesquels la droite B perce la surface Σ, on obtient par le plan Q passant par cette droite B, pour sections dans la surface Σ une hyperbole E et dans le cône Δ une hyperbole E,, ces hyperboles étant telles qu'elles soient inversement semblables, on devra opérer de la manière suivante pour obtenir les points m' et m''.

On déterminera les asymptotes Z et Z' des courbes E et E,; on construira un point quelconque m de la section E faite dans l'hyperboloïde Σ par le plan Q; par le point m on mènera une droite R parallèle à l'asymptote Z' et l'on cherchera le point m, en lequel la droite R perce le cône Δ; ce point m, étant déterminé, on remarquera que la droite R coupe l'asymptote Z en un point r et la droite B en un point x, on déterminera sur la droite R ou (m, m,) un point x, satisfaisant à la proportion :

$$mr : m,r :: rx : rx,$$

On unira le centre o des hyperboles E et E, avec le point x, et l'on aura une droite B, située dans le plan sécant Q ; on déterminera le point m', en lequel le cône Δ est percé par la droite B,; ce point m', étant déterminé, on fera passer par m', une droite R' parallèle à Z' et R' coupera la droite B en un point m' qui sera celui en lequel cette droite B perce l'hyperboloïde Σ.

La droite B, coupera toujours le cône Δ en deux points m', et m'', puisque si l'hyperbole E était construite, il est évident que la droite B, en vertu de ce qu'elle passe par le centre o de l'hyperbole E, couperait cette courbe en deux points.

Chacun des points m', et m,'' servira donc à déterminer sur la droite B un point, et ainsi on obtiendra sur B les deux points m' *homologue* de m,' et m'' *homologue* de m'',.

442. Le problème : *trouver les points en lesquels une droite* B *perce un hyperboloïde à une nappe et de révolution* Σ, *l'axe* A *de la surface* Σ *et la droite* B *n'étant pas situés dans un même plan*, peut être facilement ramené à la solution du problème: *trouver les points en lesquels une droite* B′ *perce un hyperboloïde à une nappe et de révolution* Σ′, *la droite* B *et l'axe* A′ *de la surface* Σ′ *étant dans un même plan*.

Et en effet :

Concevons un hyperboloïde à une nappe et de révolution Σ ayant son centre en un point o et ayant pour axe de révolution une droite A.

Menons par le centre o un plan P perpendiculaire à l'axe A, nous couperons la surface Σ suivant son cercle de gorge C et si nous faisons passer par l'axe A un plan méridien M et que par le centre o nous menions une droite N perpendiculaire au plan M, cette droite N percera le cercle C en un point q; et si par le point q nous menons un plan T parallèle au plan M, ce plan T sera tangent au point q à la surface Σ et la coupera suivant deux génératrice droites G et K de *systèmes différents* et qui feront avec une droite Y (menée parallèlement à l'axe A par le point q) des angles égaux α l'un à droite et l'autre à gauche, en sorte que les deux droites G et K comprendront entre elles un angle égal à 2α.

Cela posé :

Si nous coupons la surface Σ par un plan Q parallèle au plan M (ce plan Q étant situé entre les plans T et M), ce plan Q coupera le plan P suivant une droite D qui coupera le cercle de gorge C en deux points d et d', et ce plan Q coupera la surface Σ suivant une hyperbole E ayant les points d et d' pour sommets, et ses asymptotes Z et Z′ seront respectivement parallèles aux droites G et K.

Cela posé :

Si dans le plan P nous traçons une série de cercles C′, C″, C‴, etc., coupant le cercle C aux points d et d' et ayant dès lors leurs centres o', o'', o''', etc., situés sur la droite N ou (o, q) et si par ces centres nous menons les droites A′, A″, A‴, etc., parallèle à l'axe A et si par les points q', q'', q''', etc., en lesquels ces cercles sont coupés par la droite N, nous menons des droites G′ et K′, G″ et K″, G‴ et K‴ etc., respectivement parallèles aux droites G et K, les droites G′, G″, G‴, etc., ou K′, K″, K‴, etc., en tournant respectivement autour des axes A′, A″, A‴, etc., engendreront une suite d'hyperboloïdes à une nappe et de révolution Σ′, Σ″, Σ‴, etc., qui s'entrecouperont tous suivant l'hyperbole E.

Cela posé :

Si l'on a une droite B située dans le plan Q, cette droite percera l'hyperboloïde Σ en deux points y et y, situés sur l'hyperbole E (si la droite B était parallèle à l'une des asymptotes de la courbe E, elle ne percerait évidemment la surface Σ qu'en un seul point).

Par conséquent la droite B percera les divers hyperboloïdes Σ', Σ'', Σ''', etc., aux mêmes points y et $y_{,}$.

Si donc on prend parmi les hyperboloïdes Σ', Σ'', Σ''', etc., celui Σ' dont le cercle de gorge C' a la droite dd' pour diamètre, la droite B coupera l'axe A' de cet hyperboloïde Σ' et déterminant les points y et $y_{,}$ en lesquels la droite B perce cette surface Σ' on aura les points en lesquels elle perce la surface Σ.

Mais il faut remarquer, que le plan Q peut être en dehors du plan T par rapport au plan M, et que dès lors l'hyperbole E n'aurait pas ses sommets situés sur le cercle de gorge C puisque la droite D suivant laquelle le plan P serait coupé (dans ce cas) par le plan Q, serait extérieure à ce cercle C.

443. Si ce qui vient d'être dit ci-dessus arrivait, nous ferons remarquer que pour obtenir la solution du problème, il sera toujours facile de mener par l'axe A un plan P, perpendiculaire au plan Q et le coupant suivant une droite $D_{,}$; on pourra facilement déterminer les points $d_{,}$ et $d'_{,}$ en lesquels la droite $D_{,}$ parallèle à l'axe A perce l'hyperboloïde Σ; ces points $d_{,}$ et $d'_{,}$ seront les sommets de l'hyperbole E, suivant laquelle la surface Σ est coupée par le plan Q.

Décrivons dans le plan P, et sur la droite $d_{,}d'_{,}$ comme diamètre un cercle $C_{,}$, ce cercle aura son centre $o_{,}$ sur la droite N intersection des plans P et $P_{,}$; cette droite N percera le cercle $C_{,}$ aux points $q_{,}$ et $q_{,}$ et nous pourrons par le point $q_{,}$ mener une droite $G_{,}$ parallèle à G; la droite $G_{,}$ fera avec la droite D intersection des plans P et Q des angles complémentaires de ceux qu'elle fait avec la droite A, puisque les deux droites A et D sont rectangulaires entre elles.

En faisant tourner la droite $G_{,}$ autour de l'axe D elle engendrera un hyperboloïde à une nappe et de révolution $\Sigma'_{,}$ qui coupera l'hyperboloïde Σ suivant l'hyperbole $E_{,}$; dès lors la droite B située dans le plan Q percera les deux hyperboloïdes Σ et Σ' en deux points y' et $y'_{,}$ qui seront situés sur la courbe $E_{,}$ et nous aurons ainsi ramené le problème au cas simple où la droite B coupe l'axe de révolution D de l'hyperboloïde à une nappe et de révolution $\Sigma'_{,}$.

Reconnaître si l'hyperboloïde donné par trois droites directrices sera ou non de révolution.

444. Prenons un hyperboloïde à une nappe et de révolution Σ, ayant une droite A pour axe de révolution. Sur cette surface Σ prenons une génératrice G du *premier système* et sur cette droite G une suite de points m, m', m'', m''', etc. Imaginons les génératrices droites du *second système* K passant par m

$$K' \quad — \quad m'$$
$$K'' \quad — \quad m''$$
$$\text{etc.,} \quad — \quad \text{etc.}$$

les droites G et K font entre elles un angle aigu α et un angle obtus ϵ et l'on a :
($\alpha + \epsilon = 190°$).

Si nous menons les plans T, T', T'', etc., tangents à la surface Σ aux points m, m', m'', etc., et si nous menons par chacun des points m, m', m''', etc., deux plans S et S,, S' et S',, S'' et S'',, etc., perpendiculaires aux plans T, T', T'', etc., et tels que les plans S divisent en deux parties égales les angles α que font entre elles la droite G et les droites K, et que les plans S, divisent en deux parties égales les angles ϵ que font entre elles la droite G et les droites K, les plans S passeront tous par l'axe A et les plans S, se couperont deux à deux suivant des droites qui formeront une surface développable ξ.

445. Si donc on donne trois droites K, K', K'' dans l'espace et si l'on construit une droite G s'appuyant sur ces trois droites et les coupant respectivement aux points m, m', m'', il faudra pour que ces trois droites K, K', K'', appartiennent à un hyperboloïde à une nappe et de révolution Σ, que la série des plans S, ou la série des plans S, se coupent tous suivant une même droite A qui sera l'axe de la surface Σ.

En sorte que si nous désignons par J les droites d'intersection des plans T par les plans bissecteurs S des angles α et par J, les droites d'intersection des mêmes plans T par les plans S, bissecteurs des angles ϵ, toutes les droites J s'appuieront sur l'axe A, et toutes les droites J, seront parallèles à un plan Q perpendiculaire à l'axe A, ou *vice versâ*.

Transformation de l'hyperboloïde à une nappe et de révolution en un hyperboloïde à une nappe et non de révolution.

446. Imaginons un hyperboloïde Σ à une nappe et de révolution. Désignons par A son axe, par C son cercle de gorge et par G et K ses génératrices droites de *systèmes différents*.

Menons par l'axe A un plan méridien M et supposons deux génératrices droites G et K parallèles au plan M et se coupant dès lors en un point p situé sur le cercle de gorge C; le plan (G, K) sera perpendiculaire au plan du cercle C et le coupera suivant une droite θ tangente en p à ce cercle C.

Nous pourrons transformer l'hyperboloïde à une nappe et de révolution Σ en un hyperboloïde à une nappe et non de révolution Σ, de diverses manières et en employant toujours le mode de *transformation cylindrique* ; et en effet, coupons tout le système par une suite de plans X, X', X'', etc., perpendiculaires à l'axe A.

Chaque plan X coupera l'axe en un point q, la droite G en un point m, la droite K en un point n, la surface Σ suivant un cercle D ayant le point q pour centre et son rayon étant égal à $\overline{qm}$ ou à $\overline{qn}$, car on a : $qm = qn$, le plan M suivant une droite B.

Cela posé :

447. *Première transformation.* Par un point quelconque x du cercle D menons une perpendiculaire N au plan M, cette droite N coupera la droite B en un point b.

Prenons un point x_i sur N tel que l'on ait $\dfrac{xb}{x_i b} = $ constante $= a_i$.

Tous les points x_i seront sur une ellipse D_i ayant le diamètre du cercle D situé sur le plan M pour l'un de ses axes; et cet axe sera le petit axe de l'ellipse D_i si l'on a : $a_i < 1$ et il sera le grand axe de l'ellipse D_i si l'on a : $a_i > 1$.

Toutes les ellipses D_i situées respectivement dans les divers plans X, X'...... formeront une surface Σ_i qui sera la *transformée cylindrique* de la surface Σ.

Je dis que la surface Σ_i sera un hyperboloïde à une nappe et non de révolution, et qu'ainsi elle sera une surface doublement réglée, et en effet :

Si l'on avait pris le point m de la droite G et abaissé de ce point m une perpendiculaire B_i sur le plan M, cette droite B_i aurait percé le plan M au point b_i; et prenant sur B_i un point m_i tel que l'on ait $\dfrac{b_i m}{b_i m_i} = a_i$, le point m_i serait situé sur l'ellipse D_i.

Dès lors on voit que toutes les droites G, comme toutes les droites K, seront transformées en des droites G_i et en des droites K_i situées sur la surface Σ_i.

Le cône asymptote Δ de la surface de révolution Σ sera transformé en un cône non de révolution Δ_i ayant la droite A pour *axe*, et ce cône Δ_i sera asymptote de la surface Σ_i tout comme le cône de révolution Δ l'était de la surface Σ.

Et par le mode de transformation cylindrique employé, il est évident que le plan (G, K) perpendiculaire au plan du cercle C sera transformé en un plan (G_i, K_i) aussi perpendiculaire au plan du cercle C, et que le cercle de gorge C sera transformé en une ellipse de gorge C_i; et que la tangente θ au cercle C et au point p sera transformée en une droite θ_i tangente à l'ellipse C_i au point p_i, le point p_i étant le *transformé* du point p.

448. *Deuxième transformation.* Par chacune des droites B, B′, B″, etc., menons des plans X_i, X'_i, X''_i, etc., parallèles entre eux, les plans X et X_i, X′ et X'_i,..... comprenant entre eux un angle constant mais arbitraire ε.

Cela fait :

Par un point quelconque x du cercle D menons une perpendiculaire N au plan M, cette droite N percera la droite B au point b et sera située dans le plan X ; menons par le point b dans le plan X, une droite N, perpendiculaire à la droite B et prenons sur N, un point x, tel que l'on ait

$$\frac{bx_{\prime}}{bx} = \text{constante} = a,$$

Tous les cercles D.... seront transformés en des ellipses D,.... qui formeront une surface Σ, qui sera doublement réglée comme la surface Σ.

449. *Troisième transformation.* Par un point quelconque x du cercle D ayant mené une droite N perpendiculaire à la droite B et la coupant en un point b, nous mènerons par ce point b une droite N, située dans le plan X (dans le plan du cercle D) et faisant avec N un angle arbitraire α, et nous prendrons sur N, un point x, tel que l'on ait :

$$\frac{bx_{\prime}}{bx} = \text{constante} = a,$$

tous les points x, ainsi déterminés, formeront une surface Σ, doublement réglée comme la surface Σ.

450. *Quatrième transformation.* Par un point quelconque x du cercle D ayant mené une droite N perpendiculaire à la droite B et la coupant au point b, nous mènerons par ce point b une droite N, située dans le plan X, et faisant avec la droite B non un angle droit, mais un angle arbitraire γ, puis nous prendrons sur N, un point x, tel que l'on ait :

$$\frac{bx_{\prime}}{bx} = \text{constante} = a,$$

tous les points x, formeront une surface Σ, qui sera doublement réglée comme la surface Σ.

Ainsi les quatre surfaces $\Sigma,, \Sigma,, \Sigma,, \Sigma,$, en lesquelles on peut transformer par le mode de *transformation cylindrique*, l'hyperboloïde à une nappe et de révolution Σ, sont elles-mêmes des hyperboloïdes à une nappe et non de révolution, jouissant des mêmes propriétés que la surface Σ, sauf les modifications que le mode de transformation peut et doit apporter à chacune de ces propriétés.

La transformation cylindrique d'un hyperboloïde à une nappe et de révolution en un hyperboloïde à une nappe non de révolution conduit à la solution du problème : trouver les points de rencontre d'une droite et d'un hyperboloïde à une nappe non de révolution.

451. Si l'on se donne sur le plan horizontal une ellipse E comme trace d'un hyperboloïde Σ, à une nappe et non de révolution, si par le centre o de cette

ellipse E on élève une verticale A qui sera l'axe de la surface Σ_i, si l'on mène un plan horizontal X coupant l'axe A en un point o' et que sur ce plan X, on construise une ellipse E' ayant le point o' pour centre et qui soit semblable et semblablement placée à l'ellipse E, prenant cette ellipse E' pour l'ellipse de gorge de la surface Σ_i et faisant mouvoir une droite G_i sur E et E' et de telle manière que G_i^h soit tangente à E'^h, on aura les diverses génératrices droites de la surface Σ_i.

Cela posé :

Si l'on a une droite B_i et que l'on demande de construire les points en lesquels elle perce la surface Σ_i, on pourra transformer la surface Σ_i en un hyperboloïde à une nappe et de révolution Σ ayant pour cercle de gorge le cercle C décrit sur le petit axe de l'ellipse E' comme diamètre, et pour opérer cette transformation, désignons par D le petit axe de l'ellipse E', on abaissera d'un point m_i de la courbe E' une perpendiculaire sur la droite D, laquelle coupera la droite B en un point b et le cercle C en un point m, on connaîtra donc le rapport

$$\frac{bm}{bm_i} = a$$

Cela fait, on prendra deux points g_i et g'_i sur l'une des génératrices droites G_i de la surface Σ_i, on abaissera de ces points des perpendiculaires sur le plan M déterminé par l'axe A et la droite D, ces perpendiculaires perceront le plan M aux points p et p'; on prendra sur la droite pg_i un point g et sur la droite $p'g_i'$ un point g', tels que l'on ait :

$$\frac{pg}{pg_i} = \frac{p'g'}{p'g_i'} = a$$

et les points g et g' détermineront la génératrice droite G de l'hyperboloïde Σ ayant la droite A pour axe de rotation et le cercle C pour cercle de gorge.

Nous transformerons de la même manière la droite B_i en une droite B (en vertu de la transformation cylindrique, il ne faut pas oublier que les droites B et B_i se couperont en un point qui sera *forcément* situé sur le plan M). Il suffira ensuite de construire, par l'une des méthodes exposées ci-dessus, les points x et y en lesquels la droite B perce l'hyperboloïde à une nappe et de révolution Σ pour connaître les points x_i et y_i en lesquels la droite B_i perce l'hyperboloïde à une nappe et non de révolution Σ_i.

Construction directe d'un hyperboloïde à une nappe et non de révolution.

452. On peut construire directement un hyperboloïde à une nappe et non de révolution, par divers modes différents parmi lesquels nous indiquerons les *cinq* suivants.

453. *Première construction.* Concevons trois plans équidistants P, P' et P'', et prenons l'un d'eux P' pour plan horizontal de projection. Menons une droite A perpendiculaire à ces trois plans et les coupant aux points o, o' et o''.

Traçons dans le plan intermédiaire P une ellipse E ayant le point o pour centre, et dans les plans P' et P'' traçons aussi des ellipses E' et E'' ayant respectivement pour centre les points o' et o'' et supposons que les deux ellipses E' et E'' sont identiques ou superposables (en sorte que ces ellipses E' et E'' se projetteront sur le plan horizontal de projection P' suivant une seule et même courbe) et que les trois ellipses E, E', E'' sont semblables et semblablement placées; de plus admettons que l'ellipse intermédiaire E est plus petite que l'ellipse E' ou E''.

Cela posé :

En un point quelconque m^h de E^h menons (*fig.* 227) une tangente θ à E^h, elle coupera l'ellipse E'^h ou E''^h en deux points; cette tangente θ pourra être regardée comme la projection horizontale de deux droites G et K s'appuyant sur les trois ellipses E, E', E'' et se croisant au point m de l'ellipse intermédiaire.

Et cela aura lieu parce que les ellipses E^h et E'^h ou E''^h étant concentriques et semblables, on a : $m^h p'^h = m^h q''^h$ ou $m^h p''^h = m^h q'^h$.

Ainsi la surface engendrée par une droite se mouvant dans l'espace en s'appuyant sur les trois ellipses E, E', E'', sera une surface doublement réglée, et évidemment un hyperboloïde à une nappe et non de révolution.

454. *Deuxième construction.* Concevons trois plans parallèles équidistants entre eux Q, Q', Q'', dont l'un Q soit intermédiaire; traçons sur le plan Q une hyperbole E, et sur les plans Q' et Q'' des hyperboles E' et E'', telles que ces courbes se projettent sur un plan vertical de projection parallèle aux plans Q, Q', Q'', suivant des hyperboles semblables, semblablement placées et concentriques; les deux hyperboles E' et E'' se projetteront en une seule hyperbole E'^v ou E''^v et l'hyperbole E se projettent en une hyperbole E^v extérieure à l'hyperbole E'^v ou E''^v.

Si par un point m^v de E^v nous menons à cette courbe une tangente θ (*fig.* 228) elle coupera l'hyperbole E'^v en deux points et cette droite θ pourra être considérée comme la projection verticale de deux droites G et K s'appuyant sur les trois courbes E, E', E'' et se croisant au point m, et cela aura lieu parce que les courbes E^r et E^{tv} (ou E^{ttv}) sont deux hyperboles concentriques, semblables et semblablement placées, et que l'on a : $m^v p^{tv} = m^r q^{ttv}$ ou $m^z p^{ttv} = m^z q^{tt}$.

La surface engendrée par une droite se mouvant dans l'espace sur les trois hyperboles E, E', E'' sera donc une surface doublement réglée, et sera évidemment un hyperboloïde à une nappe et non de révolution.

455. Concevons un plan T tangent au cône asymptote Δ d'un hyperboloïde à une nappe et de révolution Σ, ce plan coupera la surface Σ suivant deux génératrices droites G et K' de *systèmes différents*, lesquelles seront parallèles entre elles. Désignons par g et h' les points en lesquels ces droites G et K' coupent respectivement le cercle de gorge C de la surface Σ.

Cela posé, imaginons deux plans P et P' équidistants du plan T et parallèles entre eux et à ce plan T, le plan P coupera l'hyperboloïde Σ suivant une parabole E et le plan P' coupera aussi la surface Σ suivant une parabole E', ces deux paraboles E et E' seront égales, mais tournées en sens inverse, et leurs sommets seront situés sur l'hyperbole méridienne que l'on obtiendra en coupant la surface Σ par un plan M perpendiculaire aux trois plans P, T et P'.

Il est évident que les sommets e de la courbe E et e' de la courbe E' seront en ligne droite avec le centre o du cercle de gorge C et que ces deux sommets e et e' seront équidistants du point o.

Cela posé :

Projetons sur le plan T pris pour plan horizontal de projection, les droites G et K', et les courbes E et E'.

Nous aurons la *fig.* 229, en supposant un plan vertical de projection parallèle au plan méridien M, et nous pourrons déduire la construction suivante :

Troisième construction. Étant donc données les paraboles E et E', les droites G et K' comme l'indique la *figure* 229, si l'on fait mouvoir une droite G, sur la droite K' et les paraboles E et E' on engendrera une surface réglée Σ, qui sera un hyperboloïde à une nappe et de révolution, et si l'on fait mouvoir une droite K, sur la droite G et les deux paraboles E et E', on engendrera la même surface Σ_t.

Pour déterminer les droites G, et K, qui passent par un point m de la parabole E, il est évident que l'on devra exécuter les constructions suivantes.

Par le point m^h arbitrairement pris sur E^h, on mènera une perpendiculaire N aux droites G et K' coupant K' au point r et G au point r'.

On prendra sur la droite N deux points p et p' tels que l'on ait : $m^h r = rp$ et $m^{hl} = r'p'$ et par ces points p et p' on mènera les droites A et A' parallèles entre elles et aux droites G et K'.

La droite A coupera la courbe E^{th} en un point m^{th} et la droite A' coupera la même courbe E^{th} en un point $m'^{,h}$, les droites G_t^h unissant les points m^h et m^{th} et

$K_{,}^{h}$ unissant les points m^{h} et $m^{\prime,h}$ seront les projections des droites G, et K, génératrices de *systèmes différents* de la surface hyperboloïde Σ et se croisant au point m.

La droite G, coupera la droite K' en un point n et la droite K, coupera la droite G en un point n', et il est évident que l'on doit avoir dans l'espace $nm = nm'$ et $n'm = n'm,'$, ce qui est bien le résultat obtenu par notre construction.

456. En combinant la première et la seconde construction exposées ci-dessus, on peut déduire la quatrième construction suivante:

Quatrième construction. Si ayant deux plans perpendiculaires entre eux P et Q et se coupant suivant une droite L on trace : 1° dans le plan Q une ellipse E ayant son centre en un point o de la droite L et l'un de ses axes dirigé suivant cette droite L, et 2° dans le plan P une hyperbole H ayant le même point o pour centre, son axe transverse étant dirigé suivant la droite L, et si de plus les deux courbes E et H se coupent en leurs sommets situés sur la droite L, en faisant mouvoir une droite G sur les courbes E et H de telle manière que la projection orthogonale de G sur le plan P soit tangente à H ou que la projection orthogonale de G sur le plan Q soit tangente à E, l'on engendrera dans les deux cas, une seule et même surface gauche qui sera doublement réglée et qui ne sera autre qu'un hyperboloïde à une nappe et non de révolution.

457. Et l'on peut généraliser cette proposition de la manière suivante.

On peut prendre les deux plans P et Q faisant entre eux un angle α, et l'on peut supposer que la droite L soit dirigée suivant un diamètre de l'ellipse E et un diamètre de l'hyperbole H ; alors, désignant par m l'un des deux points en lesquels E et H se coupent, et par θ la tangente en m à E, et par δ la tangente en m à H, il faudra supposer la droite G projetée sur le plan P par des droites parallèles à θ et supposer aussi la droite G projetée sur le plan Q par des droites parallèles à δ.

458. On peut couper un hyperboloïde à une nappe et non de révolution Σ par un plan M passant (*fig.* 230) par l'axe A de cette surface, ce plan M coupera l'hyperboloïde Σ suivant une hyperbole E et le cône asymptote A suivant deux génératrices droites L et L'; concevons d'abord le plan T tangent au cône Δ tout le long de la génératrice L, ce plan coupera la surface Σ suivant deux génératrices droites G et K, de *systèmes différents* qui seront parallèles entre elles et à la droite L; concevons ensuite le plan T' tangent au cône Δ tout le long de la génératrice L', ce plan coupera la surface Σ suivant deux génératrices droites G, et K, de *systèmes différents* qui seront parallèles entre elles et à la droite L'.

Les droites G et K,, G, et K se couperont respectivement en des points g et g, qui seront en ligne droite avec le centre o de la surface hyperboloïde Σ (ou en d'autres termes le sommet o du cône asymptote Δ).

Cela posé :

Cinquième construction. D'après ce qui précède, il est évident que si l'on fait mouvoir : 1° une droite G' sur l'hyperbole E et sur les droites K et K, , ou 2° une droite K' sur l'hyperbole E et sur les droites G et G, , on engendrera une même surface hyperboloïde Σ qui sera à une nappe et non de révolution.

Ce mode de génération de l'hyperboloïde à une nappe et non de révolution conduit à une propriété remarquable dont jouit cette surface.

Et en effet :

Si dans le plan T, on mène au point m de l'hyperbole E une tangente, elle coupera les droites L et L' aux points l et l'; et si par ces points l et l', on mène des parallèles à la droite gg_i, elles couperont, l'une les droites G et K, aux points i et r, et l'autre les droites G, et K aux points i_i et r_i; et il est évident que l'on aura : $im = i_i m$ et $rm = r_i m$, puisque l'on a : $ml = ml'$ en vertu de la manière d'être d'une tangente à une hyperbole par rapport aux asymptotes de cette courbe, et aussi en vertu de ce que les droites L et L' sont équidistantes, la première des génératrices G et K, et la seconde des génératrices G, et K.

La droite ii_i ne sera autre que la droite G' et la droite rr_i ne sera autre que la droite K' dont nous avons parlé ci-dessus.

Cela posé :

Joignons les points g et i, g_i et i_i par des droites, nous formerons ainsi un tétraèdre $igg_i i_i$. Et je dis que quelle que soit la position du point m sur l'hyperbole E, tous les tétraèdres ainsi déterminés auront même volume.

Et en effet :

Si par le point m et dans le plan T de l'hyperbole E l'on mène mp parallèle à L' et mq parallèle à L, on aura :

$$op \times oq = \text{constante} = a$$

Or, il est évident que les trois points g, q et i_i, ainsi que les trois points g_i, p et i sont en ligne droite. On a donc, puisque $og = og_i$:

$$g_i i_i = 2 \cdot \overline{oq} \qquad \text{et} \qquad gi = 2 \cdot \overline{op}$$

donc l'on a :

$$\overline{g_i i_i} \times \overline{gi} = \text{constante} = a \qquad \qquad (1)$$

Abaissons du point g une perpendiculaire sur G_i, cette droite $\overline{gb}$ sera constante, quelle que soit la position du point i_i sur la droite G_i. Désignons cette perpendiculaire par h.

Abaissons ensuite du point i une perpendiculaire xi sur le plan T' qui contient la base gg_ii du tétraèdre, il est évident que l'on aura : $\overline{gi} = \overline{xi} \times d$, d étant une quantité constante, quelle que soit la position du point i sur la droite G; désignons $\overline{xi}$ par H.

Nous pourrons multiplier les deux nombres de l'équation (1) par la quantité constante h et remplacer $\overline{gi}$ par sa valeur sans changer l'équation, et l'on aura :

$$\overline{g_ii_i} \times h \times H . d = a . h = \text{constante.}$$

Et désignant $\overline{g_ii_i}$ par b, on aura :

$$\frac{b . h . H}{2 . 3} = \frac{a . h}{2 . 3 . d} = \text{constante.}$$

Ce qui démontre le théorème énoncé (*).

De la surface gauche engendrée par une droite se mouvant parallèlement à un plan, en s'appuyant sur deux droites non parallèles entre elles.

459. Concevons dans l'espace deux droites K' et K'', non parallèles entre elles, et un plan P coupant ces droites aux points b et a (*fig.* 231).

Faisons mouvoir une droite G sur les deux droites K' et K'', et parallèlement au plan P, cette droite G engendrera une surface gauche qui a reçu le nom de *paraboloïde hyperbolique.*

Imaginons trois positions G, G', G'' de la droite G (l'une de ces positions G étant dans le plan P).

Cela posé :

Coupons tout le système par un plan Q parallèle aux droites *directrices* K' et K'', ce plan Q coupera les trois droites G, G', G'' en les points d, d', d'', et je dis que ces trois points sont en ligne droite, et je désignerai cette droite par K.

Et en effet :

Le plan Q coupe le plan P suivant la droite L.

(*) Ci-après, chapitre XII, nous donnerons les diverses autres propriétés dont jouit l'*hyperboloïde à une nappe.* On peut engendrer plusieurs espèces de surfaces gauches en faisant mouvoir une droite sur deux droites données de position dans l'espace et parallèlement à un cône ayant pour directrice une section conique, ce cône étant aussi donné de position dans l'espace. *Voir* dans l'ouvrage qui a pour titre : *Complément de géométrie descriptive*, la note où cette question est examinée et que j'ai publiée pour la première fois dans le *Bulletin de la Société philomatique*, séance du 26 mai, année 1838.

Si nous menons par les droites K″ et K′ des plans Q″ et Q′ parallèles au plan Q, ils couperont le plan P suivant deux droites : L″ passant par le point a et parallèle à la droite L, et L′ passant par le point b et aussi parallèle à la droite L.

Si nous menons par chacune des droites G″ et G′ un plan passant, le premier par la droite d″r″ et le second par la droite d′r′ (et nous devons nous rappeler que les droites d″r″ et d′r′ sont perpendiculaires à la droite L), ces deux plans couperont respectivement le plan P suivant les droites G‴ʰ et G′ʰ qui seront respectivement parallèles aux droites G″ et G′, et le plan Q suivant les droites d″r″ ou G‴ᵛ et d′r′ ou G′ᵛ qui seront, ainsi qu'il a été dit ci-dessus, perpendiculaires à L.

Cela posé :

Il est évident que l'on aura :

$$a''p'' = b''q'' = d''r'' \quad \text{et} \quad a'p' = b'q' = d'r'$$

de plus les trois droites G‴ʰ, G′ʰ et G situées dans le plan P étant coupées par les trois droites parallèles entre elles L, L′, L″, donneront :

$$p''a : p'a :: q''b : q'b :: r''d : r'd$$

Or, les triangles semblables a″p″a, a′p′a et b″q″b, b′q′b donnent :

$$a''p'' : a'p' :: p''a : p'a$$
$$b''q'' : b'q' :: q''b : q'b$$

Nous aurons donc :

$$d''r'' : d'r' :: r''d : r'd$$

Ainsi les trois points d, d′, d″ sont en effet sur une ligne droite K.

De ce qui précède on peut donc énoncer ce qui suit :

La surface engendrée par une droite G s'appuyant sur deux droites non parallèles entre elles K″ et K′ et se mouvant parallèlement à un plan P, lequel coupe les deux droites directrices K″ et K′, est doublement réglée.

Du plan tangent en un point d'un paraboloïde hyperbolique.

460. Dès lors si en un point m d'un paraboloïde hyperbolique Σ on veut construire le plan tangent T à cette surface Σ, il suffira de construire les deux génératrices droites de *systèmes différents* G et K se croisant en ce point m et le plan T sera déterminé par ces deux droites G et K.

461. Le plan P parallèle aux génératrices G du *premier système* et le plan Q parallèle aux génératrices K du *second système* sont dits *plans directeurs* du paraboloïde hyperbolique Σ.

Il est évident qu'en se donnant les *directrices* droites K″ et K′ d'un paraboloïde hyperbolique Σ on se donne *à posteriori* le plan *directeur* Q qui leur est parallèle; c'est pourquoi un paraboloïde hyperbolique Σ est complétement déterminé lorsque l'on se donne *à priori* le plan *directeur* P des génératrices G (à construire) et deux *directrices* droites K″ et K′; et alors on connaît les deux plans *directeurs*.

La surface engendrée par une droite se mouvant sur trois droites devient un paraboloïde hyperbolique, si les trois droites directrices sont parallèles à un même plan.

462. Nous savons que lorsque l'on fait mouvoir une droite G sur trois droites K, K′, K″ non parallèles à un même plan, la surface est un *hyperboloïde à une nappe*, mais si les trois droites directrices K, K′, K″ sont parallèles à un même plan Q la surface engendrée sera un *paraboloïde hyperbolique*.

Et en effet:

Concevons deux positions G et G′ de la génératrice G, nous pourrons mener un plan P parallèle aux droites G et G′. Faisons mouvoir sur K et K′ une droite G parallèle au plan P, elle engendrera un paraboloïde hyperbolique qui sera coupé par tout plan parallèle à Q suivant des droites. Donc, etc.

Cette seconde manière d'engendrer un paraboloïde hyperbolique, et pour laquelle on ne connaît *à posteriori* qu'un des deux plans *directeurs*, est très-utile dans les *applications*.

Du sommet, de l'axe et des plans diamétraux principaux du paraboloïde hyperbolique.

463. Étant donnés deux directrices droites K et K′ (et par suite le plan *directeur* Q des génératrices du système K) et le plan *directeur* P auquel doivent être parallèles les génératrices du système G qui se meuvent sur les directrices K et K′, on pourra toujours construire une génératrice droite du *système* K perpendiculaire à la droite L, intersection des deux plans *directeurs* P et Q, et l'on pourra aussi toujours construire une génératrice droite du *système* G perpendiculaire à cette même droite L.

Et en effet:

Par un point *l* de la droite L menons dans le plan P une droite D perpendiculaire à L, par le même point *l* menons dans le plan Q une droite D′ perpendiculaire à L; cela fait, construisons une droite G, qui, s'appuyant sur K et K′, soit parallèle à D, elle sera évidemment parallèle au plan P et elle sera dès lors une génératrice droite du *système* G du paraboloïde hyperbolique Σ.

Pour construire la droite G, il nous suffira de mener par K et K' deux plans Y et Y' respectivement parallèles à la droite D, ces plans se couperont suivant la droite G, demandée.

Par la même raison, si l'on a construit deux génératrices droites quelconques G et G' du paraboloïde Σ, ces génératrices s'appuyant sur K et K', il suffira de mener par G et G' deux plans X et X', respectivement parallèles à la droite D', et ces plans se couperont suivant la droite K, demandée.

Les deux droites G, et K, se coupent en un point *s*, c'est à ce point qu'on a donné le nom de *sommet* du paraboloïde hyperbolique, et la droite Z menée par le sommet *s'* et parallèlement à la droite L, a reçu le nom d'*axe* du paraboloïde hyperbolique.

Si nous concevons un plan R perpendiculaire à la droite L, les génératrices K, K', K'', etc., se projetteront orthogonalement sur ce plan R, suivant des droites K$^{v'}$, K$^{'v'}$, K$^{''v'}$, etc., parallèles entre elles et à la droite D'; de même les génératrices G, G', G'', etc., se projetteront orthogonalement sur ce plan R, suivant des droites G$^{v'}$, G$^{'v'}$, G$^{''v'}$, etc., parallèles entre elles et à la droite D.

En sorte que les droites K$^{v'}$... et G$^{v'}$.... déterminent sur le plan R une série de parallélogrammes.

Rien ne nous empêche de supposer que le plan R passe par les droites G, et K,, dès lors ce plan sera un plan tangent à la surface paraboloïde Σ en son sommet *s*.

Cela posé :

Menons par l'axe Z deux plans M et M' lesquels divisent en deux parties égales, savoir : le plan M l'angle ɛ, que font entre elles les droites G, et K,, et le plan M' l'angle supplémentaire de ɛ.

Ces deux plans seront perpendiculaires au plan R, parallèles à la droite L, et rectangulaires entre eux.

464. Cela posé, démontrons maintenant que la surface paraboloïde Σ est symétrique par rapport à chacun des deux plans M et M'.

Prenons le plan R pour plan vertical de projection (*fig.* 232), les droites G, et K, seront dans ce plan; l'axe Z sera perpendiculaire au plan R et passera par le point *s* qui est l'intersection des droites G, et K,.

Prenons sur K, deux points *a* et *a'* équidistants du point *s*, on aura deux génératrices G et G' passant respectivement par *a* et *a'*, lesquelles seront parallèles à G, et projetées en G^v et G^{iv}.

Prenons sur G, deux points *b* et *b'* équidistants du point *s* et tels que *sb* = *sa*, on aura deux génératrices K et K' passant respectivement par b et b' lesquelles seront parallèles à K, et projetées en K'' et K'''.

Les génératrices G et K se couperont en un point p,

—	G' et K'	—	p',
—	K' et G	—	q,
—	K' et G'	—	q'.

Le point p' étant en avant du plan (G₁, K₁) ou R, le point q' sera derrière ce plan R.

Le point p étant aussi en avant du plan R, le point q sera derrière ce plan R ; en sorte que les points p et p' étant placés en avant du plan R, les points q et q' seront tous les deux situés derrière ce plan R.

Or, comme on a pris $as = a's = sb = sb'$, il s'ensuit que les points p^v, p'^v et s sont sur une droite V^u, et que les points q'^v, q^v et s sont aussi sur une droite $V^{u'}$, ces droites V^u et $V^{u'}$ divisant en deux parties égales les angles que font entre elles les droites G₁ et K₁, puisque $asbp^v$, $asb'p'^v$, $a'sb'q'^v$ et $a'sbq'^v$ sont des losanges. Et comme les points p^v, p'^v, q^v, q'^v sont les projections orthogonales sur le plan R des points p, p', q, q', il s'ensuit que les droites V^u et $V^{u'}$ sont les traces sur le plan R de deux plans M et M' perpendiculaires au plan R et passant le plan M par les points p et p', et le plan M' par les points q et q', ces plans M et M' étant de plus les plans bissecteurs des angles que font entre elles les droites G₁ et K₁.

Et comme $ap^v = sb = a'p'^v$, on a : $ap = a'p'$, dès lors $pp^v = p'p'^v$.

La droite pp', située dans le plan M, est donc parallèle à V^u ou au plan R ; et dès lors la droite Z qui, passant par le point s, est perpendiculaire au plan R, coupera la droite pp' en un point o, et l'on aura $op = op'$, parce que l'on a $sp^v = sp'^v$.

On démontrerait de même que la droite qq', située dans le plan M', est parallèle à $V^{u'}$ ou au plan R et qu'elle est coupée par l'axe Z en un point o', milieu de qq', et que le point o étant en avant du plan R le point o' sera derrière ce plan R, et que l'on aura :

$$os = o's$$

On voit donc que le plan M coupera le paraboloïde hyperbolique suivant une courbe γ composée d'une branche infinie et symétrique par rapport à la droite Z, puisque toutes les cordes pp'... perpendiculaires à Z seront coupées en leur milieu o... par cette droite Z.

De même le plan M' coupera le paraboloïde hyperbolique suivant une courbe γ' composée d'une branche infinie et symétrique par rapport à la droite Z, et les courbes γ et γ' seront inversement placées par rapport au plan R, l'une γ étant en avant de ce plan R, et l'autre γ' derrière ce plan R.

Cela posé :

On voit que si sur la droite K, on prend un point a arbitraire et sur la droite G, un point b', tels que chacun de ces points soit également distant du sommet s et ayant dès lors $sa = sb'$, les droites G (du *système* G) passant par le point a et K' (du *système* K) passant par le point b', se coupent sur le plan M'; on voit aussi, que si sur la droite G on prend un point arbitraire p, et sur la droite K' un point p', tels que l'on ait : $ap_{,} = b'p'_{,}$, la droite qui unira les points p, et p', sera parallèle à la droite V" et sera divisée en deux parties égales par le plan M' auquel elle sera perpendiculaire.

On peut donc énoncer ce qui suit :

Si l'on mène le plan tangent R au sommet s d'un paraboloïde hyperbolique Σ et si l'on construit les plans M et M' bissecteurs des angles que font entre elles les génératrices G, et K, de systèmes différents se croisant au sommet s, ces plans M et M' diviseront en deux parties égales les cordes de la surface Σ, menées, les unes parallèlement aux plans R et M' et les autres parallèlement aux plans R et M.

Ces deux plans M et M' sont dits *plans diamétraux principaux* du paraboloïde hyperbolique.

Et il est évident par ce qui précède que le paraboloïde hyperbolique est symétrique par rapport à chacun de ces plans M et M'.

465. Les droites G, et K, qui se croisent au sommet s du paraboloïde Σ comprennent entre elles un angle qui est égal à l'angle ϵ que font entre eux les deux *plans directeurs* P et Q de la surface Σ.

Si donc les plans *directeurs* P et Q sont rectangulaires entre eux, les droites G, et K, seront aussi rectangulaires entre elles et dans ce cas toutes les génératrices du *système* K couperont la génératrice droite G, sous l'angle droit et aussi toutes les génératrices du *système* G couperont la génératrice droite K, sous l'angle droit.

Lorsque les *plans directeurs* font entre eux un angle qui n'est pas droit, le paraboloïde est dit : *oblique.*

Lorsque les plans directeurs font entre eux un angle droit, le paraboloïde est dit : *droit* ou *rectangulaire.*

Des plans asymptotes du paraboloïde hyperbolique.

466. D'après la *génération* du paraboloïde hyperbolique on voit que toutes les génératrices du *système* K s'appuyant sur G, tendent à mesure qu'elles s'éloignent de K, , à faire avec K, des angles approchant de plus en plus de l'angle droit, et ce n'est que pour le point situé à l'infini sur l'une quelconque des génératrices du *système* G que la génératrice du *système* K passant par ce point situé à l'in-

fini fait un angle droit avec K, ou en d'autres termes est parallèle à la droite L intersection des deux plans *directeurs* P et Q.

En sorte que si l'on mène par une génératrice droite G quelconque, un plan T parallèle au plan *directeur* P, ce plan T sera tangent au paraboloïde hyperbolique Σ pour le point situé à l'infini sur la droite G.

De même si l'on mène par une génératrice droite K quelconque un plan Θ parallèle au plan *directeur* Q, ce plan Θ sera tangent à la surface Σ pour le point situé à l'infini sur la droite K.

On peut donc dire que *tout plan parallèle à l'un des deux plans directeurs d'un paraboloïde hyperbolique coupe cette surface suivant une seule génératrice droite et qu'il est dès lors un plan asymptote de la surface.*

467. On sait que si l'on a une suite de droites G, G', G'',.... coupées par deux plans parallèles Y et Y' en les points g et $g_{\text{\i}}$, g' et $g'_{\text{\i}}$, g'' et $g''_{\text{\i}}$,.... si on les coupe par un troisième plan Y'' parallèle aux plans Y et Y' en les points g_2, g'_2, g_2'',... on a :

$$gg_{\text{\i}} : g'g'_{\text{\i}} : g''g''_{\text{\i}} : \text{etc.} :: gg_2 : g'g'_2 : g''g''_2$$

en sorte que si le point g_2 est au milieu de la droite $\overline{gg_{\text{\i}}}$, les points g'_2, g''_2.... seront respectivement au milieu des droites $\overline{g'g'_{\text{\i}}}$, $\overline{g''g''_{\text{\i}}}$,....

On peut donc d'après ce qui précède, énoncer ce qui suit :

Si l'on a deux droites K et K' non parallèles et non situées dans un même plan, et si l'on divise la droite K en parties égales entre elles, chaque partie ayant une longueur égale à l, par des points 1, 2, 3, 4,.... et si l'on divise la droite K' en parties aussi égales entre elles, chaque partie ayant une longueur égale à l', par des points 1', 2', 3', 4',.... et si l'on unit les points homologues 1 et 1', 2 et 2', 3 et 3',.... par des droites G, G', G'',.... ces droites formeront un paraboloïde hyperbolique.

468. Les points de division 1 et 1' pouvant être arbitrairement placés sur les droites K et K' et le rapport entre les longueurs l et l' étant arbitraire, on voit que par deux droites non situées dans un même plan on peut faire passer une infinité de *paraboloïdes hyperboliques.*

Le lieu des normales menées aux divers points de la génératrice droite passant par le sommet d'un paraboloïde hyperbolique, est un paraboloïde hyperbolique qui est toujours droit (*).

469. Soit donné un paraboloïde hyperbolique Σ *droit* ou *rectangulaire*; imagi-

---

(*) Plus loin, nous démontrerons que le théorème relatif au paraboloïde normal est toujours le même, quelle que soit la génératrice droite considérée sur un paraboloïde donné Σ, ce paraboloïde Σ étant indifféremment *oblique* ou *rectangulaire*.

nons les génératrices K, et G, se croisant au sommet s de cette surface Σ. Les plans directeurs P et Q de cette surface Σ seront respectivement perpendiculaires aux droites K, et G,.

Cela posé :

Construisons les plans tangents T , T', T'', T''', etc., à la surface Σ aux divers points m, m', m'', m''',.... de la génératrice G, ; menons les normales N , N', N'', N''',.... à la surface Σ, en les points m, m', m'', m''',.... toutes ces droites N , N', N'',.... formeront une surface réglée Σ, ; je dis d'abord que la surface Σ, est gauche; et en effet, si nous supposons que les points m et m' sont successifs et infiniment voisins sur la droite G,, les normales N et N' seront successives et infiniment voisines, et leur plus courte distance ne sera pas nulle, puisqu'elle sera l'*élément rectiligne* $\overline{mm'}$, deux génératrices droites successives et infiniment voisines de la surface Σ, ne se coupent donc pas, dès lors cette surface Σ, est gauche (n° 417).

Ayant démontré que la surface Σ, est *gauche*, démontrons qu'elle est un paraboloïde hyperbolique, identique ou superposable au paraboloïde Σ. Pour le démontrer, menons par les points m, m', m'',.... les génératrices K, K', K'',.... du *système* K (du paraboloïde Σ) et dès lors parallèles au plan directeur Q. Le plan T passant par les droites G, et K aura la droite K pour ligne de plus grande pente par rapport au plan directeur P.

De même les plans T' ou (G,, K'), T'' ou (G,, K''), T''' ou (G,, K'''),.... ont respectivement pour ligne de plus grande pente par rapport au même plan P les droites K', K'', K''',.... et comme les droites N , N', N'', N''',.... sont respectivement perpendiculaires aux droites K, K', K'', K''',.... elles sont toutes parallèles au plan Q.

Cela posé :

Si l'on regarde la droite G, comme étant un axe de rotation et si l'on suppose que les droites N, N', N'',.... restant fixes dans l'espace, les droites K , K', K'',.... tournent respectivement autour de l'axe G, et opèrent chacune un quart de révolution, ces droites K, K', K'',.... viendront en même temps se superposer respectivement sur les normales N, N', N'',.... et la surface Σ après un quart de révolution autour de l'axe G, viendra donc se superposer sur la surface Σ, , ainsi la surface Σ, n'est autre qu'un paraboloïde hyperbolique, identique ou superposable à la surface Σ.

Les deux plans directeurs P et Q se coupent suivant une droite L à laquelle le plan R ou (G,, K,) est perpendiculaire.

Pendant le mouvement de rotation de la surface Σ autour de l'axe G, le plan P étant supposé entraîné, on voit qu'il prendra la position P, perpendiculaire à la droite L ou parallèle au plan R, et que cela aura lieu lorsque le quart de révolution sera accompli.

On peut donc énoncer ce qui suit :

La surface Σ, déterminée par les normales N, N′, N″,..... est un paraboloïde hyperbolique droit ou rectangulaire, ayant pour plans directeurs le plan Q et le plan R.

De la section faite dans le paraboloïde normal Σ, par un plan parallèle au plan directeur du paraboloïde Σ.

470. Si l'on coupe la surface Σ, déterminée par les normales N, N′, N″,.... par un plan X parallèle au plan directeur P, la section sera une *hyperbole équilatère*. Et en effet :

Étant données les génératrices droites de *systèmes différents* G, et K, de la surface paraboloïde Σ et se croisant rectangulairement au sommet s de cette surface, si nous menons au point s une droite Z perpendiculaire au plan R ou (G₀, K₁), on aura l'*axe* de la surface Σ.

Pour ce point s la droite Z est la normale à la surface Σ puisque le plan R est tangent à cette surface Σ au point s.

Cela posé, on pourra prendre pour *plans directeurs* de la surface Σ, les plans Q ou (K₁, Z) et P ou (G₁, Z); et l'on pourra prendre pour *plans directeurs* de la surface normale Σ, les plans Q ou (K₁, Z) et R ou (G₁, K₁).

Cela posé :

Prenons un plan Q′ parallèle au plan Q ou (K₁, Z) pour plan vertical de projection et le plan P′ parallèle au plan P, ou (G₁, Z) pour plan horizontal de projection (*fig.* 233).

Dans le plan horizontal on aura la génératrice G′, dans le plan vertical on aura la génératrice K″,

Les génératrices K, K′, K″,.... passant par les points m, m′, m″,.... de la génératrice G, perceront le plan horizontal aux points p, p′, p″,... situés sur G′.

Les plans T, T′, T″.... tangents aux points m, m′, m″,.... à la surface paraboloïde Σ, auront pour traces verticales, Vᵗ ou Kᵛ, Vᵗ′ ou K′ᵛ, Vᵗ″ ou K″ᵛ,.... et pour traces horizontales les droites Hᵗ, Hᵗ′, Hᵗ″.... perpendiculaires à la ligne de terre LT et passant respectivement par les points p, p′, p″....

Les normales à la surface Σ auront pour projections verticales, les droites Nᵛ, N′ᵛ, N″ᵛ.... passant toutes par le point sᵛ ou G₁ᵛ et respectivement perpendiculaires à Vᵗ, Vᵗ′, Vᵗ″,.... et pour projections horizontales les droites Kʰ, K′ʰ, K″ʰ,....

Cela posé, si l'on coupe les droites N.... par un plan X parallèle au plan horizontal, on aura les points a, a′, a″,.... formant une courbe δ dont la projection horizontale δ^h sera une hyperbole équilatère, ayant s^h pour centre et Z^h et $G_{\prime}^h$ pour asymptotes.

Et en effet :

Les triangles $G_{\prime}^v qa''$ et $G_{\prime}^v p'' m''^h$, $G_{\prime}^v qa^{iv}$ et $G_{\prime}^v m''^h p'^v$, $G_{\prime}^v qa^v$ et $G_{\prime}^v m'''^h p^v$,.... sont semblables, on a donc :

$$a''q : qG_{\prime}^v :: G_{\prime}^v m''^h : m''^h p''$$
$$a^{iv}q : qG_{\prime}^v :: G_{\prime}^v m''^h : m''^{iv} p''^{v}$$
$$a^v p : qG_{\prime}^v :: G_{\prime}^{iv} m''^h : m'''^h p^v$$
$$\text{etc.}$$

d'où

$$\overline{a''q} \times \overline{m''^h p''} = \overline{a^{iv}q} \times \overline{m''^h p'^v} = \overline{a^v q} \times \overline{m'''^h p^v} = \text{etc.} = \overline{qG_{\prime}^v} \times \overline{G_{\prime}^v m''^h} = \text{constante} = C$$

Or :

1° $\qquad a''q = m''^h a''^h \qquad$ et $\qquad a^{iv}q = a^{th} m^{th} \qquad$ et $\quad a^v q = a^h m^h \quad$ et $\quad \ldots\ldots$

2° $\qquad m''^h p'^v = m^{th} p' \qquad$ et $\qquad m''^h p^h = m^h p \qquad$ et $\quad \ldots\ldots\ldots$

Et l'on a, en vertu des triangles semblables $K_{\prime}^h m^h p$, $K_{\prime}^h m^{th} p'$, $K^h m''^h p''$,.....

$$m^h p : m^{th} p' : m''^h p'' : \text{etc.} :: K_{\prime}^h m^h : K_{\prime}^h m^{th} : K_{\prime}^h m''^h : \text{etc.}$$

On a donc

$$\overline{K_{\prime}^h m^h} \times \overline{m^h a^h} = \overline{K_{\prime}^h m^{th}} \times \overline{m^{th} a^{th}} = \overline{K_{\prime}^h m''^h} \times \overline{m''^h a''^h} = \ldots\ldots = \text{constante} = C.$$

Or, prenant les droites $G_{\prime}^h$ pour axe des abscisses x et Z^h pour axe des ordonnées y, et représentant les coordonnées du point a^h par x et y

$$a^{th} \quad \text{par} \quad x' \text{ et } y'$$
$$a''^h \quad \text{par} \quad x'' \text{ et } y''$$
$$\text{etc.}$$

on pourra écrire les équations (1) sous la forme :

$$xy = x'y' = x''y'' = \ldots\ldots = \text{constante} = C$$

Or, nous avons démontré (n° 327) que la courbe qui avait pour équation $xy = C$ était une hyperbole rapportée à ses asymptotes.

Ainsi la courbe δ^h est une hyperbole rapportée à ses asymptotes $G_{\prime}^h$ et Z^h qui sont rectangulaires entre elles; l'hyperbole δ^h est donc *équilatère*. Et la courbe δ étant dans un plan X parallèle au plan horizontal de projection, sera une courbe identique ou superposable à sa projection δ^h. Ainsi tout plan X parallèle au plan directeur $(G_{\prime}, Z)$ coupe le paraboloïde normal $\Sigma_{\prime}$ suivant une hyperbole qui a pour asymptotes les droites suivant lesquelles sont coupées par le plan sécant X, les plans $(G_{\prime}, K_{\prime})$ et $(K_{\prime}, Z)$.

471. Sans chercher à connaître la nature géométrique de la courbe δ^k, on peut facilement démontrer que les droites $G_{,}^h$ et Z^h sont deux asymptotes de cette courbe; et en effet :

Désignons par N... les génératrices du *premier système* de la surface normale Σ, et par M les génératrices du *second système*.

Les génératrices N... auront pour *plan directeur* le plan ($K_{,}$, Z) et les génératrices M.... auront pour *plan directeur* le plan ($K_{,}$, $G_{,}$).

Il est évident que la droite $G_{,}$ sera une des génératrices du système M et que l'axe Z sera une des génératrices du système N.

Cela posé :

Les divers points de la courbe δ seront ceux en lesquels le plan X qui est horizontal coupera les diverses génératrices N.... et M..., par conséquent cette courbe δ aura deux points situés à l'infini et qui seront ceux en lesquels le plan X coupe les droites $G_{,}$ et Z qui lui sont parallèles.

Voyons, maintenant, si pour ces points situés à l'infini la courbe δ a des tangentes situées à distance finie ou en d'autres termes *des asymptotes* :

Le plan Y passant par $G_{,}$ et parallèle au plan *directeur* ($K_{,}$, $G_{,}$) est un plan asymptote à la surface Σ, et la touche au point situé à l'infini sur $G_{,}$.

Le plan $Y_{,}$ passant par Z et parallèle au plan *directeur* ($K_{,}$, Z) est un plan asymptote à la surface Σ, et la touche au point situé à l'infini sur Z (n° 424).

Le plan X coupera donc respectivement les plans Y et $Y_{,}$ qui sont rectangulaires entre eux et qui sont tous les deux perpendiculaires à ce plan X, suivant des droites A et $A_{,}$ qui seront les asymptotes demandées.

Il est évident que les droites A et $G_{,}$, $A_{,}$ et Z sont respectivement parallèles entre elles.

Dans la (*fig.* 233) nous n'avons dessiné qu'une des deux branches de l'hyperbole δ, mais il est facile de se procurer des points de la seconde branche de cette courbe δ, en construisant des normales à la surface Σ pour les points qui situés sur $G_{,}$ sont en avant du plan (Z, $K_{,}$).

D'après ce qui précède, on peut énoncer ce qui suit :

Si l'on a un paraboloïde hyperbolique Σ droit ou rectangulaire, si l'on mène une suite de plans parallèles au plan T tangent à la surface Σ en son sommet s, ces plans couperont la surface Σ suivant des hyperboles équilatères, semblables et semblablement placées, si les plans sécants sont situés d'un même côté, par rapport au plan T ; et couperont cette surface Σ suivant des hyperboles équilatères dont les axes transverses seront à angle droit, si ces plans sécants sont, les uns à droite et les autres à gauche du plan T; les centres de toutes les hyperboles de section seront situés sur l'axe Z et les *asymptotes de ces courbes seront parallèles aux génératrices droites et de systèmes différents G, et K, de la surface Σ qui se croisent à angle droit en son sommet s.*

Théorie du raccordement (suivant une génératrice droite) entre deux surfaces gauches.

472. *Raccordement des surfaces gauches déterminées par le premier mode de génération*, et ainsi : *par une droite se mouvant sur trois courbes ;* dès lors, on se donne une surface gauche Σ par ses trois directrices courbes C, C′, C″, et l'on suppose que l'on connaisse une génératrice droite G de cette surface Σ.

Cela posé :

On propose de construire en un point *m* de la génératrice G un plan tangent T à la surface réglée Σ.

La droite G coupe les *directrices*, savoir : C en un point *a*, C′ en un point *b*′ et C″ en un point *d*.

Concevons (*fig.* 234) la tangente θ à la courbe C au point *a*

   —   —   θ′ — C′ — *b*

   —   —   θ″ — C″ — *d*

Si l'on fait mouvoir sur les trois droites θ, θ′, θ″, la génératrice droite G, on engendrera un hyperboloïde à une nappe Δ qui, en général, ne sera pas de révolution (n° 424), et si en effet cette surface Δ était tangente à la surface Σ tout le long de la génératrice G, on voit qu'il suffirait de construire pour le point *m* le plan tangent à la surface Δ, pour avoir le plan tangent en *m* à la surface *réglée* et *générale* Σ.

Or, c'est précisément ce qui a lieu, ainsi que nous allons le démontrer.

Le plan Θ tangent au point *m* est déterminé, pour la surface *réglée* Σ, par la génératrice droite G et la tangente θ en *a* à la courbe C. Or, ce plan Θ est en même temps tangent à l'hyperboloïde Δ puisque G et θ sont (sur cette surface Δ) deux génératrices droites de *systèmes différents* se croisant au point *a*.

Par les mêmes raisons :

Le plan Θ′ passant par les droites G et θ′ est un plan tangent commun (au point *b*) aux deux surfaces Σ et Δ.

Et le plan Θ″ passant par G et θ″ est un plan tangent commun (au point *d*) aux deux surfaces Σ et Δ.

Ainsi les deux surfaces Σ et Δ ont la génératrice droite G qui leur est commune, et en même temps elles ont en les trois points *a, b, d* de cette droite G trois plans tangents communs, savoir les plans Θ, Θ′, Θ″.

Cela posé :

473. Démontrons le théorème suivant :

Lorsque deux surfaces gauches ont une génératrice droite commune, et trois plans tangents communs en trois points arbitraires de cette génératrice, ces deux surfaces ont les mêmes plans tangents tout le long de cette génératrice.

Concevons trois courbes C, C′, C″ (*fig.* 234) comme étant les *directrices* d'une surface gauche Σ.

Construisons une génératrice droite G de cette surface Σ; cette génératrice G coupe les courbes *directrices* C au point *a*, C′ au point *b*, C″ au point *d*.

Concevons le plan Θ tangent en *a* à la surface Σ.

—   Θ′   —   *b*   —

—   Θ″   —   *d*   —

Ainsi, le plan Θ passera par la génératrice G et la tangente θ à la courbe C.

—   Θ′   —   —   —   G   —   θ′   —   C′.

—   Θ″   —   —   —   G   —   θ″   —   C″.

Cela posé :

Traçons dans le plan Θ une droite θ, passant par le point *a*, et imaginons une courbe C, située dans l'espace, et ayant θ, pour tangente au point *a*.

Traçons de la même manière, dans les plans Θ′ et Θ″, des droites θ,′ et θ,″ passant respectivement par les points *b* et *d*, et imaginons dans l'espace deux courbes C,′ et C,″ ayant la première θ,′ pour tangente au point *b*, et la seconde θ,″ pour tangente au point *d*.

En faisant mouvoir la droite G sur les trois courbes *directrices* C,, C,′, C,″, on engendrera une seconde surface gauche Σ, ayant en commun, avec la première surface gauche Σ, la droite G, et ces deux surfaces réglées Σ et Σ, auront mêmes plans tangents Θ, Θ′, Θ″ en les trois points *a*, *b*, *d* de la génératrice droite commune G.

Cela posé :

Je dis que les deux surfaces Σ et Σ, sont tangentes l'une à l'autre tout le long de la droite G, propriété que l'on exprime en d'autres termes, en disant que les deux surfaces Σ et Σ, se *raccordent* tout le long de la droite G.

Et en effet :

Trois courbes déterminant le mouvement d'une droite, si sur la surface Σ engendrée par la droite G se mouvant sur les trois courbes C, C′, C″, on prend trois autres courbes γ, γ′, γ″ pour *directrices* de la droite génératrice, on obtiendra toujours la même surface Σ.

Cela posé :

Coupons les deux surfaces Σ et Σ, par trois plans chacun de direction arbitraire

P, P', P'', mais passant le plan P par le point a, le plan P' par le point b, le plan P'' par le point d.

Le plan P coupera la surface Σ suivant une courbe γ, et la surface Σ_i suivant une courbe γ_i, et le plan Θ suivant une droite t, tangente commune des courbes γ et γ_i au point a.

De même les plans P' et P'' couperont Σ et Σ_i suivant γ' et γ_i', γ'' et γ_i'' et les plans Θ' et Θ'' suivant les droites t' et t'' qui seront respectivement une tangente commune aux courbes γ' et γ_i' au point b, et aux courbes γ'' et γ_i'' au point d.

Cela posé :

La surface Σ pourra être considérée comme engendrée par la droite G se mouvant sur les trois courbes planes γ, γ', γ'', et la surface Σ_i pourra être considérée comme engendrée par la même droite G se mouvant sur les trois courbes planes γ_i, γ_i', γ_i''.

Or, si nous considérons les deux courbes γ et γ_i, comme elles ont en a une tangente commune t, il s'ensuit qu'elles ont en commun un élément rectiligne $\overline{aa'}$, le point a' étant le point successif et infiniment voisin du point a, soit sur la courbe γ, soit sur la courbe γ_i.

Si donc nous imaginons la génératrice G' qui, passant par le point a', s'appuie sur les courbes γ' et γ'', elle coupera γ' en un point b' infiniment voisin du point b, et elle coupera γ'' en un point d' infiniment voisin du point d.

Et de même cette droite G' coupera les courbes γ_i' et γ_i'', la première en un point $\underline{b'}$ infiniment voisin de b, et la seconde en un point $\underline{d'}$ infiniment voisin de d.

Or, $\overline{bb'}$ et $\overline{dd'}$ seront respectivement les *éléments rectilignes* des courbes γ' et γ'', et $\underline{bb'}$ et $\underline{dd'}$ seront aussi les *éléments rectilignes* des courbes γ_i' et γ_i''; et comme ces courbes γ', γ_i' et γ'', γ_i'' ont même élément rectiligne en les points b et d, il s'ensuit que les deux surfaces Σ et Σ_i auront en commun les deux génératrices droites successives et infiniment voisines G et G', et dès lors ces surfaces Σ et Σ_i ont en commun un élément *superficiel* gauche compris entre les deux droites G et G'.

Cela posé :

Si pour un point m de la droite G nous menons un plan de direction arbitraire χ, ce plan coupera la surface Σ suivant une courbe δ, et la surface Σ_i suivant une courbe δ_i, et la génératrice G' en un point m' qui sera successif et infiniment voisin du point m, et cela a lieu parce que entre G et G' on ne peut pas placer une droite approchant plus près de G que G' n'en approche, d'après le mode de génération adopté, puisque nous avons tout basé sur l'hypothèse primordiale et qui sert de point de départ à toutes nos considérations infinitésimales subséquentes, savoir : que le point a' était le point successif et infiniment voisin du point a.

Dès lors la courbe ∂ et la courbe $\partial_\prime$ auront pour *élément rectiligne* commun l'*élément* $\overline{mm'}$ qui, prolongé, donnera une droite ξ qui sera pour le point m la tangente commune aux courbes ∂ et $\partial_\prime$.

Donc, le plan π déterminé par les droites G et ξ sera tangent en le point m et à la surface Σ et à la surface $\Sigma_\prime$.

474. On peut donc affirmer que lorsque deux surfaces gauches Σ et $\Sigma_\prime$ ont une génératrice droite G commune et des plans tangents communs en trois points arbitrairement situés sur cette droite G, elles ont même plan tangent en chacun des points de cette droite G ; ce que l'on exprime en disant : que les deux surfaces Σ et $\Sigma_\prime$ se *raccordent* entre elles suivant la droite G.

De ce qui précède on peut conclure ce qui suit :

475. Si l'on a une surface gauche Σ engendrée par une droite se mouvant sur trois courbes (*directrices*) C, C', C'', et si l'on construit trois plans Θ, Θ', Θ'' passant par une des génératrices droites G de cette surface Σ, ces plans étant respectivement tangents à la surface Σ en les points m, m', m'', situés sur la génératrice G.

Si dans le plan Θ on mène une droite θ arbitraire mais passant par le point m.

| — | Θ' | — | θ' | — | — | m'. |
| — | Θ'' | — | θ'' | — | — | m''. |

l'hyperboloïde à une nappe Δ engendré par la droite G se mouvant sur les trois droites θ, θ', θ'', se *raccordera* avec la surface Σ tout le long de la génératrice G.

Et comme dans le plan Θ on peut mener par le point m une infinité de droites θ, $\theta_\prime$, $\theta_\prime$, ... et comme aussi l'on peut faire la même chose pour les plans Θ' et Θ'', on se trouve conduit à énoncer le *théorème* suivant :

Il existe une infinité d'hyperboloïdes à une nappe Δ, Δ', Δ'', ... tangents à une surface gauche Σ tout le long d'une génératrice droite G de cette surface gauche Σ.

Construction du plan tangent en un point m de la génératrice droite d'un hyperboloïde à une nappe Δ donné par trois directrices droites θ, θ', θ''.

476. Sur la droite θ, on prendra deux points (à distance finie) p et q ; en suite :

1° Par le point p et la droite θ', on fera passer un plan R ; par le point p et la droite θ'', on fera passer un plan R' ; les deux plans R et R' se couperont suivant une droite G, qui s'appuyera sur les trois droites θ, θ' et θ'' et qui sera dès lors une des génératrices droites du *système* G de l'hyperboloïde Δ.

2° Par le point q et la droite θ', on fera passer un plan Q; par le point q et la droite θ'', on fera passer un plan Q'; les deux plans Q et Q' se couperont suivant une droite G, qui s'appuiera sur les trois droites θ, θ', θ'' et qui sera dès lors une des génératrices droites du *système* G de l'hyperboloïde Δ.

Cela fait :

En faisant mouvoir la droite θ sur G, G₁, G₂, on engendrera le même hyperboloïde Δ; si donc par le point m et la droite G₁, on fait passer un plan Y, puis par le même point m et la droite G₂ un second plan Y', les deux plans Y et Y' se couperont suivant une droite θ_1 qui s'appuiera sur les trois droites G, G₁, G₂ et qui sera dès lors une génératrice droite du *système* θ de l'hyperboloïde Δ.

Le plan T déterminé par les deux droites G et θ_1 sera donc tangent en m à l'hyperboloïde Δ.

477. Ce qui précède nous permet de résoudre le problème suivant :

Étant donnés une surface gauche Σ *par trois courbes directrices* C, C', C'' *et une génératrice droite G de cette surface* Σ *et un point* m *sur G, construire en ce point* m *le plan tangent T à la surface réglée* Σ.

L'on déterminera les points a, a', a'' en lesquels la droite G coupe respectivement les courbes C, C', C'', on construira à ces trois courbes leurs tangentes, savoir : θ à C au point a, θ' à C' au point a', θ'' à C'' au point a''; cela fait, on n'aura plus qu'à résoudre (n° 476) le problème suivant : *Construire le plan tangent au point* m *de l'hyperboloïde à une nappe* Δ *ayant pour directrices les droites* θ, θ', θ''. Ce plan sera précisément le plan T demandé, puisque les deux surfaces Σ et Δ *se raccordent* entre elles tout le long de la droite G, comme ayant trois plans tangents communs en les points a, a', a'' de cette génératrice G de *raccordement*.

Raccordement des surfaces gauches engendrées par le second mode de génération, ainsi : par une droite se mouvant sur deux courbes directrices et parallèlement à un cône directeur.

478. Concevons (*fig.* 235) deux courbes C et C' situées dans l'espace et un cône Δ ayant pour sommet le point s et pour *directrice* une courbe B.

Faisons mouvoir sur les deux courbes C et C' une droite G et de telle manière que pendant son mouvement elle soit parallèle au cône Δ, ce qui veut dire qu'en chacune de ses positions elle sera parallèle à l'une des génératrices droites du cône Δ.

Nous avons appris (n° 422) à construire les diverses génératrices droites de la surface gauche Σ ainsi engendrée.

Cela posé :

Imaginons une génératrice droite G de la surface Σ coupant les courbes *direc-*

trices C et C′ respectivement aux points a et b et parallèle à une génératrice droite G, du cône *directeur* Δ.

Concevons sur la courbe C un point a' successif et infiniment voisin du point a, et imaginons la génératrice droite G′ de la surface Σ passant par ce point a'.

La droite G′ coupera la courbe C′ au point b' qui sera le successif et infiniment voisin du point b, et elle sera parallèle à la droite G,′ qui sera sur le cône Δ la génératrice droite successive et infiniment voisine de la génératrice G,.

Dès lors : les *éléments rectilignes* $\overline{aa'}$ et $\overline{bb'}$ étant prolongés, donneront les tangentes θ et θ′ au point a de la courbe C et au point b de la courbe C′, et le plan P déterminé par les deux droites G, et G′, sera le plan tangent au cône Δ suivant la droite G,.

Si l'on fait mouvoir la droite G sur les deux tangentes θ et θ′ et parallèlement au plan P, on engendrera un paraboloïde hyperbolique Σ,, et il faut démontrer que cette surface Σ, est tangente à la surface *réglée* Σ tout le long de la droite G.

Nous pourrons toujours construire le plan Q parallèle aux droites θ et θ′, le paraboloïde Σ, pourra donc être considéré comme engendré par la droite θ se mouvant sur deux génératrices du *système* G et parallèlement au plan Q.

Cela posé :

Si en un point m de la génératrice G, on voulait construire le plan T tangent à la surface réglée Σ, il faudrait tracer sur cette surface Σ une courbe γ passant par le point m et le plan T serait déterminé par la tangente en m à cette courbe γ et par la droite G.

Si donc nous coupons la surface Σ par un plan Q′ qui, passant par le point m, sera parallèle au plan Q, ce plan Q′ coupera la surface Σ suivant une courbe γ et le paraboloïde Σ, suivant une génératrice droite θ, du *système* θ.

Or : je dis que la courbe γ a pour tangente au point m la droite θ,.

Et en effet :

Les droites G et G′ sont des génératrices successives et infiniment voisines, soit pour la surface *réglée* Σ,, soit pour le *paraboloïde* Σ,; dès lors le plan Q′ coupera la droite G′ en un point m' qui sera le successif et infiniment voisin du point m, donc $\overline{mm'}$ sera l'*élément rectiligne* de la courbe γ; mais cet élément prolongé donne la droite θ,; donc θ, est la tangente en m à la courbe γ; ainsi se trouve démontré que les deux surfaces Σ et Σ, ont en un point quelconque m de la droite G, qui leur est commune, même plan tangent. Le paraboloïde Σ, se *raccorde* donc avec la surface *réglée* Σ tout le long de la génératrice droite G.

479. Ce qui précède permet de construire en un point m d'une génératrice droite G d'une surface *réglée* Σ, donnée par deux courbes *directrices* C et C′ et un *cône directeur* Δ, le plan tangent T à cette surface Σ.

Et en effet :

Nous mènerons la génératrice G, du cône Δ, parallèle à la génératrice donnée G de la surface Σ; nous construirons le plan P tangent au cône Δ suivant la géné- ratrice G,; nous construirons les tangentes θ et θ' aux courbes directrices C et C' aux points a et b en lesquels ces courbes sont coupées par la droite G; nous construirons une droite G, (à distance finie) s'appuyant sur θ et θ' et parallèle au plan P; nous mènerons par le point m un plan Q' parallèle aux droites θ et θ'; ce plan coupera G, en un point n, et le plan T demandé sera déterminé par les droites G et mn.

480. Ayant construit aux points a et b les plans Θ et Θ' tangents à la surface *réglée* Σ, nous pourrons tracer dans le plan Θ une droite λ arbitraire, mais passant par le point a; de même nous pourrons tracer dans le plan Θ' une droite λ' arbi- traire, mais passant par le point b.

Si par les droites λ et λ' nous menons des plans quelconques X et X', ils coupe- ront la surface Σ suivant des courbes C, et C', et nous pourrons faire mouvoir la droite G sur ces courbes C, et C', et parallèlement au cône Δ et nous engendre- rons toujours la même surface *réglée* Σ.

En remplaçant donc les courbes directrices primitives C et C' par les courbes C, et C',, nous aurons un nouveau paraboloïde hyperbolique Σ,' engendré par la droite G se mouvant parallèlement au plan P, en s'appuyant sur les droites λ et λ', et ce paraboloïde Σ', sera tangent à la surface donnée Σ tout le long de la droite G.

On peut donc énoncer le *théorème* suivant :

Il existe une infinité de paraboloïdes hyperboliques Σ,, Σ',, Σ,'',.... *tangents à une surface gauche* Σ, *tout le long d'une génératrice droite G de cette surface* Σ (*cette sur- face* Σ *étant donnée par deux courbes directrices et un cône directeur*).

481. Parmi tous ces paraboloïdes Σ,... *de raccordement*, il en existe évidemment toujours un Σ, qui est *droit* ou *rectangulaire*, et qui a pour plan directeur Q, un plan perpendiculaire à la droite G *de raccordement*, en sorte que ce paraboloïde remarquable a son sommet situé sur la droite G; l'existence du paraboloïde Σ, nous permet, en vertu de ce qui a été dit n° 469, d'énoncer le théorème suivant :

Si en les divers points m, m', m'',.... *d'une génératrice droite G d'une surface réglée* Σ (*donnée par deux courbes directrices et un cône directeur*) *nous menons les normales* N, N', N'',.... *à cette surface* Σ, *toutes ces normales formeront un parabo- loïde hyperbolique, droit ou rectangulaire.*

482. Parmi tous les paraboloïdes hyperboliques, tangents à une surface gauche Σ (donnée par deux courbes directrices et un cône directeur), il existe une infi- nité de paraboloïdes droits ou rectangulaires, mais il n'en existe qu'un seul

ayant pour plan directeur un plan perpendiculaire à la génératrice de raccordement ; et en effet :

Si nous avons construit le plan P qui tangent au cône directeur Δ est *plan directeur commun* à tous les paraboloïdes de raccordement, nous pourrons prendre pour second plan directeur Q un plan perpendiculaire à ce plan P et déterminer les droites directrices du paraboloïde de raccordement en menant par les points *a* et *b*, en lesquels la droite G coupe les courbes directrices C et C' de la surface Σ, des plans X et X' parallèles à Q ; ces plans X et X' couperont les plans Θ et Θ' tangents en *a* et *b* à la surface Σ suivant les droites demandées.

Ainsi le paraboloïde Σ, de raccordement, qui est *droit* ou *rectangulaire* et dont l'un des plans directeurs est perpendiculaire à la génératrice G de raccordement, est *identique* ou *superposable* au paraboloïde formé par les normales N, N', N'',.... menées à la surface Σ en les divers points de la génératrice G de raccordement.

Ce paraboloïde, *lieu* des normales N, N', N'',.... a reçu le nom de *paraboloïde hyperbolique normal*.

483. L'existence du paraboloïde normal nous permet de construire une infinité d'hyperboloïdes à une nappe et de révolution, tangents à une surface gauche générale Σ, chacun de ces hyperboloïdes étant tangent à la surface Σ tout le long d'une génératrice droite G de cette surface Σ.

Et en effet, prenons sur une génératrice droite G d'une surface gauche Σ, trois points arbitraires *a*, *a'*, *a''* ; construisons trois normales à la surface Σ, savoir : N au point *a*, N' au point *a'* et N'' au point *a''*.

Si nous faisons mouvoir une droite K sur les trois *directrices* droites N, N', N'', nous engendrerons le paraboloïde Δ normal à la surface Σ tout le long de la droite G.

Et si nous considérons chacune de ces génératrices K, K', K'',..... comme étant un axe de rotation, en faisant tourner la droite G autour de K, ou de K', ou de K'',..... on engendrera les hyperboloïdes à une nappe et de révolution Σ,, Σ,', Σ,''..... Or, il est évident que les surfaces Σ et Σ,, ou Σ et Σ,', ou Σ et Σ,'',.... ont même plan tangent en chacun des trois points *a*, *a'*, *a''*, puisqu'elles ont même normale en chacun de ces trois points ; ces surfaces se *raccordent* donc entre elles tout le long de la génératrice droite G qui leur est commune ; donc, etc.

484. Comme nous avons fait voir (n° 423) que lorsqu'une surface gauche était donnée par le *premier mode* de génération, on pouvait toujours la concevoir comme engendrée par le *second mode*, il s'ensuit : que les propriétés que nous venons de reconnaître exister, les unes pour les surfaces du *premier mode*, et les autres pour les surfaces du *second mode*, existent pour les unes et les autres.

Nous pouvons donc énoncer ce qui suit :

1° *Il existe une infinité d'hyperboloïdes à une nappe et une infinité de paraboloïdes hyperboliques tangents à une surface gauche, tout le long d'une de ses génératrices droites.*

2° *Le lieu des normales menées à une surface gauche en les divers points d'une de ses génératrices droites est un paraboloïde hyperbolique droit, ayant son sommet sur la génératrice considérée.*

485. D'après tout ce qui précède on voit que :

1° Si ayant donné une surface gauche Σ par ses trois directrices courbes C, C', C'', l'on veut construire une surface gauche Σ_i se *raccordant* avec Σ tout le long d'une génératrice droite G, il faudra construire les plans Θ, Θ', Θ'' tangents à la surface Σ aux points a, a', a'' en lesquels la droite de raccordement G coupe les directrices courbes C, C', C'' et construire dans l'espace trois nouvelles courbes C_i, C_i', C_i'' passant respectivement par les points a, a', a'' et ayant leurs tangentes θ_i, θ_i', θ_i'' en ces points a, a', a'', situées respectivement dans les plans Θ, Θ', Θ''; alors la droite G en se mouvant sur les trois courbes C_i, C_i', C_i'', engendrera une surface gauche Σ_i qui se *raccordera* tout le long de G avec Σ, comme ayant trois plans tangents communs Θ, Θ', Θ'' avec cette surface Σ et en trois points a, a', a'' de la génératrice G qui leur est commune.

2° Ayant donné une surface gauche Σ par deux courbes directrices C et C' et un cône directeur Δ, si l'on veut construire une surface gauche Σ_i se raccordant avec la surface Σ tout le long d'une de ses génératrices droites G, il faudra construire la génératrice G_i du cône Δ parallèle à la droite G; puis il faudra construire les plans Θ et Θ' tangents à Σ et aux points a et a' en lesquels G coupe les directrices courbes C et C'; ensuite on tracera dans l'espace deux courbes C_i et C_i' passant respectivement par les points a et a' et ayant leurs tangentes θ_i et θ_i', en ces points a et a', situées respectivement dans les plans Θ et Θ'; enfin on imaginera un cône Δ_i ayant même sommet que le cône Δ et tangent à ce cône Δ suivant la génératrice G_i; en faisant mouvoir la droite sur les deux courbes C_i et C_i', et parallèlement au cône Δ_i, l'on obtiendra une surface gauche Σ_i qui se *raccordera* avec la surface Σ tout le long de la génératrice droite G qui leur est commune.

486. Si l'on a une surface gauche Σ donnée par ses trois directrices courbes C, C', C'' et si l'on demande de construire le plan tangent à cette surface Σ pour un point m situé sur une droite G, mais telle que rencontrant les courbes C et C' en des points dont les projections se trouvent dans les limites de l'*épure*, elle ne rencontre la courbe C'' qu'en un point dont les projections seraient hors des limites de l'*épure*, alors la construction du plan tangent demandé est impossible; parce que si l'on veut employer un hyperboloïde à une nappe de raccordement,

l'une des trois directrices droites de cet hyperboloïde ne pourra être déterminée, et si l'on veut employer un paraboloïde hyperbolique de raccordement, l'on ne pourra pas construire le plan directeur commun à tous les paraboloïdes de raccordement.

487. Faisons remarquer, en terminant, que s'il n'existait pas de surfaces gauches doublement *réglées*, la solution du problème : *Construire le plan tangent en un point d'une surface gauche générale*, serait impossible par la *géométrie*, ou, en d'autres termes, par des *constructions graphiques*; et dans ce cas *l'analyse* seule aurait pu résoudre le problème.

Construction de la courbe de contact d'un cylindre ou d'un cône tangent à une surface gauche.

488. Étant donnée une surface *réglée* Σ engendrée par l'un ou l'autre mode de génération, on demande la solution des deux problèmes suivants :

1° *Construire la courbe de contact δ d'un cylindre* Δ *engendrée par un plan* P *roulant tangentiellement sur la surface* Σ *et parallèlement à une droite donnée* D.

Pour résoudre ce problème, nous construirons les diverses génératrices droites G, G', G'',..... de la surface Σ; nous ferons passer respectivement par les droites G, G', G'',.... des plans Q, Q', Q'',..... parallèles à la droite D et nous chercherons le point de contact de chacun des plans Q, Q', Q'',..... avec la surface Σ.

2° *Construire la courbe de contact γ d'un cône* B *ayant pour sommet un point s.*

Pour résoudre ce problème, nous construirons les diverses génératrices droites G, G', G'',..... de la surface Σ; nous ferons passer respectivement par chacune des droites G, G', G'',..... et le sommet s, des plans R, R', R'',..... et nous chercherons le point de contact de la surface Σ avec chacun de ces plans R, R', R'',.....

489. Montrons maintenant comment l'on peut facilement construire les points de contact de la surface Σ, avec les plans Q..... ou avec les plans R..... suivant que cette surface Σ est donnée par l'un ou l'autre mode de génération.

1° *La surface* Σ *étant donnée par le premier mode.*

Ayant une génératrice droite G de la surface Σ et un plan Q (n° 488 1°) ou R (n° 488 2°) passant par cette droite G, on construira les tangentes θ, θ', θ'' aux courbes directrices C, C', C'' de la surface Σ et pour les points a, a', a'' en lesquels ces courbes C, C', C'', sont respectivement coupées par la droite G; ensuite, on construira deux droites G_1 et G_2 s'appuyant sur θ, θ', θ''; et le plan Q ou R coupera ces droites G_1 et G_2 en les points q_1 et q_2; la droite $\overline{q_1 q_2}$ coupera la droite G en un point m qui sera le point de contact du plan Q ou R avec la surface Σ; on pourra donc déterminer autant de points m, m', m''..... que l'on voudra de la courbe δ ou de la courbe γ.

2° *La surface Σ étant donnée par le deuxième mode.*

Ayant une génératrice droite G de la surface Σ et un plan Q (n° 488 1°) ou R (n° 488 2°) passant par cette droite G, on construira les tangentes θ et θ' aux deux courbes directrices C et C' de la surface Σ et pour les points a et a' en lesquels la droite G coupe respectivement les *directrices* C et C' et la génératrice K du cône directeur Δ parallèle à la droite G, puis l'on construira le plan P tangent au cône Δ tout le long de la droite K.

Ensuite on construira deux droites G, et G, parallèles au plan P et s'appuyant sur les droites θ et θ'.

Le plan Q ou R coupera ces droites G, et G, aux points q, et q, et la droite $\overline{q,q}$, coupera la droite G en un point m qui sera le point de contact du plan Q ou R avec la surface Σ.

On pourra donc déterminer autant de points m, m', m'',.... que l'on voudra de la courbe δ ou de la courbe γ.

490. En vertu de ce qui vient d'être exposé ci-dessus on pourra toujours :

1° Construire *la ligne de séparation d'ombre et de lumière* sur une surface gauche Σ donnée par l'un ou l'autre des deux modes de génération, lorsque cette surface sera éclairée par un *rayon lumineux* D ou par un *point lumineux* s.

2° Construire le contour apparent d'une surface gauche Σ en supposant l'*œil* placé en un point *s* de l'espace et par suite obtenir la *perspective* de cette surface gauche.

3° Construire la *projection complète* et orthogonale, soit sur le plan horizontal de projection, soit sur le plan vertical de projection, d'une surface gauche Σ donnée par l'un ou l'autre mode de génération, puisque cette *projection complète* n'est autre que l'intersection du plan horizontal de projection ou du plan vertical de projection et d'un cylindre A tangent à la surface gauche Σ, les génératrices droites de ce cylindre A étant perpendiculaires au plan horizontal ou au plan vertical de projection.

491. Parmi les surfaces gauches on remarque les *conoïdes*, la surface du *biais-passé* et les *hélicoïdes*.

Nous allons examiner quelques-unes des propriétés dont jouissent ces surfaces qui se présentent assez souvent dans les *applications;* et par suite nous aurons l'occasion d'appliquer les principes généraux exposés ci-dessus, et de donner la *solution graphique* de plusieurs problèmes utiles.

DES CONOÏDES.

492. On a donné le nom de *conoïde* à une surface engendrée par une droite se mouvant sur une droite fixe et sur une courbe *plane* (à simple courbure) ou *gauche* (à double courbure) et parallèlement à un plan donné de position dans l'espace.

Toutefois on donne plus particulièrement le nom de *conoïde* à une surface particulière pour laquelle la *directrice* droite est perpendiculaire au plan *directeur* et pour laquelle la *directrice* courbe est un *cercle* ou une *ellipse* ou une *courbe fermée* tracée sur un plan perpendiculaire au plan *directeur*.

Souvent aussi la courbe *directrice* n'est pas plane, mais à double courbure et tracée sur un cylindre de révolution ayant la *directrice* droite pour axe de rotation; dans ce cas la courbe directrice est telle, que lorsque le cylindre sur lequel elle est tracée se trouve développé (planifié), elle se transforme en un *cercle* ou une *ellipse* ou une *courbe fermée*.

Construction du plan tangent en un point d'une surface conoïde.

493. 1° *Lorsque la courbe directrice est plane.* Prenons le plan horizontal de projection pour plan *directeur*; prenons la *directrice* droite A verticale et traçons la courbe *directrice* dans le plan vertical de projection et supposons qu'elle est un cercle C.

Ayant écrit les projections de la droite A et du cercle C, il sera toujours facile étant donné un point m^h de construire le point m^v qui sera la projection verticale du point m de la surface conoïde; et en effet :

Le point m étant sur la surface conoïde Σ, par ce point (*fig.* 236) m passera une génératrice droite G de cette surface 'Σ.

Ainsi G^h passera par le point m^h et le point A^h (qui est la trace horizontale de la *directrice* A), puisque A est une droite verticale et que la droite G s'appuie sur cette *directrice* A.

La droite G percera le plan vertical de projection en un point b qui aura pour projection horizontale le point b^h en lequel G^h perce la ligne de terre LT.

Si donc on élève par le point b^h une perpendiculaire à LT, elle coupera le cercle C en deux points b et b' qui seront les traces verticales respectives de deux génératrices droites G et G' ayant même projection horizontale en G^h.

Et comme les droites G et G' doivent être parallèles au plan horizontal de projection, G^v et G'^v seront parallèles à la ligne de terre.

Cela fait, si par le point m^h on élève une perpendiculaire à LT, elle coupera G^v et G^{iv} en les points m^v et m^{iv} qui seront les projections verticales de deux points m et m' ayant même projection horizontale en m^h, et situés, l'un m sur la droite G et l'autre m' sur la droite G', ces droites G et G' étant deux génératrices droites du conoïde.

494. Étant données les projections m^h et m^v d'un point m d'un conoïde, construisons le plan tangent en ce point m.

La génératrice G qui passe par le point m (*fig.* 236) coupe la directrice A au point r et elle coupe le cercle C au point b. Remplaçons les deux *directrices* A et C par leurs tangentes aux points r et b, nous aurons la droite A et la tangente θ au cercle C.

Si nous faisons mouvoir la droite G sur A et θ, et parallèlement au plan horizontal de projection (qui est le plan directeur du conoïde), nous engendrerons un paraboloïde hyperbolique Σ_i qui sera tangent au conoïde donné Σ tout le long de la génératrice G qui est commune à ces deux surfaces gauches Σ_i et Σ.

Construisons donc le plan T tangent en m au paraboloïde Σ_i, nous aurons le plan tangent en m au conoïde Σ.

Or pour construire le plan T, cherchons la génératrice L du *second système* du paraboloïde Σ_i laquelle passe par le point m, la droite G étant la génératrice du *premier système* de ce même paraboloïde Σ_i laquelle passe aussi par le point m.

La tangente θ sera une génératrice du système L, la droite A sera aussi une génératrice du même système L ; θ perce la ligne de terre au point y et en unissant les points y et A^h par une droite G_i, on aura une génératrice du système G ; l'on a en la droite G_i la trace H^Σ, de la surface paraboloïde Σ_i et en la droite θ la trace V^{Σ_i} de cette même surface paraboloïde Σ_i.

Cela posé :

La droite L perce le plan horizontal au point p situé à l'intersection des droites L^h et V^{Σ_i} ; projetons le point p en p^v sur LT, unissons p^v avec b, nous aurons L^v.

Le plan T sera donc déterminé par les deux droites G et L de systèmes différents se croisant au point m.

La droite L sera *une verticale* du plan T, dès lors V^r sera parallèle à L^v ; la droite G sera *une horizontale* du plan T, dès lors H^r sera parallèle à G^h.

495. 2° *Lorsque la courbe directrice est tracée sur un cylindre.* Soit donné sur le plan horizontal de projection (*fig.* 237) un cercle B ayant son centre au point A^h.

Regardons le point A^h comme la projection horizontale d'une droite A perpendiculaire au plan du cercle B et regardons le cercle B comme la trace horizontale (et dès lors la section droite) d'un cylindre φ ayant ses génératrices droites parallèles à l'axe A.

Supposons que le cylindre φ soit développé sur un plan, le cercle B se transformera en une droite B, et sur le développement traçons un cercle C, ayant le point o, pour centre.

Lorsque le plan sur lequel le cylindre φ est supposé planifié sera enroulé sur ce cylindre φ, la droite B, s'enroulant sur le cercle B, le cercle C, deviendra une courbe à double courbure C dont la projection horizontale sera un arc du cercle B. Supposons que l'on mène au cercle C, deux tangentes parallèles entre elles et perpendiculaires à la droite B₁, et enroulant la droite $x,y,$ sur le cercle B, l'arc xy sera précisément la projection horizontale de la courbe C.

Cette courbe C sera complétement déterminée par sa projection horizontale xy et par sa transformée C₁, car si l'on prend sur l'arc xy un point z^h, il sera la projection horizontale d'un point z de la courbe C, et si nous connaissons la hauteur zz^h du point z au-dessus du plan horizontal de projection, nous connaîtrons d'une manière précise la position du point z dans l'espace ou sur la courbe C.

Or si l'on prend l'arc xz^h et qu'on le rectifie, et qu'on le porte ainsi rectifié sur la droite B, depuis le point x, jusqu'en z' et que par ce point z' on élève une perpendiculaire à la droite B₁, laquelle coupera le cercle C, en un point z₁, il est évident que le point z₁ sera le *transformé* du point z; dès lors $\overline{z₁z'}$ sera égale à la hauteur du point z au-dessus du plan horizontal de projection.

On voit donc que les points z^h de l'arc xy nous donnent les projections horizontales des divers points z de la courbe C et que les hauteurs de ces points z au-dessus du plan horizontal nous sont données en les distances $z₁z'$ *tracées* sur le développement du cylindre.

Cela posé :

Si nous menons au point z^h une droite $θ^h$ tangente au cercle B (ou C^h) nous aurons la projection horizontale de la tangente $θ$ à la courbe C pour le point z; et en menant au point z₁ une tangente $θ$₁ au cercle C, nous aurons *la transformée* de la tangente $θ$.

Or nous savons que la sous-tangente pour $θ$₁ est égale à la sous-tangente pour $θ$; nous porterons donc $z'q'$ sur $θ^h$ depuis le point z^h jusqu'au point q et la droite $\overline{qz}$ ne sera autre que la tangente $θ$.

Cela posé :

Si nous faisons mouvoir une droite G sur l'axe A et la courbe C et parallèlement au plan horizontal de projection H, nous engendrerons un *conoïde* Σ.

Si nous faisons mouvoir une droite G sur l'axe A et sur la tangente $θ$ et parallèlement au plan horizontal de projection H, nous engendrerons un *paraboloïde hyperbolique* Σ₁.

La génératrice droite G passant par le point z de la courbe C', sera commune aux deux surfaces Σ et Σ_i et ces deux surfaces auront même plan *directeur* H.

Si donc pour un point m de la droite G (qui est horizontale) on construit un plan T tangent au paraboloïde Σ_i, on aura le plan tangent au point m au conoïde Σ. Cela posé :

Si l'on unit les points q et A^h par une droite H$^{\Sigma_i}$, on aura la trace horizontale du paraboloïde Σ_i.

Si par le point m^h on mène une droite L^h parallèle à θ^h, on aura la projection horizontale de la génératrice du *second système* du paraboloïde Σ_i, la droite G étant la génératrice du *premier système*.

La droite L^h coupe H$^\Sigma$ au point p qui sera la trace horizontale de la droite L.

On connaît donc les deux génératrices de *systèmes différents* G et L qui se croisent au point m.

Dès lors, on connaît le plan tangent T et sa trace H^r passera par le point p et sera parallèle à G^h, car la droite G est une horizontale de ce plan T.

Dans les deux cas que nous venons d'examiner, le paraboloïde hyperbolique de *raccordement* Σ_i est *rectangulaire*, car dans le premier cas les deux plans *directeurs* sont pour les génératrices du *système* G le plan horizontal de projection, et pour les génératrices du *système* L le plan vertical de projection. Dans le deuxième cas le plan *directeur* du *système* G est le plan horizontal de projection, et le plan *directeur* du *système* L est le plan mené tangentiellement au cylindre φ par la tangente θ.

Dans le premier cas, le plan *directeur* du *système* L est oblique à la génératrice G suivant laquelle se *raccordent* le *conoïde* Σ et le *paraboloïde* Σ_i.

Dans le deuxième cas, le plan *directeur* du *système* L est perpendiculaire à la génératrice G de *raccordement*.

496. Tout plan X qui passe par une génératrice droite G d'une surface *réglée* Σ est tangent à cette surface Σ en un certain point x de la droite G.

Nous aurons donc à résoudre le problème suivant :

Étant donné un plan X passant par une génératrice droite G d'un conoïde Σ, construire son point de contact x avec cette surface Σ.

1° *La courbe directrice du conoïde étant plane.*

497. Supposons le conoïde Σ donné ainsi qu'il a été dit ci-dessus (*fig.* 236), et soient données les traces V^r et H^x (*fig.* 238) d'un plan X passant par une génératrice droite G du conoïde Σ, ce plan X sera tangent à la surface Σ en un certain point x situé sur la droite G, et l'on se propose de construire les projections x^v et x^h de ce point x.

Pour y parvenir, traçons la tangente θ au cercle directeur C et au point *b* qui est la trace verticale de la génératrice G.

La droite θ perce la ligne de terre au point *q*; unissons les points *q* et A^h par une droite H^{Σ_t}, nous aurons la trace horizontale du paraboloïde Σ, qui se *raccorde* tout le long de la droite G avec le conoïde Σ.

Les traces H^x et H^{Σ_t} se coupent en un point *p*; menons par ce point *p* la droite L^h parallèle à la ligne de terre, nous aurons la projection horizontale de la génératrice du *système* L suivant laquelle le plan X coupe le paraboloïde Σ$_t$; L^h coupe G^h au point *x^h*, d'où l'on déduit le point *x^v*, et l'on a ainsi les projections du point *x* en lequel le plan donné X touche le conoïde Σ.

2° *La courbe directrice du conoïde étant tracée sur un cylindre.*

498. Supposons le conoïde Σ donné ainsi qu'il a été dit (*fig.* 237), et soit donnée la trace H^x d'un plan X passant par une génératrice droite G du conoïde Σ (*fig.* 239), ce plan X touchera la surface Σ en un point *x* situé sur la droite G, et l'on demande de construire sa projection *x^h*, car sa hauteur au-dessus du plan horizontal est connue, puisqu'elle est égale à la distance de la droite G à ce plan, hauteur qui est donnée en $\overline{z,z^l}$ au développement du cylindre φ.

Pour y parvenir, traçons la tangente θ, au point *z*, du cercle C, *transformée* (sur le développement du cylindre φ) de la courbe C; construisons au point *z^h* la tangente θ^h au cercle B; portons la sous-tangente $\overline{z^lq^l}$ sur θ^h depuis *z^h* jusqu'en *q*; traçons la droite $\overline{qA^h}$, nous aurons la trace horizontale H^{Σ_t} du paraboloïde Σ, se *raccordant* avec le conoïde Σ tout le long de la génératrice droite G.

Les deux traces H^x et H^{Σ_t} se coupent en un point *p*, et si par ce point *p* nous menons une droite L^h perpendiculaire à G^h, nous aurons en cette droite L^h la projection horizontale de la génératrice du *système* L suivant laquelle le paraboloïde Σ$_t$ est coupé par le plan X.

Les droites L^h et G^h se couperont au point *x^h* qui sera la projection horizontale du point *x* qui est le point de contact du plan X et du conoïde Σ.

Construire au moyen d'un conoïde le plan assujetti à passer par une droite et à être tangent à une surface donnée.

498 *bis*. Soient données une droite D et une surface Σ, imaginons une série de plans parallèles entre eux X, X', X''..... coupant respectivement la droite D aux points *x*, *x'*, *x''*..... et la surface Σ suivant les courbes δ, δ', δ'',.....

Projetons orthogonalement la droite D et les courbes δ sur un plan H parallèle aux divers plans sécants X, nous aurons les courbes δ^h, δ$^{'h}$, δ$^{''h}$,..... et la droite D^h et les points *x^h*, *x$^{'h}$*, *x$^{''h}$*,..... situés sur cette droite D^h.

Cela fait, imaginons par le point x une droite G tangente à la courbe δ et en un point d, par le point x' une droite G' tangente à la courbe δ' et en un point d', et ainsi de suite.

Les diverses droites G formeront un conoïde $\Sigma_,$ ayant la droite D pour *directrice droite* et la courbe γ *lieu* des points d, d', d'',..... pour *directrice courbe*, et son plan *directeur* sera le plan H.

Le conoïde $\Sigma_,$ sera tangent à la surface Σ en tous les points de la courbe γ, car si par le point d on conçoit la tangente θ à la courbe γ et la tangente G à la courbe δ, ces deux droites θ et G détermineront un plan tangent à la surface Σ et au conoïde $\Sigma_,$ en ce point d.

Si donc pour un certain point m de la courbe γ, le plan Θ tangent à la surface Σ passe par la droite D, ce plan Θ sera le plan tangent demandé, et ce plan Θ sera aussi tangent au conoïde $\Sigma_,$.

Mais ce plan Θ sera tangent, non pas seulement pour le point m de la génératrice droite G, de ce conoïde, mais encore en tous les points de cette génératrice G, ; et en effet, les droites G..... se projetteront sur le plan H suivant des droites G^h..... passant respectivement par les points x^h..... et tangentes respectivement aux courbes δ^h..... en les points d^h..... Si nous supposons que les plans X, X',..... sont successifs et infiniment voisins, les droites G et G', G' et G'',..... seront des génératrices droites successives et infiniment voisines.

Parmi toutes les droites G^h, G'^h, G''^h,..... successives et infiniment voisines, il y en aura une $G_,^h$ qui fera avec D^h un angle $\alpha_,$ plus petit que les angles α, α', α'',..... que font, du même côté que $\alpha_,$ et avec D^h, les droites G^h, G'^h, G''^h,.....

Si donc on mène par les points x, x', x'',..... des droites B, B', B'',..... parallèles à la droite $G_,$, ces droites ne couperont pas les courbes δ, δ', δ'',..... et elles formeront un plan Θ passant par la droite D et la droite $G_,$ et ne rencontrant la courbe γ qu'au point m dont la projection m^h sera sur $\delta_,^h$ le point de contact de $G_,^h$ et de cette courbe $\delta_,^h$.

Le plan Θ sera donc tangent en m et au conoïde $\Sigma_,$ et à la surface Σ et passera par la droite D, il sera donc le plan demandé.

Au point m, construisons la tangente $\theta_,$ à la courbe γ, cette tangente sera dans le plan Θ; au point $x_,$, en lequel $G_,$ coupe D, le plan tangent T au conoïde $\Sigma_,$ passe par $G_,$ et D. Or, les droites D et $\theta_,$ sont dans le plan Θ en même temps que la droite $G_,$, les deux plans T et Θ ne forment donc qu'un seul et même plan.

Si l'on voulait construire le paraboloïde hyperbolique $\Sigma_,$ se *raccordant* avec le conoïde $\Sigma_,$ tout le long de $G_,$, on devrait faire mouvoir la droite $G_,$ sur les deux droites D et θ, et parallèlement au plan H, on engendrerait donc le plan Θ; donc le plan Θ est tangent au conoïde Σ, tout le long de la droite G,; donc le conoïde Σ, est *développable* tout le long de cette génératrice droite G,.

Dans la *pratique*, on ne peut pas avoir des courbes ∂, ∂', ∂'',..... successives et infiniment voisines, on n'a jamais que des courbes à distance finie les unes des autres, mais que l'on peut prendre assez rapprochées les unes des autres pour que la droite G, qui fait avec D^h un angle α, plus petit que les angles α, α', α''..... que font avec D^h les droites G^h, G'^h, G''^h,..... situées à distance finie les unes des autres, pour que cette droite G,, dis-je, occupe à très-peu près la position que doit rigoureusement et *géométriquement* occuper la droite désignée ci-dessus par G,.

La méthode du *conoïde tangent*, pour construire le plan tangent à une surface Σ et assujetti à passer par une droite D, est donc une méthode *approximative* dans l'*application*, et de plus elle exige que la surface Σ soit définie par une série de sections horizontales ∂, ∂', ∂'',..... que l'on prend ordinairement équidistantes entre elles. Cette méthode est due à *Meunier*, général du génie militaire; il l'avait proposée pour la construction du plan de *défilement* (n° 383 *ter*).

De l'intersection d'une surface de révolution avec l'un ou l'autre des deux conoïdes précédents, la surface de révolution ayant la directrice droite A *pour axe de révolution.*

499. Si l'on a un conoïde Σ donné ainsi qu'il vient d'être dit ci-dessus et une surface de révolution Δ ayant pour axe de rotation la directrice droite A du conoïde, il sera facile de construire la projection horizontale ∂^h de la courbe ∂ intersection de ces deux surfaces Σ et Δ.

Et en effet, il suffira de mener une suite de plans horizontaux X, X', X'',.... lesquels couperont respectivement le conoïde Σ suivant une ou plusieurs génératrices droites et la surface de révolution Δ suivant un ou plusieurs cercles ayant tous leurs centres situés sur l'axe A.

On aura donc dans le plan X des droites G, G,,.... et des cercles 6, 6,,....
—   X'   —   G', G',,.... et   —   6', 6',,....
Et ainsi de suite.

Dès lors les droites G^h, G^h,.... couperont les cercles 6^h, 6^h,,..... (qui ont pour centre commun le point A^h) en des points x^h.... qui seront les projections des points x...., en lesquels se coupent dans l'espace les droites G, G,,..... et les cercles 6, 6,,....

Les points x^h.... appartiendront donc à la courbe δ^h projection horizontale de la courbe δ, lieu des points x.... Et en opérant de même par rapport aux droites et aux cercles situés respectivement dans les divers plans auxiliaires X', X'',.... on obtiendra les divers points x^h,.... x'^h,.... x''^h,.... de la courbe demandée δ^h.

500. Étant donnée une courbe δ^h tracée sur un plan H, on pourra toujours regarder cette courbe comme la projection orthogonale sur ce plan H de la courbe δ intersection : 1° d'un certain conoïde Σ ayant le plan H pour plan *directeur* et pour *droite directrice* une perpendiculaire A au plan H, et 2° d'une certaine surface de révolution Δ ayant la droite A pour *axe* de rotation.

Et en effet :

Menons par la droite A un plan M et traçons dans ce plan une courbe arbitraire γ, cette courbe γ en tournant autour de *l'axe* A engendrera une surface de révolution Δ dont elle sera la courbe méridienne.

Du point A^h comme centre et avec un rayon arbitraire R , traçons sur le plan H un cercle B et regardons ce cercle comme la section droite d'un cylindre φ ayant la droite A pour axe de révolution.

Par un point x^h de δ^h menons la droite G^h passant par le point A^h, cette droite G^h coupera le cercle B en un point z^h ; du point A^h comme centre avec $\overline{A^h x^h}$ pour rayon, décrivons le cercle 6^h coupant la droite H^u en un point p ; par ce point p menons dans le plan M une verticale coupant la courbe γ en un point y.

Cela fait, par le point z^h concevons la génératrice droite K du cylindre φ et portons de z^h en z sur cette droite K une longueur égale à $\overline{py}$; opérons de même pour tous les points x^h de la courbe δ^h, nous obtiendrons sur le cylindre φ une suite de points z.... qui détermineront une courbe à double courbure C qui sera la *directrice courbe* du conoïde Σ.

Et les deux surfaces Σ et Δ se couperont suivant une courbe δ qui se projettera sur le plan H en la courbe donnée δ^h.

On voit donc que la courbe γ est arbitraire et que la courbe C prend une forme particulière et qui dépend : 1° de la nature géométrique et de la position sur le plan M de la courbe γ, et 2° de la nature géométrique de la courbe donnée δ^h, et de la position donnée au point A^h.

501. Les considérations géométriques précédentes nous permettront de construire graphiquement la tangente en un point quelconque d'une *spirale trigonométrique* et de certaines autres courbes dont on connaîtra l'équation *polaire*.

502. Les spirales trigonométriques sont au nombre de sept, dont voici le tableau.

La spirale 1° *sinusoïde* ayant pour équation $\rho = a$ sin. ω.

   —   2° *cosinusoïde* . . . . $\rho = a$ cos. ω.

   —   3° *tangentoïde* . . . . $\rho = a$ tang. ω.

   —   4° *cotangentoïde* . . . . $\rho = a$ cotang. ω.

   —   5° *sécantoïde* . . . . $\rho = a$ sécant. ω.

   —   6° *cosécantoïde* . . . . $\rho = a$ coséc. ω.

   —   7° *sinus-versoïde* . . . . $\rho = a$ sin.-vers. ω.

La construction par *points* de chacune de ces spirales ne peut offrir de difficulté, nous supposerons donc que chacune de ces courbes est donnée par son *tracé*.

Le point A^h sera placé au *pôle* de la courbe spirale et la droite origine des angles ω sera prise perpendiculaire à H^u trace du plan méridien M, dont nous avons parlé ci-dessus.

Cela dit, appliquons les considérations géométriques exposées (n° 500) à la construction graphique de la tangente en un point de chacune de ces sept spirales.

1° De la spirale sinusoïde.

503. L'équation de la spirale sinusoïde est $\rho = a$ sin. ω, traçons (*fig.* 240) un cercle B avec un rayon égal à a; menons par le centre A^h du cercle B un rayon $A^h n^h$ faisant avec le diamètre $A^h o$ un angle ω; abaissons du point n^h une perpendiculaire sur la droite $A^h o$ origine des angles ω ; portons sur le rayon $A^h n^h$ du point A^h en m^h une longueur égale à pn^h, on aura en m^h un point de la spirale sinusoïde δ^h.

Et en effet désignant $\overline{A^h m^h}$ par ρ, comme $\overline{pn^h} = a$ sinus ω, on aura par construction : $\rho = a$ sin. ω.; pour $\omega = 0°$ tout comme pour $\omega = 180°$ et $\omega = 360°$, on a $\rho = 0$, donc la courbe δ^h passe par le centre du cercle B ; pour $\omega = 90°$ tout comme pour $\omega = 270°$, on a $\rho = a$, donc la courbe δ^h passe par les points i et i' en lesquels le cercle B est coupé par le diamètre $A^h i$ perpendiculaire au diamètre origine des angles ω ; la spirale sinusoïde a donc la forme d'un 8.

Par le point A^h élevons une droite A perpendiculaire au plan du cercle B et par cette droite A menons un plan M ayant pour trace H^u la droite ii'. Au point o menons une tangente au cercle B et prenons cette tangente pour ligne de terre LT ou trace horizontale H^r d'un plan N tangent au cylindre φ ayant la droite A pour axe de rotation et le cercle B pour section droite.

Cela posé : du point A^h comme centre et avec un rayon égal à $\rho = A^h m^h$ décrivons un cercle $\mathfrak{E}^h$ coupant la droite H^u au point y, les deux points y et m^h seront sur une perpendiculaire à LT.

Dans le plan M traçons une courbe γ dont nous désignons par z les ordonnées parallèles à l'axe A et par ρ_i les abscisses comptées sur H^u à partir du point A^h, pris pour origine des coordonnées z et ρ_i.

Nous pourrons poser l'équation $\rho_i = f(z)$, qui sera l'équation de la courbe γ.

Projetons $\overline{pn^h}$ en $\overline{oq}$ et sur la droite LT élevons une droite $\overline{qn^v}$ égal au z de la courbe γ correspondant à l'abscisse $\rho_i = \overline{A^h y}$, comme $\overline{oq} = \overline{pm^h} = \overline{A^h y} = \rho = \rho_i = a \cdot \sin \omega$. On voit que si l'on trace sur le plan N (ou le plan vertical de projection LT) une courbe γ^v qui soit la projection de la courbe γ, l'équation de γ^v sera $x = f(z)$ en désignant $\overline{oq}$ par x.

Dès lors en faisant tourner la courbe γ autour de l'axe A on aura une surface de révolution Δ et le cylindre projetant γ en γ^v coupera le cylindre φ suivant une courbe à double courbure C qui sera la *directrice courbe* du conoïde Σ ayant le plan du cercle B pour plan *directeur* et l'axe A pour *directrice droite*, et ces deux surfaces Δ et Σ se couperont suivant une courbe δ qui se projettera en δ^h. On voit donc que l'on peut avoir une infinité de systèmes de surfaces Δ et Σ s'entrecoupant suivant une courbe dont la projection soit la *spirale sinusoïde*, puisque l'on peut prendre pour $f(z)$ toute fonction en z que l'on voudra. Parmi tous ces *systèmes*, le plus simple est celui par lequel la courbe γ est une ligne droite, qui, tracée dans le plan M passe par le centre A^h du cercle B.

Alors, la surface Δ est un cône de révolution autour de l'axe A et ayant son sommet au point A^h, et la courbe directrice C est la section faite dans le cylindre vertical et de révolution φ par un plan qui, tangent au cône Δ, serait perpendiculaire au plan M. La courbe C sera donc une *ellipse* dont le centre sera précisément le sommet A^h du cône Δ.

Ce *système* permet de construire très-simplement la tangente en un point m^h de la *spirale sinusoïde* δ^h.

Et en effet :

Pour avoir la tangente θ au point m de la courbe δ, il faudra : 1° construire le plan T tangent en m au cône Δ, la trace H' de ce plan sera perpendiculaire au rayon vecteur $A^h m^h$ et passera par le point A^h; 2° construire le plan Θ tangent en m au conoïde Σ; or, il est évident que la droite K^h qui passant par le point m^h

sera perpendiculaire à $A^h m^h$ sera la projection horizontale de la génératrice K du *second système* du paraboloïde Σ, se raccordant avec le conoïde Σ tout le long de la génératrice droite horizontale G qui, s'appuyant sur l'axe A et l'ellipse C, passe par le point m. Cette droite K percera le plan horizontal au point s situé sur la droite $A^h o$; si donc par ce point s on mène la droite H^Θ parallèle à $A^h m^h$ (qui représente G^h), on aura la trace horizontale du plan Θ.

Les deux droites H^r et H^Θ se coupent en un point b qui sera la trace horizontale de la tangente θ; dès lors $\overline{bm^h}$ sera la tangente au point m^h de la *spirale sinusoïde*.

Dans la *fig.* 241, nous avons donné les seules constructions graphiques à exécuter pour avoir la tangente θ en un point m d'une *spirale sinusoïde* δ, le point o étant le *pôle* et la droite oR étant l'origine des angles ω.

Dans cette figure il est facile de voir que $ms = ob$; que bsmo est un rectangle; que la tangente θ coupe la droite oR en un point p qui est le milieu de bm et de so, et que dès lors pour avoir la tangente θ il suffit d'élever sur le milieu r du rayon vecteur $\rho = om$ une perpendiculaire à ce rayon vecteur, laquelle coupera la droite oR en un point p, et la droite pm sera la tangente θ demandée.

2° De la spirale cosinusoïde.

504. Si l'on a construit la spirale sinusoïde δ (*fig.* 242), o étant le *pôle* et oR la droite origine des angles ω, on a l'équation

$$\rho = a \cdot \sin \cdot \omega$$

Mais si au lieu de compter les arcs (qui dans le cercle B mesurent les angles ω) à partir du point b en marchant sur le cercle B dans le sens indiqué par la flèche f, on comptait des arcs mesurant des angles ω' complémentaires des angles ω en partant du point b' et marchant sur le cercle B dans le sens indiqué par flèche f', on voit de suite que pour un point m de la courbe δ on aura :

$$om = pn = op' \qquad \text{or} \qquad pn = a \sin \omega \qquad \text{et} \qquad op' = a \cos \omega'$$

Donc, l'on aura pour l'équation de la courbe δ

$$\text{ou} \quad \rho = a \sin \omega \quad \text{ou} \quad \rho = a \cos \omega'$$

La spirale cosinusoïde n'est donc autre que la spirale sinusoïde.

3° De la spirale tangentoïde.

505. L'équation de la spirale tangentoïde est $\rho = a$ tang. ω; traçons un cercle B (*fig.* 243) (avec un rayon égal à a), et menons par son centre A^h un rayon $A^h q$ coupant au point q la tangente au cercle B menée au point o en lequel ce cercle B est coupé par la droite $A^h o$, origine des angles ω. On aura :

$$oq = a \cdot \text{tang} \cdot \omega$$

Portons oq de A^h en m^h, nous aurons alors un point m^h d'une courbe δ^h, dont l'équation sera précisément $\rho = a \cdot \text{tang} \, \omega$, en désignant $\overline{A^h m^h}$ par ρ.

Cela posé :

Du point A^h comme centre et avec $\overline{A^h m^h}$ pour rayon, décrivons un cercle ε^h coupant la droite H^u perpendiculaire à la droite $A^h o$ en un point p, on aura :

$$A^h m^h = oq = A^h p$$

Dès lors, désignant $A^h p$ par ρ_i, on pourra dans le plan M tracer une courbe γ ayant pour équation

$$\rho_i = f(z)$$

Et désignant oq par x, l'équation de γ^v sera

$$x = f(z)$$

Si l'on fait tourner la courbe γ autour de l'axe A, on aura une surface de révolution Δ; et si l'on fait mouvoir parallèlement au plan horizontal de projection une droite G s'appuyant sur l'axe A et sur la courbe γ^v, on aura un conoïde Σ.

Les deux surfaces Δ et Σ se couperont suivant une courbe δ dont la projection δ^h sera la *spirale tangentoïde*.

On peut prendre pour $f(z)$ une fonction de z de telle forme que l'on voudra ; on aura donc une infinité de *systèmes* de surfaces Δ et Σ donnant la spirale tangentoïde pour la projection de la courbe à double courbe δ suivant laquelle elles s'entrecoupent.

Parmi tous ces *systèmes* le plus simple sera celui pour lequel la courbe γ sera une droite passant par le point A^h; dès lors, la *ligne* γ^v sera une droite parallèle à la droite γ.

Dans ce *système* particulier, la surface Δ sera un *cône* de révolution ayant son sommet au point A^h et ayant la droite A pour axe de révolution et le conoïde Σ sera un *paraboloïde hyperbolique* ayant les droites A et γ″ pour *directrices* et le plan horizontal de projection pour plan *directeur*.

506. La construction de la tangente en un point m^h de la spirale tangentoïde sera facile ; car elle sera la projection de la droite intersection du plan T tangent en m au cône Δ et du plan Θ tangent en ce même point m au paraboloïde hyperbolique Σ.

J'ai indiqué sur la *fig.* 243 toutes les constructions, il sera facile de les lire, puisque nous avons appris à construire le plan tangent en un point d'un paraboloïde hyperbolique.

507. La construction de la tangente θ en un point m d'une spirale tangentoïde δ, (*fig.* 244) dont on connaît le *pôle o* et la droite oR origine des angles ω, se réduit donc en définitive aux opérations graphiques suivantes :

Par le point o on mène une droite or perpendiculaire au rayon vecteur om ; par le point m on mène une droite ms perpendiculaire à la droite oR et la coupant au point s ; par ce point s on mène une droite sr parallèle au rayon vecteur om et coupant la droite or au point r ; en joignant les points r et m on a la tangente θ demandée (*).

4° De la spirale cotangentoïde.

508. Si pour une courbe δ^h dont l'équation est $ρ = a \cot . ω$, nous faisons les mêmes constructions que pour la spirale tangentoïde, il est facile de voir que cette courbe δ^h sera encore la projection de l'intersection d'un cône droit Δ et d'un paraboloïde hyperbolique Σ, ces deux surfaces Δ et Σ étant placées l'une par rapport à l'autre absolument comme le cône et le paraboloïde le sont, lorsque nous avons examiné la spirale tangentoïde. Nous pouvons donc affirmer que les spirales tangentoïde et cotangentoïde dont les équations sont :

$$ρ = a \tang ω \qquad \text{et} \qquad ρ = a \cot ω$$

sont des courbes identiques, en ce sens qu'en laissant l'une fixe et faisant tourner l'autre autour du *pôle*, on pourra superposer ces deux courbes.

(*) *Voyez* dans le *Complément de géométrie descriptive*, le mémoire qui a pour titre : *Construction de la tangente en un point multiple d'une courbe dont l'équation est inconnue* ; mémoire que j'ai publié pour la première fois dans le 21ᵉ cahier du Journal de l'École polytechnique.

Voyez aussi dans les *Développements de géométrie descriptive* le chapitre II, page 124.

5° *De la spirale sécantoïde*   et   6° *De la spirale cosécantoïde.*

509. Il suffit de jeter les yeux sur la *fig.* 245 pour reconnaître que la courbe représentée par l'équation : $\rho = a$ sécant ω, n'est autre que la droite D tangente en *n* au cercle B ayant son rayon égal à *a*, et que la courbe représentée par l'équation : $\rho = a$ cosécant ω', n'est autre que la droite D' tangente au point *n'* au même cercle B.

7° *De la spirale sinus-versoïde.*

510. L'équation de la spirale sinus-versoïde est : $\rho = a$ sin-vers ω; pour construire cette courbe, nous tracerons (*fig.* 246) un cercle B avec un rayon égal à *a*; la ligne LT passant par son centre A^h étant prise pour origine des angles ω, nous porterons sur le rayon vecteur $A^h n$, le sinus-verse *op* depuis le point A^h jusqu'en m^h et la courbe δ^h, lieu des points m^h, aura la forme d'un 8 (ses branches se croisant au point A^h centre du cercle B et touchant ce même cercle B aux points *i* et *i'* situés sur le diamètre perpendiculaire à LT).

Cela posé :

Si nous prenons la droite LT pour ligne de terre, nous pourrons tracer dans le plan vertical de projection LT une courbe γ ayant pour équation $\rho_i = f(z)$.

Ayant élevé par le point A^h la verticale A, la courbe γ aura une position déterminée par rapport à cet axe A ; faisons glisser parallèlement à lui-même l'axe A pour le transporter en A', en cette position la droite A' perce la ligne de terre LT au point *o* situé sur le cercle B et la courbe γ aura pris une position parallèle γ'.

Cela posé, faisons tourner la courbe γ autour de l'axe A, on aura une surface de révolution Δ ; regardons la courbe γ' comme la base sur le plan vertical LT d'un cylindre ξ ayant ses génératrices droites perpendiculaires au plan vertical LT, ce cylindre ξ coupera le cylindre de révolution φ, qui a le cercle B pour base horizontale et pour section droite, suivant une courbe C ; et le conoïde Σ sera engendré par une droite G se mouvant parallèlement au plan horizontal de projection en s'appuyant sur l'axe A et la courbe C.

Les deux surfaces de révolution Δ et conoïde Σ s'entrecouperont suivant une courbe δ dont la projection δ^h sera précisément la *sinus-versoïde.*

Parmi les divers *systèmes* de surfaces Δ et Σ, on peut prendre le plus simple, qui sera celui pour lequel la courbe γ sera une droite D passant par le point A^h centre du cercle B. Dès lors la surface Δ sera un cône de révolution ayant son sommet au point A^h et ayant la droite A pour axe de rotation, et la courbe C sera une *ellipse*, car alors γ' sera une droite D' parallèle à D et passant par le point *o*, et le cylindre ξ sera un plan P perpendiculaire au plan vertical de projection et ayant pour trace V^r la droite D' elle-même.

Le conoïde Σ aura donc pour *directrice courbe* l'ellipse C section faite dans le cylindre φ par le plan P.

511. Les surfaces particulières Δ et Σ permettent de construire assez simplement la tangente en un point *m*^h de la sinus-versoïde ∂^h ; et en effet, cette tangente sera l'intersection des plans T tangent au cône Δ au point *m*, et du plan Θ tangent au conoïde Σ en ce même point *m*.

Il est évident que H^r passera par le point A^h et sera perpendiculaire au rayon vecteur A^h*m*^h.

Pour construire H^Θ, nous mènerons au point *n* en lequel le cercle B est coupé par la droite A^h*m*^h une tangente à ce cercle, laquelle coupera H^r en un point *s*. La droite *s*A^h sera donc la trace horizontale du paraboloïde hyperbolique Σ, se *raccordant* avec le conoïde Σ tout le long de la génératrice droite G passant par le point *m*.

Si donc nous menons par *m*^h une droite K^h perpendiculaire au rayon vecteur A^h*m*^h, elle percera la droite *s*A^h en un point *r* qui sera la trace horizontale de la génératrice du *second système* K du paraboloïde Σ.

Dès lors menant par le point *r* une droite H^Θ parallèle à $\overline{A^h m^h}$ qui n'est autre que G^h, on aura la trace du plan Θ.

Ces deux traces H^r et H^Θ se coupent en un point *b* et unissant les points *b* et *m*^h, on aura la tangente à la courbe ∂^h.

Dans la *fig. 247*, nous n'avons tracé que les lignes strictement nécessaires pour la construction de la tangente en un point *m* d'une sinus-versoïde ∂, dont le point *o* serait le *pôle* et la droite *op* l'*origine* des angles ω.

512. Appliquons les principes exposés ci-dessus à quelques autres courbes dont l'équation polaire serait :

8° ρ.ω = *a* . . . . spirale hyperbolique;
9° ρ = *a*.ω . . . . spirale d'Archimède ;
10° ρ² = *a*.ω . . . . spirale parabolique du premier genre ;
11° ρ = *a*.ω' . . . . spirale parabolique du second genre.

8° *Spirale hyperbolique*, ρω = *a*.

513. En se rappelant ce que nous avons dit ci-dessus, on voit de suite que la courbe γ tracée dans le plan M passant par l'axe A aura pour équation : ρ, = *f* (z).

Et si nous rectifions l'arc *a*ω du cercle B ayant son rayon égal à *a*, nous aurons

x, dès lors la courbe C, *transformée* de la directrice courbe C du conoïde Σ aura pour équation $\frac{a'}{x} = f(z)$.

Le système le plus simple sera celui pour lequel nous prendrons z pour $f(z)$, et alors l'équation de la courbe γ sera $\rho_, = z$ et celle de la courbe plane C, sera $a' = xz$.

La surface de révolution Δ sera donc un cône ayant son sommet au centre du cercle B et ayant la droite A pour axe de rotation; et la courbe directrice C du conoïde Σ aura pour *transformée* une hyperbole équilatère ayant pour asymptotes une verticale et une horizontale, le centre de cette courbe étant situé sur la droite origine des angles ω.

La construction de la tangente en un point de la spirale hyperbolique sera facile, puisqu'elle dépendra de la tangente à l'hyperbole C, (*).

Et en effet, soit donnée la spirale hyperbolique $\eth^h$ ayant le point A^h (*fig.* 247 *bis*) pour *pôle* et en même temps pour *point asymptote*, de ce point A^h comme centre et avec un rayon égal à a décrivons un cercle B et menons au point o une tangente LT à ce cercle (la droite oA^h étant l'origine des angles ω).

Dans le plan vertical LT, traçons une hyperbole C, ayant pour asymptotes la droite LT et une verticale A^v, le centre de cette courbe étant au point o et son équation étant $a' = xz$, l'équation polaire de la spirale hyperbolique tracée sur le plan horizontal sera $\rho\omega = a$.

Pour construire au point m^h de la courbe spirale hyperbolique $\eth^h$ la tangente t^h, nous remarquerons que le rayon vecteur $A^h m^h$ coupe le cercle B au point n^h, et que si l'on rectifie l'arc on^h pour le porter sur LT de o en n', et si par n' on élève une verticale coupant l'hyperbole C, au point $n_,$, et si l'on mène au point $n_,$ la tangente $\theta_,$ à cette hyperbole C, , cette tangente $\theta_,$ coupant LT au point p', on aura $p'n' = n'o$.

Si donc on mène au point n^h la tangente θ^h au cercle B et si l'on porte sur θ^h à partir du point n^h, $n^h p = n'p' = n'o = $ (arc. om^h rectifié) et si l'on unit le point p avec le point A^h par une droite $H^{\Sigma},$ on aura en cette droite $H^{\Sigma},$ la trace horizontale du paraboloïde hyperbolique Σ, se *raccordant* avec le conoïde Σ tout le long de la génératrice droite G qui est horizontale et qui passe par le point m de la courbe $\eth$ intersection du cône de révolution Δ et du conoïde Σ qui a pour *courbe directrice* l'hyperbole C, enroulée sur le cylindre φ de révolution; la tangente t^h au point m^h de la spirale hyperbolique $\eth^h$ sera donc la projection de l'intersection du plan T tangent en m au cône Δ, et du plan Θ tangent en m au paraboloïde $\Sigma_,$.

(*) *Voyez*, dans le chapitre II des *Développements de géométrie descriptive*, ce qui est relatif à la spirale hyperbolique.

Or, H' passera par le point A^h et sera perpendiculaire au rayon vecteur $\overline{A^h m^h}$; et pour avoir H^Θ, nous mènerons par le point m^h une droite K^h perpendiculaire au rayon vecteur $A^h m^h$ et rencontrant la droite H^Σ en un point q; par ce point q nous mènerons H^Θ parallèle à $A^h m^h$ (ou G^h) et les deux droites H^Θ et H' se couperont en un point r; en unissant par une droite les points r et m^h, on aura la tangente t^h au point m^h de la spirale hyperbolique.

Remarquons que la droite $\overline{m^h q}$ est égale à l'arc $m^h s$ rectifié, cet arc étant compté sur le cercle décrit du point A^h, (pôle de la spirale) comme centre et avec un rayon égal à $A^h m^h$ (rayon vecteur de la spirale) et le point s étant sur la droite origine des angles ω.

9° Spirale d'Archimède, $\rho = a\omega$

544. La courbe γ aura pour équation $\rho_1 = f(z)$ et la courbe C, aura pour équation $x = f(z)$.

Le *système* le plus simple sera donc celui pour lequel on aura : $\rho_1 = z$ et $x = z$. En sorte que la surface de révolution Δ sera un cône ayant son sommet au centre du cercle B qui a son rayon égal à a et qui a pour centre le *pôle* de la spirale et la surface conoïde Σ aura pour directrice courbe C une *hélice* tracée sur le cylindre de révolution φ (*).

10° Spirale parabolique. $\rho' = a\,\omega$.

545. La courbe γ aura pour équation $\rho_1'^2 = f(z)$ et la courbe C, aura pour équation $x = f(z)$.

Les surfaces les plus simples Δ et Σ seront donc celles que l'on obtiendra avec les équations $\rho_1' = z$ et $x = z$.

Dès lors la surface de révolution Δ sera un paraboloïde de révolution ayant la droite A pour axe de rotation et le conoïde Σ aura pour directrice courbe C une *hélice* tracée sur le cylindre de révolution φ.

La construction de la tangente en un point de la spirale parabolique du *premier genre*, n'offrira aucune difficulté puisqu'elle dépendra de la construction de la tangente en un point d'une hélice cylindrique et circulaire et de celle de la tangente en un point d'une parabole.

(*) *Voyez*, dans le chapitre 11 des *Développements de géométrie descriptive*, ce qui est relatif à la spirale d'Archimède considérée comme étant la projection de la courbe d'intersection d'une surface annulaire et d'un conoïde.

11° *Spirale parabolique* , $\rho = a . \omega^{\scriptscriptstyle\prime}$.

516. La courbe γ aura pour équation $\rho_{\scriptscriptstyle 1} = f(z)$ et la courbe $C_{\scriptscriptstyle 1}$ aura pour équation $\dfrac{x^{\scriptscriptstyle\prime}}{a} = f(z)$.

Les surfaces les plus simples seront celles que l'on obtiendra en vertu des équations : $\rho_{\scriptscriptstyle 1} = z$ et $x^{\scriptscriptstyle\prime} = az$. Dès lors la surface de révolution Δ sera un cône ayant son sommet au centre du cercle B (décrit du *pôle* de la spirale comme centre et avec un rayon égal à a) et ayant la droite A pour axe de rotation. La surface conoïde Σ aura pour courbe directrice C une courbe à double courbure tracée sur le cylindre φ et dont la *transformée* sera une parabole $C_{\scriptscriptstyle 1}$ ayant son sommet sur la droite origine des angles ω et son axe infini parallèle à la droite A.

La construction de la tangente en un point de la spirale parabolique *du second genre* n'offrira aucune difficulté, puisqu'elle dépend de la construction de la tangente en un point de la parabole $C_{\scriptscriptstyle 1}$ (*).

517. Exécutons la construction de la tangente en un point de la spirale parabolique $\rho = a\omega^{\scriptscriptstyle\prime}$.

Le centre A^{h} du cercle B (*fig. 248*) sera le *pôle* de la spirale et la droite oA^{h} sera l'origine des angles ω. Ayant mené la droite LT tangente au cercle B au point o, nous tracerons dans le plan vertical de projection LT (qui est tangent u cylindre φ ayant le cercle B pour section droite) une parabole $C_{\scriptscriptstyle 1}$ ayant son sommet au point o et la verticale A^{v} pour axe infini, cette parabole $C_{\scriptscriptstyle 1}$ ayant pour équation $x^{\scriptscriptstyle\prime} = az$ (les x sont comptés sur LT et les z sur A^{v}).

Cela posé :

Proposons-nous de construire la tangente t^{h} au point m^{h} de la spirale $\eth^{h}$. Le rayon vecteur $A^{h}m^{h}$ coupera le cercle B au point n^{h}; rectifions l'arc on^{h} et portons-le sur LT de o en n'; par le point n' élevons une verticale $n'n_{\scriptscriptstyle 1}$, coupant la parabole $C_{\scriptscriptstyle 1}$ au point $n_{\scriptscriptstyle 1}$, ce point $n_{\scriptscriptstyle 1}$ sera le *transformé* du point n de la courbe à double courbure C qui, tracée sur le cylindre φ, sera la *directrice courbe* du conoïde Σ.

Le plan T tangent en m au cône de révolution Δ aura sa trace $H^{\scriptscriptstyle\prime}$ passant par le point A^{h} et perpendiculaire au rayon vecteur $\overline{A^{h}m^{h}}$.

La tangente θ au point n de la courbe C se projettera en θ^{h} tangente en n^{h} au

---

(*) *Voyez*, dans le chapitre 11, page 114, des *Développements de géométrie descriptive* , ce que nous avons dit sur la spirale parabolique ayant pour équation $\rho = a^{\scriptscriptstyle 2}. \omega^{\scriptscriptstyle 2}$, courbe qui nous a servi pour la construction du rayon de courbure de la spirale d'Archimède.

cercle B (qui n'est autre chose que C^h), et la *transformée* θ, de θ sera la tangente en n_i à la parabole C$_i$. Or on sait que pour la parabole on a : $op' = p'n'$, dès lors portant la sous-tangente $n'p'$ sur θ^h, du point n^h au point p, on aura en p la trace horizontale de la droite θ ; et en joignant les points p et A^h par une droite H$^{\Sigma}$ on aura la trace du paraboloïde hyperbolique Σ, qui se *raccorde* avec le conoïde Σ tout le long de la génératrice droite G (horizontale et passant par le point m).

Si donc on mène par le point m^h une droite $m^h q$ perpendiculaire au rayon vecteur A$^m m^h$, cette perpendiculaire coupera H$^{\Sigma}$ en un point q et menant par q une droite H$^{\Theta}$ parallèle au rayon vecteur A$^h m^h$ (qui n'est autre que G^h), on aura la trace horizontale du plan Θ tangent en m au conoïde Σ. Les traces H^r et H$^{\Theta}$ se coupent en un point r, unissant les points r et m^h on aura la tangente t^h demandée.

Remarquons que l'on a : $on' = ($arc . on^h rectifié$)$, $n'p' = \frac{1}{2} on'$, donc $qm^h = \frac{1}{2}($arc sm^h rectifié$)$. Ce qui s'accorde parfaitement avec les résultats que nous avions trouvés page 114 des *développements de géométrie descriptive*. Ainsi, sans avoir besoin de recourir à *l'analyse*, nous pouvons trouver par la *géométrie descriptive* une propriété qui nous permet de construire très-simplement la tangente en un point de la spirale parabolique *du second genre*, $\rho = a . \omega^2$.

548. Si l'on a une courbe plane δ^h ayant pour équation polaire $f(\rho . \omega) = 0$, nous pourrons toujours par le *pôle*, mener une droite A perpendiculaire au plan P de la courbe δ^h et de ce *pôle* comme centre et avec un rayon égal à l'unité linéaire , tracer dans le plan P un cercle B.

Ce cercle B sera coupé en un point b par la droite R origine des angles ω, en ce point b nous mènerons une tangente au cercle B, et nous prendrons cette droite pour ligne de terre LT.

Traçons dans le plan vertical de projection LT une droite Z qui , passant par le point b , soit perpendiculaire à la droite LT ; cela fait, menons par la droite A un plan M parallèle au plan vertical de projection LT ; ce plan M aura pour trace sur le plan P la droite H^m.

Cela posé :

Traçons dans le plan M une droite γ ayant pour équation $\rho_i = z$, les abscisses ρ_i étant comptées sur la droite H^m et les ordonnées z étant comptées sur la droite A , le *pôle* de la courbe δ^h étant l'origine de ces coordonnées ρ_i et z.

Traçons ensuite dans le plan vertical LT une courbe C$_i$ ayant pour équation F $(x, z) = 0$, les abscisses x étant comptées sur la droite LT et les ordonnées z étant comptées sur la droite Z , le point b étant l'origine de ces coordonnées x et z et l'abscisse x étant égale à l'arc rectifié, qui, dans le cercle B, mesure l'angle ω.

On voit que l'équation F $(x . z) = 0$ sera identique à l'équation F $(\omega, \rho) = 0$ en remplaçant dans l'une x par ω et z par ρ.

Ainsi l'équation de la courbe C_{ι} est précisément en coordonnées rectangulaires identique de forme à l'équation polaire de la courbe $\eth^h$

Enroulons le plan vertical LT sur le cylindre vertical φ ayant le cercle B pour base sur le plan P ou, en d'autres termes, ayant le cercle B pour section droite, la courbe plane C_{ι} deviendra une courbe à double courbure C et le cône Δ de révolution ayant la droite γ pour génératrice droite et pour *axe* la droite A et pour sommet le *pôle* de la courbe $\eth^h$, coupera le conoïde Σ engendré par une droite G se mouvant parallèlement au plan P en s'appuyant sur la droite A et la courbe C, suivant une courbe $\eth$ qui aura pour projection orthogonale sur le plan P, précisément la courbe $\eth^h$.

Cela posé :

Si l'équation $F(\rho, \omega) = 0$ est du second degré, l'équation $F(z, x) = 0$ sera aussi du second degré ; on voit donc que l'on pourra facilement construire la tangente en un point de toute courbe $\eth^h$, dont l'équation polaire sera du second degré, puisque les constructions à effectuer n'exigeront que de savoir construire graphiquement la tangente en un point d'une section conique C_{ι}.

Si l'équation de la courbe $\eth^h$ était $F(\rho^2, \omega) = 0$, alors on prendrait sur le plan M une parabole ayant pour équation $\rho_{\iota}^2 = z$ et pour C_{ι} une section conique ayant pour équation $F(z, x) = 0$.

Et alors la courbe $\eth^h$ serait la projection de la courbe $\eth$ intersection d'un paraboloïde de révolution Q ayant la droite A pour *axe* et son sommet situé au *pôle* de la courbe $\eth^h$, et d'un conoïde Σ engendré par une droite G se mouvant dans l'espace en s'appuyant sur la droite A et sur la courbe C tout en restant horizontale.

On voit donc que nous pourrons toujours construire *graphiquement* la tangente aux courbes représentées par les équations *polaires*.

$$1^\circ \quad \rho^2 + a\rho\omega + b\omega^2 + c\rho + d\omega + f = 0$$
$$2^\circ \quad \rho^4 + a'\rho^2\omega + b'\omega^2 + c'\rho^2 + d'\omega + f' = 0$$

519. Remarquons que la courbe polaire $\eth^h$ dont l'équation est

$$\rho^2 + a\rho\omega + b\omega^2 + c\rho + d\omega + f = 0 \qquad (1)$$

est la projection de la courbe, intersection des deux surfaces qui sont déterminées en vertu des deux équations

$$\rho_{\iota} = z \qquad (2)$$
$$z^2 + azx + bx^2 + cz + dx + f = 0 \qquad (3)$$

ou en vertu des deux équations

$$\overline{\rho_{\iota}}^2 = z \qquad (4)$$
$$z + axz^{\frac{1}{2}} + bx^2 + cz^{\frac{1}{2}} + dx + f = 0 \qquad (5)$$

Dès lors, il est évident que nous saurons construire *graphiquement* la tangente à la courbe dont l'équation polaire sera :

$$\rho + a\omega\rho^{\frac{1}{2}} + b\omega^2 + c\rho^{\frac{1}{2}} + d\omega + f = 0 \qquad (6)$$

car, comme nous savons construire la tangente à la courbe polaire ayant pour équation, l'équation (1) et cela en vertu des équations (2) et (3), il nous sera facile de construire *graphiquement* la tangente à la courbe ayant pour équation l'équation (5), et cela en vertu des équations (1) et (4).

Par suite, nous saurons construire *graphiquement* la tangente en un point d'une courbe représentée *en coordonnées polaires* par l'équation (6).

Cela posé :

Remarquons encore que la courbe polaire ρ^4 dont l'équation est

$$\rho^4 + a\rho^2\omega + b\omega^2 + c\rho^2 + d\omega + f = 0 \qquad (7)$$

est la projection de la courbe intersection de deux surfaces qui sont déterminées en vertu des deux équations :

$$\overline{\rho_i}^2 = z \qquad (8)$$
$$z^2 + azx + bx^2 + cz + dx + f = 0 \qquad (9)$$

ou en vertu des deux équations :

$$\rho_i = z \qquad (10)$$
$$z^4 + a z^2 x + b x^2 + c z^2 + dx + f = 0 \qquad (11)$$

Dès lors, il est évident que nous saurons construire *graphiquement* la tangente à la courbe en *coordonnées rectangulaires* représentée par l'équation (11), puisque nous savons construire la tangente aux courbes représentées par les équations (7) et (10).

En poursuivant les raisonnements géométriques précédents, il est facile de reconnaître qu'au moyen des tangentes aux courbes de degrés inférieurs, et en passant *graphiquement* et successivement des unes aux autres (constructions qui seront, il est vrai, assez longues, puisque pour la courbe du huitième degré, par exemple, il faudra construire la tangente à la courbe du deuxième pour en déduire *graphiquement* la tangente à la courbe du quatrième, puis de la tangente à la courbe du quatrième degré, passer à la tangente de la courbe du sixième degré, et enfin conclure de cette dernière tangente et *graphiquement* la tangente à la courbe donnée du huitième degré), on pourra toujours construire *graphiquement* la tangente à une courbe en *coordonnées rectangulaires* ayant pour équation :

ou   1° $z^{2n} + az^n x + bx^2 + cz^n + dx + f = 0$

ou   2° $z^{\frac{1}{n}} + az^{\frac{1}{2n}} x + bx^2 + cz^{\frac{1}{2n}} + dx + f = 0$

et à une courbe en *coordonnées polaires* ayant pour équation :

ou   3° $\rho^{2n} + a\rho^n \omega + b\omega^2 + c\rho^n + d\omega + f = 0$

ou   4° $\rho^{\frac{1}{n}} + a\rho^{\frac{1}{2n}} \omega + b\omega^2 + c\rho^{\frac{1}{2n}} + d\omega + f = 0$

L'exposant n étant égal à une puissance entière de 2 ; et ainsi ayant $n = 2^p$, p étant un nombre entier, pair ou impair.

519 *bis*. Il existe deux *spirales* logarithmiques, l'une a pour équation $\rho = a^\omega$, et l'autre a pour équation $a^\rho = \omega$. Chacune de ces courbes peut être considérée comme la projection horizontale ∂^h de l'intersection d'une surface de révolution Δ et d'un conoïde Σ que nous allons déterminer :

1° Pour la *spirale* $\rho = a^\omega$, la courbe méridienne de la surface Δ (la plus simple) aura pour équation $\rho_i = z$, et la courbe C_i aura pour équation $a^x = z$: elle sera donc une *logarithmique*.

Ainsi, la *spirale* sera la projection de l'intersection d'un cône de révolution et d'un conoïde dont la *directrice courbe* C aura pour *transformée* C_i une *logarithmique*.

2° Pour la *spirale* $a^\rho = \omega$, la courbe méridienne de la surface Δ (la plus simple) aura pour équation $a^\rho = z$ qui est celle d'une *logarithmique*, et la courbe C_i aura pour équation $x = z$; ainsi la *spirale* sera la projection de l'intersection d'une surface de révolution engendrée par une *logarithmique*, et le conoïde aura pour *directrice courbe* une hélice cylindrique.

La construction de la tangente en un point de l'une et de l'autre des deux *spirales* logarithmiques, dépendra donc de la construction de la tangente en un point d'une *logarithmique*.

519 *ter*. Nous avons vu ci-dessus que l'on pouvait construire la tangente en un point de l'une et de l'autre *spirale parabolique* dont les équations sont :

$$(1)\ \rho^2 = a.\omega \quad \text{et} \quad (2)\ \rho = a.\omega^2 ;$$

et cela, en considérant chacune de ces spirales comme la projection de la courbe intersection d'une surface de révolution et d'un conoïde.

Si l'on transforme, *dans son plan même*, chacune de ces spirales en une courbe en *coordonnées rectangulaires*, en remplaçant dans leur équation ρ par z et $\omega.\rho$ par y, on obtiendra les deux courbes (3) $z^3 = a.y$ et (4) $z^3 = a.y^2$.

On saura donc construire la tangente en l'un quelconque des points des courbes représentées par les équations (3) et (4), et cela en vertu de ce que nous avons dit dans le chapitre II *des Développements de géométrie descriptive*, page 134 (*)

Je ne pousserai pas plus loin ces recherches *géométriques*, car on serait obligé pour les pousser plus loin d'employer des considérations *algébriques*; toutefois, les considérations géométriques que je viens d'exposer ci-dessus, pourront, je crois, avec les développements *algébriques* nécessaires, être utiles à l'*analyse*.

DE LA SURFACE DU BIAIS-PASSÉ.

520. La surface du biais-passé est une surface gauche Σ engendrée par une droite G s'appuyant sur une droite A et sur deux cercles C et C' de même rayon et situés respectivement dans deux plans P et P' parallèles entre eux et verticaux et perpendiculaires à la droite A; de plus les centres des cercles C et C' et la droite A sont dans un même plan horizontal.

Cette surface Σ est donnée par le *premier mode* de génération des surfaces *gauches*; cette surface n'offre rien de particulier, mais en généralisant son mode de génération et supposant que les cercles C et C' sont deux courbes E et E' telles que l'on sache construire la tangente en chacun de leurs points, elle permet de résoudre les deux problèmes suivants :

521. *Problème 1.* Étant donnés sur un plan un point o et deux courbes γ et γ' (telles que l'on sache leur construire une tangente en chacun de leurs points), ayant mené par le point o une série de divergentes D , D', D'',.....

La droite D coupant la courbe γ au point m et la courbe γ' au point n,

	D'			m'			n',
—	D''	—	—	m''	—	—	n'',
—	etc.	—	—	etc.	—	—	etc.,

(*) Dans les *Développements de géométrie descriptive* nous avons construit (chapitre II, page 134) la tangente à la spirale d'Archimède $\rho = a.\omega$, au moyen de sa *transformée* en coordonnées rectangulaires : $z^2 = a.y$, qui est une *parabole*.

A ce sujet j'avais dit que cette propriété était connue, mais que j'ignorais qui en était l'auteur (*voyez* la note placée au bas de la page 134 des *Développements de géométrie descriptive*); en lisant dernièrement les œuvres de *Pascal*, réimprimées à Paris en 1819, j'ai vu que *Roberval* était le premier qui avait trouvé la parabole *compagne* de la spirale d'Archimède. (*Voyez*, dans les OEuvres complètes de Pascal, tome Ve, page 401, le petit traité *de l'Égalité des lignes spirales et paraboliques*, publiées par Pascal sous le nom de *Dettonville*, 10 décembre 1658.)

et ayant pris sur chacune des droites D, D', D'',.... un point x, x', x'',.... tel que l'on ait :

$$\frac{xm}{xn} = \frac{x'm'}{x'n'} = \frac{x''m''}{x''n''} = \ldots = a$$

construire la tangente en un des points de la courbe $\eth$, lieu des points x, x', x'',.... déterminés ainsi qu'on vient de le dire (*fig.* 249).

Pour résoudre le problème *plan* proposé, nous passerons du plan dans l'espace, et dès lors nous regarderons la *figure* tracée sur le plan P comme étant la projection orthogonale sur ce plan P d'un certain *système* de l'espace.

Ainsi, traçant sur le plan P une droite quelconque LT nous la prendrons pour ligne de terre et le plan P pour plan vertical de projection; deux droites E^h et E'^h parallèles à LT représenteront les projections horizontales de deux courbes planes E et E' ayant pour projection verticale, savoir : E la courbe donnée γ sur laquelle nous écrirons le *symbole* E^v et E' la courbe donnée γ' sur laquelle nous écrirons le *symbole* E'^v; par le point o menant une droite perpendiculaire à LT, nous aurons A^h et le point o représentera A^v.

Cela posé, nous pourrons faire mouvoir une droite G sur les trois *directrices* A, E et E', et nous obtiendrons une surface gauche Σ.

Si l'on coupe la surface Σ par un plan M parallèle aux plans des courbes E et E', l'on obtiendra une courbe B; et les divers points de cette courbe B ne seront autres que ceux en lesquels le plan M coupe les diverses génératrices droites G de la surface Σ.

Or, il est évident que si nous désignons par z..... y..... et y'..... les points en lesquels les divers génératrices G..... sont respectivement coupées par les plans parallèles entre eux M, E et E', on aura $\frac{zy}{zy'} = \ldots = $ constante $= a$. Dès lors, on voit que la projection B^v de la courbe B coupera les droites D, D', D'',... (sur lesquelles on devra écrire les symboles G^v.....) en des points z^v..... tels que l'on aura $\frac{z^v y^v}{z^v y'^v} = \ldots = $ constante $= a$. Dès lors, on pourra considérer la courbe $\eth$ comme étant la courbe B^v, le point m'' comme étant y^v, le point n'' comme étant y'^v, le point x'' comme étant z^v, la droite D'' comme étant G^v; et abaissant des points y^v et y'^v des perpendiculaires à la ligne de terre jusqu'à leur rencontre y^h avec la droite E^h et y'^h avec la droite E'^h, on aura en unissant les points y^h et y'^h une droite qui sera G^h.

Cela fait, abaissant du point z^v une perpendiculaire à la ligne de terre jusqu'à sa rencontre en z^h avec G^h, on mènera par ce point z^h une parallèle H^h à la ligne de terre, et l'on aura la trace du plan M et en même temps la projection B^k de la section plane B.

Par conséquent pour avoir la tangente à la courbe δ pour le point x'', il faudra construire les deux tangentes : 1° θ^v à la courbe E^v (ou γ) pour le point y^v (ou m''), et 2° θ$^{\prime v}$ à la courbe E$^{\prime v}$ (ou γ′) pour le point $y^{\prime v}$ (ou n'') et faire mouvoir la droite G sur les trois droites A, θ et θ′; on engendrera un hyperboloïde à une nappe Σ, qui se *raccordera* avec la surface Σ tout le long de la génératrice droite G qui leur est commune.

Cela fait, on construira le plan T tangent au point z à l'hyperboloïde Σ, et le plan M coupera le plan T suivant une droite t qui sera la tangente au point z à la courbe B, et la projection t^v de la droite t sera la tangente au point x'' de la courbe δ.

521 *bis*. *Problème* 2. Étant données sur un plan P trois courbes λ, γ et γ′ telles que l'on sache leur construire en chacun de leurs points une tangente, ayant mené à la courbe λ une série de tangentes D, D′, D″,..... coupant respectivement la courbe γ aux points m, m', m'',..... et la courbe γ′ aux points n, n', n'',..... on divise les cordes mn, $m'n'$, $m''n''$,..... en deux parties qui soient entre elles dans un rapport constant, ou bien l'on prend sur chaque droite D..... un point x..... tel que l'on ait : $\dfrac{xm}{xn} = ... = $ constante $= a$; le lieu des points x..... sera une courbe δ pour laquelle on demande de construire la tangente en un de ses points.

Pour construire la tangente au point x de la courbe δ, nous considérerons les courbes γ et γ′ comme les projections de deux courbes E et E′ situées dans des plans parallèles entre eux et au plan P que nous prendrons pour plan vertical de projection, nous regarderons la courbe λ comme étant la trace verticale d'un cylindre φ ayant ses génératrices droites perpendiculaires au plan P, et nous aurons alors à considérer une surface gauche Σ engendrée par une droite G se mouvant sur les deux courbes E et E′ et tangentiellement au cylindre φ.

La droite D qui sera G^v touche la courbe λ au point o qui représentera A^v projection verticale de la génératrice A du cylindre φ qui passe par le point en lequel ce cylindre φ est touché par la droite G.

Cela posé :

On achèvera les constructions comme dans la *fig*. 249, car à la surface Σ, on pourra substituer l'hyperboloïde à une nappe Σ, engendré par la droite G se mouvant sur les trois droites A, θ et θ′, comme on l'a fait pour le *problème* 1 ci-dessus.

521 *ter*. Ce qui précède nous permet de démontrer très-simplement une pro-

priété dont jouissent *trois ellipses* ou *trois hyperboles* semblables et semblablement placées et qui ont une corde commune.

Si l'on conçoit un hyperboloïde à une nappe Σ et son cône asymptote Δ, on sait que tout plan T tangent au cône Δ suivant une génératrice droite L coupe l'hyperboloïde Σ suivant deux génératrices droites K et G qui sont parallèles entre elles et à la droite L.

Cela posé :

Coupons la surface Σ par trois plans P, P', P'', parallèles entre eux, ces plans étant dirigés dans l'espace de manière à couper la surface Σ suivant des ellipses, leur direction étant d'ailleurs arbitraire, pourvu que cette condition soit satisfaite.

Nous aurons trois ellipses de section E, E', E''. Nous pourrons toujours projeter orthogonalement ces trois courbes sur un plan Q perpendiculaire aux droites G et K et coupant ces droites respectivement en les points g et k. Les ellipses E, E', E'' se projetteront sur le plan Q suivant trois ellipses E_ι, E_ι', E_ι'' qui seront semblables et semblablement placées et qui auront pour corde commune la droite $\overline{gk}$.

Cela posé :

La surface Σ peut être regardée comme engendrée par la droite K se mouvant dans l'espace en s'appuyant sur la droite G et sur les deux ellipses E et E' (l'hyperboloïde à une nappe rentre par ce mode tout particulier de génération, dans la famille des surfaces dites du *biais-passé*) ; dès lors une position quelconque K' de la droite K se projettera orthogonalement sur le plan Q suivant une droite K_ι' passant par le point g.

Cette droite K_ι' coupera les ellipses E_ι et E_ι' en les points m_ι et m_ι' qui seront sur le plan Q les projections des points m et m' de l'espace en lesquels la droite K' coupe les ellipses E et E' ; le point x_ι en lequel la droite K_ι' coupe la courbe E_ι'' sera aussi la projection sur le plan Q du point x en lequel la droite K' coupe l'ellipse E''.

Or, les trois plans P, P', P'' étant parallèles entre eux, toutes les parties $\overline{mm'}$... des diverses droites K'...... seront coupées en parties proportionnelles par le plan P''. On aura donc : $\dfrac{x_\iota m_\iota}{x_\iota m_\iota'} = \ldots = \text{constante} = a$.

Ainsi, l'ellipse E_ι'' coupera en parties proportionnelles les *portions* interceptées sur les droites divergentes du point g par les deux ellipses E_ι et E_ι'.

Il est évident que la même propriété subsiste pour *trois* hyperboles semblables et semblablement placées et qui ont une corde commune.

DES SURFACES HÉLICOÏDES.

522. Concevons deux cylindres de révolution et concentriques Δ et Δ'; coupons ces deux cylindres par un plan P perpendiculaire à leur axe commun A, nous aurons deux cercles C et C' concentriques, et désignons par R et R' leurs rayons; traçons sur le cylindre Δ une hélice E ayant son *pas* égal à *h* et coupant les génératrices droites du cylindre sous un angle α.

Cela fait, imaginons une droite G se mouvant tangentiellement au cylindre intérieur Δ' en coupant ses génératrices droites sous un angle constant Ɛ et s'appuyant pendant son mouvement sur l'hélice E.

La droite G en chacune de ses positions touchera le cylindre Δ' en un point *m*, et tous les points *m*..... formeront sur le cylindre Δ' une hélice E' ayant même *pas h* que l'hélice E.

Dès lors, comme pour l'hélice E, on a : $h = \dfrac{2\pi \cdot R}{\text{tang.}\alpha}$, on aura pour l'hélice E' (en désignant par α' l'angle sous lequel elle coupe les génératrices droites du cylindre Δ') $h = \dfrac{2\pi \cdot R'}{\text{tang.}\alpha'}$; d'où l'on déduit l'équation :

$$\text{tang } \alpha' = \frac{R'}{R} \cdot \text{tang } \alpha$$

Ainsi, quel que soit l'angle Ɛ, l'inclinaison α' de l'hélice E' sera constante. La surface engendrée par la droite G a pris le nom d'*hélicoïde cylindrique*.

Si l'angle Ɛ est égal à l'angle α' la surface hélicoïde Σ sera *développable* et le plan P la coupera suivant une développante *parfaite* du cercle B'; si l'angle Ɛ est > ou < que l'angle α', la surface hélicoïde Σ sera *gauche* et le plan P la coupera suivant une développante *imparfaite* du cercle B', cette développante sera *raccourcie* si l'on a Ɛ < α', et elle sera *rallongée* si l'on a Ɛ > α' (n° 396).

523. Le mode de génération que nous venons d'exposer ci-dessus permet de reconnaître sur-le-champ toutes les variétés d'hélicoïdes cylindriques qui peuvent exister. Et en effet, l'angle Ɛ peut être égal à un angle droit ou plus petit qu'un angle droit, et en même temps le rayon R' peut être nul ou plus petit ou égal au rayon R.

Si l'on a R' < ou = R et Ɛ = 90°, les génératrices droites G de la surface Σ seront parallèles au plan P qui sera le plan *directeur* de cette surface Σ, laquelle offrira un vide ou *jour* cylindrique, puisqu'elle a l'hélice E' ou E pour ligne de *gorge*, et elle sera *gauche*.

Si l'on a R' < ou = R et 6 > ou < 90° et > ou < α' la surface Σ sera *gauche*, elle aura un cône *directeur* qui sera de révolution ayant l'axe A pour axe de rotation et le demi-angle au sommet de ce cône directeur sera égal à 6. La surface Σ offrira encore un *jour* cylindrique, car elle aura l'hélice E' ou E pour ligne de *gorge*.

Si l'on a R' < ou = R et 6 = α' ou 6 = α, la surface Σ sera *développable*, et elle offrira un *jour* cylindrique, car cette surface aura l'hélice E' ou E pour *arête de rebroussement*.

Mais si l'on a R' = 0, quelle que soit la valeur de 6, la surface Σ sera *gauche*, elle n'offrira aucun jour, elle sera *continue*, et dans ce dernier cas :

1° Si 6 = 90°, les génératrices G seront parallèles au plan P, ou, en d'autres termes, elles couperont l'axe A sous l'angle droit. La surface Σ est dite *surface du filet de vis carré*.

2° Si 6 est > ou < 90°, les génératrices G seront parallèles à un cône Δ, de révolution et ayant pour axe de rotation l'axe A, et le demi-angle au sommet de ce cône sera égal à 6. La surface Σ est dite *surface du filet de vis triangulaire*.

Ainsi, la surface du filet *de vis carré* est un *conoïde* ; elle a pour *directrices* une droite A et une hélice E, et elle a pour plan *directeur* un plan P perpendiculaire à la droite A.

Ainsi, la surface du filet de *vis triangulaire* est une surface *gauche* donnée par le *second* mode de génération des surfaces gauches ; elle a pour *directrices* une droite A et une hélice E et pour cône *directeur* un cône de révolution ayant son sommet en un point arbitraire de la droite A et ayant cette droite A pour axe de rotation.

524. Si l'on coupe la surface *gauche* dite : surface du filet de vis trangulaire par un plan P perpendiculaire à l'axe A, on obtient pour section une *spirale d'Archimède*, courbe dont l'équation *polaire* est $\rho = a\omega$.

525. Les surfaces hélicoïdes cylindriques forment donc deux *familles*, les unes ont un *plan directeur*, les autres ont un *cône directeur* ; et l'on voit par ce qui précède quelles *liaisons géométriques* existent entre 1° le *cercle*, 2° ses *développantes* parfaites et imparfaites rallongées et raccourcies et 3° la *spirale d'Archimède* (*).

(*) *Voyez*, pour les hélicoïdes *coniques* et les *analogies géométriques* qui existent entre les hélicoïdes coniques et cylindriques, le chapitre premier des *Développements de géométrie descriptive*.

Construction du plan tangent en un point d'une surface hélicoïde cylindrique.

526. En vertu du mode de génération d'une surface hélicoïde, il est évident que chacun des points d'une de ses génératrices droites G décrit une hélice tracée sur un cylindre de révolution ayant l'axe A pour axe de rotation, et il est encore évident que toutes les hélices ainsi décrites ont toutes même *pas*, et que ce *pas* est égal à celui de l'hélice *directrice* E tracée sur le cylindre extérieur ayant pour section droite le cercle du rayon R.

Or si nous désignons par ρ la distance d'un point x de la génératrice droite G à l'axe A et par h le *pas* de l'hélice *directrice* E, on aura : $\dfrac{2\pi.\rho}{h} =$ tang. ϵ. On connaîtra donc l'angle ϵ sous lequel l'hélice X décrite par le point x coupe les génératrices du cylindre sur lequel elle est tracée ; on connaîtra dès lors l'angle ϵ que sa tangente L fait avec l'axe A.

Dès lors il sera facile de construire le plan tangent T en un point x d'une surface hélicoïde Σ, quel que soit son mode de génération, puisque ce plan T sera déterminé par la génératrice droite G de la surface Σ passant par le point x et par la tangente L au point x à l'hélice X décrite par ce point x.

257. Cela dit : nous allons montrer comment on doit effectuer les constructions *graphiques* (en d'autres termes comment on doit exécuter *l'épure*) pour que la solution soit simple.

Nous aurons à examiner *quatre* cas : et ainsi *deux cas* lorsque la génératrice droite G s'appuyant sur l'axe A et sur l'hélice directrice E coupe l'axe A, 1° sous l'angle droit et 2° sous un angle aigu.

Et *deux cas* lorsque la génératrice droite G s'appuyant sur l'hélice directrice E se meut tangentiellement à un cylindre dont elle coupe les génératrices, 1° sous l'angle droit et 2° sous un angle aigu.

PREMIER CAS. *La droite G coupant l'axe A sous l'angle droit.*

528. Soit donnée par ses projections E^h et E^v une hélice E (*fig.* 251), tracée sur un cylindre φ de révolution ayant la droite verticale A pour axe de rotation et pour base sur le plan horizontal le cercle B ayant A^h pour centre et ayant son rayon égal à R.

Faisons mouvoir une droite G parallèlement au plan horizontal de projection et s'appuyant sur l'hélice E et sur l'axe A, nous engendrerons une surface hélicoïde gauche Σ (surface du filet de vis carré).

Prenons une des génératrices G et sur cette droite un point x et construisons le plan T tangent en ce point x à la surface Σ.

Concevons un cylindre φ' de révolution concentrique au cylindre φ et passant par le point x; ce cylindre φ' coupera la surface Σ suivant une hélice X qui aura son *pas* h égal au pas de l'hélice E, et cette hélice X se projettera horizontalement sur le cercle B' concentrique au cercle B et dont le rayon ρ sera égal à la distance du point x à l'axe A, dès lors le point x^h sera sur ce cercle B'.

Puisque les droites G sont horizontales, les traces horizontales des diverses hélices X tracées sur la surface Σ, seront situées sur une droite $A^h a$, le point a étant l'origine ou trace sur le plan horizontal de l'hélice E.

Par conséquent l'origine ou trace sur le plan horizontal de l'hélice X, sera au point a' intersection du cercle B' et de la droite A^h.

La tangente L au point x de l'hélice X aura pour trace horizontale le point q' que l'on obtient (n° 398) en rectifiant l'arc $x^h a'$ et le portant de x^h en q' sur la tangente L^h au point x^h du cercle B'.

Si donc par le point q' on mène la droite H^r parallèle à G^h, on aura la trace horizontale du plan tangent T demandé, et ce plan T sera complétement déterminé de position dans l'espace puisqu'on connaît sa trace H^r et un de ses points x.

DEUXIÈME CAS. *La droite G coupant l'axe A sous un angle aigu.*

529. Nous aurons (*fig.* 252) les mêmes données que *fig.* 251, seulement la génératrice droite G étant oblique par rapport au plan horizontal et faisant avec l'axe A un angle constant, la surface gauche Σ que l'on aura à considérer aura un cône *directeur* qui sera de révolution et qui aura l'axe A pour axe de rotation.

Dans ce cas la surface hélicoïde Σ sera une surface gauche, dite : *surface du filet de vis triangulaire.*

Cela posé : proposons-nous de construire le plan T tangent à la surface Σ, en un point x de la génératrice droite G.

Par le point x passera un cylindre φ' concentrique au cylindre φ et coupant la surface Σ suivant une hélice X ayant même *pas* h que l'hélice *directrice* E et se projetant horizontalement sur le cercle B' décrit du point A^h comme centre et avec $A^h x^h = \rho$ pour rayon.

Le plan T passera par la droite G, H^r passera donc par le point r en lequel la droite G perce le plan horizontal de projection; la droite H^r sera donc déterminée si l'on en connaît un second point. Or le plan T passe aussi par la droite L tangente en x à l'hélice X; si l'on connaissait le point q' en lequel la droite L perce le plan horizontal de projection, la droite H^r serait complétement déterminée et le plan T serait fixé de position dans l'espace puisque l'on connaîtrait sa trace horizontale H^r et un de ses points x.

Pour déterminer le point q', nous remarquerons qu'il sera situé sur la droite L^h tangente en x^h au cercle B' (qui n'est autre que X^h) et à une distance $q'x^h$ du point x^h égale à l'arc rectifié compris sur le cercle B' entre les points x^h et a', ce point a' étant celui en lequel l'hélice X perce le plan horizontal de projection.

Si donc nous construisons (*fig.* 252 *bis*) le triangle rectangle $a_2 za_1$ dans lequel $\overline{za_2} = h = $ le *pas* de l'hélice E, $\overline{a_1 a_1} = 2\pi\rho = $ le cercle B' rectifié; en portant sur $\overline{za_1}$ de a_1 en x_1 la hauteur $\overline{x^v p}$ (*fig.* 252) du point x au-dessus du plan horizontal; en menant la droite $\overline{x_1 x_1}$ parallèle à $\overline{a_1 a_1}$ elle coupera X, au point x_1 et abaissant de x_1 une perpendiculaire sur $\overline{a_1 a_1}$ on aura, en $\overline{a_1 q_1}$ la longueur de l'arc rectifié $a'x^h$ (*fig.* 252).

Portant donc $\overline{a_1 q_1}$ (*fig.* 252 *bis*) sur L^h (*fig.* 252) de x^h en q', on aura en joignant les points r et q' la droite H' trace du plan demandé T.

TROISIÈME CAS. *La droite G coupant sous l'angle droit les génératrices du cylindre auquel elle est tangente en chacune de ses positions.*

530. Soit donnée la droite G par ses deux projections G^v et G^h (*fig.* 253), G^h sera tangente au cercle B' base du cylindre auquel la droite G est tangente pendant son mouvement.

Pour construire le plan tangent au point x de la surface hélicoïde Σ, nous construirons la tangente L pour ce point x à l'hélice X décrite par ce même point x.

L^h sera une tangente au point x^h du cercle X^h et la droite L percera le plan horizontal de projection en un point q' situé sur L^h et distant du point x^h de $q'x^h$ égal à l'arc rectifié du cercle X^h qui mesure dans ce cercle X^h un angle égal à celui que mesure l'arc am^h dans le cercle B (qui est la projection E^h de l'hélice directrice E), le point a étant sur le plan horizontal l'origine de l'hélice E.

Menant par le point q' une droite H' parallèle à G^h on aura la trace horizontale du plan T demandé.

QUATRIÈME CAS. *La droite G coupant sous un angle aigu les génératrices du cylindre auquel elle est tangente en chacune de ses positions.*

531. Étant donnés deux cylindres Δ et Δ' de révolution et concentriques, ayant pour traces horizontales l'un (*fig.* 254) le cercle B du rayon R et l'autre le cercle B' du rayon R', on fait mouvoir une droite G tangentiellement au cylindre Δ' et s'appuyant sur une hélice E tracée sur le cylindre Δ; d'ailleurs la droite G fait, en toutes ses positions, un angle constant ε avec l'axe A commun aux deux cylindres Δ et Δ.

Cette droite G engendre par son mouvement une surface Σ et l'on demande de construire le plan T tangent à cette surface Σ en un point donné x sur l'une G de ses génératrices droites.

Le plan T aura sa trace horizontale H^r passant par le point r en lequel la droite G perce le plan horizontal de projection, il suffira donc de déterminer un second point q' de cette trace pour qu'elle soit connue de position.

Or le point x décrit, sur la surface Σ, une hélice X ayant même *pas h* que l'hélice *directrice* E; cette hélice X se trouve tracée sur un cylindre Δ'' ayant son rayon ρ égal à la distance du point x à *l'axe* A, ainsi l'on a : $\rho = \overline{x^h A^h}$.

Décrivant du point A^h comme centre et avec $\overline{x^h A^h}$ pour rayon un cercle, on aura la projection X^h de la courbe X.

La tangente L au point x de l'hélice X se projettera en L^h tangente au point x^h au cercle X^h, et la trace horizontale q' de la droite L devra être située sur H^r.

Pour construire le point q', nous rectifierons le cercle X^h et nous prendrons (*fig.* 254 *bis*), une droite $\overline{a_{,}a_{,}} = 2\pi\rho$; au point $a_{,}$ nous élèverons une perpendiculaire $\overline{za_{,}} = h$ et nous joindrons les points z et $a_{,}$ par une droite X, qui sera la *transformée* (au développement du cylindre Δ'') de l'hélice X.

Nous porterons sur $za_{,}$ et de $a_{,}$ en $n_{,}$ la hauteur du point x au-dessus du plan horizontal de projection, hauteur qui nous est donnée sur le plan vertical de projection (*fig.* 254) en $\overline{x^v p}$.

Par le point $n_{,}$ nous mènerons une parallèle à $a_{,}a_{,}$ coupant X, au point n, et par ce point $n_{,}$ nous abaisserons une perpendiculaire à $a_{,}a_{,}$ et coupant cette droite au point $a_{,}$, cela fait, nous porterons $\overline{a_{,}a_{,}}$ sur L^h de x^h en q' et la droite $\overline{rq'}$ sera la trace H^r du plan T demandé.

532. Aux quatre problèmes précédents on doit joindre les problèmes *réciproques*, ainsi l'on doit savoir résoudre le problème suivant : *étant données la trace* H^r *d'un plan* T *et les projections* G^v *et* G^h *d'une génératrice droite* G *de l'un quelconque des quatre hélicoïdes, construire le point* x *en lequel le plan* T *touche la surface hélicoïde.*

Nous ne résoudrons pas les quatre problèmes *réciproques* en employant les mêmes considérations géométriques qui nous ont permis de résoudre les quatre problèmes précédents. Nous serons obligé d'employer un *paraboloïde hyperbolique de raccordement*; ainsi nous construirons un paraboloïde Σ, tangent à la surface gauche donnée Σ, tout le long de la génératrice droite G et nous chercherons le point de contact du plan T avec ce paraboloïde Σ, et nous aurons le point x demandé, et ainsi le point de contact du plan T avec la surface hélicoïde Σ.

Parmi tous les paraboloïdes hyperboliques qui se *raccordent* avec la surface Σ tout le long de la génératrice droite G, nous devrons choisir celui qui conduira aux constructions *graphiques* les plus simples.

Premier cas. *La droite G étant horizontale et coupant à angle droit l'axe* A.

533. La droite G par laquelle passe le plan T est donnée (*fig.* 255) par ses projections G^v et G^h et le plan T est donné par sa trace horizontale H^r qui est parallèle à G^h puisque G est une *horizontale* de ce plan.

Cela posé :

Nous construirons la tangente θ à l'hélice *directrice* E pour le point *m* en lequel la droite G coupe cette courbe E ; cette tangente θ sera déterminée de position lorsque nous aurons construit sa trace horizontale *q*.

Cela fait, nous ferons mouvoir la droite G sur les droites θ et A et parallèlement au plan horizontal de projection, et nous engendrerons un paraboloïde hyperbolique Σ, qui se raccordera avec la surface hélicoïde Σ tout le long de la droite G.

En unissant les points *q* et A^h par une droite H^{Σ_1}, nous aurons la trace horizontale du paraboloïde de *raccordement* Σ, ; et les droites H^r et H^{Σ_1} se couperont en un point *q'*. Menons par ce point *q'* une droite L^h parallèle à θ^h nous aurons la projection de la génératrice L du *second système* coupant G en un point *x* qui sera le point de contact du plan T et du paraboloïde Σ,.

L^h coupe G^h en un point *x^h*, d'où l'on conclut *x^v*, et l'on a ainsi les projections du point de contact *x* du plan donné T et de l'hélicoïde donné Σ.

Deuxième cas. *La droite G étant horizontale et faisant un angle droit avec les génératrices du cylindre intérieur auquel elle est tangente.*

534. Soit donnée la droite G, horizontale, par ses projections G^v et G^h; puisque la droite G s'appuie sur un cylindre Δ' concentrique au cylindre Δ sur lequel est tracée l'hélice *directrire* E, la droite G^h sera tangente au cercle B' trace horizontale (ou section droite) de ce cylindre Δ'.

Cela posé :

On se donne une droite H^r parallèle à G^h, cette droite H^r sera la trace d'un plan T ayant la droite G pour *horizontale* et l'on demande de construire le point *x* en lequel ce plan T touche la surface hélicoïde Σ engendrée par la droite G se mouvant horizontalement et tangentiellement au cylindre Δ' et s'appuyant pendant son mouvement sur une hélice E tracée sur le cylindre Δ.

La droite G touche le cylindre Δ' en un point *n* situé sur la génératrice droite K de ce cylindre Δ'.

La droite G en se mouvant dans l'espace touche le cylindre Δ' en divers points *n*, *n'*,..... qui déterminent une hélice E' ayant même *pas h* que l'hélice E.

Si l'on construit la tangente θ' au point *n* à l'hélice E' et la tangente θ au point *m* à l'hélice E, ces points *n* et *m* étant ceux en lesquels la droite G coupe respectivement les hélices E' et E, en faisant mouvoir la droite G sur θ et θ' et parallèlement au plan horizontal de projection, on engendrera un des paraboloïdes de *raccordement*; mais ce paraboloïde peut être remplacé par un autre qui facilitera les constructions *graphiques*; et en effet : la tangente θ' sera dans un plan Θ' vertical et tangent au cylindre Δ' tout le long de la génératrice droite K; ce plan Θ' sera donc tangent au point *n* à la surface hélicoïde donnée Σ, puisqu'il contiendra la droite G et la tangente θ' à une courbe E' tracée sur la surface Σ et passant par le point *n*. Nous pourrons donc remplacer la droite θ' (n° 480) par toute autre droite que nous voudrons, mais située dans le plan Θ' et passant par le point *n* et ainsi par la droite K. Dès lors, nous pourrons prendre pour paraboloïde de *raccordement* Σ, celui qui est engendré par la droite G se mouvant parallèlement au plan horizontal en s'appuyant sur les droites θ et K.

Si donc nous déterminons la trace horizontale *q* de la droite θ, la droite H^Σ qui unira les points *q* et n^h (ou K^h) sera la trace horizontale du paraboloïde de *raccordement* Σ,. Les droites H^r et H^Σ se coupent en un point *q'*; menant par ce point *q'* une droite L^h parallèle à θ^h, elle coupera G^h en un point x^h qui sera la projection du point *x* en lequel le plan T touche le paraboloïde Σ, , et par conséquent en lequel ce même plan T touche l'hélicoïde donné Σ.

TROISIÈME CAS. *La droite G coupant l'axe A sous un angle aigu.*

535. Soit donnée la droite G par ses projections G^v et G^h (*fig.* 257), cette droite G coupe l'axe A en un point *n* et sous un angle aigu ε.

On propose de trouver le point de contact d'un plan T, passant par la droite G, avec la surface Σ engendrée par cette droite G se mouvant : 1° parallèlement à un cône de révolution ayant son demi-angle au sommet égal à ε et ayant la droite A pour axe de rotation, et 2° en s'appuyant sur l'axe A et sur l'hélice E tracée sur un cylindre Δ de révolution ayant aussi la droite A pour axe de rotation.

Cela posé, la droite G perce le plan horizontal au point *r*; si nous menons par ce point *r* une droite H^r nous aurons la trace du plan T donné.

Pour résoudre le problème proposé, nous remplacerons la surface Σ par un paraboloïde de *raccordement* Σ, ayant pour *directrices* les droites A et θ, θ étant la tangente à l'hélice E pour le point *m* en lequel G coupe cette courbe E.

Le premier plan directeur du paraboloïde Σ, sera vertical, puisqu'il doit être parallèle aux droites A et θ. Pour avoir le *second* plan directeur de Σ,, nous abaisserons la droite G parallèlement à elle-même jusqu'à ce que le point *m* vienne en *k* sur le plan horizontal et jusqu'à ce que le point *n* vienne en *s* sur A.

Dès lors, en cette position de G que nous désignerons par I, nous aurons la génératrice droite du cône *directeur* de la surface Σ, ce cône *directeur* ayant son sommet au point *s*, et ayant le cercle B (base du cylindre Δ) pour trace horizontale; dès lors, le plan P tangent au cône *directeur* suivant la droite I sera le *second* plan directeur du paraboloïde Σ,.

Le plan P aura donc pour trace H' la droite θ^h tangente au cercle B au point m^h. Cela posé :

Il nous faudra trouver la trace du plan T sur le plan P et la trace du paraboloïde Σ, sur ce même plan P.

La trace du plan T sur le plan P sera l'intersection des deux plans T et P; or, ces plans T et P passent l'un et l'autre par la droite G, cette trace sera donc une droite D parallèle à la droite G et passant par le point p en lequel se coupent les deux traces H' et H'.

La trace du paraboloïde Σ, sur le plan P, sera la droite U qui unira le point s et le point q en lequel la droite θ perce le plan P; les droites D et U se couperont en un point y.

Et si par ce point y nous menons une droite L parallèle au *premier* plan directeur (A, θ) du paraboloïde Σ, et s'appuyant sur la droite G, cette droite L coupera la droite G au point x demandé.

QUATRIÈME CAS. *La droite G faisant un angle aigu avec les génératrices droites du cylindre auquel elle est tangente.*

536. La droite G sera donnée (*fig.* 258) par ses projections G^v et G^h; la droite G^h sera tangente au cercle B', trace horizontale (ou section droite) du cylindre Δ' auquel cette droite G est tangente pendant son mouvement.

La surface Σ est engendrée par la droite G s'appuyant sur l'hélice E tracée sur le cylindre de révolution Δ ayant le cercle B pour trace horizontale (ou section droite) et restant tangente au cylindre Δ' en faisant avec l'axe A (axe de révolution commun aux deux cylindres Δ et Δ') un angle constant ε.

Cela posé, on demande de construire le point x en lequel la surface Σ est touchée par un plan T passant par la droite G.

La droite G perce le plan horizontal en un point r; menant donc par ce point r une droite H', on aura la trace du plan T donné.

Pour déterminer le point x, nous devrons employer les considérations *géométriques* suivantes, lesquelles détermineront les constructions *graphiques* à exécuter.

Nous remplacerons la surface hélicoïde Σ par un paraboloïde Σ, de *raccordement* ayant pour *directrices* les droites K et θ (K sera la génératrice droite du cylindre Δ' passant par le point n en lequel la droite G touche ce cylindre, et θ sera la tangente à l'hélice E au point m en lequel la même droite G coupe cette courbe E).

Dès lors, le *premier* plan directeur du paraboloïde Σ, sera vertical, puisqu'il doit être parallèle aux droites A et θ.

Déterminons maintenant le *second* plan directeur P du paraboloïde Σ_i ; la sur-face hélicoïde Σ a un cône directeur, qui est de révolution et dont l'axe de rotation est vertical et dont le demi-angle au sommet est égal à ϵ. Ce cône directeur peut être placé dans l'espace partout où l'on voudra ; je puis donc supposer que la droite K sera son axe et que son sommet est au point s que l'on obtient en fai-sant descendre parallèlement à elle-même la droite G d'une quantité égale à la hauteur du point m au-dessus du plan horizontal.

En sa nouvelle position, G sera désignée par I et le cône directeur de la surface Σ aura son sommet au point s, et ce cône aura pour trace horizontale un cercle C décrit du point n^h (ou K^h, ou s^h) comme centre et sur la corde, interceptée sur G^h par le cercle B, comme diamètre.

Cela posé :

Le plan P tangent au cône (s, C) suivant la droite I sera le *second* plan directeur du paraboloïde de *raccordement* Σ_i.

Cela fait : Il faudra trouver : 1° la *trace* du plan T sur le plan P, et 2° la *trace* du paraboloïde Σ_i sur ce même plan P.

La *trace* du plan T sur le plan P sera la droite D parallèle à G et passant par le point p intersection des deux traces H^r et H^v.

La *trace* du paraboloïde Σ_i sur le plan P sera la droite U unissant le point s sommet du cône directeur avec le point i en lequel la tangente θ (en m à l'hélice E) perce le plan P. Pour avoir cette trace U, il nous faut donc mener par le point s et la droite θ un plan Y qui coupera le plan P suivant cette droite U demandée.

Or, pour déterminer le plan Y, il faudra mener par le point s une droite θ_i parallèle à la droite θ ; cette droite θ_i percera le plan horizontal de projection au point d. La droite qui unira les points d (trace horizontale de θ_i) et q (trace hori-zontale de θ) sera H^v. Cette droite H^v coupera H^r en un point z ; unissant les points z et s, on aura la droite U *trace* sur le plan P du paraboloïde de *raccorde-ment* Σ_i. Les droites D et U se couperont en un point y, et menant par ce point y une droite L parallèle au *premier* plan directeur (K, θ) du paraboloïde Σ_i et s'appuyant sur la droite G, on aura en le point x, en lequel les droites L et G se coupent, le point de contact du plan donné T avec le paraboloïde de *raccor-dement* Σ_i, et par conséquent le point du contact de plan T avec la surface hélicoïde donnée Σ.

CHAPITRE XII.

DES SURFACES ENGENDRÉES PAR UNE SECTION CONIQUE, ET QUI JOUISSENT DE LA PROPRIÉTÉ D'ÊTRE COUPÉES PAR UN PLAN, ET QUELLE QUE SOIT SA DIRECTION, SUIVANT UNE SECTION CONIQUE.

---

537. Les surfaces qui jouissent de la propriété remarquable d'être coupées par un plan suivant une *section conique*, et quelle que soit la direction du plan, sont au nombre de *cinq*, en mettant de côté les *trois* cylindres *elliptique*, *parabolique* et *hyperbolique* et le cône à base *section conique*.

Ces cinq surfaces, dites du second ordre ou du second degré (parce que leur équation est du second degré), sont appelées par les géomètres, 1° *ellipsoïde*, 2° *paraboloïde elliptique*, 3° *hyperboloïde à une nappe*, 4° *hyperboloïde à deux nappes*, 5° *paraboloïde hyperbolique*.

Nous allons démontrer les diverses propriétés dont jouissent ces *cinq* surfaces, en ne nous servant que de la méthode des *projections*.

DES ELLIPSOÏDES.

538. Concevons une sphère S du rayon R, et ayant son centre en un point o. Menons par le centre o deux plans rectangulaires entre eux, l'un horizontal, coupant la sphère S suivant un grand cercle C, et l'autre vertical et coupant cette même sphère S suivant un grand cercle C_1, ces deux plans se couperont suivant une droite LT.

Menons par le centre o de la sphère une verticale Z.

Tout plan M′, passant par l'axe Z, coupera la sphère S suivant un grand cercle C′.

Cela posé :

Transformons *cylindriquement* le cercle C en une ellipse E, ayant le point o pour centre et ayant l'un de ses axes dirigé suivant la droite Z.

Nous savons (n° 343) que si l'on considère un point m du cercle C, et que l'on mène par ce point m une droite parallèle à Z, et coupant la droite LT en un point p et l'ellipse E en un point n, on aura $\frac{np}{mp} = a$; et nous savons aussi que, si pour tous les points m, m', m'', etc. du cercle C, on fait la même chose, on aura :

$$\frac{np}{mp} = \frac{n'p'}{m'p'} = \frac{n''p''}{m''p''} = \text{etc.} = a = \text{constante.}$$

Ainsi, pour *la même abscisse*, le cercle C et l'ellipse E ont leurs *ordonnées* dans un rapport constant.

539. Si l'on fait tourner le cercle C autour de l'axe Z, on engendrera la sphère S; si l'on fait tourner l'ellipse E autour de l'axe Z, on engendrera une surface Σ de révolution, qui a reçu le nom d'ellipsoïde de révolution, et cette surface Σ aura évidemment pour centre le point o, centre de la sphère S.

Désignons par s et s', les points en lesquels l'ellipse E coupe l'axe Z, si l'on a : $\overline{ss'} > 2R$, alors l'ellipse E est *allongée* par rapport au cercle C, puisque cette ellipse a son petit axe égal à $2R$.

Si l'on a $\overline{ss'} < 2R$, alors l'ellipse E est *raccourcie* par rapport au cercle C.

L'ellipse *rallongée* aura lieu lorsque l'on aura : $\frac{np}{mp} < 1$; et l'ellipse *raccourcie* aura lieu lorsqu'on aura : $\frac{np}{mp} > 1$.

Dans le cas où E est une ellipse *rallongée*, la surface Σ a reçu le nom d'*ellipsoïde rallongé et de révolution*.

Dans le cas où E est une ellipse *raccourcie*, la surface Σ a reçu le nom d'*ellipsoïde aplati et de révolution*.

Cela posé :

Si nous prenons un point x arbitraire sur la sphère S, et que, par ce point nous menions une droite X parallèle à l'axe Z, elle coupera la surface Σ en deux points y et y' et le plan horizontal en un point q (l'on aura évidemment $yq = y'q$), et l'on aura : $\frac{yq}{xq} = a$, et en effet :

Par l'axe Z et le point x, nous pouvons faire passer un plan M', ce plan coupera la sphère S suivant un grand cercle C', et la surface Σ suivant une ellipse E', qui sera identique à l'ellipse E. Donc, etc.

Ainsi l'on peut énoncer tout ce qui suit :

540. 1° Si l'on mène une droite D quelconque et coupant la sphère S en deux points x et x', on transformera *cylindriquement* cette droite D en une autre droite D' coupant la surface ellipsoïde Σ en deux points $x_{,}$ et $x_{,}'$, qui seront les transformés des points x et x', et dès lors les points $x_{,}$ et x seront sur une parallèle à Z et cou-

pant le plan horizontal en un point q, et les points x_i' et x' seront sur une parallèle à Z, et coupant le plan horizontal en un point q', et l'on aura :

$$\frac{x_iq}{xq} = \frac{x_i'q'}{x'q'}$$

2° Si l'on mène un plan P coupant la sphère S, suivant un petit cercle δ, ce plan sera transformé *cylindriquement* en un plan P, coupant la surface ellipsoïde Σ suivant une courbe δ_i, qui sera la *transformée* du cercle δ. Dès lors les deux courbes δ et δ_i seront situées sur un cylindre Δ ayant ses génératrices droites parallèles à l'axe Z; la courbe δ étant un *cercle*, la courbe δ_i sera une *ellipse*.

On peut donc énoncer le *théorème* suivant :

I. *Un ellipsoïde de révolution est coupé par tout plan, quelle que soit sa direction, suivant une ellipse.*

3° Si l'on mène une suite de plans P, P', P'', etc., parallèles entre eux, et coupant la sphère S suivant des cercles δ, δ', δ'', etc., les centres de ces cercles seront situés sur une droite K passant par le centre o de la sphère S.

Ces plans se transformeront suivant des plans P_i, P'_i, P''_i, etc., aussi parallèles entre eux, et coupant la surface ellipsoïde Σ suivant des ellipses δ_i, δ'_i, δ''_i, etc., dont les centres seront situés sur une droite K_i, *transformée* de la droite K, et cette droite K_i passera par le centre o de l'ellipsoïde Σ, et il est évident que les ellipses δ_i, δ'_i, δ''_i, etc., seront semblables et semblablement placées.

On peut donc énoncer le *théorème* suivant :

II. *L'ellipsoïde de révolution est coupé par une série de plans parallèles suivant des ellipses semblables et semblablement placées, et dont les centres sont situés sur un diamètre de la surface.*

4° Un plan T, tangent en un point m à la sphère S, se transformera en un plan T_i, tangent à l'ellipsoïde Σ et au point m_i transformé du point m.

5° Un cône Δ tangent à la sphère S, ayant son sommet en un point d, et pour courbe de contact, un petit cercle δ de la sphère S, se transformera en un cône Δ_i, tangent à l'ellipsoïde Σ, suivant une ellipse δ_i, *transformée* du cercle δ, et ayant son sommet en un point d_i, *transformé* du point d, et comme pour la sphère le centre o de cette surface, le sommet d du cône tangent, et le centre i du cercle de contact, sont en ligne droite, il arrivera que les points, o centre de l'ellipsoïde Σ, d_i sommet du cône Δ_i et i_i centre de l'ellipse δ_i, seront en ligne droite.

On peut donc énoncer les *théorèmes* suivants :

III. *Si l'on coupe un ellipsoïde de révolution Σ par un plan et suivant une ellipse δ_i, et si l'on fait rouler un plan T, sur la courbe δ_i et tangentiellement à la surface Σ, la surface enveloppe de l'espace parcouru par le plan T, sera un cône.*

IV. Si l'on prend un point d, , *situé hors d'un ellipsoïde de révolution* Σ, *et qu'on regarde ce point comme le sommet d'un cône* Δ, *tangent à la surface* Σ, *la courbe de contact* δ, *sera plane et ne sera dès lors autre qu'une ellipse, et son centre* i, , *le centre* o *de la surface* Σ *et le sommet* d, *du cône* Δ, , *seront en ligne droite.*

6° Si l'on a deux cercles δ et δ' sur la sphère S, on peut les envelopper par deux cônes Δ et Δ', si ces cercles se coupent ou ne se coupent pas, et par un seul cône si ces cercles se touchent :

Au moyen de la *transformation cylindrique*, on fait passer cette propriété sur l'ellipsoïde de révolution.

On peut donc énoncer le *théorème* suivant :

V. Si l'on coupe un ellipsoïde de révolution par deux plans, les ellipses de section δ, *et* δ,' *pourront être enveloppées par deux cônes* Δ, *et* Δ,',, *si ces courbes* δ, *et* δ,' *se coupent ou ne se coupent pas, et par un seul cône, si ces deux courbes se touchent.*

7°. Si un cône Δ ayant pour sommet un point intérieur ou extérieur à la sphère S, a pour base un cercle δ de cette sphère, ce cône Δ coupe la sphère S suivant un second cercle δ'.

On peut donc énoncer le *théorème* suivant :

VI. Si un cône Δ,, *ayant pour sommet un point* d, *intérieur ou extérieur à un ellipsoïde de révolution* Σ, *a pour base une ellipse* δ, (*ou un parallèle*) *située sur cette surface de révolution, ce cône* Δ *coupe l'ellipsoïde de révolution* Σ, *suivant une seconde ellipse* δ',.

8° Si, dans la sphère S, on a une suite de cordes parallèles à une droite D, les milieux de ces cordes sont sur un plan P, passant par le centre de la sphère.

On peut donc énoncer le *théorème* suivant :

VII. Si l'on mène, dans un ellipsoïde de révolution Σ, *une suite de cordes parallèles à une droite* D,, *les milieux de ces cordes seront sur un plan* P, *passant par le centre de l'ellipsoïde.*

Ainsi, pour l'ellipsoïde de révolution Σ, toute surface *diamétrale* est un *plan*.

9° Si, par le centre o de la sphère, je mène trois diamètres X, Y, Z, rectangulaires entre eux, on aura trois plans diamétraux (X, Y), (X, Z), (Y, Z), aussi rectangulaires entre eux, et qui jouiront de la propriété suivante :

Toutes les cordes parallèles

à Z seront coupées en parties égales par le plan (X, Y)

à X   —   —   (Y, Z)

à Y   —   —   (X, Z)

Les diamètres X, Y, Z, perceront la sphère S en les points x et x', y et y', z et z', et si l'on mène en ces points des plans tangents à la sphère, on aura les six plans T^x, T$^{x'}$, T^y, T$^{y'}$, T^z, T$^{z'}$, qui formeront un cube circonscrit à la sphère.

On peut donc énoncer le *théorème* suivant :

VIII. *Si dans un ellipsoïde de révolution* Σ, *on mène par le centre* o *un plan* P, *coupant la surface suivant une ellipse* 6, *et que l'on trace un système de diamètres conjugués* X, *et* Y, *de la courbe* 6 ; *si l'on construit deux plans* T, *et* T', *tangent à la surface* Σ, *et parallèles au plan* P, *et que l'on unisse les deux points de contact par une droite* Z, *les plans* (X, , Y,), (X, , Z,), (Y, , Z,), *seront des plans diamétraux, et chacun d'eux coupera en parties égales les cordes parallèles au diamètre par lequel il ne passera pas ; et si l'on mène des plans tangents à la surface* Σ, *aux points en lesquels cette surface est percée par les diamètres* X, , Y, , Z, , *ces plans seront deux à deux parallèles et formeront un parallélipipède oblique circonscrit à la surface* Σ, *etc.*

Les trois plans (X, , Y,), (X, , Z,), (Y, , Z,) forment un système de plans diamétraux conjugués entre eux.

Le diamètre Z, est dit diamètre conjugué du plan (X, , Y,), etc.

10° Si l'on a deux sphères concentriques S et S', si l'on mène un plan T tangent au point *m* à la sphère intérieure S , ce plan coupera la sphère S' suivant un cercle ∂, et si l'on conçoit un cône Δ tangent à la sphère S' suivant le cercle ∂, le sommet *d* du cône Δ , le point *m* centre du cercle ∂, et le point *o* centre des sphères S et S' sont en ligne droite. De plus, si l'on conçoit une série de plans T tangents à la sphère S , les divers sommets *d* des cônes Δ tangents à la sphère S', seront sur une troisième sphère S'' concentriques aux deux premières sphères données.

On peut donc énoncer le *théorème* suivant :

IX. *Si l'on a deux ellipsoïdes de révolution* Σ'' *et* Σ' *concentriques et semblables, si l'on considère chacun des points* d, *de la surface* Σ'' *comme le sommet d'un cône* Δ, *tangent à la surface* Σ' *et suivant une ellipse* ∂, , *on pourra construire un ellipsoïde de révolution* Σ, *concentrique et semblable aux ellipsoïdes donnés* Σ'' *et* Σ' , *et qui soit tangent aux divers plans* T, *des courbes* ∂, , *et cet ellipsoïde* Σ *aura pour contact avec les plans* T, , *des points* m, *qui seront les centres respectifs des ellipses* ∂, .

11° Si l'on coupe une sphère S par un plan P passant par son centre *o*, on a pour section un grand cercle C, et si l'on mène par le centre *o* une droite Z perpendiculaire au plan P, on sait que le cylindre Δ qui aura ses génératrices droites parallèles à Z, et qui aura pour section droite le cercle C sera tangent à la sphère S suivant ce cercle C.

On sait de plus que si l'on a une sphère S' concentrique à S, le cylindre Δ coupera cette sphère S' suivant un petit cercle C' qui sera dans un plan parallèle au plan du cercle C et identique au cercle C (les deux cercles C et C' étant superposables).

On sait encore que l'on peut construire une sphère S'' concentrique aux sphères S et S′, et tangente aux divers plans des cercles C′ et que les points de contact seront les centres de ces cercles C′.

On peut donc énoncer le *théorème* suivant :

X. *Ayant un ellipsoïde de révolution* Σ, *si l'on mène un plan diamétral* P, *coupant cette surface* Σ *suivant une ellipse diamétrale* C_1, *si l'on construit le diamètre* Z_1 *conjugué du plan diamétral* P_1, *le cylindre* Δ_1 *qui aura ses génératrices droites parallèles à* Z_1, *et qui aura pour directrice l'ellipse* C_1, *sera tangent à l'ellipsoïde* Σ *suivant cette courbe* C_1.

En outre : si l'on a un second ellipsoïde Σ', *concentrique et semblable à l'ellipsoïde* Σ, *le cylindre* Δ_1 *coupera la surface* Σ' *suivant une courbe plane* C'_1, *dont le plan sera parallèle au plan de la courbe* C_1 *et les deux ellipses* C_1 *et* C'_1, *seront identiques, ou, en d'autres termes, superposables.*

De plus, l'on pourra construire un ellipsoïde de révolution Σ'' *concentrique et semblable aux ellipsoïdes* Σ *et* Σ', *et tangent aux plans des diverses ellipses* C'_1, *et les points de contact de ces plans et de la surface* Σ'' *ne sont autres que les centres des ellipses* C'_1.

12° Si l'on a une droite D extérieure à une sphère S ; si par la droite D on mène deux plans T et T′ tangents à la sphère aux points m et m', ces deux points m et m' étant unis par une droite B, les deux droites D et B sont deux *polaires réciproques*, parce qu'elles jouissent (ainsi que nous le savons) de la propriété suivante, savoir : que si par la droite D on mène une série de plans X, X′, X″, etc., ils couperont la sphère S suivant des cercles δ, δ', δ'', etc., tels qu'ils auront pour *polaire commune et extérieure* la droite D, leurs *pôles* étant situés sur la droite B, et n'étant autres que les points en lesquels cette droite B est coupée par les plans X, X′, X″, etc. ; et ensuite les cercles δ, δ', δ'', etc. seront tels que les cônes Δ, Δ', Δ'', etc., tangents à la sphère S suivant ces cercles, auront leurs sommets d, d', d'', etc., situés sur la droite B.

Et nous savons encore que, si par la droite B on mène une série de plans Y, Y′, Y″, etc., ils couperont la sphère S, suivant des cercles ϵ, ϵ', ϵ'', etc., tels qu'ils auront pour *polaire commune et intérieure* la droite B, leurs *pôles* étant situés sur la droite D, et n'étant autres que les points en lesquels cette droite D est coupée par les plans Y, Y′, Y″, etc., et ensuite les cercles ϵ, ϵ', ϵ'', etc., seront tels que les cônes ψ, ψ', ψ'', etc., tangents à la sphère S suivant ces cercles, auront leurs sommets p, p', p'', etc., situés sur la droite D.

On peut donc énoncer le *théorème* suivant :

XI. *Si, dans un ellipsoïde de révolution* Σ, *on mène une droite arbitraire* D_1 *et extérieure à cette surface* Σ, *et si par cette droite on mène deux plans* T_1 *et* T'_1, *tangents à* Σ *aux points* m_1 *et* m'_1 ; *ces deux points* m_1 *et* m'_1, *étant unis par une droite* B_1, *les deux droites* D_1 *et* B_1 *seront deux polaires réciproques ; car elles jouiront de la propriété suivante, savoir : que si par la droite* D_1, *on mène une série de plans* X_1, X'_1, X''_1, *etc., coupant la* surface Σ *suivant des ellipses* ∂_ι, ∂'_ι, ∂''_ι, *etc., ces courbes seront telles qu'elles auront pour polaire commune et extérieure la droite* D_ι, *et que leurs pôles seront situés sur la droite* B_ι, *et de plus les cônes* Δ_ι, Δ'_ι, Δ''_ι, *etc., tangents à la surface* Σ *suivant les ellipses* ∂_ι, ∂'_ι, ∂''_ι, *etc., auront leurs sommets* d_ι, d'_ι, d''_ι, *etc., situés sur la droite* B_ι.

Et réciproquement, si par la droite B_ι *on mène une série de plans* Y_ι, Y'_ι, Y''_ι, *etc., coupant la surface* Σ *suivant des ellipses* $\mathcal{E}_\iota$, $\mathcal{E}'_\iota$, $\mathcal{E}''_\iota$, *etc., ces courbes auront pour polaire commune et intérieure la droite* B_ι, *et leurs pôles respectifs par rapport à cette droite* B_ι *seront extérieurs et situés sur la droite* D_ι.

De plus les cônes ψ_ι, ψ'_ι, ψ''_ι, *etc., tangents à la surface* Σ *suivant les ellipses* $\mathcal{E}_\iota$, $\mathcal{E}'_\iota$, $\mathcal{E}''_\iota$, *etc., auront leurs sommets* p_ι, p'_ι, p''_ι, *etc. situés sur la droite* D_ι.

D'après ce qui précède, on voit que toutes les propriétés de relation de position, existant pour une sphère, pourront être transportées au moyen d'une *transformation cylindrique* sur l'ellipsoïde de révolution.

Nous pouvons donc énoncer les *théorèmes* suivants :

XII. *Si dans un ellipsoïde de révolution* Σ, *on mène par le centre un plan diamétral quelconque* P, *et si l'on construit le diamètre conjugué de ce plan* P, *diamètre qui prolongé donnera une droite* Z, *puis que l'on mène une suite de plans* P', P'', P''', *etc., parallèles entre eux et au plan* P, *et coupant la surface* Σ *suivant des ellipses* α', α'', α''', *etc., et qu'enfin on construise les cônes* Δ', Δ'', Δ''', *etc. tangents à la surface* Σ, *suivant les courbes planes* α', α'', α''', *etc., les sommets* d', d'', d''', *etc. de ces divers cônes seront situés sur la droite* Z.

XIII. *Étant donné un ellipsoïde de révolution* Σ, *si l'on construit un plan diamétral* P *et le diamètre conjugué* Z, *et si l'on mène une suite de plans* P', P'', P''', *etc., parallèles au plan* P *et coupant la surface* Σ *suivant des ellipses semblables et semblablement placés* α', α'', α''', *etc., ces courbes ne pourront être unis deux à deux que par des cônes dont les sommets seront tous situés sur la droite* Z.

XIV. *Si l'on coupe un ellipsoïde de révolution* Σ *par une suite de plans diamétraux et suivant des ellipses* $\mathcal{E}$, $\mathcal{E}'$, $\mathcal{E}''$, *etc., ces courbes ne pourront être unies deux à deux que par des cylindres.*

XV. *Une droite ne peut couper en plus de deux points un ellipsoïde de révolution.*

XVI. *Par une droite extérieure on ne peut mener plus de deux plans tangents à un ellipsoïde de révolution.*

Transformation de l'ellipsoïde de révolution en un ellipsoïde à trois axes inégaux.

541. Concevons un ellipsoïde de révolution Σ, ayant pour axe de rotation une droite Z et pour courbe méridienne une ellipse E, et pour centre un point o. Cou-

pons la surface Σ par un plan mené par le centre o et perpendiculairement à la droite Z, on obtiendra pour section un cercle C auquel on a donné le nom d'*équateur*. Prenons le plan de l'équateur pour plan horizontal.

Cela posé :

Transformons cylindriquement le cercle C en une ellipse E_1, cette transformation s'opérant dans le plan horizontal et parallèlement à une droite Y menée dans le plan horizontal et par le centre o du cercle C.

Désignant par R le rayon du cercle C et menant par le centre o et dans le plan horizontal, une droite X perpendiculaire à la droite Y, l'ellipse E_1 aura l'un de ses axes dirigé suivant la droite X et il sera égal à 2R, et l'autre axe sera dirigé suivant la droite Y.

Prenant un point m sur le cercle C, et menant par ce point une parallèle à Y, laquelle coupera X en un point r et l'ellipse E_1 en un point m_1, on aura : $\dfrac{m_1 r}{mr} = b$.

Et ce rapport b sera le même pour tous les points homologues m et m_1 du cercle C et de l'ellipse E_1.

Cela posé :

Si l'on coupe la surface ellipsoïde et de révolution Σ par un plan parallèle au plan du cercle C, et par conséquent perpendiculaire à l'axe de rotation Z de cette surface Σ, on obtiendra un cercle C', qui, *transformé* comme le cercle C, donnera une ellipse E'_1, et les ellipses E_1 et E'_1 seront semblables, puisque, désignant par m' un point du cercle C' et par m_1' le point de l'ellipse E'_1 qui est le *transformé* du point m', en unissant ces points m' et m_1' par une droite qui sera parallèle à la droite Y et qui coupera le diamètre du cercle C' (parallèle au diamètre X du cercle C) en un point r', on aura : $\dfrac{m_1' r'}{m' r'} = b$.

L'ellipsoïde de révolution Σ se trouvera dès lors transformé en une surface Σ', à laquelle on a donné le nom d'*ellipsoïde à trois axes inégaux*; si l'on fait passer par les axes X, Y, Z, de la surface Σ des plans (X, Y), (Y, Z) (X, Z), ces plans couperont la surface Σ' suivant trois ellipses E_1, E_2, E_3, qui couperont les axes X, Y, Z, en deux points, savoir :

E_1 coupera X en les points x et x'.
— Y en les points y et y'.
E_2 coupera Y en les points y et y'.
— Z en les points z et z'.
E_3 coupera X en les points x et x'.
— Z en les points z et z'.

Les trois droites X, Y, Z, sont rectangulaires entre elles et se coupent au point o centre commun à l'ellipsoïde de révolution Σ et à l'ellipsoïde Σ'. Les plans $(X,Y),(Y,Z),(X,Z)$, sont donc aussi rectangulaires entre eux.

L'on a donc évidemment :

$$ox = ox', \; oy = oy', \; oz = oz'.$$

De plus, en vertu du mode cylindrique de *transformation*, on a :

$$ox = R, \; oz = aR \quad \text{et} \quad oy = bR.$$

Ce sont les droites xx', yy', zz', qui ont reçu le nom d'*axes* de l'ellipsoïde Σ' ; et comme ils sont inégaux en grandeur, la surface Σ a reçu le nom d'*ellipsoïde à trois axes inégaux*.

542. Nous pourrons faire passer, de l'ellipsoïde de révolution Σ, sur l'ellipsoïde à trois axes inégaux Σ', toutes les propriétés que nous avons ci-dessus reconnues exister pour cette surface de révolution Σ en les faisant passer de la sphère S sur cette surface Σ, et cela en se servant du même mode cylindrique de *transformation* qui a servi à transformer la sphère S en la surface de révolution Σ.

Ainsi les *seize* théorèmes énoncés ci-dessus sont vrais pour l'ellipsoïde à trois axes inégaux (*).

543. Nous aurions pu passer directement de la sphère S à l'ellipsoïde à trois axes inégaux Σ' par une seule *transformation cylindrique*.

Et, en effet :

Concevons dans le plan horizontal un cercle C·du rayon R et ayant un point o pour centre, et décrivons de ce point o comme centre et avec le rayon R une sphère S. Imaginons dans le plan horizontal deux axes X et Y se croisant au centre o et rectangulaires entre eux, et une droite Z élevée par le point o perpendiculairement au plan horizontal ; les trois axes X , Y , Z, sont donc rectangulaires entre eux.

Cela posé :

Désignons par x et $x_{,}, y$ et $y_{,}$, z et $z_{,}$, les points en lesquels la sphère S est coupée par les axes X , Y , Z.

Menons par le centre o une droite Y' située dans le plan du cercle C et faisant avec la droite X un angle arbitraire, et prenons sur cette droite Y' deux points arbitraires y' et $y'_{,}$, mais équidistants du centre o.

Nous pouvons construire une ellipse E sur ox et oy' comme demi-diamètres

---

(*) Nous aurions pu énoncer un plus grand nombre de *théorèmes*, mais nous nous sommes borné aux plus importants parmi ceux de *relation de position*.

conjugués, et l'*ellipse* E pourra être considérée comme la *transformée cylindrique* du *cercle* C, les droites de transformation étant parallèles à la droite $\overline{yy'}$ ou à la droite $\overline{y_{,}y_{,}'}$.

Nous pourrons mener dans l'espace et par le point z une droite parallèle à $\overline{yy'}$ et prendre sur cette droite un point z' arbitraire et unir le centre o à ce point z' par une droite Z'.

Puis mener par le point z' une droite θ parallèle à X, et tracer dans le plan (X, θ) une ellipse E' ayant ox et oz' pour demi-diamètres conjugués.

Nous pourrons enfin par le point z' mener une droite θ' parallèle à Y', et construire dans le plan (Y', θ') une ellipse E'' ayant oy' et oz' pour demi-diamètres conjugués.

Les trois ellipses E, E', E'', formeront un système de courbes diamétrales, et les trois droites ox, oy', oz', formeront un système de demi-diamètres conjugués d'un ellipsoïde Σ, qui sera la *transformée* directe de la sphère S.

Et je dis que la surface Σ, est un ellipsoïde, car cette surface jouira évidemment de toutes les propriétés que nous avons reconnues exister pour la surface Σ' *transformée* de l'ellipsoïde de révolution Σ.

Des sections circulaires de l'ellipsoïde à trois axes inégaux.

544. Si une surface ellipsoïde Σ peut être coupée par un plan suivant un cercle, comme toutes les sections parallèles droites dans un ellipsoïde sont des courbes sem-blables, il faudra que l'on puisse mener par le centre o de la surface Σ un certain plan P coupant cette surface Σ suivant un cercle C, dont nous désignerons le rayon par R.

Or, si l'on considère une sphère S' ayant son centre en o et ayant un rayon R' arbitraire, mais assez grand pour que la sphère S' coupe la surface Σ, il est évident que les deux surfaces S' et Σ se couperont suivant des courbes qui seront symétriques par rapport à chacun des plans diamétraux principaux de la surface Σ.

Si donc du point o comme centre et avec le rayon R, nous décrivons dans l'espace une sphère S, elle aura pour cercle diamétral le cercle C, et comme les surfaces S et Σ sont symétriques par rapport aux plans diamétraux principaux de la surface Σ, il s'ensuit que si la sphère S et la surface Σ se coupent suivant un cercle C, ils devront se recouper suivant un autre cercle C' ayant son centre en o et son rayon égal à R, et les plans P et P' de ces deux cercles C et C' devront être perpendiculaires à l'un des trois plans diamétraux principaux de la surface Σ.

Or, 1° si du centre o et avec le demi *petit-axe* de Σ pour rayon, on décrit une sphère, elle sera tangente à la surface Σ en les extrémités de ce *petit-axe*, et elle n'aura pas d'autres points communs avec la surface Σ, et de plus elle sera intérieure à cette surface Σ.

2° Si du centre o avec le demi-grand axe de l'ellipsoïde Σ pour rayon, on décrit une sphère, elle sera tangente à la surface Σ en les extrémités de ce grand axe, et elle n'aura pas d'autres points communs avec la surface Σ, et elle enveloppera la surface Σ.

3° Mais si du point o comme centre et avec le demi-axe moyen de la surface Σ on décrit une sphère S, elle touchera la surface Σ en les extrémités p et p' de son axe moyen, et elle la coupera suivant une courbe composée de deux branches δ et δ' se croisant en les points p et p'; et les courbes δ et δ' seront symétriques par rapport aux plans diamétraux principaux de la surface Σ; si donc on projette orthogonalement ces courbes δ et δ' sur le plan diamétral M passant par le grand axe et le petit axe de la surface Σ (ce plan M étant pris pour plan vertical de projection, et le plan N du petit axe et de l'axe moyen étant pris pour plan horizontal de projection), on aura (fig. 259) deux arcs de courbes δ" et δ'", symétriques par rapport aux axes de l'ellipse principale E située dans le plan M. Or je dis que ces arcs de courbes δ" et δ'" sont des lignes droites.

Et en effet :

L'ellipse E sera coupée par la sphère S en les points m et n, m' et n' qui, unis deux à deux, formeront un rectangle dont les diagonales se croiseront au point o; et l'on aura $om = on = om' = on' = $ R (R étant égal au demi-axe moyen de la surface ellipsoïde Σ).

Or, si par le point m et l'axe moyen $\overline{pp'} = 2$R, on fait passer un plan P, ce plan coupera la surface Σ suivant une ellipse C ayant pour système de diamètres conjugués la droite mm' et l'axe moyen $\overline{pp'}$, et ces droites $\overline{pp'}$ et $\overline{mm'}$ sont rectangulaires entre elles, elles sont donc les axes de l'ellipse C; mais ces axes $\overline{pp'}$ et $\overline{mm'}$ sont égaux, donc l'ellipse C est un cercle.

Le plan P coupera la sphère S, suivant un cercle C' ayant l'axe moyen $\overline{pp'} = 2$R pour diamètre, et ce cercle passera par le point m; donc les cercles C et C' se confondent, puisqu'ils ont même centre o, et qu'ils passent par un même point m, et qu'ils sont situés dans un même plan P.

On peut donc énoncer le *théorème* suivant :

XVII. *On peut couper suivant des cercles, un ellipsoïde à trois axes inégaux, par deux séries de plans parallèles entre eux; l'une et l'autre série étant parallèles respectivement à un (certain) plan diamétral passant par l'axe moyen de la surface Σ.*

Et, d'après ce qui précède, il sera facile de construire la direction des plans des sections circulaires, lorsqu'on connaîtra les trois axes ou les trois diamètres principaux de la surface ellipsoïde Σ.

Des deux modes principaux de génération de l'ellipsoïde à trois axes inégaux.

545. Chacune des *propriétés géométriques* dont jouit l'ellipsoïde à trois axes inégaux, peut conduire dans la *pratique* à une *construction* particulière de cette surface, ou, en *théorie*, à un mode particulier de *génération*, et ce que nous venons de dire s'appliquera aux *quatre* autres surfaces du *second ordre*. Parmi tous les modes de *génération* ou de *construction* de l'ellipsoïde, on doit distinguer les deux suivants.

Premier mode de génération ou de construction.

546. Soient données deux droites D et R, faisant entre elles un angle arbitraire, ces deux droites n'étant pas d'ailleurs situées dans un même plan.

Concevons par la droite D deux plans T et T' coupant respectivement la droite R aux points m et m'; menons par la droite D un troisième plan P coupant la droite R en un point o situé entre les points m et m'.

Cela posé:

Construisons dans le plan P une ellipse B ayant le point o pour *pôle* et la droite D pour *polaire*.

La construction de la courbe B sera facile, car il suffira de mener par la droite D un plan arbitraire Z coupant la droite R en un point s, situé en dehors des points m et m', puis de mener un plan Z' parallèle au plan Z et coupant la droite R en un point r et de tracer dans le plan Z' une ellipse arbitraire M ayant le point r pour centre, le cône (s, M) sera coupé par le plan P suivant une ellipse B ayant le point o pour *pôle* et la droite D pour *polaire* (n°s 329 *et suivants*). L'ellipse B étant construite, nous ferons passer par la droite R une série de plans Y, Y', Y''....

Le plan Y coupera le plan T suivant une droite θ et le plan T' suivant une droite θ', et la droite D en un point y, en lequel concourront les droites θ et θ'. Ce plan Y coupera l'ellipse B en deux points a et b, qui seront en ligne droite avec le point y. Si, dans ce plan Y nous décrivons une ellipse E passant par le point a et par les points m et m', et ayant en ces points les droites θ et θ' pour tangentes, cette ellipse passera nécessairement par le point b.

En faisant les mêmes constructions dans les divers plans Y', Y''....., on aura une série d'ellipses E, E', E'',.... qui détermineront un ellipsoïde Σ à trois axes inégaux.

Comme cas particulier de ce mode de *génération* ou de *construction*, on a les deux suivants:

Premier cas *particulier du premier mode.*

547. Si le point o est le centre de l'ellipse B la *polaire* D est située à l'infini;

alors les plans T et T′ sont parallèles, ainsi que les droites θ et θ′, et alors forcément les points m et m′ sont équidistants du point o.

Les ellipses *génératrices* E, E′, E″,…. ont donc toutes pour *centre* le point o et
la droite mm′ pour *diamètre* commun, si la droite R est oblique au plan P. Dans
ce cas le plan P et les plans Y, Y′, Y″,…, sont des *plans diamétraux* de l'ellipsoïde Σ.

Deuxième cas *particulier du premier mode.*

548. Tout étant comme dans le *premier cas* considéré ci-dessus, à l'exception
de la droite R, que l'on suppose perpendiculaire au plan P, on voit de suite
que le plan P est un *plan principal* et que la droite mm′ est un des *axes* de la surface ellipsoïde Σ.

Second mode de génération ou de construction.

549. Imaginons deux droites D et R non situées dans un même plan, et faisant
entre elles un angle arbitraire.

Concevons deux plans T et T′ passant par la droite D et coupant la droite R,
respectivement, aux points m et m′.

Faisons passer par la droite R deux plans Y et Y₁, le premier plan Y coupera
les plans T et T′ suivant les droites θ et θ′ et le second plan Y₁ coupera ces mêmes
plans T et T′ suivant des droites θ₁ et θ₁′. Cela fait : traçons 1° dans le plan Y
une ellipse E arbitraire, mais passant par les points m et m′ et ayant pour tangentes en ces points les droites θ et θ′, et 2° dans le plan Y₁ une ellipse E₁ aussi
arbitraire, mais passant par les points m et m′ et ayant pour tangentes en ces
points les droites θ₁ et θ₁′.

Imaginons un cône Δ ayant son *sommet* s situé en un point de la droite D, et
ayant la courbe E pour *directrice.*

Cela posé :

Par la droite D menons une série de plans X, X₁, X₂,…. coupant la droite R
en les points p, p′, p″,…. situés entre les points m et m′. Le plan X coupera l'ellipse E
en les points q et q′ et l'ellipse E₁ en les points r et r′, et le cône Δ suivant des
génératrices droites I et I′ passant respectivement par les points r et r′. Traçons
dans le plan X une ellipse B passant par le point q et par les points r et r′ et ayant
pour tangentes en ces points r et r′ les droites I et I′, cette ellipse B passera
forcément par le point q′.

Faisons les mêmes constructions dans chacun des plans X₁, X₂, X₃,… nous obtiendrons une série d'ellipses B, B₁, B₂, B₃,… ayant pour *polaire* commune la

droite D et pour *pôle* respectif les points $p, p', p'', \ldots$ La surface *lieu* des ellipses B , B$_{,}$, B$_{,}$,… sera un ellipsoïde Σ à trois axes inégaux.

Comme cas particuliers de ce mode *de génération* ou de *construction*, on a les deux suivants.

Premier cas *particulier du second mode.*

550. La droite D peut être située à l'infini, alors les plans T , T' et X , X$_{,}$, X$_{,}$… seront parallèles entre eux ; alors les points p, p', p'',… seront les centres respectifs des ellipses B , B$_{,}$, B$_{,}$,… la droite R sera un diamètre commun aux deux ellipses E et E$_{,}$, et le cône Δ sera un cylindre dont les génératrices droites pourront avoir toute direction dans l'espace, pourvu toutefois qu'elles soient parallèles aux plans T , T', X , X$_{,}$,… Dans ce cas, la droite R étant oblique par rapport aux plans T, T', X , X$_{,}$,… la surface ellipsoïde Σ sera engendrée par une ellipse B se mouvant parallèlement à elle-même en variant de grandeur, mais en restant semblable et semblablement placée. La droite R sera dans ce cas un *diamètre* de la surface ellipsoïde Σ.

Deuxième cas *particulier du second mode.*

551. Si tout reste ainsi que dans le *premier cas*, la droite R ayant seulement une direction toute particulière par rapport au plan T et lui étant perpendiculaire, alors la droite R sera un des *axes* de l'ellipsoïde Σ.

552. Remarque. Dans les deux modes principaux de génération de l'ellipsoïde à trois axes inégaux , nous avons des ellipses pour *génératrices* et une ellipse pour *directrice.*

DES PARABOLOÏDES ELLIPTIQUES.

553. Concevons un ellipsoïde de révolution Σ, ayant pour axe de rotation une droite Z , perçant cette surface en les points z et z'.

Menons un plan P perpendiculaire à l'axe Z , et coupant la surface Σ suivant un cercle C ayant son centre n situé sur la droite Z .

Cela posé :

Menons par l'axe Z un plan M coupant la surface Σ suivant une ellipse méridienne E ayant pour centre le point o, centre de la surface Σ, et pour sommets les points z et z', et passant par les points m et m' en lesquels le cercle C est coupé par le plan M.

Si nous allongeons l'axe zz' en transportant le point z' en $z_{,}'$ sur la droite Z , l'ellipse E se transformera en une ellipse E, ayant toujours l'un de ses axes dirigés suivant Z et égal à $\overline{zz_{,}}'$ et passant par les points fixes z , m et m'.

La courbe E_i, en tournant autour de l'axe Z, engendrera un nouvel ellipsoïde de révolution Σ_i, coupant la surface Σ suivant le cercle C, et les deux surfaces Σ et Σ_i seront tangentes l'une à l'autre au point z.

Tout plan parallèle à un plan méridien M coupera l'ellipsoïde Σ_i suivant une ellipse qui se projettera orthogonalement sur le plan M suivant une ellipse E_i' concentrique et semblable à l'ellipse méridienne E_i.

Cela posé :

Si l'on suppose que le sommet z' ou z_i' se trouve transporté à l'infini sur l'axe Z, l'*ellipse* E, située dans le plan méridien M, sera *transformée* en une *parabole* E, ayant son sommet au point z et passant par les points m et m' et la surface ellipsoïde de révolution Σ, sera *transformée* en un paraboloïde de révolution Σ_i, surface engendrée par la parabole E, tournant autour de son axe infini Z.

Or, en supposant que le sommet z' soit transporté à l'infini sur l'axe Z, on transforme évidemment toutes les ellipses E'..... sections faites dans l'ellipsoïde Σ, par des plans parallèles à un plan méridien M en des paraboles E_i'..... qui se projetteront orthogonalement sur le plan M, suivant des paraboles concentriques et semblables à la parabole méridienne E_i.

Or, on sait que des paraboles concentriques et semblables ne sont autres que des paraboles identiques ou superposables.

Cela posé :

554. Sachant qu'un paraboloïde de révolution (que nous pourrons désigner par Σ dans tout ce qui va suivre) est coupé par une série de plans parallèles entre eux et à l'axe de rotation Z, suivant des paraboles identiques et qu'il est coupé par des plans perpendiculaires à l'axe Z suivant des cercles, démontrons qu'un plan quelconque, mais oblique à l'axe Z, coupe toujours ce paraboloïde Σ suivant une ellipse.

Faisons glisser la surface paraboloïde Σ parallèlement à l'axe Z, le sommet z de cette surface se transportant en z' sur Z, et désignons par Σ' la nouvelle position de la surface Σ.

Les deux surfaces Σ et Σ' sont deux paraboloïdes concentriques et semblables.

Tout plan perpendiculaire à l'axe Z coupera les deux surfaces Σ et Σ' suivant deux cercles C et C' concentriques.

Tout plan parallèle à l'axe Z coupera les deux surfaces Σ et Σ' suivant deux paraboles δ et δ', qui seront concentriques et semblables.

Cela posé :

555. Coupons les deux surfaces paraboloïdes Σ et Σ' par un plan P oblique à l'axe Z et rencontrant dès lors cet axe Z en un certain point p, l'on obtiendra deux courbes ε et ε', et il faut démontrer que ces deux courbes ne sont autres que

deux ellipses concentriques et semblables ; et d'abord il est évident que ces deux courbes sont des courbes *fermées*.

Et ensuite si, en un point x de la surface Σ, on mène un plan T tangent à cette surface, ce plan coupera la surface Σ' suivant une courbe γ, démontrons que le point x est le centre de la courbe γ.

Pour cela faire, menons par le point x et dans le plan T une droite θ arbitraire, elle coupera la courbe γ, et par conséquent la surface Σ' en deux points q et q' ; la proposition énoncée sera vraie si nous parvenons à démontrer que l'on a : $\overline{xq} = \overline{xq'}$.

Or : par la droite θ nous pourrons toujours mener un plan Q, parallèle à l'axe Z ; ce plan Q coupera dès lors les deux surfaces Σ et Σ', suivant deux paraboles δ et δ' concentriques et semblables.

La courbe δ sera tangente en x à la droite θ, et la courbe δ' passera par les points q et q'.

Mais deux paraboles concentriques et semblables δ et δ' jouissent de la propriété suivante, savoir : que si, en un point x de la parabole intérieure δ on mène une tangente θ, cette droite coupe la parabole extérieure δ' en deux points q et q', tels que l'on a toujours $\overline{xq} = \overline{xq'}$. Donc, etc.

Ainsi les deux courbes $\mathfrak{s}$ et $\mathfrak{s}'$ jouissent de la propriété suivante, savoir : que si en un point quelconque m de $\mathfrak{s}$ on mène une tangente ξ à cette courbe, cette droite ξ coupera la courbe $\mathfrak{s}'$ en deux points b et b' tels que l'on aura : $\overline{mb} = \overline{mb'}$.

556. Si maintenant nous parvenons à démontrer que les deux courbes $\mathfrak{s}$ et $\mathfrak{s}'$ sont concentriques et semblables, il sera démontré, en vertu du (n° 342 *bis*), que ces deux courbes ne sont autres que deux sections coniques, concentriques et semblables, et comme elles sont *fermées*, il sera démontré qu'elles ne sont autres que deux *ellipses* concentriques et semblables ; et dès lors il sera démontré que tout plan oblique à l'axe Z coupe un *paraboloïde de révolution* suivant une *ellipse*.

Or, nous pourrons toujours mener un plan Θ parallèle au plan P et tangent en un point s au paraboloïde Σ. Cela fait, menons par le point s une droite A parallèle à l'axe Z et perçant le plan P en un point a.

Si par la droite A nous faisons passer une suite de plans V, V', V'', etc., nous couperons la surface Σ suivant des paraboles λ, λ', λ'', etc., qui seront toutes identiques ou superposables entre elles et à la courbe méridienne de la surface Σ située dans le plan méridien parallèle aux divers plans V, V'....

Ces mêmes plans V, V', V'', etc., couperont le plan Θ suivant des droites L, L', L'', etc., tangentes respectivement aux courbes λ, λ', λ'', etc., au point s.

Ces mêmes plans V, V', V'', etc., couperont le plan P suivant des droites K, K', K'', etc., parallèles respectivement aux droites L, L', L'', etc., et ces droites K,

K′, K″, etc., couperont la courbe ς et les paraboles λ, λ', λ'', etc., en deux points, savoir :

K coupera ς et λ aux points b et d et les courbes ς et λ se coupent en ces deux points.

K′ —| ς et λ' — b' et d', — *idem.*

K″ — ς et λ'' — b'' et d'', — *idem.*

etc. — etc. — etc. — etc.

La droite A étant un diamètre commun aux paraboles λ, λ', λ'', etc., il s'ensuivra que le point a sera le milieu des cordes $\overrightarrow{bd}$, $\overrightarrow{b'd'}$, $\overrightarrow{b''d''}$, etc., de la courbe ς.

Si nous transportons parallèlement à la droite Z le paraboloïde Σ en la position Σ', le point s se transportera en s_1, la droite A restera la même, et les paraboles λ, λ', λ'', etc., seront transportés dans leurs plans respectifs V, V′, V″, etc., en les paraboles λ_1, λ_1', λ_1'', etc., et le plan P coupera le paraboloïde Σ' suivant la courbe ς', et le plan Θ sera transporté parallèlement à lui-même en Θ_1, et ce plan Θ_1 sera tangent au point s_1 à la surface Σ'.

On démontrera donc, comme ci-dessus, que le point a est le milieu des cordes $\overline{b_1 d_1}$, $\overline{b_1' d_1'}$, $\overline{b_1'' d_1''}$, etc., de la courbe ς'.

Ainsi les deux courbes ς et ς' ont chacune un centre et elles ont le même centre.

Cela posé :

Si l'on fait mouvoir la courbe ς parallèlement à elle-même, son centre a parcourant la droite A, elle engendrera un cylindre qui coupera la surface Σ' suivant une courbe ς_1, qui sera plane et parallèle à ς et à ς', et le centre a de ς se sera transporté en a_1 centre de ς_1.

Cela posé :

Désignant par P_1 le plan de la courbe ς_1, les plans P et P_1 seront parallèles. Prenons pour plan horizontal de projection un plan perpendiculaire à l'axe Z, et pour plan vertical de projection le plan méridien M passant par les deux droites Z et A.

Projetons orthogonalement les paraboles λ, λ', λ'', etc., sur le plan M, nous aurons des paraboles λ^v, λ^{Iv}, $\lambda^{'v}$, etc. tangentes en s à la droite L intersection des plans Θ et M (*fig.* 260).

Projetons aussi orthogonalement sur le plan M les paraboles λ_1, λ_1', λ_1'', nous aurons des paraboles λ_1^v, $\lambda_1^{'v}$, $\lambda_1^{''v}$, tangentes en s_1 à la droite L_1 intersection des plans Θ_1 et M.

Les droites L et L_1 seront parallèles, la droite A sera un diamètre commun et aux paraboles λ^v,... et aux paraboles λ_1^v....

Les droites K, K′, K″, etc., situées dans le plan P, se projetteront en une seule et même droite R, intersection des plans P et M.

Les droites K_1, K_1', K_1'', etc., situées dans le plan P_1, se projetteront en une seule et même droite R_1, intersection des plans P_1 et M.

Les droites R et R_1 seront parallèles.

R coupera λ^v en les points b^v et d^v

R coupera λ_1^v en les points b_2^v et d_2^v

R_1 coupera λ_1^v en les points b_1^v et d_1^v

Les droites $\overline{b_2^v b_1^v}$ et $\overline{d_2^v d_1^v}$ iront concourir en un point y situé sur A.

R coupera λ^{lv} en les points b^{lv} et d^{lv}

R coupera λ_1^{lv} en les points b_2^{lo} et d_2^{lv}

R_1 coupera λ_1^{lv} en les points b_1^{lo} et d_1^{lv}

Les droites $\overline{b_2^{lv} b_1^{lv}}$ et $\overline{d_2^{lv} d_1^{lv}}$ iront coucourir au même point y situé sur A.

Et ainsi de suite (*fig.* 260).

Et cela a lieu parce que les paraboles λ^v, λ'^v, λ''^v,... tout comme les paraboles λ_1^v, λ_1^{lv} $\gamma_1''^v$.... ont un diamètre commun et une tangente commune (n° 345 *quater*).

On aura donc :

$$a_1 b_2^v : a_1 b_2^{lv} : a_1 b_2''^{v} : \text{etc.} :: ab_2^v : ab_2^{lv} : ab_2''^v : \text{etc.}$$

Or, l'on a :

$$a_1 b_2 = ab , \; a_1 b_2' = ab' , \; a_1 b_2'' = ab'', \text{ etc.}$$

Et l'on a évidemment :

$$ab^v : ab'^v :: ab : ab'.$$
$$ab^v : ab''^v :: ab : ab''.$$
$$\text{etc.}$$

Donc l'on aura :

$$ab : ab' : ab'' : \text{etc.} :: ab_1 : ab_1' : ab_1'' : \text{etc.}$$

Ainsi les deux courbes ϵ et ϵ' sont concentriques et semblables.

557. On peut donc énoncer ce qui suit :

Un paraboloïde de révolution Σ jouit des propriétés suivantes :

I. *Une droite ne peut le couper en plus de deux points.*

II. *Une série de plans parallèles à l'axe de rotation Z coupe la surface Σ suivant des paraboles identiques ou superposables.*

III. *Tout plan oblique à l'axe de rotation Z coupe le paraboloïde Σ suivant une ellipse.*

IV. *Une série de plans parallèles entre eux et obliques à l'axe Z, coupent le paraboloïde Σ suivant des ellipses semblables et semblablement placées.*

V. *Si l'on mène un plan Θ, tangent en un point s au paraboloïde Σ, une série de plans parallèles au plan Θ couperont la surface Σ suivant des ellipses qui seront deux à deux sur des cônes dont les sommets seront situés sur la droite A menée par le point s parallèlement à l'axe Z.*

Chacune de ces ellipses sera la courbe de contact d'un cône tangent à la surface Σ et ayant son sommet sur la droite A.

VI. *Deux sections planes parallèles entre elles et à l'axe* Z, *étant deux paraboles identiques, on pourra les unir par un cylindre.*

Dès lors :

1° *Si l'on fait rouler un plan tangent à la surface* Σ *et parallèlement à une droite donnée, la surface enveloppe sera un cylindre tangent à la surface* Σ *suivant une parabole.*

2° *Si l'on fait rouler un plan tangent à la surface* Σ *en assujettissant ce plan à passer par un point fixe, la surface enveloppe sera un cône tangent à la surface* Σ *suivant une ellipse.*

VII. *Par une droite* D *oblique à l'axe* Z *on peut mener deux plans tangents à la surface* Σ; *mais le problème est impossible, lorsque la droite* D *est parallèle à l'axe* Z.

VIII. *On ne peut mener à la surface* Σ *qu'un seul plan tangent qui soit parallèle à un plan donné* P; *et lorsque le plan* P *est parallèle à l'axe* Z, *le problème est impossible.*

Nota. C'est l'analogue du problème : Mener une tangente θ à une parabole θ, qui soit parallèle à une droite D ; on sait que le problème est impossible lorsque la droite D est parallèle à l'axe infini B de la parabole θ, et qu'il n'est possible et n'a qu'une solution lorsque la droite D coupe l'axe infini B.

En employant un mode de démonstration identique à celui qui nous a servi pour la sphère (n° 367) (seulement au lieu d'avoir à considérer des *cercles*, on aura à considérer des *ellipses*), on arrivera aux trois *théorèmes* suivants :

IX. *Deux sections planes d'un paraboloïde de révolution* Σ *peuvent être enveloppées par deux cônes, si ces sections ne se coupent pas, ou si elles ont deux points communs, et on ne pourra les envelopper que par un seul cône, si elles se touchent par un point.*

Nota. Si les deux sections coniques sont, l'une une ellipse et l'autre une parabole, ou toutes deux des ellipses, la surface qui les enveloppera sera un *cône;* mais si les deux sections coniques sont l'une et l'autre une parabole, la surface qui les enveloppera sera un *cylindre :* car, dans le paraboloïde de révolution, toute section parallèle à l'axe de rotation Z est identique à la courbe méridienne (parabole) qui lui est parallèle.

Remarquons encore que deux sections paraboliques d'un paraboloïde de révolution se coupent toujours en un point, car les plans de ces deux paraboles se coupent suivant une parallèle à l'axe Z de la surface paraboloïde, et par conséquent parallèle à chacun des axes *infinis* des deux *paraboles*.

X. *Si un cône* Δ *coupe un paraboloïde de révolution* Σ *suivant une ellipse ou une parabole, ce cône recoupera la surface* Σ, *suivant une seconde courbe plane qui sera toujours une ellipse.*

Et si l'on fait passer un cylindre 1° *par une parabole, il recoupera la surface para-*

boloïde suivant une seconde parabole , et 2° par une ellipse , il recoupera la surface para-
boloïde suivant une seconde ellipse.

   XI. *Si par une droite* D *on mène deux plans* Θ *et* $\Theta^{\prime}$ *tangents à un paraboloïde de ré-*
volution Σ, *et si l'on unit les points de contact* m *et* m$^{\prime}$ *par une droite* D,, *ces deux*
droites D *et* D, *seront dites* polaires réciproques *de la surface* Σ, *et la surface* Σ
jouira, par rapport à ces deux droites D *et* D, , *de la propriété suivante :*

   Si par la droite D, *on mène une suite de plans* P, P$^{\prime}$, P$^{\prime\prime}$, etc., *coupant la surface*
Σ *suivant des ellipses* δ, $\delta^{\prime}$, $\delta^{\prime\prime}$, etc. (*et une de ces courbes sera une parabole qui sera*
donnée par celui des plans P *qui sera parallèle à l'axe de rotation* Z *de la surface* Σ),
ces courbes auront la droite D *pour* polaire commune et extérieure , *et leurs pôles*
seront sur la droite D,; *et tous les cônes* Δ, $\Delta^{\prime}$, $\Delta^{\prime\prime}$, etc., *tangents à la surface* Σ *suivant*
ces courbes δ, $\delta^{\prime}$, $\delta^{\prime\prime}$, etc. *auront leurs sommets* d, d$^{\prime}$, d$^{\prime\prime}$, etc., *situés sur la droite* D,;
et réciproquement, si par la droite D, *on fait passer une suite de plans* P,, P,$^{\prime}$,
P,$^{\prime\prime}$, etc., *ces plans couperont la surface* Σ *suivant des ellipses* δ,, δ,$^{\prime}$, δ,$^{\prime\prime}$, etc., (*une*
d'elles sera une parabole qui sera donnée par celui des plans P, *qui sera parallèle à l'axe*
Z *de rotation de la surface* Σ), *ces courbes auront la droite* D, *pour* polaire commune
et intérieure , *et leurs pôles seront sur la droite* D , *et tous les cônes* Δ,, Δ,$^{\prime}$, Δ,$^{\prime\prime}$, etc.,
tangents à la surface Σ *suivant ces courbes* δ,, δ,$^{\prime}$, δ,$^{\prime\prime}$, etc., *auront leurs sommets* d,, d,$^{\prime}$,
d,$^{\prime\prime}$, etc., *situés sur la droite* D.

   Si l'on conçoit deux paraboloïdes de révolution Σ et $\Sigma^{\prime}$ concentriques et semblables , on sait que ces deux surfaces ont même axe Z de rotation, et qu'en faisant glisser la surface Σ parallèlement à elle-même et à la droite Z , elle viendra se
superposer avec la surface $\Sigma^{\prime}$.

   Tout plan parallèle à l'axe Z, coupant les deux surfaces Σ et $\Sigma^{\prime}$ suivant des paraboles identiques ou superposables, on peut énoncer ce qui suit :

   XII. *Si l'on conçoit un cylindre* Δ *tangent à la surface* Σ *suivant une parabole* δ, *il*
coupera la surface $\Sigma^{\prime}$ *suivant une parabole* $\delta^{\prime}$ *identique à* δ, *et les plans des deux cour-*
bes δ *et* $\delta^{\prime}$ *seront parallèles.*

   Le mode de démonstration employé pour démontrer que deux *ellipsoïdes* de
révolution concentriques et semblables sont coupés par un plan oblique à leur
axe commun de rotation Z suivant deux ellipses semblables et concentriques,
nous permet d'énoncer ce qui suit :

   XIII. *Si l'on construit un plan* Θ *tangent en un point* m *au paraboloïde* Σ, *ce plan*
coupera le paraboloïde $\Sigma^{\prime}$ *suivant une ellipse* 6 *ayant le point* m *pour centre.*

   Et si par le point m *on mène une droite* Z$^{\prime}$ *parallèle à l'axe de rotation* Z , *le cône* Δ
tangent à la surface $\Sigma^{\prime}$ *suivant l'ellipse* 6, *aura son sommet* d *situé sur la droite* Z$^{\prime}$.

   Le mode de transformation employé pour passer de l'ellipsoïde de révolution au
paraboloïde de révolution , nous permet d'énoncer ce qui suit :

XIV. *Si l'on conçoit deux paraboloïdes de révolution* Σ' *et* Σ'' *concentriques et semblables, si l'on regarde les divers points* d, d', d'', *etc. de la surface* Σ'', *comme les sommets de cônes* Δ, Δ', Δ'', *etc., tangents à la surface* Σ' *suivant des ellipses* ϵ, ϵ', ϵ'', *etc.*

Tous les centres m, m', m'', *etc. de ces courbes* ϵ, ϵ', ϵ'', *etc., seront sur un paraboloïde de révolution* Σ *concentrique et semblable aux surfaces données* Σ' *et* Σ'', *et les plans* Θ, Θ', Θ'', *etc. des courbes* ϵ, ϵ', ϵ'', *etc., seront tangents à la surface* Σ *et en les points* m, m', m'', *etc.*

Transformation du paraboloïde de révolution en paraboloïde elliptique.

558. Concevons un paraboloïde de révolution Σ ayant une droite Z pour axe de rotation ; par la droite Z menons deux plans M et M' rectangulaires entre eux, et coupant la surface Σ suivant deux paraboles φ et φ', identiques comme courbes méridiennes d'une surface de révolution ; menons un troisième plan P perpendiculaire à l'axe Z et coupant la surface Σ suivant un cercle C, ayant son centre o sur la droite Z et désignons son rayon par R.

Cela posé :

La parabole φ coupera le cercle C en deux points p et q, et la parabole φ' coupera ce même cercle C en deux points p' et q'. Les droites $\overline{pq}$ et $\overline{p'q'}$ seront deux diamètres, rectangulaires entre eux, du cercle C.

Cela posé :

Traçons dans le plan P une ellipse E ayant le point o pour centre, $\overline{pq}$ pour l'un de ses axes, et ayant son autre axe dirigé suivant $\overline{p'q'}$, lequel sera plus grand ou plus petit que $p'q'$; ainsi prenons sur $\overline{p'q'}$ deux points arbitraires p'' et q'', mais équidistants du centre o, et $\overline{p''q''}$ sera le second axe de l'ellipse E.

Dès lors, pour une même abscisse comptée sur $\overline{pq}$, le cercle C et l'ellipse E auront leurs ordonnées (parallèles à $\overline{p'q'}$) dans un rapport constant qui sera égal à :

$$\frac{\overline{p'o}}{\overline{p''o}} = a.$$

Dès lors le demi-axe $\overline{op}$ de l'ellipse E sera égal à R, et le demi-axe $\overline{op''}$ de l'ellipse E sera égal à (a.R).

Cela posé :

Si l'on coupe le paraboloïde Σ' par une suite de plans P, P', P'', P''', etc., parallèles entre eux et au plan P, on aura une suite de cercles C, C', C'', C''', etc., dont les rayons R, R', R'', R''', etc., seront les ordonnées de la parabole φ et de la parabole φ'; et si, dans chaque plan P, P', P'', etc., on construit des ellipses E, E', E'', etc., de la même manière que nous avons construit l'ellipse E par rapport au cercle C, ces ellipses ayant dès lors leurs demi-axes situés dans le plan M' égaux à R, R', R'', etc., et leurs demi-axes situés dans le plan M, égaux à : aR, aR', aR'', etc.; toutes ces ellipses E, E', E'', etc., seront semblables et semblablement placées, et si l'on unit tous leurs sommets situés sur le plan M' par une courbe $\varphi_,$, cette courbe $\varphi_,$ ne sera autre qu'une *parabole*, puisque pour une même abscisse, les ordonnées des courbes φ' et $\varphi_,$ seront dans un rapport constant.

Et si l'on mène une suite de plans Q, Q', Q'', etc., parallèles à l'axe Z, ces plans couperont la surface Σ suivant des *paraboles* identiques entre elles et à φ ou à φ', savoir δ, δ', δ'', δ''', etc., et chacune de ces paraboles coupera, savoir :

δ coupera le cercle C en les points x et y
  —   l'ellipse E   — $x_,$ et $y_,$
  —   le cercle C' en les points x' et y'
  —   l'ellipse E'   — $x_,'$ et $y_,'$
  —   le cercle C'' en les points x'' et y''
  —   l'ellipse E''   — $x_,''$ et $y_,''$
  —   etc.   etc.
 δ' coupera   *idem.* . . . . . . *idem.*

Les points $x_,$, $y_,$, $x_,'$, $y_,'$, $x_,''$, $y_,''$, etc., seront sur une courbe $\delta_,'$ qui ne sera autre qu'une parabole ayant même sommet que la parabole δ, puisque, pour une même abscisse, les ordonnées de ces deux courbes seront évidemment dans un rapport constant.

La surface $\Sigma_,$, lieu de toutes les paraboles $\delta_,$, $\delta_,'$, $\delta_,''$, etc., a reçu le nom de *paraboloïde elliptique*.

Il est évident, d'après le mode *cylindrique* de transformation employé pour passer de la surface de révolution Σ à la surface $\Sigma_,$, (qui évidemment n'est pas de révolution), que les quatorze *théorèmes*, ou *propriétés* démontrées exister pour la surface Σ, subsisteront pour la surface $\Sigma_,$.

Des sections circulaires du paraboloïde elliptique.

559. Prenons un paraboloïde elliptique $\Sigma_,$, ayant pour axe une droite Z; coupons cette surface par un plan P perpendiculaire à Z, nous aurons une ellipse E dont les axes passeront par le centre o situé sur Z et seront dirigés suivant deux droites X et Y, rectangulaires entre elles.

Désignons par A le demi-petit axe dirigé suivant X;

Désignons par B le demi-grand axe dirigé suivant Y.

Faisons passer par X et Z un plan M coupant la surface Σ, suivant une parabole δ, et faisons aussi passer par Y et Z un plan M' coupant Σ, suivant une parabole δ' ; ces deux paraboles auront pour sommet commun le point s, en lequel l'axe Z est coupé par la surface Σ,, et si en ce point s nous menons un plan Θ tangent à la surface Σ,, les plans M et Θ se couperont suivant une droite θ tangente en s à la parabole δ, les plans M' et Θ se couperont suivant une droite θ' tangente au même point s à la parabole δ', et la droite Z sera l'axe infini de l'une et l'autre de ces paraboles δ et δ', puisque le plan Θ est perpendiculaire à Z.

Ce qui précède est évident, en vertu du mode *cylindrique* de transformation employé pour passer du paraboloïde de révolution au paraboloïde elliptique.

Le point s a reçu le nom de *sommet* du paraboloïde elliptique, et la droite Z a reçu le nom d'*axe* de cette surface.

Les plans M et M' sont dits *plans principaux* de la surface Σ,, parce qu'ils divisent respectivement en deux parties égales toutes les cordes de la surface Σ, qui sont parallèles à la droite X ou θ et à la droite Y ou θ' ; c'est-à-dire que chacun de ces plans M et M' divise en deux parties égales les cordes qui, parallèles entre elles, leur sont respectivement perpendiculaires.

Cela posé :

Du point o comme centre abaissons une normale N sur la parabole δ' et rencontrant cette courbe au point x.

Décrivons du point o comme centre, et avec ox pour rayon une sphère ; je dis que cette sphère sera tangente en x au paraboloïde Σ,.

Et en effet :

Prenons un point y sur la surface Σ, ; par ce point y menons un plan V perpendiculaire à l'axe Z ; ce plan V coupera la surface Σ, suivant une ellipse α dont le centre a sera sur l'axe Z ; et si nous menons en le point y le plan T tangent à la surface Σ,, les deux plans V et T se couperont suivant une droite λ tangente au point y à la courbe α.

Or, si nous menons une normale N à la surface Σ, et au point y, elle se projettera sur le plan V (pris pour plan horizontal de projection) en N^h, et N^h sera normale à la courbe α au point y.

Or, si le point y n'est pas un des quatre sommets de l'ellipse α, la droite N^h ne passera pas par le centre a de la courbe α.

Ainsi, il n'y a que les points de la surface Σ, situés sur les deux paraboles *principales* δ et δ' pour lesquels les normales à la surface Σ, s'appuient sur l'axe Z.

Ainsi donc, la droite ox sera normale à la surface Σ,, et la sphère S et la surface Σ, seront tangentes l'une à l'autre au point x.

Cela posé (*fig.* 261) :

Faisons tourner le plan M' autour de l'axe Z pour le rabattre sur le plan M , la parabole δ' viendra en $\delta_,'$, et les deux paraboles δ et $\delta_,'$ auront même sommet s et même axe infini Z.

Le plan M coupera la sphère S suivant un cercle C ayant le point o pour centre, et ce cercle coupera la courbe δ en les quatre points m, n, m', n', qui formeront un trapèze régulier.

Le plan M' coupera la sphère S suivant un grand cercle C' ayant le point o pour centre et tangent en x à la parabole δ', et ce cercle C' se rabattra sur le plan M suivant un cercle qui ne sera autre que le cercle C, et ce cercle C sera tangent en $x_,$ à la parabole $\delta_,'$.

En sorte que si l'on mène au point x une tangente ξ à la parabole δ', elle ira couper l'axe Z en un point z, et cette tangente ξ se rabattra sur le plan M en une droite $\xi_,$ passant par le point z et tangente en $x_,$ au cercle C et à la parabole $\delta_,'$.

Or, l'on sait (*fig.* 262) que lorsque l'on a un trapèze régulier $mnm'n'$ inscrit dans un cercle C , les côtés non parallèles vont concourir en un point z, et si de ce point z on mène une tangente $\xi_,$ au cercle C, le point de contact $x_,$ et le point r en lequel se croisent les diagonales du trapèze, sont sur une même perpendiculaire à la droite Z unissant le point z et le centre o du cercle C.

Dès lors il est démontré que le point $x_,$ contact de la parabole $\delta_,'$ et du cercle C, se trouve uni au point r intersection des diagonales du trapèze $mnm'n'$, (dont les sommets m, n, m', n', sont les intersections du cercle C et de la parobole δ) par une droite $\overline{rx_,}$ perpendiculaire à la droite Z , par conséquent la droite $\overline{rx}$, située dans le plan M' sera perpendiculaire au plan M.

Or, la sphère S coupe évidemment la surface paraboloïde $\Sigma_,$ suivant une courbe composée de deux branches ϵ et ϵ' symétriques et par rapport au plan M et par rapport au plan M', et se croisant en les points x et x', contacts de la sphère S avec le paraboloïde $\Sigma_,$.

Les deux courbes ϵ et ϵ' se projetteront donc sur le plan M suivant deux arcs de courbes ϵ^v et ϵ'^v passant par les points m et n', m' et n, et se croisant au point r.

Démontrons maintenant que les courbes ϵ^v et ϵ'^v sont des lignes droites, n'étant autres que les diagonales du trapèze régulier $mnm'n'$, et que dès lors les courbes ϵ et ϵ' sont planes et qu'elles sont dès lors des cercles égaux.

Concevons aux points x et x', contact de la sphère S et de la surface $\Sigma_,$, les plans tangents T et T' communs à ces deux surfaces.

Concevons deux plans Q et Q' perpendiculaires au plan M, et passant le premier par la diagonale mrn' et le second par la diagonale $m'rn$.

Ces deux plans se couperont suivant la droite $\overline{xrx'}$, et couperont :

1° La sphère S suivant deux cercles D et D' de même rayon ;

2° La surface Σ, suivant deux ellipses K et K' égales ;

3° Les plans T et T' suivant des droites I et I', J et J' qui seront, savoir :

J La tangente commune en x et au cercle D et à l'ellipse K,

I La tangente commune en x' et au cercle D et à l'ellipse K,

J' La tangente commune en x et au cercle D' et à l'ellipse K',

et I' la tangente commune en x' et au cercle D' et à l'ellipse K'.

Or, un cercle D et une ellipse K, qui ont quatre points communs m, x, x', n', et en deux de ces points x et x' des tangentes communes J et I, se confondent en une seule et même courbe ; l'ellipse K n'est donc autre que le cercle D, l'ellipse K' n'est donc (par les mêmes raisons) autre que le cercle D'.

D'après ce qui précède, il sera facile, étant donné un paraboloïde elliptique Σ, par son axe infini Z et sa parabole *génératrice* δ et l'ellipse *directrice* E dont le plan est perpendiculaire à l'axe Z et dont le centre o est sur cet axe, il sera facile, dis-je, de construire les *sections circulaires* de la surface Σ.

Des quatre modes principaux de génération dont le paraboloïde elliptique est
susceptible.

560. Concevons 1° deux plans T et T' se coupant suivant une droite D, et 2° une droite R non située dans un même plan avec la droite D et faisant avec elle un angle arbitraire, et coupant respectivement les plans T et T' en les points m et m', enfin 3° une droite A s'appuyant sur les deux droites D et R, et coupant la première au point d et la seconde au point r, et cette droite A ayant une direction telle que le point r soit le point milieu de la corde $\overline{mm'}$.

Cela posé :

Menons 1° par les droites D et A un plan P, et 2° par les droites R et A un plan Q, et enfin 3° par la droite R un plan de direction arbitraire X, et coupant la droite D en un point s.

Le plan X coupera les plans T et T' suivant deux droites θ et θ' se croisant au point s et passant respectivement par les points m et m'.

Le plan Q coupera les deux plans T et T' suivant deux droites I et I' se croisant au point d, et passant respectivement par les points m et m'.

Cela posé :

Nous pourrons toujours construire dans le plan Q une parabole B passant par les points m et m', et ayant pour tangentes en ces points les droites I et I' ; la droite A sera un diamètre de la parabole B, et le point x, milieu de la droite $\overline{rd}$, sera un point de cette parabole B, et si en ce point x on mène une droite R′ parallèle à la droite R , elle sera tangente en ce point x à la parabole B.

Dans le plan P nous pourrons toujours construire une parabole H ayant la droite A pour diamètre et passant par le point x, et ayant en ce point x pour tangente une droite D′ parallèle à la droite D.

Cette parabole H sera coupée par le plan Z en deux points h et h'.

Dans le plan X nous pourrons construire une ellipse E passant par le point h et par les points m et m', et ayant en ces points les droites θ et θ′ pour tangentes ; cette courbe E passera *forcément* par le point h'.

Cela fait : nous savons qu'il existe un paraboloïde elliptique Σ passant par les trois sections coniques, E(*ellipse*), B et H (*paraboles*).

Tous les plans X, X′, X″,…. qui passeront par la droite R , couperont la surface Σ suivant des *ellipses* E, E′, E″,… excepté le plan Q qui donnera la parabole B.

Tous les plans Y, Y′, Y″…. qui passeront par la droite D, couperont la surface Σ suivant des *ellipses* U, U′, U″,… excepté le plan P qui donnera la parabole H.

Tous les plans Z, Z′, Z″,… qui passeront par la droite A, couperont la surface Σ suivant des *paraboles* H , H′, H″, H‴…..

561. De ce qui précède on déduit les trois modes suivants et principaux de *génération* ou de *construction* d'un paraboloïde elliptique. Ainsi l'on peut engendrer un paraboloïde elliptique Σ : 1° par une suite d'*ellipses* telles que E, E′, E″,… ayant pour *directrices* les deux *paraboles* B et H ; 2° par une suite d'*ellipses* telles que U, U′, U″,…. ayant pour *directrices* la *parabole* B et l'*ellipse* E ; et 3° par une suite de *paraboles* telles que H , H′, H″,…. ayant pour *directrice* l'*ellipse* E , et ayant pour plan tangent commun au point x le plan déterminé par les droites R′ et D′.

Comme *cas particuliers* on peut supposer : 1° que la droite A soit perpendiculaire au plan X de l'ellipse E, et soit dès lors en même temps l'axe infini et de la parabole B et de la parabole H ; 2° que la droite D soit transportée à l'infini , alors les plans Y, Y′, Y″,…. seront tous parallèles entre eux ; et lorsqu'ils seront parallèles au diamètre A , les ellipses U , U′, U″,… deviendront des *paraboles* identiques ou superposables ; dans ce cas , la surface paraboloïde est engendrée par une parabole constante de forme et se mouvant parallèlement à elle-même, un de ses points parcourant une seconde parabole, ce qui donne le *quatrième* mode principal de *génération* ou de *construction* du paraboloïde elliptique ; et lorsque les plans Y, Y′, Y″,… couperont le *diamètre* A , alors ils donneront une suite d'ellipses U , U′, U″,…. parallèles entre elles, semblables et semblablement placées.

562. REMARQUE. En vertu de ces divers modes de génération du paraboloïde elliptique, on a donc, entre l'*ellipse* et la *parabole*, les quatre combinaisons suivantes :

    1° Ellipses *génératrices* avec deux paraboles *directrices*.

    2° Ellipses *génératrices* et pour *directrices* une ellipse et une parabole.

    3° Paraboles *génératrices* avec une ellipse *directrice*.

    4° Paraboles *génératrices* avec une parabole *directrice*.

DES PARABOLOÏDES HYPERBOLIQUES.

563. Nous avons vu, chapitre XI, que si l'on faisait mouvoir une droite K sur
deux droites L et L′ et parallèlement à un plan P, on engendrait une surface
gauche Σ et que cette surface était doublement réglée, parce que si l'on faisait
mouvoir la droite L sur deux positions K et K′ de la droite K, et parallèlement
au plan Q construit parallèlement aux droites L et L′, on engendrait précisément
la même surface Σ; cette surface Σ est dite, *paraboloïde hyperbolique*.

Dans le chapitre XI nous avons aussi vu ce qui suit :

Les plans *directeurs* P et Q se couperont suivant une droite I, et il existera toujours une position K, de la droite K, telle qu'elle fera un angle droit avec I ;
de même il existera toujours une position L, de la droite L, telle qu'elle fera un
angle droit avec la droite I, et ces deux droites K, et L, seront dans un plan R
perpendiculaire à la droite I ; et ces deux droites K, et L, se couperont en un
point s qui sera dit *sommet* de la surface Σ ; et la droite Z menée par le point s,
parallèlement à la droite I, sera dite *axe* de la surface Σ ; et si l'on projette orthogonalement les génératrices droites K, K′, K″, etc., dites du *premier système*, et
les génératrices droites L, L′, L″, etc., dites du *second système*, sur le plan R
(pris pour plan vertical de projection), on aura des droites K^v, K′^{v}, K″^{v}, etc., qui
seront parallèles entre elles, et on aura aussi des droites L°, L′^{v}, L″^{v}, etc., qui
seront parallèles entre elles.

Toutes les droites K, K′, K″, etc., projetées *obliquement* sur le plan *directeur* Q
qui leur est parallèle (la projection s'effectuant par des droites parallèles à K,),
donneront des droites L^h, L′^{h}, L″^{h}, etc., qui se couperont au point k en lequel la
droite K, perce le plan Q.

Cela posé :

564. Faisons mouvoir la surface Σ parallèlement à elle-même, et le long de
l'*axe* Z. Le sommet s se transportera sur Z en un point s', et la surface Σ aura pris la
position Σ' ; et chacune des droites Z′, Z″, Z‴, etc., parallèles à Z, couperont les
surfaces Σ et Σ' en deux points dont la distance sera égale à $\overline{ss'}$.

Cela posé :

Démontrons que si, en un point m de la surface Σ, nous menons un plan tangent T, ce plan T coupera la surface Σ' suivant une courbe δ dont le point m sera le centre.

Par le point m passent deux génératrices droites de *systèmes différents*, K et L ; par le point m menons une droite Z′ parallèle à la droite Z et par suite à la droite I. Prenons sur la droite L parallèle au plan Q, un point l', et par ce point menons la génératrice droite K′ de la surface Σ ; prenons sur la droite Z′ un point arbitraire m', nous pourrons toujours construire une droite J passant par le point m', s'appuyant sur la droite K′ et parallèle au plan T. Cette droite J coupera la droite K′ au point i'.

Si, sur la droite J, je prends un point i'' distant du point m' comme l'est le point i', en sorte que l'on ait $\overline{m'i'} = \overline{m'i''}$, je dis que le point i'' sera sur la surface Σ ; de sorte que si l'on mène par le point i'' une génératrice K″ de la surface Σ, elle coupera la droite L en un point l'', tel que l'on aura : $\overline{ml'} = \overline{ml''}$.

Et en effet,

Nous savons que si l'on a trois droites K, K′, K″, non parallèles entre elles, mais parallèles à un plan P, elles sont coupées en parties proportionnelles par une suite de plans Q, Q′, Q″, etc., parallèles entre eux.

Si donc nous considérons les deux génératrices droites K et L du paraboloïde Σ, qui se croisent au point m, et si 1° nous prenons sur la droite L deux points l' et l'', également distants du point m, et que nous construisions les génératrices K′ et K″ du paraboloïde Σ passant respectivement par ces points l' et l'' ; et si, 2° nous prenons sur la droite K deux points k' et k'', également distants du point m, et que nous construisions les génératrices L′ et L″ du paraboloïde Σ passant respectivement par ces points k' et k'', les quatre droites K′, K″, L′ et L″, détermineront un quadrilatère gauche.

Les sommets de ce quadrilatère seront les points, i' intersection des droites K′ et L′, i, intersection des droites L′ et K″, i'' intersection des droites K″ et L″, i,″ intersection des droites L″ et K′.

Les points l', l'', k', k'', sont par construction les milieux des côtés du quadrilatère gauche.

Cela posé :

Si, par la droite K, nous menons un plan P, parallèle à K′, ce plan sera parallèle à K″.

Si, par la droite L, nous menons un plan Q, parallèle à L′, il sera parallèle à L″.

Les deux plans P_i et Q_i étant respectivement parallèles aux plans *directeurs* P et Q , se couperont suivant la droite Z' parallèle à la droite I.

Cela posé :

Menons par K' et K" les plans P_i' et P", parallèles à P_i ou P, menons par L' et L" les plans Q_i' et Q_i'' parallèles à Q_i ou Q, et coupons tout le système par un plan Y perpendiculaire à la droite Z', ce plan sera dès lors perpendiculaire aux six plans P_i , P_i' , P_i'', Q_i , Q_i', Q_i''; nous obtiendrons sur le plan Y un parallélogramme qui sera sur ce plan Y la projection orthogonale du quadrilatère gauche de l'espace (*fig.* 263). Par conséquent la droite J qui unit dans l'espace les points i' et i'', et la droite J_i qui unit dans l'espace les points i'_i et i''_i se projetteront suivant des droites J^v et J_i^v qui se croiseront au centre du parallélogramme ($i'^v i_i'^v i''^v i_i''^v$) projection sur le plan R du quadrilatère gauche ($i'i_i' i''i_i''$).

Ainsi les droites J et J_i qui unissent deux à deux les sommets opposés du quadrilatère gauche intercepté par les quatre génératrices K', K", L', L", du paraboloïde Σ, s'appuient sur la droite Z'.

Démontrons maintenant que ces deux droites J et J_i sont parallèles au plan T déterminé par les deux droites K et L.

La droite qui unit les points l' et k'' est dans le plan T ; or ces points étant les milieux des côtés $\overline{i'i_i'}$, $\overline{i''i_i''}$ du triangle ($i'i_i'' i''$), il s'ensuit que la droite $\overline{i'i''}$ ou J est parallèle à la droite $\overline{l'k''}$, et par conséquent au plan T.

Ainsi, les deux droites J et J_i sont parallèles au plan T, et de plus elles coupent la droite Z', savoir : J en un point m', et J_i en un point m_i', tels que l'on a : $\overline{mm'} = \overline{mm_i'}$.

Cela posé :

Si par le point m' de la droite Z' nous menons un plan T' parallèle au plan T, ce plan T' coupera la surface Σ suivant une courbe δ dont le point m' sera le centre. Dès lors si nous faisons glisser la surface Σ parallèlement à elle-même, et le long de l'*axe* Z , d'une quantité égale à $\overline{mm'}$, le point m' se superposera sur le point m, le plan T' se superposera sur le plan T et la surface Σ prendra la position Σ', et le plan T coupera la surface Σ' suivant une courbe δ' qui ne sera autre que la position que la courbe δ est venue occuper dans l'espace après le mouvement *de translation* de la surface Σ.

Ainsi il est démontré que le plan T coupe la surface Σ' suivant une courbe δ' dont le point m est le centre.

Si nous coupons les deux paraboloïdes Σ et Σ' par un plan quelconque X, nous obtiendrons deux courbes planes ϵ et ϵ', et si , par un point quelconque m, de ϵ nous menons un plan T tangent à la surface Σ, ce plan T coupera la surface Σ' suivant une courbe δ' dont le point m sera le centre, et ce plan T coupera le plan X suivant une droite θ tangente en *m* à la courbe 𝔢; et cette droite θ coupera la courbe 𝔢' en les points *t* et *t*' qui sont précisément ceux en lesquels se coupent les courbes 𝔢' et ∂'; on aura donc : $\overline{mt} = \overline{mt'}$.

Par conséquent, les deux courbes 𝔢 et 𝔢' jouissent de la propriété, savoir : que le point de contact *m* d'une tangente θ à la courbe 𝔢 est le milieu de la corde $\overline{tt'}$ interceptée sur θ par la courbe 𝔢'. En vertu de ce qui a été dit (n° 342 *bis* et suivants) les deux courbes 𝔢 et 𝔢' sont donc deux sections coniques, concentriques et semblables.

Nous pouvons donc énoncer ce qui suit :

I. *Tout plan, quelle que soit sa direction, coupe un paraboloïde hyperbolique suivant une section conique.*

II. *Une droite ne peut couper un paraboloïde hyperbolique en plus de deux points.*

565. Démontrons maintenant que les sections planes d'un paraboloïde hyperbolique ne peuvent être que des *paraboles* ou des *hyperboles*.

Si l'on prend sur une génératrice droite L d'un paraboloïde hyperbolique Σ un point *m*, le plan tangent T en ce point *m* passe par la génératrice du *second système* K qui passe par ce même point *m*.

Or, à mesure que le point *m* s'éloigne sur la droite L du sommet *s* du paraboloïde Σ, la droite K tend de plus en plus à devenir parallèle au plan directeur Q auquel la génératrice L est elle-même parallèle; en sorte que pour le point *m*, situé à l'infini sur la droite L, le plan tangent T, à la surface Σ est parallèle au plan Q.

Cela posé :

Tout plan sécant X ne pourra occuper que deux positions par rapport à *l'axe* Z, ou 1° être parallèle à cet axe, ou 2° couper cet axe.

1° *Le plan* X *étant parallèle à l'axe* Z.

Dans ce cas il existera une génératrice du système K et une génératrice du système L, parallèles au plan X; mais qui seront situées à l'infini.

Lorsque le plan X sera parallèle à l'un des plans *directeurs* P ou Q, et ainsi le plan X étant parallèle au plan P, toutes les génératrices du système K lui seront parallèles, et la section de la surface Σ par le plan X ne sera autre qu'une des génératrices droites du système K.

De même si le plan X est parallèle au plan Q, il coupera le paraboloïde Σ suivant une génératrice droite du système L.

Lorsque le plan X coupe les deux plans *directeurs* P et Q, et qu'il est parallèle à leur intersection I, ou, en d'autres termes, qu'il est parallèle à *l'axe* Z, il est évident qu'il sera parallèle à deux génératrices de systèmes différents, mais situées à l'infini, car la génératrice du système K ou du système L, située à l'infini, est parallèle aux deux plans *directeurs* P et Q, et dès lors à leur intersection I.

Le plan X, dans ce cas, coupera donc la surface Σ suivant une courbe 𝟨 infinie.

Mais pour le point situé à l'infini sur la courbe 𝟨, le plan tangent T, à la surface Σ est parallèle à l'un des plans *directeurs*, et le point situé à l'infini sur la courbe 𝟨 est sur une génératrice située à l'infini, par conséquent le plan T, est tout entier à l'infini; il ne peut donc couper le plan X que suivant une droite située tout entière à l'infini; la courbe 𝟨 est donc une *parabole*.

2° *Le plan* X *coupant l'axe* Z.

Dans ce cas, le plan X coupe la droite I intersection des deux *plans directeurs* P et Q; on pourra donc toujours construire deux génératrices K (du système K) et L (du système L) parallèles à ce plan X, ces droites K et L étant situées à distance finie, et se coupant en un point m_i.

Le plan X coupera donc la surface Σ suivant une courbe 𝟨 infinie, puisque cette courbe aura des points situés à l'infini sur les droites K et L.

Or, si par K, nous menons un plan Θ parallèle au plan Q, le plan Θ sera tangent à la surface Σ, au point situé à l'infini sur K; ce plan Θ coupera dès lors le plan X suivant une droite θ tangente à l'infini à la section 𝟨.

De même, si par L nous menons un plan Θ, parallèle au plan P, ce plan Θ, sera tangent au paraboloïde Σ au point situé à l'infini sur L, ce plan Θ, coupera donc le plan X suivant une droite θ, tangente à l'infini à la section 𝟨.

La courbe 𝟨 ayant deux asymptotes θ et θ,, et étant une section conique, ne sera autre qu'une *hyperbole*.

Et comme nous avions établi précédemment que les droites K et L étaient parallèles au plan X, on voit que les asymptotes θ et θ, de l'hyperbole 𝟨 sont respectivement parallèles à ces génératrices de *systèmes différents* K et L.

En sorte que l'on peut énoncer ce qui suit :

III. *Un paraboloïde hyperbolique* Σ *ne peut être coupé par un plan* X *que suivant des paraboles, si ce plan* X *est parallèle à l'axe* Z *de la surface* Σ, *ou suivant des hyperboles, si ce plan* X *coupe l'axe* Z *de la surface* Σ.

Et dans le cas où la section est une hyperbole, les asymptotes de cette courbe sont parallèles aux génératrices de systèmes différents qui déterminent un plan qui, tangent à la surface Σ, *est parallèle au plan sécant* X.

566. D'après le mode de génération du paraboloïde hyperbolique Σ, la forme de cette surface est telle que si l'on mène en son sommet s le plan tangent T, ce plan, qui coupera la surface suivant les deux génératrices droites K, et L,, partagera la surface en deux parties, l'une située à droite et l'autre située à gauche par rapport à ce plan T, et de telle sorte que si, 1° l'on mène par *l'axe* Z une suite de plans V, V′, V″, etc., compris dans l'un λ des deux angles λ et λ′ (supplémentaires) formés par les droites K, et L,, ces plans couperont la surface Σ suivant des paraboles γ,

γ′, γ″, etc., tournées dans un sens, et que si 2° l'on mène par ce même *axe* Z une suite de plans V₁, V₁′, V₁″, etc., compris dans le second angle λ′, formés par les droites K₁ et L₁, ces plans couperont la même surface Σ suivant des paraboles γ₁, γ₁′, γ₁″, etc., tournées en sens opposé par rapport aux premières γ, γ′, γ″, etc.

Et si l'on conçoit deux plans passant respectivement par les droites K₁ et Z, L₁ et Z, et que l'on coupe la surface Σ par un plan P perpendiculaire à l'axe Z et dès lors parallèle au plan tangent T, ce plan P coupera les plans (K₁, Z) et (L₁, Z) suivant des droites θ et θ′ qui comprendront entre elles les angles λ et λ′ (supplémentaires l'un de l'autre), et ce même plan P coupera la surface Σ suivant une hyperbole μ qui sera comprise entre ses asymptotes θ et θ′ dans l'angle λ et son opposé au sommet, si le plan P est à gauche du plan T, et au contraire, dans l'angle λ′ et son côté opposé au sommet, si le plan P est à droite du plan T.

Cela posé :

Si, en un point *m* d'un paraboloïde hyperbolique Σ, on mène un plan tangent T, ce plan coupera la surface Σ suivant deux génératrices droites K et L de *systèmes différents*, et si, par le point *m* on mène une droite Z′ parallèle à l'*axe* Z de la surface Σ, et que par cette droite Z′ et chacune des droites K et L on mène deux plans Q et Q′, ils seront coupés par une suite de plans P₁, P₂, P₃, etc., parallèles entre eux et au plan T suivant des droites θ₁ et θ₁′, θ₂ et θ₂′, θ₃ et θ₃′, etc., qui seront les asymptotes des sections hyperboliques ϵ₁, ϵ₂, ϵ₃, etc., données dans la surface Σ par les plans P₁, P₂, P₃, etc., et les centres *o₁, o₂, o₃,* etc., de ces courbes, seront situés sur la droite Z′.

Je dis que les courbes ϵ₁, ϵ₂, ϵ₃, etc., sont des hyperboles semblables et semblablement placées, en admettant que les plans P₁, P₂, P₃, etc., sont tous situés d'un même côté par rapport au plan T.

Et en effet :

Les asymptotes θ₁, θ₂, θ₃, etc., sont parallèles à la droite K, les asymptotes θ₁′, θ₂′, θ₃′, etc., sont parallèles à la droite L : par conséquent si l'on faisait glisser parallèlement à eux-mêmes les plans P₂, P₃, etc., pour les superposer sur le plan P₁, les points *o₂, o₃,* etc., viendraient se superposer sur le point *o₁,* et les droites θ₂, θ₃, etc., se superposeraient sur θ₁, les courbes ϵ₂, ϵ₃, etc., prendraient les positions ϵ₂′, ϵ₃′, etc., et les courbes ϵ₁, ϵ₂′, ϵ₃′, etc., auraient mêmes asymptotes θ₁ et θ₁′; elles seraient donc semblables et concentriques : donc, etc.

Ainsi l'on peut énoncer ce qui suit :

IV. *Si l'on mène un plan tangent* T *en un point* m *d'un paraboloïde hyperbolique* Σ, *et si l'on coupe cette surface* Σ *par une suite de plans parallèles entre eux et au plan* T *et situés tous à droite ou tous à gauche, par rapport à ce plan* T, *les sections seront des hyperboles semblables et semblablement placées, et dont les centres seront situés sur la droite* Z' *qui, passant par le point* m *, sera parallèle à l'axe* Z *de la surface* Σ.

V. *Si l'on prend un point* z *extérieur à un paraboloïde hyperbolique* Σ, *et qu'on le regarde comme le sommet d'un cône* Δ *tangent à la surface* Σ, *la courbe de contact* ∂ *sera toujours une hyperbole.*

Cela posé :

Concevons par la droite Z' un plan Y, ce plan coupera les hyperboles ε_1, ε_2, ε_3, etc., en les points b_1 et b_1', b_2 et b_2', b_3 et b_3', etc., et les droites o_1b_1, o_2b_2, o_3b_3, etc., o_1b_1', o_2b_2', o_3b_3', etc., seront parallèles entre elles ; et comme les hyperboles ε_1, ε_2, ε_3, etc., sont semblables et semblablement placées, les tangentes B_1 en b_1 à ε_1, B_2 en b_2 à ε_2, B_3 en b_3 à ε_3, etc., seront parallèles ; toutes ces droites B_1, B_2, B_3, etc., parallèles entre elles et au plan T, seront tangentes à la surface Σ et formeront un cylindre Δ, tangent à la surface Σ suivant la parabole ∂, section faite dans la surface Σ par le plan Y.

On peut donc énoncer ce qui suit :

VI. *Si l'on fait rouler un plan* V *tangentiellement à un paraboloïde hyperbolique* Σ, *ce plan* V *restant pendant son mouvement parallèle à une droite, la surface enveloppe de l'espace parcouru par le plan* V *sera un cylindre ayant pour courbe de contact avec la surface* Σ *une parabole* ∂, *dont l'axe infini sera parallèle à l'axe* Z *de la surface* Σ.

Et réciproquement :

Si l'on fait rouler tangentiellement sur un paraboloïde hyperbolique Σ *un plan* V, *de manière que le point de contact du plan* V *et de la surface* Σ *parcoure une parabole, tracée sur cette surface* Σ, *la surface enveloppe sera un cylindre* (*).

567. Démontrons maintenant que si l'on coupe un paraboloïde hyperbolique Σ par

_____

(*) Ce théorème nous conduit à la démonstration d'un problème-plan et que l'on énonce ainsi qu'il suit :

Étant données sur un plan P deux droites A et B se coupant en un point d, prenons sur la droite A deux points arbitraires a et a' et sur la droite B deux points aussi arbitraires b et b'; de telle sorte que les droites $\overline{aa'}$ et $\overline{bb'}$ seront égales ou inégales en longueur; de telle sorte que le point d sera en dehors ou en dedans des points a et a' ou b et b'; de telle sorte que les longueurs $\overline{ad}$ et $\overline{bd}$ seront égales ou inégales entre elles.

Les points a et a', b et b' étant placés sur les droites A et B, divisons la droite $\overline{aa'}$ en n parties égales et divisons aussi la droite $\overline{bb'}$ en le même nombre n de parties égales entre elles, unissons les points de division de la droite A avec ceux de la droite B, en croisant ou ne croisant pas les lignes ainsi que l'indiquent les (*fig.* 264 et 265) , nous obtiendrons une série de droites qui, par leur intersection deux à deux (en considérant deux droites successives), détermineront un polygone dont les côtés seront tous tangents à une même parabole.

Et en effet :

Nous savons que si l'on a deux droites A_1 et B_1, situées dans l'espace (dont A et B seront les projections

une suite de plans parallèles entre eux et à l'*axe* **Z** de la surface Σ, on obtiendra des *paraboles* identiques ou superposables.

Nous avons fait voir (n° 381) que lorsqu'une surface Σ était engendrée par une courbe C qui se mouvait parallèlement à elle-même sans changer de forme ni de grandeur, l'on pouvait envelopper cette surface Σ par un cylindre Δ tangent à cette surface suivant la courbe C; et qu'ainsi désignant par C, C′, C″, etc. les diverses positions de la courbe génératrice C, on avait des cylindres Δ, Δ′, Δ″, etc., respectivement tangents à la surface Σ suivant les courbes C, C′, C″, etc.

Et la réciproque est également vraie, savoir : si l'on peut construire une suite de cylindres Δ, Δ′, Δ″, etc. tangents à une surface Σ suivant des courbes C, C′, C″, etc., parallèles entre elles, ces courbes C, C′, C″, etc., seront identiques ou superposables.

Nous pouvons donc énoncer ce qui suit :

VII. *Si l'on coupe un paraboloïde hyperbolique* Σ *par une suite de plans parallèles entre eux et à l'axe* **Z** *de la surface* Σ, *l'on aura une suite de paraboles identiques ou superposables.*

568. On démontrera comme pour la sphère (en employant le même mode de démonstration), que si l'on a deux sections planes d'un paraboloïde hyperbolique se coupant en deux points ou n'ayant aucun point commun, on peut les envelopper par deux cônes, et que si ces sections ont un point de contact on ne peut les envelopper que par un seul cône; mais il faudra que les sections soient tournées dans le même sens lorsqu'elles seront des hyperboles.

De sorte que le théorème admet une restriction pour le paraboloïde hyperbolique.

569. On démontrera comme pour la sphère (en employant le même mode de

---

orthogonales sur le plan P), si l'on mène une série de plans Q, Q′, Q″, etc., parallèles entre eux et coupant ces droites A_i et B_i ainsi qu'il suit :

$$Q \quad \text{coupera } A_i \text{ en un point } a_i \text{ et } B_i \text{ en un point } b_i$$

$$Q' \qquad — \qquad — \quad a_i' \qquad — \qquad b_i'$$

$$Q'' \qquad — \qquad — \quad a_i'' \qquad — \qquad b_i''$$

$$\text{etc.} \qquad — \qquad — \qquad \text{etc.}$$

Si l'on mène les droites unissant les points homologues a_i et b_i, a_i' et b_i', etc., on aura en ces droites $\overline{a_i b_i}$, $\overline{a_i' b_i'}$, etc., les génératrices droites (d'un *système*) d'un paraboloïde Σ; et considérant un cylindre Δ tangent à la surface Σ, ce cylindre Δ ayant ses génératrices droites perpendiculaires au plan P, comme ce cylindre Δ sera tangent à la surface Σ suivant une parabole δ_i, il sera coupé par le plan P suivant une parabole δ (laquelle sera la projection orthogonale de la courbe δ_i).

Le cylindre Δ, comme étant tangent à la surface Σ, aura donc pour tangentes les diverses génératrices droites $\overline{a_i a_i'}$, $\overline{b_i b_i'}$, etc. de la surface Σ; dès lors il est évident que les droites $\overline{a_i a_i'}$, $\overline{b_i b_i'}$, etc., se projetteront sur le plan P, en des droites tangentes à la parabole δ projection de la parabole δ_i.

démonstration), que si un cône ou un cylindre coupe un paraboloïde hyperbolique Σ suivant une section conique, il recoupe cette surface Σ suivant une
seconde section conique.

570. Il est facile de démontrer que : 1° lorsque l'une des *polaires réciproques*
perce le paraboloïde hyperbolique Σ, l'autre *polaire* perce aussi cette surface Σ.

Et 2° lorsque l'une des *polaires réciproques* ne perce pas le paraboloïde hyperbolique Σ, l'autre *polaire* ne perce pas aussi cette surface Σ.

Et 3° lorsque l'une des *polaires réciproques* touche le paraboloïde Σ en un point m,
l'autre *polaire* lui est tangente en ce même point m.

Et 4° si l'on a une droite D perçant la surface hyperboloïde Σ en un point m,
alors cette droite D est parallèle à l'axe Z de la surface Σ, et elle est un diamètre
infini de la surface.

Cela posé :

Si l'on mène deux génératrices droites G et K d'un paraboloïde hyperbolique Σ
se croisant en un point m de la surface Σ, et si l'on mène par le point m une
droite D parallèle à l'axe infini Z de la surface Σ, les deux plans (G, D) et (K, D)
seront tangents à cette surface Σ, et ils seront l'un et l'autre parallèles à l'axe Z.
Le premier plan (G, D) sera parallèle au plan directeur P des génératrices du
système G, et le second plan (K, D) sera parallèle au plan directeur Q des génératrices du système K; l'un et l'autre de ces plans sera donc asymptote au paraboloïde Σ, la *polaire* D, réciproque de la polaire D sera donc tout entière située à
l'infini.

Ce qui vient d'être énoncé ci-dessus est facile à vérifier, et en effet :

Soit donnée une droite D, de direction arbitraire par rapport à un paraboloïde
hyperbolique Σ; désignons par s le sommet, et par Z l'axe infini de la surface Σ;
désignons par G et K les génératrices droites de *systèmes différents* se croisant au
point s.

Les deux droites G et K comprennent entre elles un angle α et un angle ε supplémentaire de α.

Supposons un plan Y passant par l'axe Z et partageant l'angle α, il coupera la
surface Σ suivant une parabole δ, et supposons un second plan Y' passant par
l'axe Z et partageant l'angle ε, il coupera la surface Σ suivant une parabole δ'.

Or, nous savons que les paraboles δ et δ' seront tournées en sens opposés, l'une δ
étant en dessous du plan (G, K), l'autre δ' étant en dessus de ce même plan (G, K).

Cela posé :

Si nous considérons un cylindre Δ tangent à la surface Σ, et dont les génératrices soient parallèles à la droite D, ce cylindre Δ touchera la surface Σ suivant
une parabole δ, dont le plan contiendra la *polaire* D, réciproque de D.

Et il est évident que si la droite D perce la surface Σ en deux points, la droite D, percera aussi la surface Σ en deux points.

Il est encore évident que si la droite D ne rencontre pas la surface Σ, la droite D, ne rencontrera pas aussi la surface Σ.

D'ailleurs on peut facilement construire la droite D, , la droite D étant donnée de position et quelle que soit sa position dans l'espace par rapport au paraboloïde hyperbolique Σ; car il suffit de mener par D deux plans P et P' coupant la surface Σ suivant des sections coniques C et C', ces deux courbes seront enveloppées par deux cônes dont les sommets x et x' détermineront la droite D,. Lorsque les sommets x et x' seront à l'infini, ou, en d'autres termes, lorsque les deux cônes enveloppant les deux courbes C et C' se réduiront à un seul cylindre et quelle que soit la direction des plans P et P', alors la *polaire réciproque* D, sera située tout entière à l'infini; or, c'est ce qui a lieu évidemment lorsque la droite D est parallèle à l'axe Z de la surface Σ.

571. Nous démontrerons, comme nous l'avons fait pour le paraboloïde elliptique, les diverses propriétés qui existent pour deux paraboloïdes hyperboliques concentriques et semblables. Les énoncés de ces propriétés sont les mêmes pour l'un et l'autre *paraboloïde*.

On doit distinguer deux variétés de paraboloïde hyperbolique : celui pour lequel les plans *directeurs* se coupent sous l'angle droit, la surface est alors dite *rectangulaire*, et celui pour lequel les plans *directeurs* se coupent sous un angle aigu ou obtus, alors la surface est dite *oblique*.

Des divers modes de génération du paraboloïde hyperbolique, par des sections coniques.

572. *Premier mode de génération.* Concevons deux droites D et R non situées dans un même plan et faisant entre elles un angle arbitraire, et une troisième droite A s'appuyant sur les deux droites D et R, et ayant une direction d'ailleurs arbitraire ; désignons par d et r les points en lesquels la droite A coupe respectivement les droites D et R ; désignons par P le plan (D, A), par Q le plan (R, A), par X un plan quelconque passant par la droite D, par Y un plan quelconque passant par la droite R, et par Z un plan quelconque passant par la droite A.

Cela posé :

Prenons sur la droite R deux points m et m', équidistants du point r, et prenons aussi sur la droite D deux points n et n', équidistants du point d.

Désignons par T le plan (D, m), par T' le plan (D, m'), par Θ le plan (R, n), et par Θ' le plan (R, n').

Les plans T et T′ seront respectivement coupés par le plan (A , D), ou P, suivant deux droites θ et θ′.

Cela posé :

1° Nous pourrons toujours construire dans le plan Q une parabole B passant par les points m et m′, et ayant pour tangentes en ces points les droites t et t′ ; cette parabole aura la droite A pour *diamètre*, et la coupera au point s milieu de la droite $\overline{dr}$.

2° Nous pourrons toujours construire dans le plan P une parabole H passant par les points n et n′, et ayant pour tangentes en ces points les droites θ et θ′ ; cette parabole aura la droite A pour *diamètre*, et la coupera au même point s, celui en lequel le diamètre A est coupé par la parabole B (*).

La tangente R′ à la parabole B pour le point s sera parallèle à la droite R.

La tangente D′ à la parabole H pour le point s sera parallèle à la droite D.

Le plan (D′, R′) sera donc tangent en même temps aux deux paraboles B et H , et il sera parallèle aux deux droites R et D.

Cela posé :

Parmi les plans X passant par la droite D, prenons celui qui sera parallèle au plan (D′, R′), et traçons dans ce plan X une hyperbole λ ayant son centre au point d, et pour diamètre transverse la droite $\overline{nn}$′, et pour asymptotes deux droites arbitraires L, et L, se croisant au centre d.

Si l'on fait tourner le plan P autour de la droite A comme axe de rotation , ce plan P prendra diverses positions Z′, Z″, Z‴,.... et la parabole H prendra, en changeant de forme , les positions H′, H″, H‴,... dans chacun de ces plans Z′, Z″, Z‴,.... Chaque forme H′, H″, H‴,... de la parabole mobile et variable H seront faciles à déterminer, car pour le plan Z′, par exemple, ce plan Z′ coupera le plan (D′, R′) suivant une droite δ′, et l'hyperbole λ en deux points l et l,, et la parabole H′ passera par les points l et l,, et elle aura pour tangente au point s la droite δ′ et pour *diamètre* la droite A.

La parabole H prendra donc les diverses positions indiquées, ci-dessus, sur les divers plans Z compris entre les plans (A, L,) et (A, L,), chacun de ces plans Z coupant en deux points l'hyperbole λ, et l'on voit qu'à mesure que le plan Z approche du plan (A, L,) ou du plan (A, L,),la parabole H tend à devenir une ligne droite. Ainsi parmi les paraboles H, H′, H″,... on aura deux droites H, et H,, tracées dans le plan(D′, R′)et parallèles respectivement aux asymptotes L, et L, de

---

(*) Le point s sera le milieu de la droite dr, pour l'une et pour l'autre parabole B et H , parce que la sous-tangente est double de l'abscisse dans la parabole , que cette parabole soit rapportée à des axes rectangulaires ou à des axes obliques.

l'hyperbole λ, et lorsque le plan Z dépassera le plan (A , L,) ou le plan (A , L,),
alors il ne coupera plus l'hyperbole λ; on devra donc, pour achever la surface,
concevoir que par la droite R on a mené un plan Y parallèle au plan (D', R') et
que l'on a tracé dans ce plan Y une hyperbole λ' ayant son centre au point r, pour
diamètre transverse la droite mm', et pour asymptotes deux droites L,' et L,', se
croisant au centre r et parallèles respectivement aux asymptotes L, et L, de l'hyperbole λ.

Alors la parabole B, en se déformant pendant qu'elle tourne autour de l'axe A ,
engendrera la seconde partie de la surface.

Il est évident que, par ce mode de génération, on obtiendra un paraboloïde
hyperbolique.

Dans ce mode de génération, on a pour *génératrices* des paraboles et pour
directrices deux hyperboles inversement semblables.

573. *Second mode de génération.* Tout étant disposé ainsi que nous l'avons dit
ci-dessus, nous pourrons faire tourner le plan X (qui contient l'hyperbole λ) autour de la droite D; ce plan X prendra les positions X', X'', X''',.... et la courbe λ
prendra les positions successives $\lambda_1, \lambda_2, \lambda_3,...$ dont la forme sera déterminée de la
manière suivante :

Prenant la parabole H et une seconde position H' de cette courbe H , on considérera ces deux paraboles H et H' comme *directrices* du mouvement de l'hyperbole
génératrice λ. Dès lors le plan X' coupera , 1° la courbe H aux points n et n', et
2° la courbe H' aux points n_1 et n_1', et 3° la droite R en un point r'.

L'hyperbole λ_1, en laquelle se transforme l'hyperbole λ en passant du plan X
dans le plan X', passera par les points n_1 , n_1', n , n', et elle aura pour tangentes
en les points n et n' les droites $\overline{nr'}$ et $\overline{n'r'}$.

On déterminerait de la même manière les diverses hyperboles $\lambda_2, \lambda_3,.....$ Enfin
lorsque le plan X, après avoir tourné autour de la droite D , et pris une série de
positions en lesquelles il coupera la droite A , viendra passer par cette droite A ,
l'hyperbole λ se transformera en la parabole H.

Par ce mode de génération , on construit la surface en son entier; il diffère
donc du précédent, qui ne permet de construire la surface que par moitié.

Dans ce mode de génération on a pour *génératrices* des hyperboles et pour *directrices* des paraboles.

574. *Troisième mode de génération.* Le paraboloïde hyperbolique peut être engendré par une parabole δ de forme invariable se mouvant parallèlement à elle-même,
un de ses points parcourant une parabole fixe ϵ, les axes infinis des deux para-
boles δ et ϵ étant parallèles entre eux et les deux paraboles δ et ϵ étant tournés en
sens inverse.

Ainsi, dans ce mode de génération, on a pour *génératrices* des paraboles, et pour *directrice* une parabole.

575. *Quatrième mode de génération.* Étant tracée sur un plan X une hyperbole λ, on construit une corde coupant ses deux branches, l'une en un point *n* et l'autre en un point *n'*; par le milieu *d* de la corde *nn'*, on mène une droite A de direction arbitraire par rapport au plan X; on prend sur la droite A un point *a* et dans le plan (*a*, *n*, *n'*), on mène par le point *a* une droite θ parallèle à la corde $\overline{nn'}$; ensuite on trace dans le plan (*a*, *n*, *n'*) une parabole H passant par les points *n*, *n'* et *a* et ayant pour tangente au point *a* la droite θ.

Cela fait, on fait mouvoir l'hyperbole λ parallèlement à elle-même elle variera de forme, mais elle restera toujours semblable et semblablement placée et de telle manière que ses points *n* et *n'* décriront la parabole H.

Par ce mode de génération, on ne peut construire que la moitié de la surface; pour obtenir la seconde moitié il faudrait prendre une seconde parabole *directrice* θ' tournée en sens inverse par rapport à la parabole θ et les hyperboles *génératrices* λ' seraient inversement semblables aux hyperboles λ.

Dans ce mode de génération, on a pour *génératrices* des hyperboles et pour *directrice* une parabole.

DES HYPERBOLOÏDES A DEUX NAPPES.

576. Traçons dans le plan vertical une hyperbole H (*fig.* 266) et prenons le plan horizontal de projection perpendiculaire à l'axe transverse de cette courbe.

Désignons par Z cet axe transverse et par A et A' les deux asymptotes de la courbe H, lesquelles droites se croisent au centre *o*.

Cela posé :

Faisons tourner la courbe H (comme courbe méridienne) autour de l'axe Z, elle engendrera une surface de révolution Σ, et ses asymptotes engendreront un cône de révolution Δ ayant le point *o* pour sommet.

La surface Σ est composée évidemment de deux nappes distinctes, et chacune d'elles est infinie dans un sens. Cette surface Σ a reçu le nom d'*hyperboloïde à deux nappes et de révolution*, et le cône Δ est dit *cône asymptote* de la surface Σ, car il est évident que, puisque les asymptotes A et A' touchent la courbe H à l'infini, le cône Δ touchera la surface Σ suivant deux cercles situés à l'infini, l'un de ces cercles appartenant à l'une des nappes, l'autre cercle appartenant à l'autre nappe de la surface Σ.

Cela posé :

Prenons un point *x* sur la surface Σ et faisons passer 1° par l'axe Z et le point *x* un plan M coupant la surface suivant un *méridien* H' et 2° par le point x un plan P perpendiculaire à l'axe Z et coupant la surface Σ suivant un *parallèle* δ.

Les tangentes au point x, savoir : θ à H' et ξ à δ détermineront un plan T tangent au point x à la surface Σ.

Or, le plan M coupe le cône Δ suivant deux génératrices droites G et G', asymptotes de l'hyperbole méridienne H'; donc θ coupe G et G' en deux points g et g' tels que l'on a : $\overline{gx} = \overline{g'x}$.

Or, le plan P coupe le cône Δ suivant un cercle C concentrique au cercle δ, donc ξ coupe C en deux points q et q' tels que l'on a : $\overline{qx} = \overline{q'x}$.

Or, le plan T coupe le cône Δ suivant une ellipse E dont le point x sera le centre, car les deux droites $\overline{qq'}$ et $\overline{gg'}$ sont rectangulaires entre elles, et si l'on construit les tangentes à la courbe E pour les point g et g' on trouve qu'elles sont horizontales; les deux droites $\overline{qq'}$ et $\overline{gg'}$ forment donc un système de diamètres conjugués rectangulaires entre eux, elles sont donc les axes de l'ellipse E.

Dès lors, si dans le plan T on mène par le point x une droite quelconque L, elle coupera l'ellipse E en deux points t et t' tels que l'on aura : $\overline{xt} = \overline{xt'}$.

Cela posé :

Si l'on mène un plan Q de direction arbitraire, mais coupant la surface Σ suivant une courbe 6 et le cône Δ suivant une section conique 6, il sera facile de démontrer que les courbes 6 et 6, sont concentriques et semblables et que 6 n'est autre qu'une section conique; et en effet :

Si par un point x de la courbe 6 on mène un plan T tangent à la surface Σ, il coupera le plan Q suivant une droite L, laquelle percera la section conique 6, en deux points t et t' tels que l'on aura (en vertu de ce qui a été dit ci-dessus) $\overline{xt} = \overline{xt'}$. Et cela aura lieu pour tous les points x de la courbe 6.

La courbe 6, qui est inconnue, est intérieure par rapport à la section conique 6. Mais il a été démontré (n° 342 *bis*, 1°) que lorsque l'on avait deux courbes telles que 6 et 6, elles étaient deux sections coniques concentriques et semblables.

Ainsi, on peut énoncer ce qui suit :

I. *Tout plan, quelle que soit sa direction, coupe un hyperboloïde à deux nappes et de révolution suivant une section conique, qui peut être ou une ellipse ou une parabole ou une hyperbole, suivant la direction du plan sécant par rapport au cône asymptote de la surface hyperboloïde.*

II. *Une droite peut percer un hyperboloïde à deux nappes et de révolution en un ou deux points, mais elle ne peut le rencontrer en plus de deux points.*

Menons par le centre o de l'hyperboloïde à deux nappes et de révolution Σ une droite D coupant cette surface Σ en deux points d et d'; le point d sera sur l'une des nappes et le point d' sera sur la seconde nappe.

Par l'axe Z de révolution et la droite D nous ferons passer un plan P coupant la surface Σ suivant une hyperbole méridienne H, et ce même plan P coupera le cône asymptote Δ suivant deux génératrices droites G et G' qui seront les asymptotes de la courbe H, laquelle aura le point o (centre de la surface Σ) pour son centre.

La droite D percera l'hyperbole H en les points d et d'.

Cela posé :

Par la droite D faisons passer une infinité de plans R, R', R'', etc., ils couperont la surface Σ suivant des sections coniques α, α', α'', etc. qui seront toutes des hyperboles en vertu des positions que les plans R, R', R'', etc., affectent par rapport au cône asymptote Δ; puisque chacun de ces plans coupe le cône Δ suivant deux génératrices droites.

Construisons au point d un plan Θ tangent à la surface Σ, ce plan Θ sera coupé par les plans R, R', R'', etc., suivant des droites θ, θ', θ'', etc., qui seront respectivement tangentes aux courbes α, α', α'', etc., et au point d.

Construisons au point d' un plan Θ, tangent à la surface Σ, ce plan Θ, sera coupé par les plans R, R', R'', etc., suivant des droites θ, θ', θ'', etc., qui seront respectivement tangentes aux courbes α, α', α'', et au point d'.

Or, comme la surface Σ est de révolution, les plans Θ et Θ, seront perpendiculaires au plan méridien P; et comme la droite D est un diamètre de l'hyperbole méridienne H, il s'ensuit que les plans Θ et Θ, sont parallèles. Dès lors, les hyperboles de section α, α', α'', etc., auront toutes le point o pour centre et la droite D ou $\overline{dd'}$ pour diamètre commun.

Cela posé :

Prenons le plan méridien P pour plan vertical de projection, et projetons orthogonalement sur ce plan P les courbes α, α', α'', etc., nous obtiendrons les hyperboles $α^v$, $α'^v$, $α''^v$, etc., qui auront la droite $\overline{dd'}$ pour diamètre commun, et qui auront en d et d' pour tangentes communes les droites parallèles entre elles λ et λ, intersection du plan P par les plans Θ et Θ,. Or, si l'on mène une droite Y parallèle à λ, elle coupera respectivement les courbes $α^v$, $α'^v$, $α''^v$, etc., en les points m^v, m'^v, m''^v, etc., qui seront les projections des points m, m', m'', etc., situés sur les hyperboles α, α', α'', etc., et tous ces points m, m', m'', etc., seront sur la section conique γ intersection de la surface Σ par le plan X perpendiculaire au plan P et dont V^x est la trace verticale; et évidemment le plan X est parallèle aux plans Θ et Θ,.

Or, l'on sait : 1° que les tangentes $ξ^v$, $ξ'^v$, $ξ''^v$, etc., menées respectivement aux points m^v, m'^v, m''^v, etc., des courbes $α^v$, $α'^v$, $α''^v$, etc., se coupent en un même point z situé sur le diamètre D qui est lui-même situé sur le plan P (n° 346 ter), par conséquent les droites ξ, ξ', ξ'', etc., qui seront les tangentes aux courbes de l'espace α, α', α'', etc. pour les points m, m', m'', etc., se couperont en ce point z, etc., etc. ;

2° que si l'on mène une seconde droite V^{xi} parallèle à V^x et coupant les courbes α^v, α'^v, α''^v, etc., en les points n^v, n'^v, n''^v, etc., les points n, n', n'', etc., de l'espace seront sur une section conique γ' intersection du plan X' et de la surface Σ ; en sorte que les deux courbes γ et γ' seront des sections parallèles de la surface Σ, et les droites δ^v, δ'^v, δ''^v, etc., qui uniront les points m^v et n^v, m'^v et n'^v, m''^v et n''^v, etc., iront se couper en un même point z_1 de la droite D ; dès lors, les droites de l'espace δ, δ', δ'', etc., qui uniront deux à deux les points m et n, m' et n', m'' et n'', etc., iront se couper en ce même point z_1.

Les droites ξ, ξ', ξ'', etc., forment donc un cône K tangent à la surface Σ suivant la section conique γ.

Les droites δ, δ', δ'', etc., forment donc un cône K_1 qui coupe la surface Σ suivant deux sections coniques parallèles entre elles, γ et γ'.

Si l'on a une suite de plans X, X', X'', etc., parallèles entre eux et au plan Θ, et dès lors perpendiculaires au plan P, ces plans couperont la surface Σ suivant des sections coniques semblables et semblablement placées γ, γ', γ'', etc.

Ces courbes γ, γ', γ'', etc., couperont l'hyperbole méridienne H en des points h, h', h'', etc., pour lesquels les plans Q, Q', Q'', etc., tangents à la surface Σ seront perpendiculaires au plan méridien P ; dès lors, les tangentes aux courbes γ, γ', γ'', etc., en ces points h, h', h'', etc., seront perpendiculaires au plan P ; dès lors, si l'on fait mouvoir le plan Q tangentiellement à la surface Σ, son point de contact h parcourant la courbe H, la surface développable Φ, enveloppe de l'espace parcourue par ce plan Q sera un cylindre ayant l'hyperbole méridienne H pour section droite.

577. D'après ce qui précède, on peut énoncer ce qui suit :

III. *Si l'on prend un point z hors de l'hyperboloïde à deux nappes et de révolution Σ, et qu'on le regarde comme le sommet d'un cône K tangent à la surface Σ, la courbe de contact γ sera une courbe plane, et dès lors une section conique.*

1° *Si le point z est dans l'intérieur du cône asymptote Δ, la courbe de contact γ sera une ellipse ;*

2° *Si le point z est sur le cône asymptote, la courbe γ sera une parabole ;*

3° *Si le point z est hors du cône asymptote, la courbe γ sera une hyperbole.*

IV. *Si l'on fait mouvoir un plan Θ tangentiellement à une surface hyperboloïde à deux nappes et de révolution Σ, et parallèlement à une droite B, la courbe de contact sera une hyperbole diamétrale, et le problème ne sera possible qu'autant qu'en menant par le* *centre* o *de la surface* Σ, *ou le sommet* o *du cône asymptote* Δ, *une droite* B' *parallèle à* B, *cette droite* B' *sera située dans l'intérieur du cône* Δ.

V. *Une suite de plans parallèles coupent l'hyperboloïde à deux nappes et de révolution suivant des sections coniques semblables et semblablement placées.*

En vertu de ce qui a été démontré touchant deux sections coniques, concentriques et semblables, et semblablement placées, on peut énoncer ce qui suit :

VI. *Si l'on a deux hyperboloïdes à deux nappes et de révolution* Σ *et* Σ' *ayant même axe de rotation* Z *et concentriques et semblables; si l'on mène un plan* T *tangent en un point* m *à la surface intérieure* Σ, *ce plan* T *coupera la surface extérieure* Σ' *suivant une section conique* γ *dont le point* m *sera le centre.*

Si l'on fait rouler sur la courbe γ *un plan tangent à la surface* Σ', *ce plan engendrera un cône* K *dont le sommet* z *sera sur une troisième surface* Σ'' *qui sera un hyperboloïde à deux nappes et de révolution concentrique et semblable aux deux premiers* Σ *et* Σ'.

Si l'on a deux hyperboloïdes à deux nappes et de révolution Σ'' *et* Σ' *concentriques et semblables, et si l'on considère chaque point* z *de la surface* Σ'' *comme le sommet d'un cône* K *tangent à la surface intérieure* Σ' *suivant une section conique* γ, *la surface enveloppe de tous les plans des courbes* γ *sera un troisième hyperboloïde à deux nappes et de révolution* Σ, *concentrique et semblable aux deux premiers* Σ' *et* Σ''.

On peut appliquer à l'hyperboloïde à deux nappes et de révolution, et cela mot à mot, la démonstration qui a été donnée pour la sphère au sujet des *polaires réciproques;* il suffit de changer le mot *cercle* en le mot *section conique.* On peut donc énoncer ce qui suit :

VII. *Si par une droite* D *extérieure à un hyperboloïde à deux nappes et de révolution* Σ, *on mène deux plans* T *et* T' *tangents aux points* m *et* m', *la droite* D' *qui unit les points de contact* m *et* m' *est la polaire réciproque de la droite* D.

Les points m *et* m' *seront sur une même nappe de la surface* Σ, *si la droite* D *coupe le cône asymptote* Δ ; *ces points* m *et* m' *seront, l'un sur une des nappes et l'autre sur la seconde nappe de la surface* Σ, *si la droite* D *ne rencontre pas le cône* Δ.

578. Toutes les propriétés que nous avons reconnues exister pour l'*ellipsoïde* de révolution et le *paraboloïde* de révolution, subsistent pour l'*hyperboloïde à deux nappes* et de révolution; et tout ce qui a été établi rigoureusement ci-dessus, permettra de les démontrer (ces propriétés) ou de les déduire comme *conséquences;* et il ne sera pas difficile de reconnaître les modifications que doit faire apporter dans *les énoncés* la forme particulière de l'hyperboloïde à deux nappes.

Transformation de l'hyperboloïde à deux nappes et de révolution en un hyperboloïde à deux nappes et à trois axes inégaux.

579. Concevons un hyperboloïde à deux nappes et de révolution Σ dont l'axe de rotation Z soit vertical.

Prenons pour plan vertical de projection, un plan passant par l'axe Z et pour plan horizontal de projection, un plan perpendiculaire à cet axe Z.

Le plan vertical coupera la surface Σ (*fig.* 266) suivant une hyperbole méridienne H, et le cône asymptote Δ suivant deux génératrices droites G et G'. Le plan horizontal coupera la surface Σ suivant un cercle C et le cône Δ suivant un cercle C'; ces deux cercles C et C' seront concentriques et auront le point Z^h pour centre commun.

Cela posé :

Traçons dans le plan horizontal une ellipse E concentrique au cercle C et ayant le diamètre $\overline{aa'}$ de ce cercle C pour l'un de ses axes.

L'ellipse E sera la *transformée cylindrique* du cercle C, de sorte que pour une même abscisse $\overline{qm^v}$, les ordonnées $\overline{mm^v}$ et $\overline{m_1m^v}$ seront dans un rapport constant.

Si par l'axe Z on fait passer un plan X, ce plan coupera la surface de révolution Σ suivant une hyperbole méridienne HH' qui se projettera sur le plan vertical de projection en une hyperbole H'^v.

On transformera *cylindriquement* le plan X en un plan X_1 passant par l'axe Z, et l'hyperbole H' en une hyperbole H_1' située dans le plan X_1; et cette courbe H_1' sera dès lors la section faite par le plan X_1 dans le cylindre Φ ayant H'^v pour section droite.

En menant par l'axe Z une suite de plans X, X', X'', etc., ils couperont la surface de révolution Σ suivant des hyperboles H, H', H'', etc., et ces plans se transformeront *cylindriquement* en des plans diamétraux (passant tous par l'axe Z) X_1, X_1', X_1'', etc., sur lesquels seront les hyperboles H_1, H_1', H_1'', etc., *transformées cylindriques* des diverses courbes méridiennes H, H', H'', etc., de la surface Σ.

Toutes ces hyperboles H_1, H_1', H_1'', etc., détermineront une surface Σ_1 composée de deux nappes séparées entre elles comme pour la surface Σ. Et il est dès lors évident que tout plan passant par l'axe Z coupera la surface Σ_1 suivant une hyperbole, et que tout plan perpendiculaire à l'axe Z coupera cette surface Σ_1 suivant une ellipse.

Et il est encore évident, en vertu du mode de *transformation cylindrique* employé, que les sections faites dans la surface Σ_1 par des plans perpendiculaires à l'axe Z seront des ellipses semblables et semblablement placées. Cette surface Σ, a reçu le nom d'*hyperboloïde à deux nappes et à trois axes inégaux*.

Il est, en outre, évident que toutes les propriétés que nous avons reconnues exister pour l'hyperboloïde à deux nappes et de révolution Σ, passeront au moyen du mode de *transformation cylindrique* sur l'hyperboloïde à deux nappes et à trois axes inégaux Σ,. Ainsi, l'*hyperboloïde à deux nappes et à trois axes inégaux* jouit des mêmes propriétés que l'*ellipsoïde à trois axes inégaux* et que le *paraboloïde elliptique*, sauf les modifications que la forme de chacune des surfaces peut et doit y apporter, modifications qu'il est facile de reconnaître.

Ainsi, en se servant du même mode de démonstration que celui employé pour la sphère, nous démontrerons avec facilité que :

1° *Si un cône coupe un hyperboloïde à deux nappes et à trois axes inégaux suivant une section conique, il recoupe cette surface suivant une seconde section conique;*

2° *Deux sections planes d'un hyperboloïde à deux nappes et à trois axes inégaux, peuvent toujours être enveloppées par deux cônes, si les sections planes ne se coupent pas ou se coupent en deux points, et par un seul cône si les deux sections planes ont un point de contact; et cette propriété subsiste, les deux sections planes étant situées en même temps sur une seule des deux nappes de l'hyperboloïde, ou l'une des sections planes étant sur l'une des deux nappes, l'autre section plane étant sur l'autre nappe de l'hyperboloïde.*

Des trois axes de l'hyperboloïde à deux nappes et non de révolution.

580. Nous avons dit ci-dessus que la surface Σ, avait été nommée, *à trois axes inégaux;* cherchons ces axes.

Il est évident que si l'on emploie le même mode de transformation *cylindrique*, qui nous a servi à transformer l'hyperboloïde de révolution en un hyperboloïde non de révolution, on transformera le cône de révolution Δ asymptote à l'hyperboloïde de révolution Σ en un cône oblique (non de révolution) Δ, qui sera asymptote à l'hyperboloïde Σ,.

Les deux surfaces Δ, et Σ, seront telles que si on les coupe par un plan Q perpendiculaire à l'*axe* Z, l'on obtiendra deux ellipses concentriques et semblables et semblablement placées, et dont le centre sera au point *q* en lequel le plan Q coupe l'axe Z.

Or, lorsque nous avons (n° 374 *ter*) cherché les axes d'un cône oblique, nous avons déterminés, par ces *axes* combiné deux à deux, trois plans qui étaient rectangulaires entre eux, et qui étaient de plus des plans *conjugués*, chacun d'eux coupant, rectangulairement et en parties égales, les cordes parallèles à l'*axe* par lequel il ne passait pas.

Dès lors, on voit que l'hyperboloïde Σ, aura pour systèmes de plans diamétraux conjugués tous ceux de son cône asymptote Δ,.

Dès lors, aussi, on voit que l'hyperboloïde Σ, n'aura qu'un système de plans diamétraux conjugués et rectangulaires entre eux et qui sera précisément celui de son cône asymptote Δ,.

On peut donc énoncer ce qui suit :

1° *Un hyperboloïde à deux nappes et non de révolution a une infinité de systèmes de plans diamétraux conjugués et un seul système de plans diamétraux principaux ou rectangulaires entre eux ;*

2° *Ayant déterminé le cône asymptote d'un hyperboloïde à deux nappes, on déterminera les trois axes rectangulaires entre eux de ce cône, et l'on aura la direction des trois axes rectangulaires entre eux de l'hyperboloïde à deux nappes.*

Déterminons maintenant la longueur des axes de l'hyperboloïde à deux nappes et non de révolution.

L'axe Z coupe la surface hyperboloïde Σ, en les deux points d et d' (*fig.* 267).

Un plan perpendiculaire à l'axe Z coupe la surface Σ, suivant une ellipse E, et le cône asymptote Δ, suivant une ellipse E,, et ces deux courbes E et E, sont concentriques et semblables et semblablement placées.

Si par le point d on mène un plan Θ perpendiculaire à l'axe Z, il sera tangent en d à la surface Σ, (en vertu du mode de *transformation cylindrique* qui nous a fait passer de l'hyperboloïde de révolution Σ à la surface non de révoution Σ,) et coupera le cône Δ, suivant une ellipse E' semblable et semblablement placée, par rapport à l'ellipse E,.

Cela posé :

Si par l'axe Z on fait passer un plan quelconque, il coupera la surface Σ, suivant une hyperbole, et le cône Δ, suivant deux génératrices droites qui (en vertu du mode de *transformation* employé pour passer des surfaces de révolution Σ et Δ aux surfaces non de révolution Σ, et Δ,) seront les asymptotes de cet hyperbole de section.

Or, on sait, que si au sommet d d'une hyperbole on mène une tangente θ à cette courbe et coupant une des asymptotes en un point n, en désignant par o le centre de la courbe, les droites $\overline{od}$ et $\overline{dn}$ donnent les longueurs des demi-axes de l'hyperbole.

Dès lors, si par l'axe Z on mène un plan X coupant l'hyperboloïde Σ, suivant une hyperbole H et la courbe E' en un point a', les demi-axes de la courbe H seront égaux à $\overline{od}$ et $\overline{da'}$.

Et si l'on conçoit un cylindre ayant l'ellipse E' pour section droite et ayant dès lors ses génératrices droites parallèles à l'axe Z, ce cylindre sera coupé par un plan P passant par le centre o de la surface Σ, (ou le sommet o du cône asymptote Δ,) et mené perpendiculairement à l'axe Z, suivant une ellipse ∂ identique à l'ellipse E'; le plan X coupera l'ellipse ∂ en un point p, et dès lors les demi-axes de l'hyperbole H seront $\overline{op}$ et $\overline{od}$, le point o étant le centre de cette courbe H.

On voit donc que toutes les hyperboles H, situées dans les divers plans X, qui passent par l'axe Z, ont un même centre o et un demi-axe commun et transverse $\overline{od}$, et que le second axe qui est non transverse varie comme les diamètres de l'ellipse ∂.

Si l'on conçoit les axes A et B de l'ellipse ∂, les trois plans (A, Z), (B, Z) et (A, B) seront les plans diamétraux *principaux* de la surface Σ,, et ce sont les axes de l'ellipse ∂ et la droite $\overline{dd'}$ située sur Z, qui sont dits *les axes* de l'hyperboloïde Σ,; et les points d et d' en sont dits les *sommets*.

Des sections circulaires de l'hyperboloïde à deux nappes et à trois axes inégaux.

581. L'hyperboloïde non de révolution et à deux nappes Σ, est toujours coupé par un plan quelconque P suivant une section conique E qui est concentrique et semblable et semblablement placé à la section conique E, obtenue dans son cône asymptote Δ, par le même plan P.

Or nous savons qu'un cône oblique Δ, peut être coupé par un plan et sous deux directions contraires, suivant des cercles; dès lors, il est évident que les plans qui donneront des *sections circulaires* dans le cône asymptote Δ,, donneront aussi des *sections circulaires* dans l'hyperboloïde à deux nappes et à trois axes inégaux Σ,.

Ainsi, il est démontré que : *l'hyperboloïde à deux nappes et à trois axes inégaux jouit de la propriété d'avoir des sections circulaires et qu'on peut les déterminer facilement au moyen de son cône asymptote.*

De plus, il est démontré que : *les plans des sections circulaires de l'hyperboloïde à deux nappes et à trois axes inégaux sont parallèles à l'axe moyen de cette surface.*

Des divers modes de génération dont est susceptible l'hyperboloïde à deux nappes et à trois axes inégaux.

582. Ce qui a été dit au sujet des *polaires réciproques*, nous permet de voir sur-le-champ que l'on pourra engendrer chaque nappe de l'hyperboloïde à deux nappes, comme nous avons engendré le paraboloïde elliptique, et qu'il suffira de remplacer

les *paraboles* considérées soit comme des *génératrices*, ou soit comme des *directrices* dans le paraboloïde elliptique, par des *hyperboles*, pour obtenir l'hyperboloïde à deux nappes.

Ainsi, on aura deux modes principaux de *génération* ou de *construction*, savoir : 1° par des ellipses *génératrices* se mouvant sur une hyperbole *directrice;* 2° par des hyperboles *génératrices* se mouvant sur une ellipse *directrice*.

Dans le *premier cas*, chaque ellipse coupera en deux points la même branche de l'hyperbole.

Dans le *deuxième cas*, chaque hyperbole coupera l'ellipse en deux points et par une seule de ses branches.

DES HYPERBOLOÏDES A UNE NAPPE.

583. Nous avons vu, dans le chapitre onzième, que si l'on faisait mouvoir une droite sur trois droites, on engendrait une surface Σ qui, 1° était doublement réglée; 2° avait un centre o; 3° ce centre o était le sommet d'un cône Δ intérieur à la surface Σ, et ayant pour *directrice* ou *base* une section conique, et il était tel que chacune de ses génératrices droites G était parallèle à deux génératrices droites et de *systèmes différents* K et L de la surface Σ, la première génératrice, K, appartenant au *premier système* de génération en lignes droites, la seconde génératrice, L, appartenant au *second système* de génération en lignes droites de la surface Σ; 4° le plan T tangent au cône Δ suivant la génératrice G coupait la surface Σ suivant les droites K et L et était un plan asymptote de cette surface Σ; 5° tout plan P coupait la surface Σ et le cône Δ suivant des sections coniques, concentriques et semblables et semblablement placées.

La surface Σ a reçu le nom d'hyperboloïde à une nappe et à trois axes inégaux. Cela posé :

Le cône Δ étant un cône oblique non de révolution, nous pourrons toujours déterminer ses axes X, Y, Z (n°ˢ 374 *bis* et suivants), et en menant un plan P perpendiculaire à l'axe Z, nous aurons pour section dans le cône Δ une ellipse E, et pour section dans la surface Σ une ellipse E', et les courbes E et E' seront semblables et semblablement placées, et auront pour centre commun le point p en lequel l'axe Z est coupé par leur plan P.

Si l'on mène par l'axe Z un plan Q, ce plan coupera le cône Δ suivant deux génératrices droites G et G' (et les angles $\widehat{Z, G}$, et $\widehat{Z, G'}$ seront égaux, puisque la droite Z est un des axes du cône Δ), et si nous menons deux plans tangents T et T' au cône Δ, le premier par la droite G et le second par la droite G', le plan T coupera l'hyperboloïde Σ suivant deux génératrices droites K et L, et le plan T' coupera aussi l'hyperboloïde Σ suivant deux génératrices droites K' et L'. Les droites K et L', K' et L se couperont respectivement en les points l' et l, comme étant des génératrices de *systèmes différents*.

La droite $\overline{ll'}$ passera par le centre o de la surface Σ ou le sommet o du cône asymptote Δ; le plan Θ' passant par K et L' et tangent au point l à la surface Σ, et le plan Θ' passant par K' et L et tangent au point l' à la surface Σ, seront parallèles entre eux et au plan Q.

Si l'on mène par le centre o, ou sommet o, un plan R perpendiculaire à l'axe Z, ce plan R, qui ne sera autre que le plan diamétral principal (X, Y) du cône Δ, sera perpendiculaire aux trois plans Θ, Θ' et Q, et coupera la surface Σ suivant une ellipse ∂ qui aura le point o pour centre; et puisque le plan Θ est perpendiculaire au plan R, les droites K et L' seront projetées orthogonalement par le plan Θ sur ce plan R suivant une seule et même tangente θ à la courbe ∂; par la même raison, les droites K' et L se projetteront orthogonalement sur le plan R suivant une droite θ' (intersection des plans Θ' et R) qui sera tangente à la courbe ∂; et comme évidemment la surface Σ est symétrique par rapport aux trois plans diamétraux principaux (X, Z), (Y, Z), (X, Y) de son cône asymptote Δ, et que ces plans sont en même temps les plans diamétraux conjugués et principaux de la surface Σ, il s'ensuit que les points l et l' sont nécessairement sur l'ellipse ∂ et ne sont autres que les points de contact des droites θ et θ' avec cette ellipse ∂. Mais la chose est évidente en remarquant que les deux plans T et T' se coupent nécessairement suivant une droite I perpendiculaire à l'axe Z (puisque les génératrices G et G' sont dans un plan Q passant par l'axe Z du cône Δ), et cette droite I ne sera autre que $\overline{ll'}$.

Cela posé :

Si l'on coupe la surface Σ par une suite de plans perpendiculaires à l'axe Z, on aura une suite d'ellipses semblables et semblablement placées ∂, ∂', ∂'', etc., dont les centres seront sur l'axe Z; on peut dès lors considérer la surface Σ comme engendrée par la droite K se mouvant en s'appuyant sur trois de ces ellipses; or, comme nous avons vu ci-dessus que la droite K était projetée orthogonalement sur le plan R (qui donne ∂ pour section) suivant une droite θ tangente à cette courbe ∂ au point l, on voit que tous les points de la droite K autres que le point l décriront des ellipses plus grandes que ∂.

C'est ce qui a fait donner à la courbe ∂, le nom d'ellipse *de gorge* de l'hyperboloïde à une nappe.

Construction des trois axes de l'hyperboloïde à une nappe et non de révolution.

584. Menons par l'axe Z un plan P, ce plan coupera l'hyperboloïde à une nappe Σ suivant une courbe α composée de deux branches infinies et le cône asymptote Δ suivant deux génératrices droites G et G′.

Démontrons que la courbe α est une hyperbole.

Par un point x de la courbe α, nous pourrons mener une suite de plans X, X′, X″, etc., coupant respectivement le cône Δ et la surface Σ suivant des ellipses 6, 6′, 6″, etc., et 6, 6,′, 6,″, etc., les courbes 6 et 6, 6′ et 6,′, etc., seront concentriques et semblables et semblablement placées; le plan P coupera les plans X, X′, X″, etc., suivant des droites L, L′, L″, etc., et ces droites couperont les courbes 6, 6′, etc., et 6,, 6,′, etc., chacune en deux points, ainsi :

La droite L coupera 6 aux points *a* et *b* et 6, aux points *x* et *b*,

— L′ — 6′ — *a′* et *b′* et 6,′ — *x* et *b*,′

— L″ — 6″ — *a″* et *b″* et 6,″ — *x* et *b*,″

— etc.

Les points *a* et *b*, *a′* et *b′*, *a″* et *b″*, etc., seront situés respectivement sur les droites G et G′; rappelons-nous qu'il a été démontré (n° 326, 11°) que si l'on avait deux droites G et G′ situées dans un plan P, et si l'on prenait sur ce plan P un point *x*, et si par ce point *x* on menait une suite de droites L, L′, L″, etc., coupant respectivement les droites G et G′ aux points *a* et *b*, *a′* et *b′*, *a″* et *b″*, etc.; puis si l'on portait sur L, $\overline{bb_,} = \overline{ax}$; sur L′, $\overline{b'b_,'} = \overline{a'x}$; etc., les points *b*,, *b*,′, *b*,″, etc., déterminaient une hyperbole passant par le point *x* et ayant les droites G et G′ pour asymptotes.

Or, les courbes 6 et 6,, 6′ et 6,′, etc., étant des sections coniques concentriques et semblables, il s'ensuit que les parties interceptées par elles sur les droites L, L′, L″, etc., sont égales, on a donc : $\overline{bb_,} = \overline{ax}$, $\overline{bb_,'} = \overline{a'x}$, etc., donc, etc.

Cela posé :

Démontrons que ayant mené par le centre *o* de la surface hyperboloïde Σ, ou le sommet *o* du cône asymptote Δ, un plan P perpendiculaire à l'axe Z, lequel plan coupe la surface Σ suivant une ellipse δ (qui est l'ellipse de *gorge*), si l'on conçoit un cylindre B ayant pour section droite cette ellipse δ et ayant dès lors ses génératrices droites parallèles à l'axe Z, démontrons, dis-je, que ce cylindre B coupera l'une et l'autre des nappes du cône Δ, savoir : la première nappe suivant une ellipse δ′ identique à δ, et la seconde nappe suivant une ellipse δ″ aussi identique à δ.

2° PARTIE.   45

Et en effet : deux ellipses semblables et semblablement placées sont identiques si leurs diamètres parallèles sont égaux.

Or, remarquant que les deux courbes planes δ et δ' ont chacune leur centre sur l'axe Z, si nous menons par l'axe Z un plan Y, lequel coupera δ en un point d et δ' en un point d', la droite dd' sera parallèle à l'axe Z, puisque dd' sera une génératrice droite du cylindre B ; on aura donc en désignant par o et o' les centres des courbes δ et δ', $\overline{od} = \overline{o'd'}$; donc, etc.

Cela posé : le plan Y passant par l'axe Z coupera la surface hyperboloïde Σ suivant une hyperbole α et le cône asymptote Δ suivant deux génératrices droites G et G' asymptotes de la courbe α.

Le point d sera le sommet de l'hyperbole α et $\overline{dd'}$ sera égal au demi-axe non transverse de cette hyperbole α et son axe transverse sera précisément $\overline{oo'} = \overline{dd'}$.

Dès lors, il est évident que les divers plans Y, Y', Y'', etc., passant par l'axe Z couperont la surface hyperboloïde Σ, suivant des hyperboles α, α', α'', etc., ayant même axe non transverse $\overline{oo'}$ et dont les demi-axes transverses od, etc., seront les divers demi-diamètres de l'ellipse de gorge δ.

On peut donc concevoir la surface hyperboloïde à une nappe Σ comme engendrée par une hyperbole α tournant autour de son axe non transverse, son sommet parcourant une ellipse δ, et cette courbe α variant de forme à chaque instant de son mouvement, de manière à ce que son axe transverse varie comme les diamètres de l'ellipse δ, son axe non transverse restant constant.

Cela posé :

Le cylindre B coupera évidemment le cône Δ suivant deux ellipses δ' et δ'' identiques et parallèles à δ, les plans Q' de la courbe δ' et Q'' de la courbe δ'' couperont l'axe Z, le premier au point o' et le second au point o'', et l'on aura : $\overline{oo'} = \overline{oo''}$.

On donne le nom d'*axes* de l'hyperboloïde à une nappe Σ, aux deux axes de l'ellipse de gorge δ (qui sont les axes transverses de la surface Σ), et à $o'o''$ (qui est l'axe non transverse de la surface Σ).

Et si l'on désigne par X et Y la direction des axes de l'ellipse de *gorge* δ, les plans (X, Y), (Y, Z), (X, Z) seront les plans diamétraux conjugués et principaux de l'hyperboloïde Σ et de son cône asymptote Δ.

Des diverses variétés des hyperboloïdes à une nappe et de révolution.

585. L'ellipse de *gorge* δ peut être un cercle, alors la surface Σ et son cône asymptote Δ sont des surfaces de révolution ayant l'axe Z pour axe commun de rotation.

1° L'hyperboloïde à une nappe et de révolution est dit *aplati*, lorsque le demi-angle au sommet du cône asymptote est plus grand qu'un angle demi-droit ;

2° L'hyperboloïde à une nappe et de révolution est dit *allongé*, lorsque le demi-angle au sommet du cône asymptote est plus petit qu'un angle demi-droit ;

3° L'hyperboloïde à une nappe et de révolution est dit *équilatéral*, lorsque le demi-angle au sommet du cône asymptote est égal à un angle demi-droit.

Toutes les propriétés que nous avons reconnues exister pour l'hyperboloïde à deux nappes et de révolution, subsistent pour l'hyperboloïde à une nappe et de révolution ; on les démontrera facilement par les mêmes *considérations géométriques*.

Seulement, on doit remarquer que certaines propriétés n'existeront qu'avec des modifications qui dépendront évidemment de la forme de la surface, et dès lors parce qu'elle n'a qu'une nappe au lieu de deux, et qu'elle enveloppe son cône asymptote au lieu d'en être enveloppée ; ainsi :

I. Si un point z pris dans l'espace est regardé comme le sommet d'un cône A tangent à l'hyperboloïde Σ, surface à une nappe et de révolution, la courbe de contact δ sera toujours plane, et dès lors cette courbe sera une *section conique* ; mais :

1° Si le point z est extérieur à la surface Σ la courbe δ sera une *hyperbole* tournée dans le même sens que l'hyperbole méridienne de la surface Σ ;

2° Si le point z est intérieur à la surface Σ, mais entre cette surface Σ et son cône asymptote Δ, la courbe δ sera une *hyperbole* tournée en sens inverse de l'hyperbole méridienne de la surface Σ ;

3° Si le point z est sur la surface conique et asymptote Δ, la courbe δ sera une *parabole* ;

4° Si le point z est dans l'intérieur du cône asymptote Δ, la courbe δ sera une *ellipse*.

II. Si l'on mène le plan T tangent en un point x d'un hyperboloïde à une nappe et de révolution Σ, ce plan T coupe cette surface Σ suivant deux génératrices droites K et L de *systèmes différents*.

Si entre le centre o de la surface Σ et le plan T, on mène un plan T', parallèle à T, il coupe la surface Σ suivant une hyperbole α', dont les asymptotes K' et L' sont parallèles à K et L, et les branches de la courbe α' sont tournées dans le même sens que l'hyperbole méridienne.

Si au delà du plan T par rapport au centre o de la surface Σ, on mène un plan T'' parallèle au plan T, ce plan T'' coupera la surface Σ suivant une hyperbole α'' dont les asymptotes K'' et L'' seront parallèles à K et L, mais les branches de cette courbe α'' seront tournées en sens opposé par rapport à l'hyperbole méridienne de la surface Σ.

Il s'ensuit donc, que les sections parallèles de l'hyperboloïde à une nappe ne sont pas toujours des courbes semblables et semblablement placées ; cela n'a lieu que pour les sections *elliptiques*, mais pour les sections *hyperboliques*, la chose n'a lieu que pour des plans parallèles situés d'un même côté par rapport au plan tangent qui leur est parallèle, et pour les sections *paraboliques*, cela n'a lieu que pour des plans coupant une seule des deux nappes du cône asymptote Δ.

586. Dès lors, par deux sections coniques d'une surface hyperboloïde à une nappe, on ne pourra pas toujours faire passer un *cône*; le problème ne sera possible que dans les cas suivants :

On pourra faire passer *deux* cônes :

1° Par deux *ellipses* qui se coupent ou ne se coupent pas ;

2° Par une *ellipse* et une *parabole* qui se coupent ou ne se coupent pas ;

3° Par une *ellipse* et une *hyperbole*, si l'ellipse ne coupe pas l'hyperbole ou coupe une de ses branches en deux points ;

4° Par une *parabole* ou une *hyperbole*, si la parabole ne coupe pas l'hyperbole ou coupe une de ses branches en deux points ;

5° Par deux *hyperboles* tournées dans le même sens, et dont deux branches se coupent en deux points ou ne se coupent pas.

On pourra faire passer un *seul* cône :

1° Par deux *ellipses* tangentes l'une à l'autre ;

2° Par deux *paraboles* tangentes l'une à l'autre ;

3° Par une *ellipse* et une *parabole* tangentes par un point ;

4° Par une *ellipse* et une *hyperbole* tangentes par un point ;

5° Par une *parabole* et une *hyperbole* tangentes en un point ;

6° Par deux *hyperboles* tournées dans le même sens et tangentes par un point ;

7° Par deux *paraboles* tournées dans le même sens ou en sens opposé ; dans le premier cas, les deux paraboles seront situées sur la même nappe du cône ; dans le deuxième cas, elles seront situées, l'une sur la nappe inférieure et l'autre sur la nappe supérieure du cône.

Mais, on ne pourra pas faire passer un cône par deux hyperboles tournées en sens opposés.

Des polaires réciproques de l'hyperboloïde à une nappe et de révolution.

587. Si l'on a une droite D et un hyperboloïde à une nappe et de révolution Σ, si l'on mène par la droite D deux plans P et P′ coupant la surface Σ suivant deux sections coniques C et C′, l'on pourra toujours envelopper ces deux courbes par deux cônes dont les sommets x et x' détermineront une droite D₁. Les droites D et D₁

sont dites *polaires réciproques*, parce qu'elles jouissent de cette propriété, savoir : si par la droite D on mène une série de plans P, P', P'', P''', ... coupant l'hyperboloïde à une nappe Σ suivant les sections coniques C, C', C'', C''', ... les sommets des cônes tangents à la surface Σ suivant chacune de ces courbes et les sommets des cônes enveloppant deux à deux ces courbes, sont tous distribués sur la droite D, et *réciproquement*, si par la droite D, on fait passer une série de plans P,, P,', P,'', P,''', ... coupant l'hyperboloïde Σ suivant les courbes C,, C,', C,'', C,''', ... les sommets des cônes tangents à la surface Σ suivant chacune de ces courbes, et les sommets des cônes enveloppant deux à deux ces courbes sont tous distribués sur la droite D.

Et en effet, nous avons démontré, chapitre sixième, que si l'on avait trois sections coniques C, C', C'', dont les plans se coupaient suivant une même droite D, et si les courbes C et C', C et C'', étaient sur des cônes Δ' et Δ'', les sommets x' et x'' de ces cônes déterminaient une droite D, sur laquelle se trouvait le sommet x du cône enveloppant les courbes C' et C''.

Si donc l'on a quatre courbes C, C', C'', C''', situées sur l'hyperboloïde Σ, et dont les plans passent par la même droite D, comme ces courbes sont nécessairement enveloppées deux à deux par un cône, il s'ensuit que l'on aura :

		Le cône Δ enveloppant C et C' et ayant pour sommet un point	x
Δ'	—	C et C'' — —	x'
Δ''	—	C et C''' — —	x''
$\Delta,$	—	C' et C'' — —	$x,$
$\Delta,'$	—	C' et C'' — —	$x,'$
$\Delta,''$	—	C'' et C''' — —	$x,''$

Et si l'on prend un point y sur la droite D, et qu'on le regarde comme le sommet d'un cône B tangent à la surface Σ, le plan Q de la courbe de contact coupera les quatre courbes, C, C', C'', C''', savoir :

		La courbe C en les points	a et b
—	C'	—	a' et b'
—	C''	—	a'' et b''
—	C'''	—	a''' et b'''

Et ces points pourront être unis deux à deux par des droites qui seront toutes situées dans le plan Q.

Or, il est évident :

		que le plan (y, aa') sera tangent au cône Δ suivant la génératrice	aa'
—	(y, aa'')	— Δ' —	aa''
—	etc.	— etc. —	etc

Ainsi tous les sommets x, x', x'',... des cônes $\Delta, \Delta', \Delta''$,... seront sur le plan Q ; en prenant sur la droite D un autre point y', on trouverait que tous les sommets x, x', x'',... sont sur le plan Q', plan de la courbe de contact d'un cône B' tangent à la surface Σ et ayant le point y' pour sommet, et dès lors tous les sommets x, x', x'',... sont sur la droite D, intersection des plans Q et Q'.

Le théorème relatif aux *polaires réciproques* étant démontré en général, voyons quelle modification il subit suivant la position particulière que la droite D occupe dans l'espace, par rapport à la surface hyperboloïde à une nappe et de révolution Σ.

1° Si la droite D perce l'hyperboloïde Σ en deux points p et p', on aura deux génératrices droites de *systèmes différents* G et K (appartenant à la surface Σ) qui passeront par le point p, et nous aurons de même deux génératrices droites G' et K' passant par le point p'.

Les droites G et K' se couperont en un point p_i.

Les droites G' et K se couperont en un point p_i'.

Et la droite D_i, qui unira les points p_i et p_i', sera la *polaire réciproque* de D.

2° Si la droite D ne perce l'hyperboloïde Σ qu'en un point m, on aura deux génératrices G et K se croisant en ce point.

Puisque la droite G ne perce l'hyperboloïde qu'en un point, elle est parallèle à une génératrice droite du cône asymptote, elle est donc parallèle à un plan R, asymptote de l'hyperboloïde Σ ; ce plan R coupera la surface Σ suivant deux génératrices droites G' et K' parallèles entre elles et à la droite D.

Les droites G' et K se couperont en un point n ;

Les droites G et K' se couperont en un point n' ;

Et la droite $\overline{nn'}$ ou D, sera la *polaire réciproque* de D.

Or il est évident que la droite D_i sera située dans le plan asymptote R.

3° Si la droite D ne perce pas la surface Σ, sa *polaire réciproque* D_i ne rencontrera pas la surface Σ.

4° Si la droite D touche la surface Σ en un point m, sa *polaire réciproque* D_i touche la surface Σ au même point m.

Dans ce cas les deux *polaires réciproques* D et D_i sont dans un même plan T, tangent au point m à l'hyperboloïde à une nappe.

Monge avait donné à ces deux droites le nom de *tangentes conjuguées*.

588. L'on pourra toujours, en employant la *transformation cylindrique*, transformer un hyperboloïde à une nappe et de révolution en un hyperboloïde à une nappe et à trois axes inégaux, et cela de la même manière que nous avons transformé l'hyperboloïde à deux nappes et de révolution en un hyperboloïde à deux nappes et à trois axes inégaux (et à ce sujet il suffit de comparer entre elles les *fig.* 266

et 268 ; la première est relative à la transformation de l'hyperboloïde à deux nappes et de révolution en un hyperboloïde à deux nappes et à trois axes inégaux, et la seconde est relative à la transformation de l'hyperboloïde à une nappe et de révolution en un hyperboloïde à une nappe et à trois axes inégaux).

Toutes les propriétés qui existent pour l'hyperboloïde de révolution et à une nappe, existent donc pour l'hyperboloïde à une nappe et à trois axes inégaux.

Pour déterminer les trois *axes* de l'hyperboloïde à une nappe et non de révolution, on pourra employer une construction analogue à celle que nous avons employée lorsqu'il s'est agi de l'hyperboloïde à deux nappes et non de révolution ; et à ce sujet on peut comparer entre elles les *fig.* 267 et 269.

Des sections circulaires de l'hyperboloïde à une nappe et à trois axes inégaux.

589. Le cône asymptote Δ et l'hyperboloïde Σ étant coupés par un plan suivant des sections coniques, concentriques et semblables et semblablement placées, et quelle que soit la direction du plan sécant lorsque les sections sont des *ellipses* (le théorème n'étant en défaut que dans le cas où les sections sont des *hyperboles*) , il s'ensuit que les plans des *sections circulaires* du cône oblique Δ seront en même temps les plans des *sections circulaires* de l'hyperboloïde Σ à une nappe et à trois axes inégaux.

Des divers modes de génération par des sections coniques dont est susceptible
l'hyperboloïde à une nappe et à trois axes inégaux.

590. Ce que nous avons dit touchant les *polaires réciproques* nous montre que l'on peut engendrer l'hyperboloïde à une nappe comme l'hyperboloïde à deux nappes, et ainsi :

1° Au moyen d'ellipses *génératrices* et d'une hyperbole *directrice*.

2° Au moyen d'hyperboles *génératrices* et d'une ellipse *directrice*.

Dans le *premier cas*, chaque ellipse *génératrice* aura deux points communs avec l'hyperbole *directrice*, mais l'un de ces points étant sur l'une des branches, et l'autre de ces points étant sur l'autre branche de l'hyperbole.

Dans le *deuxième cas*, chaque hyperbole *génératrice* aura deux points communs avec l'ellipse *directrice*, mais l'un de ces points appartiendra à la première branche, et l'autre de ces points appartiendra à la seconde branche de l'hyperbole.

Et en se rappelant ce qui a été dit touchant l'hyperboloïde à deux nappes, on voit que les modes de *génération* ou de *construction* pour l'un et l'autre des deux hyperboloïdes (à une nappe et à deux nappes) ne diffèrent entre eux que parce que ces deux points sont pour l'une des surfaces situés ensemble sur une même branche de l'hyperbole, et que pour l'autre des surfaces, ces deux points sont séparés et situés l'un sur une branche, et l'autre sur l'autre branche de l'hyperbole.

Nomenclature des surfaces qui peuvent être coupées par un plan et quelle que soit sa direction suivant une section conique.

591. Nous venons d'étudier quelques-unes des propriétés géométriques dont jouissent les cinq surfaces connues sous le nom d'ellipsoïde, de paraboloïde elliptique, de paraboloïde hyperbolique, d'hyperboloïde à deux nappes et d'hyperboloïde à une nappe. On a démontré par l'*analyse* qu'il n'existait que ces cinq surfaces (en mettant de côté le cône et les trois cylindres à base section conique) qui jouissaient de la propriété d'être coupées par un plan, et quelle que soit sa direction suivant une section conique, voyons si la *méthode des projections* ne pourrait pas nous conduire à la démonstration du même théorème, et ainsi si, par le *raisonnement géométrique* seul, et en nous appuyant sur ce que nous avons dit touchant les cinq surfaces étudiées ci-dessus, nous ne pourrons pas démontrer *rigoureusement* qu'en effet il n'existe que ces cinq surfaces (en mettant de côté le cône et les trois cylindres à base section conique, que nous avons étudiées dans le chapitre VIII) qui puissent être coupées par un plan, et quelle que soit sa direction suivant une section conique.

Pour qu'une surface Σ puisse être coupée par un plan P quelconque suivant une section conique C, il faut que cette surface n'ait qu'un *seul* centre *o*, et en effet :

Si la surface Σ avait plusieurs centres *o*, *o'*, *o''*,... on pourrait unir deux à deux ces centres par une droite ; je désigne l'une de ces droites (*o*, *o'*) par exemple, par D. Par la droite D faisons passer une série de plans Q, Q', Q'',... chacun de ces plans coupera la surface Σ suivant une courbe, et l'on aura ainsi les sections C, C', C'',... et chacune de ces courbes aura nécessairement deux centres qui seront les points *o* et *o'*.

La surface Σ ne serait donc pas coupée par un plan quelconque suivant une section conique, la surface Σ ne peut donc avoir qu'un *seul centre*.

Cela posé :

La surface Σ ayant un seul centre *o*, ne pourra affecter que *trois formes* distinctes, et en effet : si par le centre *o* nous menons un plan quelconque Q, ce plan coupera la surface Σ suivant une ellipse E ou suivant une hyperbole H, puisque parmi les sections coniques , l'ellipse et l'hyperbole sont les seules courbes ayant un centre.

Le plan Q pourra prendre autour du point o toutes les positions imaginables, et il ne pourra *évidemment* arriver que les trois choses suivantes :

1° Quelle que soit la position du plan Q , la section sera toujours une *ellipse ;*

2° Quelle que soit la position du plan Q , la section sera toujours une *hyperbole.*

3° Pour certaines positions du plan Q ,la section sera une *ellipse*, et pour d'autres positions du plan Q , la section sera une *hyperbole.*

On voit donc que , dans le *premier cas,* on aura des surfaces ayant la forme d'un *ellipsoïde.*

Dans le *deuxième cas*, on aura des surfaces ayant la forme d'un *hyperboloïde à deux nappes.*

Et dans le *troisième cas* , on aura des surfaces ayant la forme d'un *hyperboloïde à une nappe.*

Examinons le *premier cas*.

Comme la surface Σ doit être coupée par tout plan P passant par le centre o suivant une section conique, cette surface ne pourra être coupée que suivant une *ellipse*, puisque la forme qu'elle affecte est celle d'un *ellipsoïde* , et ainsi cette surface devra pouvoir être engendrée par une ellipse *génératrice* se mouvant sur une ellipse *directrice ;* c'est précisément le mode de génération qui nous a donné la surface connue sous le nom d'ellipsoïde à trois axes inégaux.

Examinons le *deuxième cas.*

Nous pourrons toujours couper l'une des deux nappes de la surface Σ par un plan , de manière à obtenir une *ellipse ;* cette surface pourra donc être engendrée par une hyperbole *génératrice* et une ellipse *directrice* , une seule branche de l'hyperbole génératrice s'appuyant sur l'ellipse directrice; et c'est précisément le mode de génération qui nous a donné la surface connue sous le nom d'hyperboloïde à deux nappes.

Examinons le *troisième cas.*

Nous pourrons toujours couper la surface par un plan suivant une *ellipse* , nous aurons donc une hyperbole *génératrice* et une ellipse *directrice* , mais chaque branche de l'hyperbole génératrice s'appuiera sur l'ellipse directrice, et c'est ce mode de génération qui nous a donné la surface connue sous le nom d'hyperboloïde à une nappe.

Or, dans le cas d'une surface ayant un seul centre, nous venons de combiner de toutes les manières possibles les deux sections coniques ayant un centre, et nous ne trouvons que trois formes de surfaces possibles et ayant des modes de génération identiques à ceux reconnus précédemment exister pour l'ellipsoïde et les deux hyperboloïdes; n'en doit-on pas conclure que ces trois surfaces sont les seules surfaces ayant un seul centre, qui puissent être coupées par un plan et quelle que soit sa direction suivant une section conique?

Une surface Σ peut avoir un seul centre, mais ce centre peut être situé à l'infini; dans ce cas, pour que la surface Σ soit coupée par tout plan suivant une section conique, il faut évidemment qu'une série de plans P, P', P'',... passant par une même droite D, coupent cette surface Σ suivant des paraboles δ, δ', δ'',.... ayant respectivement leur axe infini parallèle à la droite D.

Mais les paraboles δ, δ', δ'',... pourront affecter les unes par rapport aux autres des positions différentes, et ainsi : 1° certaines courbes δ, δ', δ'',... seront tournées dans un sens, et certaines autres $\delta_{,}$, $\delta_{,}'$, $\delta_{,}''$,... seront tournées en sens opposé; ou 2° toutes les courbes δ, δ', δ'',... et $\delta_{,}$, $\delta_{,}'$, $\delta_{,}''$,... seront tournées du même côté.

Dès lors il est évident que dans le *premier cas* la surface Σ est composée de deux parties, dont l'une aura son centre situé à l'infini *à droite* sur la droite D, et dont l'autre aura son centre situé à l'infini, mais *à gauche*, sur la même droite D.

Et, dans ce cas, un plan dirigé de manière à couper la droite D devant donner pour section dans la surface Σ une section conique, on ne pourra obtenir qu'une *hyperbole.*

On doit donc avoir, dans ce *premier cas*, une surface Σ ayant la forme d'un *paraboloïde hyperbolique*, et comme cette surface Σ aura pour mode de génération une parabole *génératrice* s'appuyant sur une hyperbole *directrice*, on doit en conclure que cette surface Σ ne sera autre que le paraboloïde hyperbolique.

Il est de même évident, dans le *deuxième cas*, qu'en vertu de ce que la surface Σ n'a qu'un centre situé à l'infini sur la droite D, tout plan oblique à la droite D coupera cette surface Σ suivant une *ellipse*, et que dès lors son mode de génération sera donné par une parabole *génératrice* s'appuyant sur une ellipse *directrice*, ce qui nous donne le paraboloïde elliptique.

Ainsi il se trouve démontré qu'il n'existe que *neuf* surfaces du second ordre ou du deuxième degré, savoir : le cône à base section conique, les trois cylindres (*parabolique*, *elliptique* et *hyperbolique*), l'ellipsoïde, les deux paraboloïdes (*elliptique* et *hyperbolique*) et les deux hyperboloïdes (à *une* nappe et à *deux* nappes).

DE QUELQUES PROPRIÉTÉS DONT JOUISSENT DEUX SURFACES DU SECOND ORDRE
LORSQUE CES SURFACES SONT COMBINÉES DEUX A DEUX.

592. *Deux surfaces du second ordre se coupant suivant une courbe composée de
deux branches, si l'une des branches (ou courbe d'entrée) est plane, l'autre branche
(ou courbe de sortie) est aussi plane.*

Si deux surfaces du second ordre Σ et Σ′ se coupant (d'abord) suivant une section conique C, se recoupent (ensuite) suivant une seconde courbe C′, cette
seconde courbe C′ n'est autre qu'une section conique.

Et en effet :

Prenons trois points arbitraires m, m', m'', sur la courbe C′; ces trois points
détermineront un plan P, lequel coupera : 1° la surface Σ suivant une section
conique B, et 2° la surface Σ′ suivant une section conique B′; ainsi, les deux
sections coniques B et B′ sont dans un même plan P et ont en commun trois points
m, m', m''.

Cela posé :

Nous pourrons toujours envelopper, 1° les deux sections coniques C et B par
un cône Δ, et les deux sections coniques C′ et B′ par un cône Δ′.

Les deux cônes Δ et Δ′ auront donc en commun leur *base* qui est la section
conique C et les trois points m, m', m'', et comme ils doivent se recouper (en vertu
de ce qu'ils ont déjà une section conique C commune) suivant une seconde
section conique X, cette section conique X passera par les trois points m, m',
m'', et sera dès lors située dans le plan P.

Or les courbes X et B étant des sections faites dans le cône Δ par un même
plan P, se confondent en une seule et même courbe.

Or les courbes X et B′ étant aussi des sections faites dans le cône Δ′ par le
même plan P, se confondent en une seule et même courbe.

Ainsi les trois sections coniques X, B et B′ ne sont qu'une seule et même
courbe.

Ainsi par la section conique C et les trois points m, m' et m'', on peut toujours
faire passer un cône coupant l'une et l'autre surface Σ et Σ′, suivant une même
section conique X ayant pour plan, le plan (m, m', m'').

Les deux surfaces Σ et Σ′ ayant en commun une courbe plane C et les trois points
m, m', m'' (situés hors du plan de cette courbe C), se coupent donc suivant une
seconde section conique X passant par les trois points m, m', m''; ainsi la courbe C′

(de sortie) n'est autre et ne peut être autre que la section conique X. Donc, etc., etc. (*).

593. *Deux surfaces du second ordre étant enveloppées par un même cône, ne peuvent s'entrecouper que suivant une ou deux sections coniques.*

Si deux surfaces du second ordre Σ et Σ′ sont tellement placées dans l'espace, l'une par rapport à l'autre, qu'elles soient enveloppées par un même cône Δ, elles ne pourront s'entrecouper que suivant des sections coniques. Mais la *réciproque* n'a pas lieu. Ainsi deux surfaces du second ordre Σ et Σ′ peuvent s'entrecouper suivant une ou deux sections coniques, sans pour cela pouvoir être enveloppées l'une et l'autre par le même cône.

Désignons par d le sommet du cône Δ enveloppant, et par C la section conique qui est la courbe de contact de ce cône Δ et de la surface Σ, et par C′ la section conique qui est aussi la courbe de contact de ce même cône Δ et de la seconde surface Σ′. Les plans des deux courbes C et C′ se couperont suivant une droite I; je dis que les plans des sections coniques, suivant lesquelles s'entrecouperont les deux surfaces Σ et Σ′, passeront par la droite I.

Pour démontrer ce théorème important (ou cette propriété remarquable) concernant deux surfaces du second ordre, nous sommes obligé de considérer d'abord les propriétés de *relation de position* dont jouissent deux sections coniques situées sur un même plan et ayant des tangentes communes.

Des propriétés géométriques et des relations de position dont jouissent deux sections coniques situées sur un même plan, et ayant une, ou deux, ou trois, ou quatre tangentes communes (**).

594. Concevons deux sections coniques C et C′, situées sur un plan, et telles qu'on puisse leur mener, 1° deux tangentes communes *extérieures* θ et ϑ, se coupant en un point p, et 2° deux tangentes communes *intérieures* ϑ′ et ϑ,′ se coupant en un point p'.

Désignons les points de contact des courbes et des tangentes de la manière suivante :

θ touchera C au point e et C′ au point e'

θ¹	—	$e_,$	—	$e_,'$
θ′	—	i	—	i'
θ,′	—	$i_,$	—	$i_,'$

Cela posé :

Je dis que les propriétés suivantes existent :

1° Les deux cordes $\overline{ee,}$ et $\overline{e'e_,'}$ étant prolongées, se couperont en un point q, et les deux cordes $\overline{ii,}$ et $i'i_,'$ étant prolongées, se couperont en le même point q.

2° Si par le point q on mène deux tangentes б et б, à la courbe C, et б′ et б_,′ à la courbe C′, les quatre points de contact seront sur une droite Q passant par les points p et p'.

3° Si par le point p on mène une suite de droites Y, Y′, Y″,.... coupant chacune des deux sections coniques C et C′ en deux points, les quatre tangentes construites pour ces points aux courbes C et C′, se couperont deux à deux en six points, dont deux seront, l'un sur la corde de contact $\overline{ee,}$ et l'autre sur la corde de contact $\overline{e'e_,}$, et dont les quatre autres seront distribués deux à deux sur deux droites E et I; l'une de ces droites E sera *extérieure* aux deux courbes C et C′, l'autre droite I sera *intérieure* à ces courbes C et C′ et ces deux droites I et E passeront par le point q.

4° Si par le point p' on mène une suite de droites X, X′, X″,.... coupant chacune les deux sections coniques C et C′ en deux points, les quatre tangentes construites pour ces points aux courbes C et C′ se couperont deux à deux en six points, dont deux seront, l'un sur la corde de contact $\overline{ii,}$ et l'autre sur la corde de contact $\overline{i'i_,}$, et dont les quatre autres seront distribués deux à deux sur les deux mêmes droites E et I (dont il a été parlé ci-dessus).

Nous allons établir l'existence de ces diverses propriétés, en ne nous servant que de la méthode des *projections orthogonales*.

PREMIER CAS. *Les sections coniques* C *et* C′ *étant extérieures l'une à l'autre et n'ayant aucun point commun.*

595. Soient données sur un plan, que nous prendrons pour plan horizontal de projection, deux sections coniques C et C′ (*fig.* 270), telles qu'elles n'aient aucun point en commun, et qu'étant extérieures l'une à l'autre, on puisse leur mener deux tangentes communes et extérieures θ et θ, se coupant en un point p, et deux tangentes communes et intérieures θ′ et θ,′ se coupant en un point p'.

Ces tangentes toucheront les courbes C et C′ chacune en un point, et ainsi on aura :

θ touchant la courbe C au point e
—   —   C′   — e'
θ, touchant la courbe C au point $e,$
—   —   C′   — $e,'$
θ′ touchant la courbe C au point i
—   —   C′   — i'
θ,′ touchant la courbe C au point $i,$
—   —   C′   — $i,'$

Désignons respectivement par P, P, , P′, P,′, les cordes de contact $\overline{ee,}, \overline{ii,}, \overline{e'e,'}, \overline{i'i,'}$ ces cordes étant supposées indéfiniment prolongées.

On voit de suite que pour la courbe C : 1° le point p est *pôle* et la droite P *polaire*, 2° le point p' est *pôle* et la droite P, *polaire;* que pour la courbe C′ : 1° le point p est *pôle* et la droite P′ *polaire*, 2° le point p' est *pôle* et la droite P,′ *polaire*.

Ainsi les deux courbes C et C′ sont liées l'une à l'autre par deux *pôles* p et p', qui sont communs aux deux courbes, et chacune de ces deux courbes a une polaire distincte, chacune de ces polaires correspondant à l'un des deux pôles communs p et p'.

Cela posé :

Imaginons par le point p une verticale Z, et prenons sur cette droite Z un point arbitraire s, et considérons ce point s comme le sommet d'un cône Δ ayant pour *base* ou trace horizontale la section conique C.

Imaginons ensuite un cylindre vertical (C′) ayant ses génératrices droites parallèles à Z, et ayant pour base ou trace horizontale (et en même temps pour section droite) la section conique C′.

Les deux surfaces Δ et (C′) se couperont suivant deux courbes planes (*sections coniques*) C, et C, qui se projetteront horizontalement et orthogonalement suivant la courbe C′, puisque évidemment ces deux surfaces ont deux plans tangents communs(lesquels sont verticaux, puisqu'ils passent tous deux par la droite Z) et dont les traces horizontales ne sont autres que les tangentes extérieures θ et θ, ; et de plus ces deux plans, que je désignerai par Θ et Θ, , touchent 1° le cône Δ, savoir : le premier suivant la génératrice droite se et le second suivant la génératrice droite $se,$; ils toucheront 2° le cylindre (C′) suivant deux génératrices droites K et K, qui sont verticales et qui percent le plan horizontal de projection aux points e' et $e,'$.

Cela posé :

Les droites K et se se coupent en un point e'', et les droites K, et $se,$ se coupent en un point $e,''$; et ces deux points ont respectivement pour projections horizontales les points e' et $e,$.

Ces points e'' et $e,''$ sont évidemment ceux en lesquels se coupent les deux courbes C, et C,, et la droite $e''e_i''$ (qui prolongée sera désignée par S) sera l'inter-section des deux plans (C,) et (C,) des courbes C, et C, ; et il est évident que le plan (S , P), qui contient les génératrices droites se et se_i du cône Δ et le plan (P') qui sera vertical et qui contient les génératrices droites K et K, du cylindre(C'), se coupent suivant la droite S.

Dès lors il est évident que les trois droites S , P et P' viennent se couper en un même point q , qui sera la trace horizontale de la droite S.

Dès lors encore les plans (C,) et (C,) couperont le plan horizontal de projection suivant des droites I et E, qui devront passer par le point q.

Cela posé :

Si du point q on mène deux tangentes ϵ et ϵ, à la courbe C, leurs points de con-tact b et b, et le point p seront en ligne droite; et en effet : les droites sb et sb, se-ront des génératrices droites du cône Δ, les plans B et B, tangents à ce cône Δ sui-vant ses génératrices sb et sb,, auront respectivement pour traces horizontales les tangentes ϵ et ϵ_1 ; ces deux plans tangents B et B, se couperont suivant la droite sq, et devront contenir les tangentes en chacun des quatre points en lesquels les courbes C, et C, coupent les génératrices droites sb et sb,, et ces tangentes se projetteront horizontalement suivant des tangentes ϵ' et ϵ_1' à la courbe C'. Dès lors puisque ces tangentes aux courbes C, et C, se projettent deux à deux suivant une seule droite, il s'ensuit que leurs points de contact avec les courbes C, et C, sont deux à deux sur une verticale, et ainsi sur une génératrice droite du cylindre (C'). On aura donc deux génératrices droites , l'une K' projetant deux points (si-tués, l'un sur la courbe C, et l'autre sur la courbe C,) en le point b' contact de la courbe C' avec sa tangente ϵ'; et l'autre K,' projetant deux autres points (situés , l'un sur la courbe C, et l'autre sur la courbe C,) en le point b_1' contact de la courbe C' avec sa tangente ϵ_1'. Et ainsi il se trouve démontré que les deux génératrices droites sb et sb_i sont dans un même plan vertical passant par le sommet s du cône Δ et par les deux génératrices droites K' et K,' du cylindre (C').

Nous pouvons donc affirmer que les trois points b, b, et p sont en ligne droite.

Cela posé :

Puisque les droites I et E passent par le point q, ainsi que les tangentes ϵ et ϵ,, il s'ensuit que les tangentes ϵ' et ϵ_1' passeront aussi par ce même point q, puis-qu'elles sont les projections horizontales des droites suivant lesquelles les plans tan-gents B et B, sont coupés par les plans (C,) et (C,). Ainsi les cinq points b, b_1, b', b_1' (contact des tangentes ϵ, ϵ_1, ϵ' et ϵ_1', menées du point q aux deux courbes C et C') et le point p sont sur une droite que j'ai déjà désignée ci-dessus par Q.

Et il est évident que le point q est un *pôle* commun aux deux courbes C et C', et que la droite Q est *polaire* commune à ces deux mêmes sections coniques C et C'.

Cela posé :

Examinons comment les droites I et E sont *liées* aux courbes C et C'.

Menons par le point *p* une droite Y coupant la courbe C aux points *m* et *n*, et la courbe C' aux points *m'* et *n'*; construisons les tangentes en ces points et respec-tivement aux courbes C et C', on aura les quatre tangentes, savoir : M au point *m*, N au point *n*, M' au point *m'*, N' au point *n'*, et ces droites se couperont deux à deux en six points *x*, *x'*, *y*, *y'*, *l*, *l'*.

Les points *l* et *l'* seront évidemment situés, le premier sur la droite P *polaire* de la courbe C pour le *pôle p*, et le second sur la droite P' *polaire* de la courbe C' pour le même *pôle p*.

Cela posé :

Je dis que les quatre autres points seront situés, savoir : deux, *x* et *x'* sur la droite E; et deux, *y* et *y'* sur la droite I ; et en effet :

Les génératrices droites *sm* et *sn* du cône Δ seront situées dans un plan sécant vertical ayant la droite Y pour trace horizontale.

Ces droites *sm* et *sn* couperont les courbes C_1 et C_2, chacune en deux points, en sorte que l'on aura quatre points qui se projetteront horizontalement et deux à deux en les points *m'* et *n'* sur la courbe C'.

Les tangentes M' et N' à la courbe C' en ces points *m'* et *n'* seront donc les projections horizontales des quatre tangentes menées en les quatre points des courbes C_1 et C_2; ces droites M' et N' seront donc les projections des intersec-tions des plans (C_1) et (C_2) avec les plans (M) et (N) tangents au cône Δ suivant les génératrices *sm* et *sn*, ces plans (M) et (N) ayant respectivement pour trace horizontale les droites M et N ; dès lors il est évident que les points *x* et *x'*, *y* et *y'* seront situés sur les droites E et I, traces horizontales des plans (C_1) et (C_2).

Ce que nous venons de dire en considérant le point *p*, nous pourrons le dire en considérant le point *p'*. Ainsi nous pourrons imaginer par le point *p'* une verticale Z' et prendre sur Z' un point *s'* arbitraire, et regarder ce point *s'* comme le som-met d'un cône Δ' ayant la courbe C pour base ou trace horizontale; puis consi-dérer la courbe C' comme la section droite d'un cylindre vertical (C'); les deux surfaces Δ' et (C') ayant deux plans tangents communs, se couperont suivant deux courbes planes C_1' et C_2', et nous retrouverons toutes les propriétés ci-dessus ex-posées; nous aurions donc un point *q'* homologue du point *q*, une droite Q' homo-logue de la droite Q, des droites I' et E' respectivement homologues des droites I et E, et il faut démontrer que les points *q* et *q'* ne sont qu'un seul et même point, et que chaque groupe des droites Q et Q', I et I', E et E', n'est aussi qu'une seule et même droite Q, I et E.

Pour démontrer cette proposition, nous ferons remarquer que nous savons, que lorsque deux sections coniques sont situées sur un cône, si ces sections coniques n'ont aucun point commun, on peut toujours les envelopper par un second cône. Ainsi en considérant la courbe C et la courbe C_1 que nous savons être situées sur le cône Δ qui a son sommet placé sur la droite Z passant par le point p, nous pourrons faire rouler un plan tangentiellement à ces deux courbes C et C_1 mais intérieurement, et nous obtiendrons pour enveloppe de l'espace parcouru par ce plan le second cône enveloppant les deux courbes C et C_1; mais il est évident que, parmi toutes les positions que peut prendre dans l'espace le plan mobile, considéré en chacune de ses positions comme une *enveloppée*, il y en aura deux où il sera vertical, et où il aura dès lors pour trace horizontale les tangentes intérieures θ' et θ_1' aux deux courbes C et C'. Le sommet s_1' du second cône Δ_1' sera donc situé sur la verticale Z' passant par le point p'.

Dès lors, en considérant le point p', ainsi que nous avons considéré le point p, nous voyons que les droites I et I' se confondent en une seule et même droite.

Mais nous aurions pu combiner la courbe C avec la courbe C_1, et nous aurions trouvé un second cône Δ_2' ayant encore son sommet s_2' situé sur la droite Z', et dès lors nous aurions établi que les droites E et E' se confondent.

Il se trouve donc démontré que la considération du point p ou du point p' conduit toujours aux trois mêmes droites Q, I et E.

Cela posé, si nous désignons par R la droite qp, par R' la droite qp', par r, r_1, r', r_1' les points d'intersection des droites P, P_1, P', P_1' avec la droite Q, nous pourrons établir la nomenclature des divers *systèmes polaires*, qui *lient* l'une à l'autre deux sections coniques C et C', qui, situées dans un même plan, ont deux tangentes communes intérieures et deux tangentes communes extérieures.

Cette nomenclature peut être établie ainsi qu'il suit :

1° Un système complet, composé d'un *pôle* q et de la *polaire* Q (système polaire commun unique).

2° Deux systèmes composés, l'un du *pôle* p et des *polaires* P et P', et l'autre du *pôle* p' et des *polaires* P_1 et P_1' ((*pôle* unique conjuguant deux *polaires* séparées).

3° Deux systèmes composés, l'un de la *polaire* R et des *pôles* r et r', et l'autre de la *polaire* R' et des *pôles* r_1 et r_1' (*polaire* unique conjuguant deux *pôles* séparés).

Pour la courbe C (dans les deux systèmes polaires), les *polaires* P_1 et R', P et R passent respectivement, l'une par le *pôle* de l'autre.

Pour la courbe C' (dans les deux systèmes polaires), les *polaires* P_1' et R', P' et R passent respectivement l'une par le *pôle* de l'autre.

DEUXIÈME CAS. *Les deux sections coniques C et C' étant extérieures et ayant un point de contact.*

596. Les deux sections coniques C et C' peuvent être extérieures l'une à l'autre et avoir un point de contact; dans ce cas elles pourront avoir trois tangentes communes. Examinons quelles sont les *modifications* que subissent dans ce cas les *propriétés polaires* qui *lient* l'une à l'autre les deux sections coniques.

Il suffit de jeter les yeux sur la *fig.* 271 et de la comparer à la *fig.* 270 précédente, pour voir de suite que les droites tangentes θ', θ_i', ε_i, ε', ainsi que les *polaires* R', P$_i$, P$_i'$ de la *fig.* 270 se confondent sur la *fig.* 271 en la seule droite I, et que par conséquent les points b_i, b', r_i, r_i' se superposent sur le point p' qui, dans la *fig.* 271, devient le point de contact des deux sections coniques données C et C'.

TROISIÈME CAS. *Les deux courbes C et C' se coupant en deux points.*

597. Les deux sections coniques C et C' peuvent se couper en deux points et avoir deux tangentes communes extérieures.

Dans ce cas, les tangentes intérieures θ' et θ_i' n'existent plus, ainsi que les points r_i et r_i' et les *polaires* P et P$_i'$.

Démontrons que, pour ce cas particulier (*fig.* 272), les droites I et R' se confondent. Si l'on regarde la courbe C comme la base ou trace horizontale d'un cône Δ ayant son sommet s situé sur une verticale Z passant par le point p, et si l'on regarde la courbe C' comme la base et section droite d'un cylindre vertical (C'), les deux surfaces Δ et (C') se couperont suivant deux courbes planes C$_i$ et C$_i$, puisqu'elles ont deux plans tangents communs et verticaux, dont les traces horizontales ne sont autres que les tangentes communes et extérieures θ et θ_i. Or comme la courbe C' coupe la courbe C aux deux points z et z', il s'ensuit que le plan de l'une des deux courbes C$_i$ et C$_i$ aura pour trace horizontale la corde $\overline{zz'}$ prolongée, ainsi la droite zz' n'est autre que I. Cette droite I coupe la droite Q en un point p' que je dis jouer ici le même rôle que le point p' de la *fig.* (271) précédente, c'est-à-dire que ce point p' est la projection horizontale des sommets de cônes qui, ayant la courbe C pour base, seraient coupés par le cylindre (C') suivant une courbe plane C$_i$ projetée en C'.

Et en effet :

Nous savons que par deux courbes C et C$_i$ qui ont deux points d'intersection z et z' ou une corde commune $\overline{zz'}$, on peut toujours faire passer deux cônes Δ et Δ', qui ont deux plans tangents communs (T) et (T'), en les points z et z' extrémités de la corde zz' commune aux deux sections coniques C et C$_i$.

Or puisque nous supposons que la courbe C est sur le plan horizontal de projection, les tangentes T et T' pour les points z et z' seront les traces horizontales des plans tangents (T) et (T'), et ces plans (T) et (T') seront déterminés de position dans l'espace par les tangentes aux mêmes points z et z' à la courbe C_ι dont C' est la projection horizontale.

Si donc par le point ι, en lequel se coupent les tangentes T et T′ (point ι qui est évidemment sur la droite Q), on fait passer une droite D située dans le plan vertical passant par Q, cette droite D coupera la verticale Z passant par le point p en un point s, et la verticale Z′ passant par le point p' en un point s', et si l'on considère ces points s et s' comme les sommets respectifs de deux cônes Δ et Δ' ayant la courbe C pour base commune, ces deux cônes se recouperont dès lors et nécessairement suivant une seconde courbe plane C_ι dont la trace horizontale de son plan ne sera autre que la droite I.

Quelle que soit la direction de la droite D, pourvu qu'elle s'appuie toujours sur les droites Z et Z′, et qu'elle passe toujours par le point ι, les points s_ι et s_ι' que l'on obtiendra pour une autre position D_ι de cette droite D, seront les sommets de deux nouveaux cônes Δ_ι et Δ_ι', qui, ayant toujours pour base commune la courbe C, se recouperont toujours et nécessairement suivant une courbe plane C_ι' dont la trace horizontale de son plan sera toujours la droite I.

Démontrons maintenant que les courbes C_ι, C_ι',... se projetteront toujours horizontalement suivant la courbe C′, ou, en d'autres termes, que ces diverses courbes planes C_ι, C_ι',.... seront situées sur le cylindre vertical (C′) ayant la section conique C′ pour section droite.

Puisqu'en faisant varier la position de la droite D, on obtient une série de courbes C_ι dont les plans passent tous par la droite I, il suffit de démontrer qu'un plan quelconque passant par la droite I, coupera toujours un certain cône ayant son sommet sur la droite Z, suivant une courbe se projetant suivant C′; ou, en d'autres termes, il suffit de démontrer que la courbe C et une courbe C_ι ayant la courbe C′ pour projection (le plan de cette courbe C_ι passant par la droite I), sont toujours enveloppées par un cône ayant son sommet sur la droite Z.

Or la courbe C_ι aura son plan (C_ι) déterminé par sa trace horizontale I, et par un point de l'espace; prenons pour ce point un point e'' ayant pour projection horizontale le point e'; la droite ee'' coupera la verticale Z en un point s qui sera le sommet du cône Δ ayant la courbe C pour base et étant coupé par le plan (e'', I) suivant une section conique C_ι.

Cette section conique C_ι passera par les points z, z' et e''; sa projection horizontale passera donc par les points z, z' et e'; et comme le plan vertical, qui a pour trace horizontale la tangente θ, est tangent au cône Δ suivant la génératrice droite ee'', il s'ensuit que la projection horizontale de la courbe C_ι devra être tangente en e' à la droite θ; de plus la courbe C_ι devra se projeter horizontalement suivant une courbe tangente à la droite θ_ι, puisque cette droite θ_ι est la trace horizontale d'un second plan vertical et tangent au cône Δ; la projection horizontale de la courbe C, doit donc passer par les trois points z, z', e', et être tangente aux droites θ et θ, , elle ne peut donc être autre que la courbe C', puisque cette courbe C' satisfait aux cinq mêmes conditions. Donc, etc.

Et comme nous pouvons arbitrairement choisir l'une des deux courbes C et C', pour la base du cône sur laquelle se trouvera placée la courbe C', il s'ensuit que si aux points z et z', nous menons à la courbe C' les tangentes Θ et Θ' qui se couperont en un point i situé sur la droite Q, nous pourrons faire passer par ce point i une droite B coupant les verticales Z et Z' en des points d et d' qui seront les sommets de deux cônes λ et λ' ayant la courbe C' pour base commune, et se coupant suivant une seconde courbe plane dont la projection horizontale sera la courbe C, et le plan de cette seconde section passera par la droite I.

QUATRIÈME CAS. *Les deux sections coniques* C *et* C' *ayant un point de contact et deux points d'intersection.*

598. Traçons sur le point horizontal de projection deux sections coniques C et C' se coupant en deux points z et z' et se touchant en un point b_i. Ces deux courbes pourront être telles qu'elles aient trois tangentes communes (*) (*fig.* 273), savoir : la tangente au point b, , et les deux tangentes extérieures θ et θ, touchant la courbe C aux points e et e, , et la courbe C' aux points e' et e_1'.

Les trois tangentes communes se coupent en les points p, p'', p''', et ces trois points sont les sommets d'un triangle circonscrit aux deux courbes données C et C'.

Cela posé :

Le point p peut être regardé comme la projection horizontale et orthogonale du sommet d'un cône Δ ayant la courbe C pour base, et la courbe C' peut être regardée comme la base ou section droite d'un cylindre vertical (C'); or, puisque évidemment ces deux surfaces Δ et (C') ont deux plans tangents communs, verticaux et ayant pour traces horizontales les tangentes θ et θ, , ces deux surfaces Δ et (C') se couperont suivant deux courbes planes C, et C$_2$ ayant la courbe C' pour projection horizontale, et il est évident que la corde $\overline{zz'}$ prolongée sera la trace du plan de la courbe C, , et que la tangente au point b, sera la trace du plan de la seconde courbe C,.

(*) Nous verrons plus loin, lorsque nous examinerons le cas où deux sections coniques se coupent en quatre points, que ces sections coniques peuvent être telles qu'elles aient quatre ou trois ou aucune tangentes communes, car le nombre des tangentes communes ne dépend pas du nombre des points communs entre les deux sections coniques, mais des positions qu'affectent l'une par rapport à l'autre les deux sections coniques.

Dès lors ces droites ne seront autres que les droites désignées ci-dessus par I et E et se coupant au point q; et si l'on mène du point q des tangentes ϵ et ϵ' aux courbes C et C', les points de contact b et b' seront en ligne droite avec le point $b_,$, et ainsi la droite Q sera déterminée.

Il est évident que, ni le point k (en lequel les droites Q et $\overline{zz'}$ se coupent) ni le point de contact $b_,$ des deux courbes C et C' ne peut être considéré comme la projection horizontale du sommet d'un cône Δ' ayant C pour base, et coupant le cylindre (C') suivant une courbe plane projetée en C', car il est évident pour ceux qui sont habitués à lire dans l'espace, que, pour que le point k pût être le sommet d'un tel cône, il faudrait que la courbe C' ne fût pas tangente à la courbe C, et que pour que le point $b_,$ fût le sommet d'un tel cône, il faudrait que la courbe C' fût enveloppée par la courbe C, ou enveloppât cette courbe C.

Ainsi le point p' n'existe pas dans le cas particulier qui nous occupe.

Mais il existe deux nouveaux points qui jouent le même rôle que le point p, ce sont les points p'' et p'''.

Ainsi le point p'' peut être considéré comme la projection du sommet d'un cône Δ'' ayant la courbe C pour base, et qui sera coupé par le cylindre (C') suivant deux courbes planes $C_,''$ et $C_,''$ projetées horizontalement en C', et cela parce que les deux surfaces Δ'' et (C') ont deux plans tangents communs, verticaux et ayant pour traces les tangentes θ et $\overline{qb_,}$.

Il est évident que les traces horizontales des plans de ces deux courbes $C_,''$ et $C_,''$ se confondront en une seule droite qui ne sera autre que $\overline{qz_,}$, en sorte que cette droite sera en même temps pour le point p'' les deux droites I'' et E''.

Par les mêmes raisons, la droite $\overline{z'b_,}$ jouera, par rapport au point p''', le rôle des droites I''' et E''', et le point $b_,$ sera un second point q' jouant le même rôle que le point q, et la droite $\overline{qb_,}$ sera une droite Q' jouant par rapport au point q' le même rôle que la droite Q par rapport au point q.

CINQUIÈME CAS. *Les deux sections coniques* C *et* C' *n'ayant qu'un seul point de contact et s'enveloppant l'une l'autre.*

599. Soient tracées sur le plan horizontal deux sections coniques C et C' (*fig.* 274), n'ayant en commun qu'un seul point de contact p, s'enveloppant l'une l'autre et n'ayant dès lors qu'une seule tangente commune. Nous pourrons regarder le point p comme la projection orthogonale du sommet d'un cône Δ ayant la courbe C pour base, et nous pourrons considérer la courbe C' comme la base ou section droite d'un cylindre vertical (C'). Démontrons que les deux surfaces se coupent toujours suivant une courbe plane $C_,$.

Les deux surfaces Δ et (C') ont pour génératrice de contact la droite verticale Z passant par le point p, on doit donc considérer ces deux surfaces Δ et (C') comme se coupant déjà suivant une courbe plane $C_{,}$ (qui n'est autre que la droite Z) et dont le plan sera le plan tangent (I) commun à ces deux surfaces; ce plan (I) aura pour trace horizontale la droite I tangente commune en p aux deux courbes données C et C'.

Puisque les deux surfaces Δ et (C') ont déjà une section plane $C_{,}$ commune, elles doivent se recouper suivant une seconde courbe plane $C_{,}$: par conséquent, si, par la droite Z, on mène une suite de plans verticaux $(Y),\ldots$, ils couperont la surface conique Δ suivant des génératrices droites $G\ldots$ lesquelles couperont la courbe $C_{,}$ en des points $y\ldots$ et la courbe C en des points $m\ldots$ et les tangentes à la courbe $C_{,}$ pour les points $y\ldots$ et les tangentes à la courbe C pour les points $m\ldots$ se couperont en des points $x\ldots$ qui seront sur la droite E trace horizontale du plan $(C_{,})$ de la courbe $C_{,}$.

Il suffit donc, pour déterminer cette droite E, de mener par le point p une suite de droites $Y, Y',\ldots$ coupant C' en les points $m', m_{,}',\ldots$ et coupant la courbe C aux points $m, m_{,},\ldots$ et de construire les tangentes $m'x, m_{,}'x'\ldots$ à la courbe C' pour les points $m', m_{,}',\ldots$ et les tangentes $mx, m_{,}x',\ldots$ à la courbe C pour les points $m, m_{,},\ldots$ Les tangentes $m'x$ et mx se couperont en un point x, les tangentes $m_{,}'x'$ et $m_{,}x'$ se couperont en un point x' et ainsi de suite, et les divers points $x, x',\ldots$ seront sur une droite E qui coupera la droite I en un point q, tel que si de ce point q on mène deux tangentes 6 à C et $6'$ à C', les deux points de contact b et b' seront avec le point p en ligne droite, et la droite $\overline{bb'p}$ sera précisément la droite Q.

SIXIÈME CAS. *Les deux sections coniques C et C' n'ayant aucun point commun, et étant intérieures l'une par rapport à l'autre.*

600. Étant données deux sections coniques C et C' satisfaisant à la condition de s'envelopper l'une l'autre, on voit de suite, que si l'on prend dans l'espace un point s, et qu'on le regarde comme le sommet commun à deux cônes Φ et Φ' ayant pour base, le premier la courbe C, et le second la courbe C', ces deux cônes devront aussi s'envelopper l'un l'autre, et que dès lors on pourra toujours les couper par un plan, de manière à avoir pour section deux ellipses, dont l'une sera intérieure par rapport à l'autre; de plus, il est évident que l'on pourra toujours choisir la position du point s et diriger le plan sécant, de manière à ce que l'une des sections soit un cercle B et à ce que l'autre section soit une ellipse A, intérieure ou extérieure au cercle B.

Il nous suffit donc d'examiner ce qui doit arriver pour un cercle B et une ellipse A enveloppée par le cercle B, pour avoir résolu la question dans toute sa généralité, et ainsi quelles que soient les sections coniques C et C'.

Si au lieu d'avoir un cercle B et une ellipse A, on avait deux cercles B' et A', intérieurs l'un à l'autre, alors il serait facile de déterminer leur *pôle* unique et leur *polaire* unique, car la *polaire* serait l'*axe* de similitude, et le *pôle* serait le *centre* de similitude.

Et au moyen des *projections*, on détermine de suite cet *axe* et ce *centre*.

Car d'abord l'axe de similitude S (*fig.* 275), passe évidemment par les centres *b'* et *a'* des deux cercles B' et A', et si l'on prend pour ligne de terre la droite S il suffira de déterminer la position (sur le plan vertical de projection) du sommet *s* d'un cône Δ, qui, ayant le cercle B' pour base, serait coupé par un cylindre vertical et de révolution (A') ayant le cercle A' pour base, suivant une courbe plane A,'. Or il est évident que, puisque tout plan horizontal coupera le cône Δ suivant un cercle et le cylindre (A') aussi suivant un cercle, il est évident, dis-je, que les deux surfaces Δ et (A') se couperont suivant deux cercles horizontaux. Pour déterminer le sommet *s*, il suffira donc de mener par les points *l*ʰ et *l'*ʰ (en lesquels la droite S perce le cercle A') des perpendiculaires à la ligne de terre et de mener une parallèle A,'ᵉ à cette ligne de terre, les points *l* et *l'* étant unis aux points *i* et *i'* (en lesquels la droite S perce le cercle B') on aura deux droites qui se couperont en un point *s*, et abaissant de ce point *s* une perpendiculaire sur la droite S, on aura en *s*ʰ le *pôle* ou *centre* de similitude des deux cercles A' et B'.

Mais si l'on a deux ellipses α et ɛ concentriques, il ne pourra arriver que deux cas : ou 1° ces deux ellipses seront semblables et semblablement placées, ou 2° elles ne seront pas semblables, ou, étant semblables, elle ne seront pas semblablement placées.

Dans le *premier cas*, les deux courbes α et ɛ auront évidemment une infinité de systèmes de diamètres conjugués, superposés en direction.

Dans le *deuxième cas*, les deux courbes α et ɛ n'auront qu'un seul système de diamètres conjugués superposés en direction ; et en effet, supposons que l'ellipse α soit intérieure à l'ellipse ɛ, nous pourrons construire une infinité d'ellipses α', α'',.... concentriques et semblables à l'ellipse α, et il est évident que, parmi toutes ces ellipses, il y en aura une α, qui sera tangente en deux points à l'ellipse ɛ, et ces deux points seront les extrémités d'un diamètre *d* commun aux ellipses α, et ɛ ; dès lors il est évident que le conjugué *d*,' de *d* pour l'ellipse α, aura la même direction que le conjugué *d'* de *d* pour l'ellipse ɛ ; par conséquent le système des diamètres *d* et *d'* de la courbe ɛ se superposera avec l'un des systèmes de diamètres conjugués de l'ellipse α.

Cela posé :

Ayant deux ellipses concentriques et semblablement placées α et ɛ, si l'on conçoit dans l'espace un point *s* pris pour sommet commun à deux cônes ayant respectivement pour base les courbes α et ε, si un plan coupe l'un de ces cônes suivant un cercle, il coupera le second suivant une ellipse, et si l'on a deux ellipses simplement concentriques, le plan qui coupera l'un des cônes suivant un cercle coupera encore le second cône suivant une ellipse. Mais il est évident que, dans les deux cas, le cercle et l'ellipse ne pourront pas avoir entre eux les mêmes *relations polaires*. On voit donc que, si l'on a un cercle B et une ellipse A intérieurs l'un à l'autre, il ne serait pas convenable de ramener le problème à la solution du problème si simple, mais si particulier, de la recherche du *pôle de similitude* de deux cercles, et de plus on voit très-bien que l'on se trouve traiter, dans toute sa généralité, la *question polaire* relative à *deux sections coniques* intérieures l'une à l'autre, en examinant le cas simple d'un *cercle* et d'une *ellipse* intérieure à ce cercle.

De plus, ce qui précède nous fait voir que nous pouvons passer de ce qui existe *polairement* pour deux ellipses simplement concentriques, à ce qui doit être *polairement* entre deux ellipses, ou entre un cercle et une ellipse (intérieures l'une à l'autre, et non concentriques) et que les *propriétés polaires*, auxquelles nous arriverons par ce moyen, auront toute la *généralité* possible.

Or, si nous considérons deux ellipses seulement concentriques, et ayant dès lors un seul *système* de diamètres conjugués superposés en direction, et pour rendre la *fig.* 276 plus simple, nous supposons que le *système* soit celui des *axes*, nous voyons que les deux courbes sont telles qu'on peut circonscrire à chacune d'elles un parallélogramme, ou, d'après la *fig.* 276, un rectangle, et que ces deux parallélogrammes ou rectangles ont leurs côtés respectivement parallèles, mais que leurs diagonales ne se superposent pas en direction.

Désignons par o le centre commun aux deux ellipses α et ε; par m et n, p et q, les extrémités des axes $\overline{mn}$ et $\overline{pq}$ de l'ellipse α; par m' et n', p' et q' les extrémités des axes $\overline{m'n'}$ et $\overline{p'q'}$ de l'ellipse ε; par M, N, P, Q, M', N', P', Q', les côtés des parallélogrammes ou rectangles circonscrits, en supposant ces côtés indéfiniment prolongés; par x et x_1, y et y_1 les extrémités des diagonales $\overline{xx_1}$ et $\overline{yy_1}$ du parallélogramme ou rectangle circonscrit à l'ellipse α; par x' et x_1', y' et y_1' les extrémités des diagonales $\overline{x'x_1'}$ et $\overline{y'y_1'}$ du parallélogramme ou rectangle circonscrit à l'ellipse ε; par X, Y, X', Y', les diagonales elles-mêmes, en les supposant prolongées indéfiniment; par S et T les axes prolongés.

Cela posé :

Prenons dans l'espace un point s, et regardons ce point comme le sommet commun à deux cônes Δ et Δ' ayant respectivement pour bases les courbes α et ε, et de plus, par chacune des droites du *système plan* et par le point s faisons passer un plan; nous désignerons par (M), (N),.... les plans passant par le point *s* et les droites M, N,....

Les couples de plans qui passeront par des droites qui sont parallèles entre elles sur le *système plan* (sur le plan des courbes α et ϭ), se couperont suivant une droite qui passera par le point *s* et qui sera parallèle aux droites parallèles entre elles et situées dans le plan (α', ϭ), , et par conséquent qui sera parallèle au plan des bases α et ϭ.

Menons donc par le point *s* un plan γ parallèle au plan des bases α et ϭ, nous aurons des droites S_1, T_1, M_1, N_1, P_1, Q_1, X_1, Y_1, X_1', Y_1', respectivement parallèles aux droites situées dans le plan des bases.

Coupons tout le système conique par un plan quelconque λ, nous obtiendrons sur ce plan deux ellipses α' et ϭ', sections faites par ce plan λ dans les cônes Δ et Δ', et une droite R, intersection de ce plan λ avec le plan γ, et les droites M_1, N_1,... couperont cette droite R en des points par lesquels passeront respectivement les intersections des divers plans (M),(N),... par le plan λ.

Nous aurons donc la *fig.* 276 *bis*, qui nous montre que les deux courbes α' et ϭ' intérieures l'une à l'autre, sont *liées* l'une à l'autre par un *triangle polaire* dont les sommets sont respectivement les *pôles* des côtés opposés qui en sont les *polaires*, l'un des côtés *prolongé* de ce triangle étant la droite R : en sorte que les deux courbes α' et ϭ' ont trois *systèmes polaires* en commun, chaque système étant composé d'un *pôle* unique et d'une *polaire* unique.

Si, au contraire, nous avions considéré deux ellipses α et ϭ, concentriques, semblables et semblablement placées (*fig.* 277), on aurait pu circonscrire à chacune de ces courbes une infinité de systèmes de parallélogrammes ayant leurs côtés respectivement parallèles et leurs diagonales étant superposées en direction, et l'on obtiendrait sur le plan λ la *fig.* 277 *bis*, qui nous montre que, dans ce cas, les courbes α' et ϭ' ont une infinité de systèmes polaires communs, ou une infinité de *triangles polaires* communs ayant tous un sommet commun, qui est le *pôle* de la droite R, sur laquelle sont placées les bases de tous ces triangles.

Ainsi, il se trouve démontré que lorsque l'on a deux sections coniques C et C', intérieures l'une à l'autre, elles seront toujours *liées* l'une à l'autre par l'un des *systèmes polaires* représentés par les *fig.* 276 *bis* et 277 *bis*.

Lorsque l'on a deux courbes α' et ϭ' *liées* entre elles comme elles le sont sur la *fig.* 277 *bis*, en menant par le point *s* une droite D de direction arbitraire dans l'espace, deux cônes Δ et Δ' ayant leurs sommets *d* et *d'* situés arbitrairement sur cette droite D et ayant pour base, le premier la courbe α', et le second la courbe ϭ', s'entrecouperont suivant deux courbes planes dont les plans passeront par la droite R ; en sorte que cette droite R joue le même rôle que les droites I et E de la *fig.* 270. Et cela est évident, puisque les points conjugués *t* et *u*, *t'* et *u'*,..... sont tous distribués sur la droite R.

Mais si, par le point *s* de la *fig.* 276 *bis*, on menait une droite D de direction arbitraire dans l'espace, les cônes Δ et Δ' ne s'entrecouperaient pas suivant deux courbes planes, et cela est évident en considérant la *fig.* 276; car si, par le point *o*, on élève une droite verticale ou une droite de direction arbitraire, peu importe, deux cônes qui auront leurs sommets sur cette verticale ou sur la droite de direction arbitraire, et qui auront respectivement pour bases les courbes α et ε, ne pourront jamais se couper suivant des courbes planes; tandis que l'on voit très-bien par la *fig.* 277, que lorsque les ellipses α et ε sont semblables et semblablement placées, les deux cônes Δ et Δ' s'entrecouperont toujours suivant deux courbes planes dont les plans seront parallèles entre eux et horizontaux, ou, en d'autres termes, parallèles au plan des courbes α et ε.

Ainsi, dans le cas de la *fig.* 276 *bis*, les droites I et E seront remplacées par des *lignes courbes*.

SEPTIÈME CAS. *Les deux sections coniques* C *et* C' *se coupant en quatre points.*

601. Lorsque nous avons examiné les *propriétés polaires* qui devaient exister entre deux sections coniques, 1° n'ayant aucun point commun, et extérieures ou intérieures l'une à l'autre, 2° ayant un point de contact, et étant intérieures ou extérieures l'une à l'autre, 3° se coupant en deux points, 4° se touchant en un point et se coupant en deux points, nous aurions dû combiner les diverses espèces de sections coniques et examiner dès lors ce qui devait arriver dans chaque cas particulier, en considérant les *divers systèmes* formés, 1° de deux ellipses, 2° de deux hyperboles, 3° de deux paraboles, 4° d'une ellipse et d'une hyperbole, 5° d'une hyperbole et d'une parabole, et 6° enfin d'une ellipse et d'une parabole.

C'est ce que nous allons faire en discutant le cas où les deux sections coniques données C et C' se coupent en quatre points; et l'on pourra revenir aux cas précédents et y appliquer tout ce que nous allons dire sur ce dernier cas, savoir : celui où les deux sections coniques données ont quatre points communs.

Toutefois je n'entrerai pas dans le détail complet des diverses propriétés *polaires* du système de deux sections coniques ayant quatre points communs. Ceux qui voudront étudier d'une manière complète la *théorie des polaires*, doivent lire l'ouvrage remarquable publié par M. PONCELET sous le titre de *Théorie des propriétés projectives* (*).

_____

(*) Je n'expose ici quelques-unes des propriétés *polaires* des sections coniques et des surfaces du second ordre, combinées deux à deux ou trois à trois, que pour faire voir que l'on peut établir toute la

1° *Les courbes* C *et* C' *étant deux ellipses.*

Nous pouvons supposer d'abord que les deux ellipses C et C' se coupant en quatre points, ont même centre (*fig.* 278). Alors elles auront nécessairement quatre tangentes communes formant un parallélogramme circonscrit en même temps aux deux courbes, et les quatre points d'intersection seront les sommets d'un parallélogramme inscrit aussi en même temps aux deux courbes, et il est évident que ces deux courbes auront un *système* de diamètres conjugués tel que ces diamètres seront superposés en direction.

Cela posé :

Il pourra arriver deux cas : ou 1° les diagonales du parallélogramme inscrit seront respectivement parallèles aux côtés du parallélogramme circonscrit ; ou 2° les diagonales du parallélogramme inscrit ne seront pas respectivement parallèles aux côtés du parallélogramme circonscrit ; et il est évident que ces deux manières d'être des deux ellipses, l'une par rapport à l'autre, sont les seules qui puissent exister.

Si donc on prend dans l'espace un point *s* arbitraire, et qu'on le regarde comme le sommet commun à deux cônes Δ et Δ' ayant respectivement pour bases les courbes C et C', et si, par ce sommet *s* et par chacune des diverses droites du système tracé sur le plan horizontal, on fait passer un plan, on voit de suite

---

théorie des polaires, relativement aux sections coniques et aux surfaces du second ordre, par la seule méthode des projections, et ainsi en employant la langue graphique ou, en d'autres termes, la *Géométrie descriptive*, et sans avoir besoin de recourir ni aux rapports harmoniques employés par les anciens géomètres, ni à l'involution de *six points*, théorème qui est dû à DÉSARGUES.

Il y a bien longtemps que j'ai reconnu que la géométrie descriptive pouvait suffire pour rechercher, et établir, et démontrer les *propriétés polaires* dont jouissent les sections coniques et les surfaces du second ordre, combinées deux à deux ou trois à trois, lorsqu'elles ont entre elles certaines *relations de position.*

En 1824, je montrai dans mes leçons, à l'école de Marieberg près Stockholm et après avoir lu l'ouvrage de M. PONCELET, que les belles et nouvelles propriétés trouvées par ce savant géomètre, pouvaient facilement être démontrées par la *Géométrie descriptive*, attendu qu'elles étaient *écrites* dans les *épures* de la section faite par un plan dans un cône à base section conique, et dans les *épures* de l'intersection de deux cônes ayant chacun pour base une section conique et s'entrecoupant suivant deux courbes planes, et qu'ainsi il suffisait d'apprendre à *lire* les propriétés *polaires* écrites sur nos *épures.*

Étant venu à Paris en 1825, j'exposai à la Société philomathique mes idées à ce sujet, et plus tard, je publiai dans la *Correspondance de mathématiques et de physique des Pays-Bas*, rédigée par M. QUÉTELET de Bruxelles, plusieurs mémoires basés sur cette manière d'envisager la théorie des polaires.

Voyez le mémoire *Sur les propriétés des courbes du second degré considérées dans l'espace*, le mémoire *Sur les propriétés de trois courbes planes situées sur une surface du second ordre*, le mémoire *Sur les propriétés polaires qui existent entre les huit courbes tangentes à trois sections planes d'une surface du second ordre*, etc., etc., etc.,

que l'on obtiendra pour section plane dans le *système conique* de l'espace, une figure telle que celle indiquée *fig.* 278 *bis*.

Mais cette *fig.* 278 *bis* pourra présenter deux variétés très-distinctes. Ainsi, lorsque (*fig.* 278) les côtés opposés du parallélogramme circonscrit seront parallèles, respectivement aux diagonales du parallélogramme inscrit, la *fig.* 278 *bis* nous donnera les points p''' et p'' situés sur la droite $\overline{qq}_,$, et ces points p''' et p'' seront en même temps situés sur les diagonales du quadrilatère inscrit aux deux sections coniques se coupant en quatre points; mais lorsque (*fig.* 278, a) les côtés opposés du parallélogramme circonscrit ne sont pas respectivement parallèles aux diagonales du parallélogramme inscrit, alors les points p'' et p''' seront toujours placés (*fig.* 278 *ter*), sur la droite $\overline{qq}_,$, mais en dehors des diagonales du quadrilatère inscrit.

En sorte que lorsque l'on se donne deux *ellipses* C et C' se coupant en quatre points a, a', b, b' (*fig.* 278 *bis* ou *ter*), les quatre tangentes communes et toutes extérieures aux ellipses C et C' se coupent deux à deux en six points, dont quatre p et p', $p_,$ et $p_,'$ sont situés, savoir : deux sur la droite Q et deux sur la droite $Q_,$; et les deux autres p'' et p''' seront, 1° les intersections de la droite $\overline{qq}_,$ et des diagonales du quadrilatère inscrit $aa'bb'$ (*fig* 278 *bis*), ou seront 2° situés tous les deux sur la droite $\overline{qq}_,$, mais en dehors des diagonales prolongées $\overline{bb'}$ et $\overline{aa'}$ (*fig.* 278 *ter*).

Ces deux résultats *polaires* et différents entre eux, et qui sont les seuls qui peuvent exister, étant signalés, examinons quelles sont les droites du système (*fig.* 278 *bis* et *ter*), qui représenteront les droites désignées ci-dessus par I..... et par E....

Du moment que les deux ellipses C et C' ont deux tangentes communes, on peut regarder le point en lequel ces tangentes se coupent comme la projection horizontale du sommet d'un cône Δ ayant pour base la courbe C, et ce cône Δ sera coupé par le cylindre vertical (C') suivant deux courbes planes $C_,$ et $C_,$, et les traces des plans $(C_,)$ et $(C_,)$ de ces courbes $C_,$ et $C_,$ ne seront autres que les droites I et E demandées.

Or il est évident, d'après tout ce qui a été dit ci-dessus et à ce sujet, que les côtés opposés $\overline{ab}$ et $\overline{a'b'}$ du quadrilatère inscrit, seront précisément les droites I et E, soit que l'on considère le point p, soit que l'on considère le point p' comme étant la projection du sommet du cône.

Par les mêmes raisons, soit que l'on considère le point $p_,$, soit que l'on considère le point $p_,'$, les côtés opposés $\overline{ab'}$ et $\overline{a'b}$ du quadrilatère inscrit seront les droites $I_,$ et $E_,$.

Lorsque l'on considérera le point p''' (qu'il soit ou non l'intersection de la diagonale et de la droite $\overline{qq}$,) comme la projection du sommet d'un cône ayant l'ellipse C pour base, les traces des plans des courbes suivant lesquelles le cylindre (C') coupera ce cône, se confondront en une seule et même droite qui ne sera évidemment autre que la diagonale $\overline{bb'}$ prolongée ; on aura donc en cette diagonale bb' les droites I''' et E'''.

Par les mêmes raisons, encore, lorsque l'on considérera le point p'', la diagonale $\overline{aa'}$ prolongée *jouera le rôle* des droites I'' et E''.

2° *Les courbes* C *et* C' *étant deux hyperboles.*

Traçons (*fig.* 279) deux hyperboles C et C' se coupant en quatre points a, a', b, b', et ayant même centre o ; et supposons : 1° que ces deux hyperboles sont tellement placées qu'on puisse leur mener quatre tangentes communes, ce qui aura lieu évidemment toutes les fois que les deux courbes auront un système de diamètres conjugués qui sont superposés en direction, et il faudra en même temps que les deux diamètres transverses se superposent en direction.

Les quatre tangentes communes aux deux hyperboles se couperont en quatre points p et p', $p_{,}$ et $p_{,}'$, situés deux à deux sur les diamètres conjugués superposés en direction, et il est facile de voir que jamais les côtés opposés du parallélogramme $pp'p_{,}p_{,}'$ circonscrit (par le prolongement de ses côtés) aux deux hyperboles concentriques ne pourront être parallèles aux diagonales $\overline{aa'}$ et $\overline{bb'}$ du parallélogramme inscrit.

En mettant la *fig.* 279 *en perspective*, on obtiendra la forme de *système polaire* qui *lie* entre elles deux hyperboles qui se coupent en quatre points et qui ont quatre tangentes communes.

Supposons : 2° que les deux hyperboles concentriques se coupant en quatre points $a, a_{,}'b, b_{,}'$(*fig.* 280) sont tellement placées l'une par rapport à l'autre qu'on ne puisse leur construire de tangente commune, ce qui arrivera évidemment toutes les fois que les deux hyperboles seront inversement placées.

En faisant la *perspective* de la *fig.* 280, on obtiendra deux hyperboles ayant en commun un quadrilatère inscrit, mais comme ces courbes n'auront pas de tangentes communes, on ne pourra plus employer la considération d'un cône Δ ayant pour base l'une C des hyperboles et d'un cylindre (C') ayant l'autre hyperbole C' pour section droite, puisque ces deux surfaces n'auraient pas deux plans tangents communs ; car, dans ce cas, nous ne pourrions plus affirmer si ces surfaces se coupent ou ne se coupent pas suivant des courbes planes. Plus loin nous reviendrons sur ce *cas* et sur d'autres analogues et qui vont se présenter, et je montrerai qu'on ne peut les résoudre que par la considération des surfaces gauches doublement réglées enveloppant deux sections coniques ; et qu'ainsi lorsque précisément on ne peut pas résoudre ces cas tout particuliers, par la considération des surfaces coniques, ou le peut toujours par la considération des surfaces gauches doublement réglées.

3° *Les courbes* C *et* C' *étant deux paraboles.*

Lorsque deux paraboles se coupent en quatre points (*fig.* 281), on peut toujours leur construire trois tangentes communes qui se coupent deux à deux en trois points p, p', p''; et ces trois points qui pourront dès lors être chacun considérés comme la projection horizontale du sommet d'un cône Δ, qui, ayant pour base l'une C des paraboles, sera recoupé suivant deux courbes planes par le cylindre (C') ayant la seconde parabole C' pour section droite; on établira donc le *système polaire* tout aussi facilement que pour les *fig.* 270 et 271.

4° *Les courbes* C *et* C' *étant l'une une ellipse et l'autre une hyperbole.*

Il peut se présenter deux cas : ou (*fig.* 282) l'ellipse C' coupera chaque branche de l'hyperbole en deux points, et on ne pourra pas construire de tangente commune aux deux courbes ; ou 2° (*fig.* 283) l'ellipse C' coupera seulement une des branches de l'hyperbole C et en quatre points. Dans ce dernier cas, on aura quatre tangentes communes à l'ellipse et à la branche d'hyperbole sur laquelle se trouvent situés les quatre sommets du quadrilatère inscrit, si l'ellipse ne coupe pas les asymptotes de l'hyperbole; et deux tangentes communes seulement, si l'ellipse coupe les deux asymptotes ; et trois tangentes communes, si l'ellipse ne coupe qu'une des deux asymptotes. Mais les quatre tangentes communes existeront toujours, parce que l'on pourra mener, ou deux tangentes, ou une tangente commune et à l'ellipse et à la seconde branche de l'hyperbole, dans les deux derniers cas particuliers que nous venons d'énoncer ci-dessus.

Dans le cas de la *fig.* 282, on ne pourra pas établir le *système polaire* par la considération des cônes, mais bien par la considération des surfaces gauches doublement réglées et enveloppant deux sections coniques.

Dans tous les cas que peut présenter la *fig.* 283, on pourra établir le *système polaire* par la considération des cônes enveloppant deux surfaces coniques, et on pourra dès lors raisonner *géométriquement* ainsi que nous l'avons fait pour les *fig.* 270 et 271, etc.

5° *Les courbes* C *et* C' *étant l'une une parabole et l'autre une hyperbole.*

Lorsque la parabole coupera chacune des branches de l'hyperbole (*fig.* 284), nous dirons ce qui a été dit ci-dessus pour la *fig.* 282.

Lorsque la parabole coupera une seule branche de l'hyperbole (*fig.* 285), alors elle coupera toujours une des asymptotes; il pourra donc arriver, *seulement*, ou

1° que la parabole ne coupe pas la seconde asymptote, et alors on pourra construire trois tangentes communes à la parabole et à la branche de l'hyperbole qui est coupée en quatre points par la parabole; ou 2° que la parabole coupe la seconde asymptote, alors on ne pourra plus construire que deux tangentes communes à la parabole et à la branche de l'hyperbole coupée par cette parabole, mais, dans ce cas, on pourra construire une troisième tangente commune à la parabole et à la seconde branche de l'hyperbole. Ainsi on aura toujours trois tangentes communes, déterminant, par leur intersection deux à deux, un triangle circonscrit aux deux sections coniques données.

On pourra donc, dans ce dernier cas, établir le *système polaire* comme pour les *fig.* 270 et 271. Mais, dans le premier cas, on devra considérer des surfaces gauches doublement réglées et enveloppant deux sections coniques.

6° *Les courbes C et C' étant l'une une parabole et l'autre une ellipse.*

Il sera toujours possible (*fig.* 286), de construire quatre tangentes communes à une ellipse et à une parabole se coupant en quatre points. Le *système polaire* peut donc être facilement établi, comme pour les *fig.* 270 et 271.

Des polaires réciproques du système formé de deux cônes à base section conique.

602. Concevons un cône Δ du second degré, et ayant son sommet en un point s de l'espace; coupons ce cône par deux plans P et P', on obtiendra deux sections coniques $\mathcal{C}$ et $\mathcal{C}'$ qui pourront avoir trois manières d'être entre elles, suivant la direction donnée aux plans sécants P et P'.

1° Les deux courbes $\mathcal{C}$ et $\mathcal{C}'$ peuvent n'avoir aucun point commun, et alors la droite S, suivant laquelle se coupent les plans P et P', sera extérieure au cône Δ, ou, en d'autres termes, cette droite S n'aura aucun point commun avec le cône Δ.

2° Les deux courbes $\mathcal{C}$ et $\mathcal{C}'$ peuvent se couper en deux points b et b', et alors les deux plans P et P' se couperont suivant une droite S qui ne sera autre que la corde $\overline{bb'}$ supposée prolongée indéfiniment; cette droite S sera dès lors intérieure au cône Δ, ou, en d'autres termes, cette droite S percera le cône Δ en les deux points b et b'.

3° Les deux courbes $\mathcal{C}$ et $\mathcal{C}'$ peuvent se toucher en un point a; alors les deux plans P et P' se couperont suivant une droite S qui passera par le point a, et qui sera tangente en ce point aux deux courbes $\mathcal{C}$ et $\mathcal{C}'$.

Cela posé :

Nous savons que l'on peut toujours faire passer un second cône Δ' par les deux sections coniques $\mathcal{C}$ et $\mathcal{C}'$, lorsqu'elles n'ont aucun point commun, ou qu'elles se coupent en deux points b et b'; et nous savons aussi que lorsqu'elles se touchent en un point a, on ne peut les envelopper que par un seul cône.

Dès lors, dans les deux premiers cas, les courbes $\mathfrak{C}$ et $\mathfrak{C}'$ seront enveloppées par deux cônes Δ et Δ', dont les sommets s et s' détermineront une droite Z.

Ce sont les droites S et Z qui ont reçu le nom de *polaires réciproques* des deux cônes.

Il est évident que, 1° lorsque la droite S est intérieure au cône Δ, la droite Z est extérieure par rapport aux nappes des deux cônes Δ et Δ', et 2° lorsque la droite S est extérieure au cône Δ, la droite Z est intérieure par rapport aux nappes des deux cônes Δ et Δ'.

Cela posé :

Énonçons la propriété remarquable dont jouissent les *polaires réciproques* S et Z de deux cônes du second ordre ou du second degré.

Tout plan passant par la droite S coupera le cône Δ suivant une section conique δ, et le cône Δ' suivant une section conique δ'.

Tout plan K passant par la droite Z coupera les cônes Δ et Δ' suivant des génératrices droites G et G_1, G' et G_1'.

Les diverses sections coniques δ... et δ'... seront enveloppées deux à deux par des cônes dont les sommets seront distribués sur la droite Z.

Les plans T et T_1 tangents au cône Δ suivant les génératrices G et G_1, et les plans T' et T_1' tangents au cône Δ' suivant les génératrices G' et G_1', se couperont tous les quatre en un point t, situé sur la droite S.

Il est inutile de démontrer la vérité de cette propriété, elle est évidente pour tous ceux qui savent lire dans l'espace.

Et réciproquement :

Si par un point t de la droite S, on mène des plans tangents T et T_1 au cône Δ, et T' et T_1' au cône Δ', les quatre génératrices droites de contact G et G_1, G' et G_1' seront situées dans un même plan K.

Le point t est dit *pôle*, et le plan K est dit *plan polaire* du *système* des deux cônes.

Et ainsi : les deux cônes Δ et Δ', se coupant suivant deux courbes planes $\mathfrak{C}$ et $\mathfrak{C}'$, jouissent de la propriété, savoir : qu'ils ont une infinité de *plans polaires* communs K, et une infinité de *pôles* t, chacun de ces *pôles* correspondant à un *plan polaire* particulier ;

Tous les *plans polaires* communs passent par la droite Z;

Tous les *pôles* communs sont situés sur la droite S.

C'est cette propriété remarquable qui a fait donner aux droites Z et S le nom de *polaires réciproques* du *système* de deux cônes du second ordre.

Lorsque les deux courbes ϐ et ϐ' sont tangentes l'une à l'autre par un point *a*, alors on ne peut les envelopper que par un seul cône Δ.

Dans ce cas particulier, les polaires réciproques du cône Δ sont la tangente S commune aux deux courbes ϐ et ϐ' pour le point *a*, et la génératrice droite G de ce cône Δ passant par le point *a*; ou mieux, les droites S et G, *jouent* le rôle de *polaires réciproques*.

Remarquons que, lorsque la droite S est *extérieure* aux deux cônes Δ et Δ', la droite Z est *intérieure* à ces cônes, et que dès lors, ces cônes ne peuvent avoir de plans tangents communs; et remarquons aussi que, lorsque au contraire la droite S est *intérieure*, la droite Z est *extérieure*, et que, dans ce cas, les deux cônes Δ et Δ' ont deux points de contact, qui sont les points *b* et *b'* en lesquels ils sont percés par la droite S, et que dès lors ces cônes ont deux plans tangents communs.

Ainsi on peut énoncer ce qui suit:

Lorsque deux cônes du second ordre se coupent suivant deux sections coniques, ou, en d'autres termes, suivant deux courbes planes, ils ont un système de polaires réciproques.

Et réciproquement:

Lorsque deux cônes du second ordre possèdent un système de polaires réciproques, *ils se coupent nécessairement suivant deux courbes planes.*

Et dès lors:

Si deux cônes du second ordre, qui ont deux plans tangents communs, se coupent suivant deux courbes planes, c'est qu'ils ont forcément dans ce cas un système de polaires réciproques; *et dans ce cas la* polaire S *est* intérieure.

Et si deux cônes du second ordre peuvent se couper suivant deux courbes planes, sans avoir deux plans tangents communs, c'est qu'ils ont dans ce cas un système de po-laires réciproques, et dans ce cas la polaire S *est* extérieure.

603. Concevons deux cônes Δ et Δ' du second ordre, se coupant suivant deux courbes planes ϐ et ϐ', dont les plans P et P' se coupent suivant une droite S, et désignons par Z la droite qui unit les sommets *s* et *s'* des deux cônes Δ et Δ'.

Cela posé:

Nous savons que, si sur la droite S, qu'elle *soit intérieure* ou *extérieure* aux deux cônes Δ et Δ', on prend un point *t*, et que l'on mène par ce point *t* deux plans T et T, tangents aux cônes Δ, et deux plans T' et T,' tangents aux cône Δ', les génératrices droites de contact sont toutes quatre dans un plan K passant par la droite Z.

Si donc nous désignons par *o* et *o'* les points en lesquels la droite Z perce les plans P et P', il est évident que, si de chaque point *t* de la droite S, on mène deux tangentes θ et θ, à la courbe $\mathcal{6}$, et θ' et θ'_i à la courbe $\mathcal{6}'$, les points de contact *n* et *n,*, *n'* et *n,'* de ces tangentes et des courbes $\mathcal{6}$ et $\mathcal{6}'$ satisferont aux conditions suivantes :

1° Les cordes $\overline{nn}$,... passeront par le point *o*.

2° Les cordes $\overline{n'n}$,'.... passeront par le point *o'*.

3° Les quatre points *n*, *n,*, *n'*, *n,'*, seront dans un même plan K passant par la droite Z, et dès lors les cordes $\overline{nn}$,, $\overline{n'n}$,' étant prolongées, se couperont en un point *t,*, situé sur la droite S, et qui sera celui en lequel le plan K coupe cette droite S.

4° Les quatre points *n*, *n,*, *n'*, *n,'*, seront unis deux à deux par six droites qui se couperont deux à deux en trois points, qui seront le point *t*, et les deux sommets *s* et *s'* des deux cônes Δ et Δ'.

Cela posé :

Si nous projetons tout le système conique précédent sur un plan A, nous aurons sur ce plan A deux sections coniques C et C', projections des courbes $\mathcal{6}$ et $\mathcal{6}'$, et le *système polaire* de l'espace se projettera suivant un *système polaire plan* qui reliera entre elles les deux sections coniques C et C' qui sont tracées sur le plan A.

Or le plan A peut avoir toute direction par rapport au système conique de l'espace, on voit donc de suite que l'on pourra du système de l'espace passer à divers systèmes plans particuliers, et pouvoir ainsi établir de suite le *système polaire* qui doit relier l'une à l'autre deux sections coniques C et C', qui seraient l'une par rapport à l'autre en des positions très-différentes dans le plan sur lequel elles seront données ou tracées.

Des diverses relations de position qui peuvent exister entre les projections des courbes $\mathcal{6}$ et $\mathcal{6}'$, intersections planes de deux cônes du second ordre.

604. Nous aurons trois systèmes coniques de l'espace à considérer.

1° Celui pour lequel la droite Z qui unit les sommets des deux cônes Δ et Δ' est *intérieur* à ces cônes, et dès lors la droite S est *extérieure* aux cônes Δ et Δ'.

Dans ce cas, les deux cônes Δ et Δ' n'ont pas de plans tangents communs.

2° Celui pour lequel la droite Z qui unit les sommets de deux cônes Δ et Δ' est *extérieur* à ces cônes, et dès lors la droite S est *intérieure* aux cônes Δ et Δ'.

Dans ce cas, les deux cônes Δ et Δ' ont deux plans tangents communs, et ils ont aussi et *nécessairement* deux points de contact situés sur la droite S.

3° Celui pour lequel les deux sections coniques ne peuvent être enveloppées que par un seul cône Δ; dans ce cas, les deux sections coniques ont un point de contact.

Cela posé :

En prenant le premier *système conique de l'espace,*

Nous pourrons : 1° diriger le plan A, sur lequel on doit projeter les deux sections coniques 6 et 6', parallèlement à la droite Z et coupant la droite S ; dans ce cas, les courbes 6 et 6' se projetteront suivant deux courbes C et C' situées l'une par rapport à l'autre, comme dans la *fig.* 270.

Les points p et p' seront les projections des sommets s et s' des deux cônes Δ et Δ' ; ces deux points p et p' seront alors des *pôles conjugués.*

Nous pourrons : 2° diriger le plan A perpendiculairement à l'une des génératrices droites G du cône Δ dont le sommet s est *extérieur ;* alors les courbes C et C' seront situées l'une par rapport à l'autre, comme dans la *fig.* 274.

Nous pourrons : 3° diriger le plan A perpendiculairement à l'une des génératrices droites G' du cône Δ' dont le sommet s' est *intérieur ;* alors les courbes C et C' seront situées l'une par rapport à l'autre, comme dans la *fig.* 271.

Nous pourrons : 4° diriger le plan A perpendiculairement à la droite Z ; alors les deux courbes C et C' seront *intérieures* l'une à l'autre, comme dans la *fig.* 277 *bis.*

En prenant le *second système conique de l'espace,*

Nous pourrons, 1° diriger le plan A parallèlement à la droite Z, et coupant la droite S ; dans ce cas, les courbes C et C' seront situées l'une par rapport à l'autre, comme dans la *fig.* 272.

Nous pourrons, 2° diriger le plan A perpendiculairement à l'une des génératrices droites G du cône Δ, ou G' du cône Δ', et dans ce cas les courbes C et C' seront situées comme dans la *fig.* 273.

En prenant le troisième *système conique de l'espace,*

Nous pourrons, 1° diriger le plan A perpendiculairement à la génératrice droite G du cône Δ, génératrice qui passe par le point de contact des deux sections coniques 6 et 6', et alors les courbes C et C' seront entre elles comme dans la *fig.* 274.

Nous pourrons, 2° diriger le plan A parallèlement à la génératrice droite G, qui passe par le point de contact des deux sections coniques 6 et 6', et alors les courbes C et C' seront entre elles comme dans la *fig.* 271 ou comme dans la *fig.* 274.

Nous voyons donc que les *fig.* 271 et 274 nous donnent chacune des projections identiques pour deux systèmes coniques différents entre eux.

Les propriétés polaires qui existeront dans ce cas entre les courbes C et C' seront donc les projections des propriétés de relation de position qui existent séparément pour l'un et l'autre système conique de l'espace.

De sorte que l'ensemble des propriétés *polaires* dont peuvent jouir les courbes C et C', placées l'une par rapport à l'autre, comme dans les *fig.* 271 et 274, ne peut être établi complétement qu'en examinant ce qui existe pour les deux *systèmes coniques* de l'espace, et non pas seulement ce qui existe pour un seul de ces *systèmes coniques de l'espace*.

Nous pourrions diriger le plan A de diverses autres manières, et nous trouverions alors des *cas particuliers* se rapportant à l'une ou à l'autre des *positions générales* représentées par les *fig.* 270, 271, 272, 273, 274, 277 *bis*.

Il est évident, en vertu de tout ce qui précède, que l'étude et l'examen de ces cas particuliers, ne peut offrir aucune difficulté.

605. Nous venons d'établir ce qui doit arriver lorsque les courbes C et C' sont les projections de deux sections coniques ϵ et ϵ' situées sur un cône Δ; mais il peut arriver que les courbes C et C' ne soient pas les projections de deux courbes planes ϵ et ϵ' situées sur un cône; et cela peut en effet arriver, car nous devons nous rappeler que lorsque nous avons examiné les propriétés des surfaces du second ordre, nous avons reconnu que parmi ces surfaces, deux d'entre elles, savoir, le paraboloïde hyperbolique et l'hyperboloïde à une nappe pouvaient être coupées par deux plans, de telle manière que les sections coniques obtenues ne soient pas susceptibles d'être enveloppées par un cône.

Lorsque cela arrivera comme dans les *fig.* 280, 282, 284, où les sections coniques C et C' se coupent et n'ont pas de tangentes communes, alors on pourra toujours regarder ces courbes C et C' comme les projections de sections coniques ϵ et ϵ' enveloppées dans l'espace par un hyperboloïde à une nappe ou par un paraboloïde hyperbolique.

Et alors, au lieu de considérer la courbe C comme la base d'un cône, et la courbe C' comme la base d'un cylindre vertical, il faudra concevoir deux surfaces gauches doublement réglées passant l'une et l'autre par la courbe C, et se coupant dès lors suivant une seconde courbe plane C, ayant la courbe C' pour projection.

Du tronc de pyramide quadrangulaire, inscrit à deux sections coniques enveloppées par un cône.

606. Concevons deux sections planes ϵ et ϵ' d'un cône du second ordre Δ; désignons par S la droite suivant laquelle les plans P et P' des courbes ϵ et ϵ' se coupent, et par s le sommet du cône Δ.

Les deux courbes ϵ et ϵ' étant supposées n'avoir aucun point commun, on pourra les envelopper par un second cône Δ' ayant son sommet s' *intérieur* par rapport aux plans des courbes ϵ et ϵ', et le sommet s sera *extérieur* à ces plans.

Désignons par Z la droite qui unit les sommets s et s'.

Cela posé :

La droite Z perce le plan P en un point o, et le plan P' en un point o', et nous savons que la droite S est *polaire*, le point o étant *pôle* pour la courbe ε; nous savons de même que la droite S est *polaire*, le point o' étant *pôle* pour la courbe ε'. Prenons sur la droite S un point l, nous pourrons construire la droite L qui, passant par le point o, sera *polaire* de la courbe ε pour le *pôle* l, et cette droite L coupera la droite S en un point l', qui sera *le pôle* de la *polaire* L' qui unit les points l et o.

Le point l sera aussi le *pôle* d'une droite $L_{\prime}$, qui, tracée dans le plan de la courbe ε', passera par le point o', et cette droite $L_{\prime}$ viendra évidemment percer la droite S au même point l' (indiqué ci-dessus) puisque les deux courbes ε et ε' sont enveloppées par un même cône Δ.

Ce point l' sera le *pôle* de la *polaire* $L_{\prime}'$ qui unit les points l et o'.

Cela posé :

Construisons un quadrilatère inscrit à la courbe ε et ayant ses côtés opposés, prolongés, passant par les points l et l', et ses diagonales se croisant au point o. Désignant les sommets de ce quadrilatère par n, n', m, m', les diagonales étant $\overline{nm}$ et $\overline{n'm'}$, si par le sommet s du cône Δ, et par chacun des quatre côtés et des deux diagonales, on fait passer un plan, on aura six plans qui passeront, savoir : deux par la droite $\overline{sl}$, deux par la droite $\overline{sl'}$, deux par la droite $\overline{ss'}$ ou Z ; et ces plans détermineront sur la courbe ε' quatre points $n_{\prime}$, $n_{\prime}'$, $m_{\prime}$, $m_{\prime}'$, qui seront les sommets d'un quadrilatère inscrit à cette courbe ε', et tel que ses diagonales $\overline{n_{\prime}m_{\prime}}$ et $\overline{n_{\prime}'m_{\prime}'}$ se croiseront au point o', et que les côtés opposés étant prolongés passeront par les points l et l'.

Ces deux quadrilatères formeront un tronc de pyramide quadrangulaire, commun à trois pyramides quadrangulaires, ayant respectivement pour sommet les points s, l et l', et les diagonales de ce tronc pyramidal se croiseront au point s', et les diagonales des quatre faces latérales se croiseront en des points qui seront, pour les faces opposées au point l, sur une droite X passant par le point l, et pour les faces opposées au point l', sur une droite Y passant par le point l'.

En sorte que les six faces du tronc pyramidal forment trois groupes composés chacun de deux faces opposées, et les points en lesquels se croisent les diagonales de ces six faces, sont distribués deux à deux sur les droites Z, X, Y, passant respectivement par les sommets s, l, l' des trois pyramides quadrangulaires qui interceptent entre elles le tronc pyramidal.

Si l'on projette sur un plan A tout ce système de l'espace, on voit de suite que la projection des arêtes du tronc pyramidal et des sections coniques ε et ε' et des points l, l', s et s' et de la droite S et des droites Z, X, Y, etc., donnera une *figure* dans laquelle il sera facile de lire de nouvelles *propriétés polaires liant* entre elles deux sections coniques C et C' tracées sur un plan (*).

Examinons maintenant les propriétés dont jouissent deux surfaces du second ordre lorsqu'elles peuvent être enveloppées par un même cône.

Des relations polaires qui peuvent exister entre deux surfaces du second ordre.

607. Démontrons d'abord que l'on peut toujours construire deux surfaces du second ordre Σ et Σ', telles qu'elles soient toutes deux enveloppées par un même cône Δ.

Pour cela, prenons la *fig.* 270, et concevons par le point q une droite S de direction arbitraire dans l'espace.

Menons par la droite S et chacun des points b, $b_,$, b', $b_,'$, en lesquels la droite Q perce les sections coniques C et C' des plans (S, b), $(S, b_,)$, (S, b'), $(S, b_,')$.

Cela fait, menons par la droite S et la droite P un plan (S, P), et traçons dans ce plan une section conique ε coupant la courbe C aux points e et $e_,$.

Concevons le cône Δ ayant le point p pour sommet, et la section conique ε pour base ou directrice.

Cela posé :

Nous pourrons faire tourner la courbe C autour de la droite Q, de manière à ce qu'en variant de *forme*, elle s'appuie sur la courbe ε, et soit tangente en les points *fixes* b et $b_,$ aux plans (S, b) et $(S, b_,)$. Nous savons que par ce mode de *génération* ou de *construction*, on obtient une surface du second ordre Σ, tangente au cône Δ suivant la courbe plane ε.

Cela posé :

Coupons le cône Δ par le plan (S, P'), nous aurons une section conique ε', et en faisant tourner la courbe C' autour de la droite R, de manière à ce qu'en changeant de *forme*, elle s'appuie sur la courbe ε' et soit tangente en les points *fixes* b' et $b_,'$ aux deux plans (S, b') et $(S, b_,')$, on obtiendra une seconde surface du second ordre Σ' tangente au cône Δ suivant la courbe plane ε'.

On voit de suite que les droites S et Q sont *polaires réciproques*, et pour la surface Σ et pour la surface Σ', en sorte que ces deux surfaces ont en commun *un système* de polaires réciproques.

Il est facile de voir que, lorsque l'on considère les deux surfaces Σ et Σ', et non plus seulement les deux courbes C et C', le point q est remplacé par la droite

(*) *Voyez* le mémoire qui a pour titre : *Des propriétés polaires de quelques polyèdres*, et que j'ai publié pour la première fois dans la *Correspondance de mathématique et de physique des Pays-Bas.* Tome III, n° 4.

S et que les droites P, P′, P,, P,′, R, R′, sont remplacées par les plans (S , P), (S , P′), (S , P,), (S , P,′), (S , R), (S , R′), et que les cordes de contact $\overline{ee,}$, $\overline{e′e,′}$ $\overline{ii,}$, $\overline{i′i,′}$, sont remplacées par des courbes planes ε, ε′, J, J′, qui sont respective- ment les courbes de contact des surfaces Σ et Σ′ et du cône Δ ayant son sommet au point p, et du cône Δ′ ayant son sommet au point p′.

Lorsque les courbes C et C′ se coupent en deux points comme dans la *fig.* 272, elles donneront naissance à deux surfaces du second ordre Σ et Σ′ se coupant suivant une courbe plane dont le plan sera (S, I), et ces deux surfaces seront enveloppées par un cône Δ ayant son sommet au point p.

Lorsque les courbes C et C′ se coupent en quatre points, comme dans la *fig.* 278 *bis*, elles donneront naissance à deux surfaces du second ordre Σ et Σ′, qui, pour être enveloppées par deux cônes, ayant l'un son sommet au point p″ et l'autre son sommet au point p‴, devront se couper suivant deux courbes planes dont les plans passent par les diagonales bb′ et aa′ du quadrilatère inscrit; et, dans ce cas, la droite S devra passer par le point q′ en lequel ces diagonales se croisent. Dès lors les courbes suivant lesquelles les deux surfaces Σ et Σ′ s'entre- coupent, se coupent en deux points z et z′ situés sur la droite S, et pour ces points z et z′, les deux surfaces Σ et Σ′ ont deux plans tangents communs, ou, en d'autres termes, les deux surfaces Σ et Σ′ se touchent en ces deux points z et z′.

Lorsque les courbes C et C′ se coupent en deux points et se touchent en un point, comme dans la *fig.* 273, elles donneront naissance à deux surfaces du se- cond ordre Σ et Σ′, qui seront enveloppées par un seul cône ayant son sommet au point p, et ces deux surfaces se toucheront au point b, et se couperont suivant une courbe plane dont le plan passera par la corde $\overline{zz′}$.

On voit donc par ce qui précède, que lorsque deux surfaces du second ordre sont enveloppées par un cône, elles peuvent être :

1° Extérieures l'une à l'autre et n'avoir aucun point commun.

2° Extérieures l'une à l'autre et se toucher par un point.

3° Se couper suivant *une seule* courbe plane.

4° Se toucher en un point et se couper suivant une courbe plane.

6° Se couper suivant *deux* courbes planes se coupant en deux points, qui sont en même temps deux points de contact des surfaces.

Deux surfaces du second ordre peuvent se couper suivant des courbes planes, et cependant n'être point enveloppées par un cône; cela arrivera toutes les fois que les deux surfaces auront en commun un *système de polaires réciproques*.

Ainsi en considérant les *fig.* 280, ou 282, ou 284, les courbes C et C′ pourront donner naissance à deux surfaces du second ordre Σ et Σ′ se coupant suivant deux courbes planes, et ne pouvant pas être cependant enveloppées par un même cône.

Mais les deux courbes planes ξ et ξ', suivant lesquelles s'entrecouperont les deux surfaces Σ et Σ', pourront être enveloppées par deux cônes dont la droite Z unissant les sommets de ces cônes sera (pour l'une et l'autre surface Σ et Σ') *la polaire réciproque* de la droite S suivant laquelle se coupent les plans des courbes ξ et ξ'.

608. Ce qui vient d'être énoncé ci-dessus nous permet de considérer les deux sections coniques C et C' (ayant entre elles les relations de position indiquées par les *fig.* 278 *bis*, 279, 240, 281, 282, 283, 288, 285 et 286), comme étant la section faite dans le système de deux surfaces du second ordre Σ et Σ' par un plan diamétral principal, commun à ces deux surfaces.

Et dès lors nous pourrons, dans toutes ces figures, comme nous allons le faire pour la *fig.* 278 *bis*, regarder les courbes (*sections coniques*) C et C', se coupant en quatre points a, a', b, b', comme appartenant à trois *systèmes* différents entre eux et composés chacun de deux surfaces du second ordre, ayant le plan de ces courbes C et C' pour plan diamétral principal commun.

Et en effet :

Nous pourrons, 1° concevoir deux surfaces du second ordre Σ et Σ' se coupant suivant deux courbes planes projetées orthogonalement suivant les côtés opposés *fig.* 278 *bis*, ab et $a'b'$ du quadrilatère inscrit. Ces deux courbes (ab) et $(a'b')$ seront enveloppées par deux cônes ayant pour sommets respectifs les points q' et q_i.

Nous pourrons, 2° concevoir deux surfaces du second ordre $Σ_i$ et $Σ_i'$ se coupant suivant deux courbes planes projetées orthogonalement suivant les côtés opposés ab' et $a'b$ du quadrilatère inscrit ; et les sommets des cônes enveloppant les courbes (ab') et $(a'b)$ seront les points q' et q.

Nous pourrons, 3° concevoir deux surfaces du second ordre $Σ_i$ et $Σ_i'$ se coupant suivant deux courbes planes projetées orthogonalement suivant les diagonales bb' et aa' du quadrilatère inscrit, et les sommets des cônes enveloppant les courbes (bb') et (aa') seront les points q et q_i.

Ainsi, deux sections coniques tracées sur un plan, peuvent être considérées comme la projection orthogonale de deux sections planes d'un cône, et en même temps comme la section faite dans plusieurs systèmes, composés chacun de deux surfaces du second ordre, par un plan diamétral principal commun à chacun de ces systèmes. Dès lors les propriétés polaires de deux sections coniques tracées sur un plan, seront les projections sur ce plan des propriétés de relation de position, qui existent, soit entre les intersections planes de deux cônes du second ordre, soit entre les intersections planes des divers systèmes qui peuvent exister et qui seront composés chacun de deux surfaces du second ordre, ayant un même plan diamétral principal.

Des propriétés polaires qui peuvent exister entre trois sections coniques tracées sur un plan.

609. Pour trouver les propriétés polaires qui peuvent exister entre trois sections coniques tracées sur un plan, nous pourrons : 1° considérer deux sections coniques C et C′ tracées sur un plan, pris pour plan horizontal de projection, comme étant les bases de deux cônes, savoir : la courbe C d'un cône Δ et la courbe C′ d'un cône $\Delta′$, ces cônes Δ et $\Delta′$ étant tels qu'ils aient deux plans tangents communs, ou un système commun de polaires réciproques ; dès lors ces deux cônes Δ et $\Delta′$ se couperont suivant deux courbes planes $C_{\prime}$ et $C_{\prime\prime}$, qui se projetteront horizontalement suivant deux sections coniques $C_{\prime}^{h}$ et $C_{\prime\prime}^{h}$; et en projetant les relations de position qu'il sera facile d'étudier sur les deux cônes qui relient entre elles les courbes C , C′, $C_{\prime}$ et $C_{\prime\prime}$, et les sommets s et $s′$ de ces cônes, on pourra énoncer, sans difficulté aucune, toutes les propriétés polaires qui *lient* les courbes C et C′ avec l'une seulement , ou avec les deux courbes $C_{\prime}^{h}$ et $C_{\prime\prime}^{h}$.

On peut encore 2° considérer les relations de positions qui existent entre trois sections planes C , C′, C″, d'une surface du second ordre Σ, et les projeter sur un plan , et l'on déterminera facilement par ce moyen les propriétés polaires qui peuvent exister entre trois sections coniques C^{h}, $C^{\prime h}$, $C^{\prime\prime h}$, tracées sur un plan (*).

Pour que le plan sur lequel sont tracées trois sections coniques C^{h}, $C^{\prime h}$, $C^{\prime\prime h}$, *joue* par rapport à ces courbes le même rôle que la surface du second ordre Σ, sur laquelle se trouvent données trois sections planes C , C′, C″, il faut que les courbes C^{h}, $C^{\prime h}$, $C^{\prime\prime h}$, soient *liées* l'une à l'autre par des *relations géométriques* qui existent forcément entre les courbes C , C′, C″, en vertu de ce que ces trois courbes C , C′, C″, sont les sections planes d'une surface du second ordre.

Or j'ai démontré le premier, et par la *Géométrie descriptive*, en 1814, dans le tome III°, n° I°ʳ de la *Correspondance de l'école polytechnique*, publiée par HACHETTE, que si l'on avait, sur une surface du second ordre Σ, trois sections planes C , C′, C″, telles qu'elles puissent être enveloppées deux à deux par un cône, ces trois courbes pourraient dès lors être enveloppées par six cônes dont les sommets seraient distribués trois à trois sur quatre droites situées dans un même plan.

_____

(*) *Voyez* dans la *Correspondance de mathématiques et de physique des Pays-Bas*, les mémoires dans lesquels je me suis occupé *des relations polaires qui existent entre les trois sections planes d'une surface du second ordre, et des relations polaires qui existent entre les huit sections coniques tangentes à trois sections planes d'une surface du second ordre*.

Ce système de l'espace étant projeté sur un plan P, nous donnera pour condition à exister entre trois sections coniques C^h, C'^h, C''^h, tracées sur ce plan P et pour que ce plan P *joue* par rapport à ces courbes le *rôle* d'une surface de second ordre, la condition suivante, savoir : que les trois points en lesquels se coupent deux à deux les tangentes, *extérieures*, menées à ces courbes combinées deux à deux, soient en ligne droite.

Lorsque cette condition sera remplie, les trois courbes C^h, C'^h, C''^h, jouiront de *propriétés polaires* qui seront les *projections* des relations de position, reconnues exister entre trois sections planes d'une surface du second ordre.

610. Nous ferons observer en terminant ce chapitre, qu'il existe une corrélation remarquable entre les propriétés *polaires* des sections coniques et les propriétés des *transversales*, corrélation facile à saisir, en vertu du mode de *recherche* et de démonstration que nous avons employé, savoir : celui des *projections*. Et en effet on doit se rappeler que, dans la première partie de cet ouvrage, nous avons considéré les transversales comme la projection d'un système de droites de l'espace, données par les intersections de divers plans ayant entre eux certaines relations de position, et nous avons fait voir que les *propriétés des transversales* se déduisaient en définitive de la solution *graphique* du problème de l'intersection de deux plans.

Et par ce qui précède on voit, 1° que les *propriétés polaires* de deux sections coniques tracées sur un plan, se déduisent en définitive de la solution *graphique* du problème de la section faite dans un cône du second ordre par un plan; et 2° que les *propriétés polaires* de trois sections coniques tracées sur un plan, se déduisent aussi en définitive de la solution *graphique* du problème de l'intersection de deux cônes du second ordre, s'entrecoupant suivant deux courbes planes.

ADDITIONS.

1° Page 106; après la ligne 9, il faut ajouter :

Mais dans la *fig.* 215 *ter*, on a supposé que l'on inscrivait dans le cercle C un carré; mais dès lors les tangentes à ce cercle C pour chacun des sommets du carré inscrit, déterminent un carré circonscrit.

Pour obtenir les propriétés *générales*, il faut inscrire au cercle C un rectangle, car alors (*fig.* 287*, Pl.96), l'on aura un parallélogramme circonscrit au cercle C (ce qui est évidemment le cas le plus *général*) et en mettant en *perspective* la *fig.* 287*, on aura les relations de position, qui doivent, en général, exister pour une section conique E entre les côtés prolongés d'un quadrilatère qui lui est inscrit et d'un quadrilatère qui lui est circonscrit, les côtés de ce dernier polygone étant des tangentes à la section conique E pour les sommets du quadrilatère inscrit.

La *fig.* 215 *ter* nous donne un cas *particulier*, qui est celui pour lequel il arrive que les diagonales du quadrilatère inscrit à la section conique E sont les *perspectives* d'un système de diamètres conjugués d'une certaine section conique E' dont la courbe E serait elle-même la *perspective*.

2° Page 278; à la fin du n° 504, il faut ajouter :

504 *bis.* Si l'on cherche par l'*analyse* l'équation polaire d'un cercle, en supposant que le *pôle o* est situé sur la circonférence, on trouve précisément $\rho = a \sin \omega$ ou $\rho = a \cos \omega'$ suivant que l'on compte les angles ω à partir de la tangente menée au cercle pour le *pôle o*, ou que l'on compte les angles ω' à partir du diamètre passant par ce *pôle o*.

Et il est facile de voir qu'en faisant varier le *signe* de la ligne trigonométrique (*sinus* ou *cosinus*) ou en faisant varier les angles ω ou ω' depuis 0° jusqu'à 360°, les équations $\rho = a \sin \omega$ et $\rho = a \cos \omega'$ représentent deux cercles de même rayon et tangents l'un à l'autre par le *pôle o*.

Sans avoir besoin de recourir à l'*analyse*, il nous sera facile de démontrer que la spirale *sinusoïde* ou *cosinusoïde* n'est autre, en effet, que deux cercles de même rayon et tangents l'un à l'autre au *pôle o* (*fig.* 241 *bis* , Pl. 85).

Et en effet, nous avons trouvé que la spirale ᵹ jouissait de la propriété remarquable, savoir : que si d'un point quelconque p, p'..... de la droite R origine des angles ω, on menait une tangente à cette courbe ᵹ, on avait toujours $\overline{po} = \overline{pm}$, $\overline{p'o} = \overline{p'm'}$,..... On devra donc pouvoir construire une série de cercles C, C',..... tous tangents entre eux au point o et respectivement tangents à la spirale ᵹ, au point m, m',..... La courbe ᵹ sera donc l'*enveloppe* de la série des cercles C, C',... considérés comme des *enveloppées*. Mais tous ces cercles C, C',.... s'enveloppent les uns les autres ; il est dès lors impossible de construire une courbe ᵹ qui leur soit tangente en d'autres points que le point o qui est leur point de contact et qui est le seul point que ces cercles puissent avoir en commun en les considérant deux à deux, et en considérant deux cercles successifs et infiniment voisins.

La courbe ᵹ et tous les cercles C, C',..... doivent donc se confondre en une seule et même courbe, et dès lors il est démontré (puisque d'ailleurs, la spirale ᵹ doit couper la droite R' en deux points distants chacun du *pôle o* d'une quantité égale à a), que la spirale ᵹ n'est autre que deux cercles tangents l'un à l'autre et ayant chacun leur rayon égal à : ($\frac{1}{2} a$).

FIN DE LA DEUXIÈME PARTIE.

PARIS. — IMPRIMERIE DE FAIN ET THUNOT,
IMPRIMEURS DE L'UNIVERSITÉ ROYALE DE FRANCE,
RUE RACINE, 28, PRÈS DE L'ODÉON.

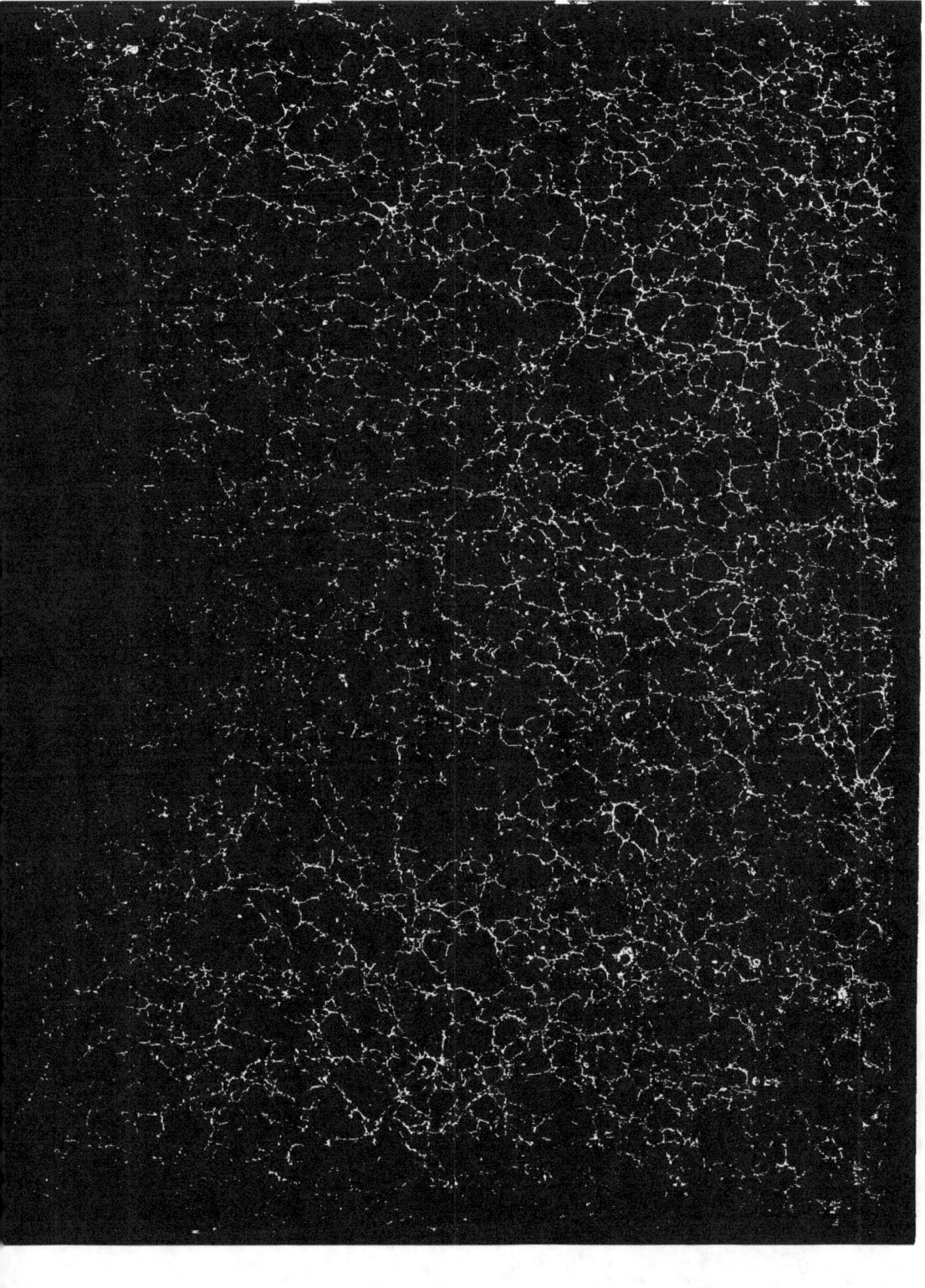